中华石文化

王　惠著

浙江工商大學出版社
ZHEJIANG GONGSHANG UNIVERSITY PRESS

图书在版编目(CIP)数据

中华石文化 / 王惠著. —杭州：浙江工商大学出版社，2017.6

ISBN 978-7-5178-1993-6

Ⅰ. ①中… Ⅱ. ①王… Ⅲ. ①石—文化—中国 Ⅳ. ①TS933

中国版本图书馆 CIP 数据核字(2016)第 307490 号

中华石文化

王　惠　著

责任编辑　张婷婷
封面设计　林朦朦
责任印制　包建辉
出版发行　浙江工商大学出版社
（杭州市教工路 198 号　邮政编码 310012）
（E-mail：zjgsupress@163.com）
（网址：http://www.zjgsupress.com）
电话：0571－88904980,88831806(传真)
排　　版　杭州朝曦图文设计有限公司
印　　刷　杭州五象印务有限公司
开　　本　710mm×1000mm　1/16
印　　张　23
字　　数　400 千
版 印 次　2017 年 6 月第 1 版　2017 年 6 月第 1 次印刷
书　　号　ISBN 978-7-5178-1993-6
定　　价　49.00 元

浙江工商大学出版社营销部邮购电话　0571-88904970

前　言

“宇无石不存，地无石不坚；山无石不雄，水无石不清；谷无石不幽，洞无石不奇；园无石不秀，家无石不贵；室无石不雅，人无石不安。”一句话道出了石头与自然万物间的密切关系。而自旧石器时代开始溯源，经夏商周、秦汉、唐宋、明清至今，在中华文明的历史长河中，石文化不仅一直伴随贯穿其中，且始终是中华文化的重要载体；石头在中华石文化中不仅仅具有物性，更被赋予了人格品性、灵性、情性，由此形成了中华石文化区别于其他各类文化的本质特征。

近年来，伴随国民经济的高速发展和人民物质生活水平的提高，越来越多的人爱石觅石、赏石咏石、佩石藏石，把参与石文化活动视为一种健康高雅的精神生活；同时随着我国全面推进素质教育，传统文化教育在各高校越来越受到普遍重视，不少高校相继开设“奇石学”“观赏石学”“石文化与宝玉石鉴赏”等课程，帮助学生了解玉石文化和知识，修身养性，陶冶情操；2014 年 12 月 3 日国务院公布的第四批国家级非物质文化遗产项目名录中，将“赏石艺术”列入传统美术项目；浙江是我国十大候选国石中昌化石、青田石的产地，全省有数万人从事与石头相关的工作，著名的西泠印社就在杭州，杭州还有中国印石博物馆和全国最大的印石市场和奇石市场，所以客观上浙江省在石文化产业发展方面有较大的人才需求。基于这些背景，笔者在浙江工商大学开设了全校通识课程——《石头的收藏与鉴赏》，受到学生们的欢迎，至今已教授学生近三千人。但是在教学过程中，笔者发现目前适合相关石文化教学或普及而使用的书籍较为缺乏，因此决定撰写这样一本书，既为自己的教学所用，亦为丰富和发展中华石文化，促进我国石文化产业的发展贡献绵薄之力。

本书在内容上力求做到全面、丰富、科学、翔实、准确、实用，科学与人文并存，趣味性与实用性兼备，目的是希望读者们能从中获得较系统、完整的石文化知识，同时能通过对我国悠久的石文化与相关科学知识的了解与掌握，获得一定的艺术鉴赏能力，进而能建立“以石寄情，以石修身，以石养性，以石悟道”的中华人文精神与情怀，成为具有高雅审美情趣的当代文人，具备应对今后激烈的社会竞争的综合素质与创新能力。为此，本书通过详细考证有关历史典籍，以及在对文物古迹、名山胜地、神话传说、诗书画印、文学作品、哲学宗教思想中蕴含的中华石文化进行归纳总结、甄别筛选的基础上，循着数千年来中国人“用石”“崇石”“赏石”“玩石”“藏石”的主线，介绍了我国石文化源远流长的发展脉络，并从天然性、历史性、宗教性、哲理性、艺术性、科学性、交流性、收藏性等多角度反映石头与人们的关联，说明中华石文化的多元性、高雅性、独特性和形象性，展现奇峰雅石、珠宝玉石、化石陨石的不同科学价值、历史价值、人文价值、经济价值、审美价值、收藏价值。在本书中，我们尽量选用一些反映浙江省内各地石文化现象的事例，目的是让我们的学生能够感受到中华石文化其实离自己并不遥远，而是生活中随处可见，触手可及，以此激发他们对石文化的关注与热爱。

希望本书既可作为高等学校石文化通识课程教材，也可成为广大石文化爱好者、从业者、收藏者及研究者的学习参考资料。中华石文化博大精深，写作过程也是学习过程，虽然十分辛劳，但笔者亦可谓乐在其中。只是鉴于时间及能力所限，本书的错误与不足在所难免，因此笔者在此叩首，恳请各位方家不吝金玉批评指正。

本书的出版得到浙江省社科联、浙江省社科规划办以及杭州瑞堂艺术品有限公司的大力支持，笔者在此一并致谢！

浙江工商大学　王　惠

农历丙申年榴月初三于杭州蒲石斋

目 录

第一章　踪石寻源:中华石文化概述

中国有源远流长的石文化。中华石文化是中华优秀传统文化中不可或缺的重要组成部分。石本身的天然性、艺术性、哲理性、科学性、宗教性、历史性、收藏性、不可重复性、珍罕稀缺性等特征,决定了中华石文化是集天文学、地质学、矿藏、物质科学与生命科学于一体,融历史、地理、哲学、政治、美学、文学、宗教于一身,诸学科与社会意识形态相互交融的、具有深邃内涵和博大内容的独特文化体系。石头作为一种文化的载体,从远古而来,陪伴中华民族一直走到现在,并将陪伴我们一起走向未来。

第一节　地精为石:中华石文化之含义

一、“石”字之基本含义

石头是亿万年苍天造化之物,而“文化”是人类的意识形态创造的。自然界的石头本身并无文化可言,但是,自旧石器时代开始,中华民族在发现、认识、利用、研究、探索、开发地球上的石头的过程中,逐渐认识了石头的特性,感受到石头的美丽,进而逐渐赋予石头这种物质以拟人化的思想内容与象征意义,于是石头才得以慢慢具有了文化内涵。翻开古汉语中“石”字本身的含义,便可以看到中华石文化形成的脉络。

(一)古汉语中“石”字之含义

《博物志》中说:“地以名山为之辅佐,石为之骨。”①的确,“石”最基本的含义是指构成地壳的矿物质硬块,如岩石、矿石。但在古汉语言中,“石”字有更丰富的含义。

中国古代第一部系统分析字形和考证字源的字典——东汉著名经学家、文字学家许慎(约公元58—公元147年)所著《说文解字》(以下简称《说文解字》)中,“石”字作名词的解释为:“石,山石也。”②“石”又指古代战争中用作武器的石块,如古代石制的箭镞、垒石、矢石。又“星”亦称石,如《左传·僖十六年》:“陨石于宋五,陨星也。”“石”作形容词比喻坚、硬也,如《师古注》:“言坚固如石。”又如石心(比喻坚定的意志)、石交(比喻情谊牢固的朋友)、石民(比喻坚守本业不见异思迁之民)、石骨(指坚硬的岩石)、石镫(指坚固的铠甲)等;“石”亦通硕、大之意,如《前汉·律历志》:“石者,大也,权之大者。”“石”还指中国古代容量单位,即十斗曰石。《前汉·食货志》:“夫治田百晦,岁收晦一石半,为粟百五十石。又官禄秩数称石。”《师古曰》:“汉制,三公号称万石,以下递减至百石。”

---

① 《博物志》由西晋时期张华(232—300年)所编撰。

② 另《增韵》:“山骨也”。《释名》:“山体曰石”。《易·说卦传》:“艮为山,为小石。”《杨泉物理论》:“土精为石,石气之核也。气之生石,犹人筋络之生爪牙也。”《春秋·说题词》:“石,陰中之阳,阳中之陰,陰精补阳,故山含石。”又乐器,即中国古代乐器八音之一——磬也,如《孔安国传》:“石,磬也。”《书·益稷》:“击石拊石。”又乐声不发扬亦曰石,如《周礼·春官·典同》:“厚声石。”即“钟太厚则如石,叩之无声”。

(二)"石"部字的主要含义

1."石"部字的含义

在《说文解字》中,以"石"为偏旁部首的字共有57个,其中新附字9个,字义表示器物和某种动态的,反映出石头这种物质广泛用于人类衣、食、行、生产、生活的诸多方面;字义表示某种声音和状态的,反映出我国先民们对石头这种物质的观察和认知;字义表示与化学相关事物的,反映出中国古代人民对矿石的某些研究和成就。[①]

2."石"部字的基本类型

总体看,通常以"石"为偏旁部首的字属于以下情况:

(1)指石本身。如《说文·石部》"磽,磐石也";《说文·石部》"碣,特立之石"等。

(2)指矿石。古代"磺"字同"礦""矿"字,指矿石,即固体非金属化学元素,例如:磺、硼、碳、硅、矽、硫、砇、磷、砷、硒、碘、碲等。如《说文·石部》:"磺,铜铁朴石也。"

(3)指石头加工或磨刀之石,例如碓、砺、砥等。如《说文·石部》:"碓 ,舂也。"《玉篇·石部》:"砺,崦嵫砺石 ,可磨刃。"《论语·卫灵公》中孔子说:"工欲善其事,必先利其器。"利器用什么制作?就是砺。《荀子·劝学》:"故木受绳则直,金就砺则利。"从史料中可知道:古代称质粗者为砺,细者为砥,均为磨制利刃之石。后来"砺"字由本义磨刀石引申为磨治、磨,"砺"由名词变为动词。如《广雅·释诂三》:"砺,磨也。"成语"秣马砺兵"中的"砺兵"指磨锐兵器,"秣马"指喂饱战马,形容战斗准备已经做好,随时可以行动。《史记·伍子胥列传》:"胜自砺剑。""砺剑"即为磨剑。"砺"由磨治之意引申为钻研、磨炼。词语"砺淬"为刻苦磨炼;"砺志"为励志、锐意。磨炼使人生变得更加充实,使自身的意志变得更加坚韧。"宝剑锋从磨砺出,梅花香自苦寒来",说的就是坚强的意志、高尚的品德,必定要经过艰难困苦的磨砺才能形成。要磨砺出坚强的意志,必须把自己当作一把剑,若想要它无坚不摧,锋利无比,就要不停地磨砺。而人的成长也是如此。

(4)石制品。例如碑、研、砚、砥、砣、碌等。《说文·石部》"碑,竖石也",说明"碑"是指竖石;《说文解字注·石部》"砭,以石刺病曰砭,因之名其石曰砭石",说明"砭"指中国古代用以治病的石针。

---

① 马芳:《从〈说文解字〉石部字义简论华夏石文化》,《新余学院学报》2012年第5期,第77页。

知识链接 ▶　**商代虎纹大石磬**

磬是指古代乐器，一般用石或玉雕成，悬挂于架上，击之而鸣。虎纹大石磬为商代石雕珍品，1950 年在河南安阳殷墟武官村大墓出土。虎纹石磬用整块白中透青的石头琢成，长 84 厘米，厚 2.5 厘米，正面雕有虎形纹饰，虎张口露齿，瞪着大眼，竖耳翘尾，威势十足。虎纹用线条刻出，运线流畅。敲击时，其音悠扬清越，是我国现存最古老、最完整的大型乐器之一。

（三）古汉语中“岩石”之含义

众所周知，山与石是密不可分的，山的主体就是岩石，山无石便不能成其雄伟高峻险要。故古汉语中的“岩”字为会意字，从山从石，本义有：(1)高峻的山崖、山峰、高山、高出水面较大而高耸的石头、山洞等。我国战国初期论述岩石和矿物的著作《山海经》是世界上最早记载岩石的书籍之一。西汉时期刘向汇编的我国历史上第一部诗歌总集——《楚辞》中有“阻穷西征，岩何越焉”；唐代著名浪漫主义诗人李白在《梦游天姥吟留别》中有“千岩万转路不定，迷花倚石忽已暝”；唐代哲学家、散文家柳宗元在《至小丘西小石潭记》中也有“近岸，卷石底以出……为岩”；北宋政治家、文学家欧阳修在《醉翁亭记》中有“云归而岩穴暝”。(2)险峻、陡峭的山势、峰岭。如北宋政治家、科学家沈括在《梦溪笔谈》中有“高岩峭壁”之句。(3)构成地壳的石头。如相关词组有岩石、岩洞、岩浆、岩层、熔岩等。

“岩石”作为双音节词在古汉语中有两种含义：一是指高大的石块，如《史记·高祖本纪》中“高祖即自疑，亡匿，隐于芒砀山泽岩石之间”；南北朝时期著名政治家、文学家江淹所撰《诣建平王上书》中所谓“其上则隐于篇肆之间，卧于岩石之下”；清代进士陈康祺在其《郎潜纪闻》卷三描述苏州沧浪亭中所谓“岩石玲珑，水木清美，遂为城中名胜之冠”。二是比喻重臣。如《诗经·小雅·节南山》中“节彼南山，维石岩岩。赫赫师尹，民具尔瞻”；北宋政治家、散文家曾巩《与北京韩侍中启》文中“自避远於烦机，久淹回于外服，宜从岩石之望，趣正衮衣之归”；北宋诗人苏舜钦在《闻京尹范希文等谪官》中诗曰“大议摇岩石，危言犯采旒。苍黄出京府，憔悴谪南州”。

自 18 世纪地质学诞生以来，“岩石”一词不再沿用古义，而仅指构成地壳的具有一定结构构造的矿物集合体、暗礁及暗沙，也有少数包含有生物的遗骸或遗迹(即化石)。

二、中华石文化中的"文化"

(一)"文化"之含义

"文""化"二字中国古已有之。据考证，"文"的本义指各色交错的纹理。如《易·系辞下》载"物相杂，故曰文"，《礼记·乐记》称"五色成文而不乱"，《说文解字》称"文，错画也，象交叉"，均指此义。后"文"又引申出以下含义：(1)文物典籍、礼乐制度。如《尚书·序》中记载伏羲画八卦，造书契，"由是文籍生焉"；《论语·子罕》记载孔子曾说"文王既没，文不在兹乎"。(2)人为修养之义，与"质""实"对称，如《论语·雍也》称"质胜文则野，文胜质则史，文质彬彬，然后君子"。意为质朴超过了文采，就会粗野；文采超过了质朴就浮华；文采和质朴相辅相成，配合恰当，这才是君子。(3)美、善、德行之义，如《礼记·乐记》所谓"礼减而进，以进为文"，郑玄注"文犹美也，善也"，意为礼节、礼数上如果有厌倦了或陈旧了就应该促进增强，懂礼的人不断进步，就转化为美好之美德。《尚书·大禹谟》所谓"文命敷于四海，祗承于帝"。意为大禹能以文德教命布陈于四海，又能敬承尧、舜二帝。

"化"本义为改易、生成、造化，又指事物形态或性质的改变。如《庄子·逍遥游》"化而为鸟，其名为鹏"，《易·系辞下》"男女构精，万物化生"，《黄帝内经·素问》"化不可代，时不可违"，《礼记·中庸》"可以赞天地之化育"，等等。后"化"又引申为教行迁善之义。

西汉以后，"文"与"化"方合成一个词，如《说苑·指武》"圣人之治天下也，先文德而后武力。凡武之兴，为不服也。文化不改，然后加诛"，《文选·补之诗》"文化内辑，武功外悠"。这里的"文化"，或与天造地设的自然对举，或与无教化的"质朴""野蛮"对举。因此，在汉语系统中，"文化"的本义就是"以文教化"，它表示对人的性情的陶冶，品德的教养，属于精神领域之范畴。

随着社会的发展，人们一直不断地创造与发展自己的文化，"文化"一词也逐渐成为一个内涵丰富、外延宽广的多维概念，成为众多学科探究、阐发、争鸣的对象。狭义上说，"文化"有以下几种含义：一是指社会的意识形态以及相应的制度和组织机构；二是指人们文化水平的高低、掌握知识和使用文字能力的大小；三是指以同一历史时期不同分布地点为转移的遗迹和遗物的综合体，同样的工具、用器、器物和同样的制造技术等是同一种"文化"时期的特征，此含义通常用于考古学术用语，如河姆渡文化遗迹、良渚文化遗迹等。

广义上说，“文化”是一个复合体，它是指凝结在物质之中又游离于物质之外的，能够被普遍认可、传承的国家或民族的知识、信仰、艺术、思维、道德、法律、风俗等，是人类之间进行交流的意识形态以及人类在社会里所获得的一切能力和习惯。

(二)文化的层次

广义的文化包括物态文化、制度文化、行为文化、心态文化四个层次。[①]

物态文化，是人类物质生产活动方式和产品的总和，是可触知的具有物质实体的文化事物。

制度文化，是由人类在社会实践中建立的各种社会规范构成，包括社会经济制度、婚姻家族制度、政治法律制度、教育科技制度等。

行为文化，是人际交往中约定俗成的以礼俗、民俗、风俗等形态表现出来的行为模式，常见之于日常起居动作之中，具有鲜明的民族、地域特色。

心态文化，是人类在社会意识活动中孕育出来的价值观念、审美情趣、思维方式等主观因素，相当于通常所说的精神文化、社会意识等概念，又可细分为社会心理和社会意识形态两个层次。

物态文化、行为文化是一种可见的显性文化；制度文化和心态文化则属于不可见的隐性文化。

(三)文化的作用

文化在它所涵盖的范围内和不同的层面发挥着重要的功能和作用：

1. 凝聚作用

文化作为观念形态，以其对全部社会生活的渗透力、凝聚力、引导力在经济生活、政治过程、社会活动中发挥着它独特的凝聚作用。虽然社会群体中不同的成员都是独特的行动者，每个人都是基于自己的需要，根据对情景的判断和理解采取各自行动。但文化是一个民族生存与发展的血脉和精神支柱，文化的力量深深地熔铸在民族的生命力、创造力和凝聚力之中，有赖于文化认同，一个民族可以形成强烈的感召力和向心力，从而使整个社会凝聚成坚强的社会力量。

---

① 有些人类学家将文化分为三个层次：高级文化(High culture)，包括哲学、文学、艺术、宗教等；大众文化(Popular culture)，指习俗、仪式以及包括衣食住行、人际关系各方面的生活方式；深层文化(Deep culture)，主要指价值观的美丑定义，时间取向、生活节奏、解决问题的方式以及与性别、阶层、职业、亲属关系相关的个人角色。高级文化和大众文化均植根于深层文化，而深层文化的某一概念又以一种习俗或生活方式反映在大众文化中，以一种艺术形式或文学主题反映在高级文化中。

2. 规范作用

文化是人们以往共同生活经验的积累，是人们通过比较和选择认为是合理并被普遍认可、接受、遵循的行为规范，它对个体的行为具有先在的给定性和约束性。某种文化的形成和确立，也意味着某种秩序的形成。每个社会都会通过家庭启蒙、学校教育、社会示范、公众舆论等文化手段，将社会规范加之于个人，以实现文化的规范和约束作用，而且只要这种文化在起作用，那么由这种文化所确立的社会秩序就会被维持下去，这就是文化维持社会秩序的功能。

3. 导向作用

文化的导向作用是指文化可以为人们提供关于是与非、善与恶、美与丑、好与坏等社会标准，并可以通过社会教育将这种标准内化为个人的是非感、正义感、羞耻感、审美感、责任感等，让行动者可以知道自己的何种行为在对方看来是适宜的、可以引起积极回应的，并倾向于选择有效的行动，从而为人们的行动提供方向和可供选择的方式，提高人们的道德情操、认识水平和人生境界。

4. 传续作用

从世代的角度看，文化不仅能够用于当时，而且能够向新的世代流传、延续而惠泽后人，这就是文化的传续作用。文化的这种传递文明的功能与作用，使个人可以在较短的时间内掌握人类在较长的时间中积累的经验、知识和价值观。

三、中华石文化中“石”之含义与特性

(一)石文化中“石”之含义

石文化中之“石”，应当有四层含义：

1. 物质利用的对象

石头是地球上取之不尽、用之不竭的物质，是人类生存发展的物质基础，与人类生存发展休戚相关。

2. 纳财藏富的对象

自古“黄金有价，玉石无价”，宝石、玉石是世界上最昂贵、最美丽的物质，是财富最主要的代表与载体，自古以来就是人们追逐喜爱、佩戴收藏、赞美炫耀的对象。

3. 比喻品德的对象

这是中华民族对石头审美从物质层面上升到精神层面的结果。这种“石”是

被称之为“玉”的美石，其质地坚贞温润，色泽空灵美幻，引导着中国人的玄思，具备了中国人所有期望的精神人格之美德，因而历来具有“君子比德”的象征意义。

4. 观赏审美的对象

石之形引人入胜，石之质风雅怡人，石之色赏心悦目，石之纹令人绮思。石头具有自然天成之美，大者置于山野、江河、庭院、广场做模拟典范，小者清供于厅堂、台架、桌案雅俗共鉴，给人以视觉快感，引发美的启悟和不尽的遐想。人与石沟通，达到回归自然、“天人合一”的最高境界，人类的思想意识又赋予石头历史、文化、艺术之美，两者都是人们观赏审美的对象。

(二)中华石文化中“石”之特性

对于中华民族来说，石头是地球上取之不竭、永恒不变的物质，石头得天地之精，融山水之灵，千姿百态、风雨不摧，千锤万凿、难以磨灭，它有生命、有性情。历史悠久的中华石文化的最大特点，就是赋予了无言的石头以“生命内涵”，石头被人格化、人文化，“石”具有了如同人性一样的品性和特性。

1. 质朴感

每块石头都是经过了几千万年甚至上亿年的地壳变动和日月风化而成，是大自然的神奇造化之杰作，一石一景，一石一物，一石一天地，一石一世界，一石一心景。人们欣赏山石，不仅可以领略大自然造化的神工神韵，而且使人有回归自然之感，使人切实体会到“天人合一”的真谛。人们正是在赏石、藏石、品石、悟石的过程中师法自然，发现自我，领悟人生，陶冶情操，净化心灵，进而学习石头的品格，实实在在做人，实实在在做事。

2. 亲近感

石头是人类最早的物质财富、最早的生产资料、最早的精神寄托、最早的艺术载体、最早的文化财产，因而，人类与石头之间具有与生俱来的亲近感。细滑温润的石头以手抚之如接触大地、自然而无疏离感，可与人之心手脉动结为一体，人们在石头身上寄寓了所有美好理想与愿望。

3. 坚实感

石头作为人类已知的宇宙中唯一的固体物质，具有坚贞沉静、质地坚固、脆硬厚重、不屈不挠的特性，能给人以一股坚忍不拔的力量，故在中国人的心目中，石头是万物之基，是真实、诚实、朴实、坚实的人文品格的化身。例如我国的古乐府《孔雀东南飞》中有“磐石方且厚，可以卒千年”，后由此形成成语“坚如磐石”；《吕氏春秋·诚廉》中有“石可破也，不可夺其坚；丹可磨也，而不可夺赤。坚与赤,性之有也。性也者,所受于天也,非择取而为之也”。意思是“石头再怎么破碎,依然是坚硬的;丹砂无论怎么磨损,依旧是红色的;坚硬是石头的本质,红色是丹砂的本色,因此,它们不会因为外力而改变固有的本性”。从此石头坚实的精神,成为崇高人格品质的象征。

4. 稳定感

若从沧海桑田的地质变化看,石非不可变,只因我们每个人只是世界的百年过客,看不到亿万年之变化,故与短暂的人生比较,石头是不朽、不枯、不溶、不化、不烂的,具有坚贞、安定、稳固、屹立之品质,是生生不息的象征。因而人们往往以石来表示永恒不变的感情或信仰。

(三)“中华石文化”之含义

如前已述,文化是人类活动的产物。人类在实践活动中改造了自然,形成了社会,创造了文化。文化不是物质,文化本质上属于观念形态,是价值和意义,是内涵性的存在;但文化可以有其物质载体,文化可以通过物质载体对象化、客观化,从而为人们所感知、体悟、理解、接受。由此可知,石头本身并不是文化,石头只是自然物质;但石头可以作为文化的载体而具有文化内涵,同时,石头为人所需,为人所赏,再有价值的石头、再美的石头、再富有哲韵的石头,必须依存于人的参与。如果没有人类的使用、欣赏、感悟、学习、研究,没有人类赋予它人文思想内涵,它也仅仅是石头而已,形成不了石文化。

中华石文化是中华民族优秀文化的一个分支,它是中华民族在长期的社会实践中所创造的以石头为主要内容的物质财富和精神财富的总和。中华民族在对石头认识、开发、使用、雕刻、欣赏中逐渐形成了独特的中华石文化体系。数千年以来中华民族应用、研究石头的实践和理论,以及与之相关的神话传说、宗教民俗、文学艺术等构成了中华石文化的基本内容。中华石文化是一种跨越多门类、多学科的综合性文化,它具有可视、可听、可触、可研、可悟等多种艺术性能,与历史、哲学、文学、绘画、地理、园林等姊妹艺术相互影响、相互渗透,并与当时的经济发展、科学技术、社会历史直接相关,具有多元性、丰富性、高雅性、民族性、独特性和形象性等特征,是一种雅俗共赏的文化,与其他各种文化既有着本质区别又有着内在联系。

四、中华石文化产生与发展历史

任何文化都有其历史渊源,中华民族文明史追根寻源因玉石而始,玉石文化伴随中国历史进程,可以分为五个阶段。

(一)原始的石文化启蒙时期

在距今约12000年前中国开始进入新石器时代,直到公元前2000年左右正式迈入青铜时代。新石器时代人类开始利用石头制作生产工具(如石刀、石锄、石斧等)和生活用品,与此同时,人类还用尖石在岩石上刻画,表达当时人与自然的关系,以及对神祇、图腾、祖先的崇拜,这一系列表现当时人类的现实生活与自我意识的实物或记号等,就是最原始的石文化。

(二)以玉比德文化建立与形成时期

自夏、商、周(春秋、战国)及秦这一千多年以来,一方面生产力、文字、文化艺术等发展无一不与石头的开发利用相关;另一方面玉石与国家的神权政治息息相关,玉石崇拜达到顶峰。如战国时期《尚书·禹贡》篇记载:"泰山山谷产怪石,是贡品"。这说明,天然奇石在战国时期已经被人们所赏识;又如战国时期赵国有一块名贵的"和氏璧",秦王竟然许诺以十五座城池交换,因而有了"完璧归赵"的故事。同时,许多思想家给玉石以丰富的文化内涵,管子认为玉有九德,孔子认为玉具十一德,"君子比德于玉",玉德作为道德和行为规范的观念深入人心,"君子无故,玉不去身",玉石成为中国民族崇高精神的象征。

(三)石雕石刻艺术文化繁荣兴盛时期

两汉、魏晋南北朝时期,随着佛教的传入,我国出现了大型石窟、石洞与摩崖造像的艺术,各种石佛、石像以及与佛教有关的象形石和其他观赏石相继出现。

(四)赏石文化跨越发展阶段

隋、唐、宋时期,玩石之风日盛,一大批官宦豪门和文人雅士开始以追求山石、林泉为逸兴,以隐居玩石为清高,赏石理论和专著纷纷问世,把中华石文化推向高潮。

(五)石文化全面发展时期

自明清直到民国时期,赏石文化比唐宋大有进步,有关石头文化理论的专著更多,把自然山水风景浓缩于盆钵之中的山水盆景艺术更为成熟。宫廷王室、官宦府邸用奇峰怪石砌山堆园蔚然成风,同时金石艺术与文人书画相得益彰,篆刻艺术空前发展。

(六)石文化空前鼎盛时期

新中国成立后,尤其是改革开放后至今,随着国家与人民的富裕,石文化爱好者、传播者、从业者越来越多,传统石文化得到良好保护与传承,在此基础上,玉石品种日益丰富,玉石产量大大增加,玉石艺术及与之相关产业得到空前发展,欣赏玉石、收藏玉石、佩戴玉石、研究玉石、保护玉石已在普通百姓生活中蔚然成风。

第二节　石载万物:中华石文化的文化渊源

中华石文化是以中华民族为主体,以道家思想、儒家思想为基本核心,融通佛家思想等多元文化的、博大精深的、和谐包容的文化体系,其内涵不仅包括中华民族崇尚山石宝玉之审美思想与观念,也蕴含了长期以来人们对天、地、人、山、石关系的哲学思维、价值取向、道德情操等。儒释道思想两千多年来对中华民族的思想意识、价值观念、道德标准、审美心理、文化走向、艺术创造、社会判断、哲学思考等产生重大而深刻的影响。儒释道玄德传统哲学和宗教观念,不仅为中华石文化增添了丰富的内涵,而且使中华石文化的精神得以升华。中华石文化作为中国文化的重要组成部分,其理论体系的形成与实践,受到儒释道思想潜移默化的影响,因此形成了与世界其他民族文化有所区别、独具特色、博大精深的中华石文化。

一、道家思想文化及其对中华石文化的影响

(一)道家思想文化的主要内容

道家学说形成于先秦时期,主要代表人物有老子、庄子,主要经典著作有《道德经》、《庄子》(即《南华经》)、《中虚经》等。

老子是道家的创始人。道家思想以道为最高哲学范畴,认为道是世界的最高实体,是宇宙万物的本原和普遍规律,是宇宙万物赖以生存的依据。老子不仅对世界的本原做出了"道"的最高抽象,而且对"道"的运动规律做出了最高概括,其思想精髓是主张"道"与"德"。他认为,天地万物都由"道"而生,提出"道常无为而无不为"的命题,以说明自然与人为的关系,认为"道"作为宇宙本体自然而然地生成天地万物。就其自然而然来说,天道自然无为;就其生成天地万物来说,天道又无不为。无为与无不为,即有为,无为为体,有为为用,认为无为自然,有为徒劳,人只能顺应自然,不可能改变自然。庄子思想从老子思想发展而来,他把老子的道发展成主观唯心主义,把朴素的辩证法发展成为相对主义,他对"道"的解释更加神秘,认为"道"是"先天地生"的"非物",是精神性的东西,追求绝对的精神自由,达到"真人"境界,而要成为"真人",就要能够"坐忘",即完全忘掉自己,在精神幻觉中消除形骸的我,在精神上和天地合一,与万物同体,完全解

脱尘世间的利害、得失、毁誉、是非,精神上得到绝对自由,进入逍遥游的境界。

总体上说,老子与庄子的道家思想虽有差异,但都以大道为根,以自然为伍,以天地为师,以天性为尊,以无为为本,主张"人天合一""人天相应"" 为而不争,利而不害""修之于身,其德乃真""虚心实腹",提倡"谦""弱""柔""心斋""坐忘""化蝶"等哲学思想,以实现心灵之清净,主张清虚自守、无为自化、万物齐同、道法自然、逍遥自在,以达到超越生死、物我两忘、天地与我并生、万物与我为一的境界,以超越自我、回归生命为寄托来实践身心的完美境界。这些道家思想对中国政治思想、科技文化、社会艺术等方面都产生深刻影响,是中国传统文化中的重要组成部分。

(二)以道家思想文化为本体而产生的道教思想文化

在讲道家思想文化时,必须先提到道教。近两千年以来,道教在中华大地上形成了鲜明的中国特色,对中华民族各阶层的宗教信仰、思想意识、社会关系、医药科学、风俗节日、生活习惯等中华传统文化产生了深远影响。

道教就是指在轩辕黄帝和古代先民的鬼神崇拜以及先秦方仙信仰的基础上,承袭了方仙道、黄老道和民间天神信仰等大部分宗教观念和修持方法,逐步形成的以"道"作为最高信仰的具有中华民族文化特色的中国本土宗教。

道教最晚形成于公元 126—144 年东汉顺帝时期,距今已有 1800 余年的历史。当时有位叫张道陵的人以黄老道家思想为本,继承上古鬼神崇拜、方仙信仰加以总结,加以条理化,突出老子之"道"为信仰核心,以《道德经》为信仰祖经,道教教义思想、修持理论、养生之学等无不由《道德经》而发,认为天地万物都有"道"而派生,即所谓"一生二,二生三,三生万物",认为社会、人生都应法"道"而行,最后回归自然。具体而言,道教是一种多神教,沿袭了中国古代对于日月星辰、河海山岳以及祖先亡灵都奉祖的信仰习惯,形成了一个包括天神、地祇和人鬼的复杂的神灵系统。换言之,其教义系统是从"天""地""人""鬼"四个方面展开的。天,既指现实的宇宙,又指神仙所居之所,天界号称有三十六天,天堂有天门,内有琼楼玉宇,居有天神、天尊、天帝,骑有天马,饮有天河,侍奉有天兵、天将、天女,其奉行者为天道。地,既指现实的地球和万物,又指鬼魂受难之地狱,其运行受之于地道。人,既指总称之人类,也指局限之个人,人之一言一行当奉行人道、人德。鬼,指人之所归。人能修善德,即可阴中超脱,脱离苦海,姓氏不录于鬼关,是名鬼仙。神仙,也是道教教义思想的偶像体现。

道教提倡无极、元极、太极,将"中庸"作为"道"的教理,即中庸之道,认为道是最完美、最高尚的品德,把品德高尚的人称为"有道之士"加以敬仰,并通过修道来完善自我和兼善他人。道术是道教徒实践天道的重要宗教行为，一般认为它有外丹、内丹、服食和房中等内容。外丹，指用丹炉或鼎烧炼铅汞等矿石，制作完成给人服后能“长生不死”的丹药，唐代以后渐被内丹所代替。内丹，为行气、导引、呼吸吐纳之类的总称，指用人体做炉鼎，使精、气、神在体内凝结成丹而达到长生不死的目的，至今对中国的医学、养生学和武术运动产生很大影响。此外，道教信仰还深深积淀在传统民俗里，影响着祖宗崇拜、信仰习俗、节日习俗、娱乐习俗和方术活动。例如，本命年拜太岁，祭祀先人烧纸钱，春节祭灶王、贴对联、放鞭炮、接财神、拜天公、闹元宵等等习俗都起源于道教。因而，鲁迅就曾指出“中国的根柢全在道教”。[①] 英国汉学家李约瑟也认为：“中国文化就像一棵参天大树，而这棵大树的根在道家。”

（三）道家思想文化对中华石文化的影响

道教深刻揭示了道法自然的哲学思想，认为人是自然的一部分，因此主张“天人合一”。例如，庄子强调要追求“天地与我并生，万物与我为一”的天人合一的精神境界，反对人为，主张“无以人灭天”，提出人与自然在本质上的统一；同时，老子认为“大巧若拙，大象无形”，庄子亦说“朴素而天下莫能与之争美”，即主张崇尚自然，反对矫揉造作，认为质朴才是最美的境界，而华丽只是中间阶段，所有的艺术达到最高水平都会返璞（朴）归真，其中的“朴”，即指“未事雕琢的状态”或处于自然状态下的事物。在道教“天人合一”“返璞（朴）归真”思想影响下，形成了中华民族独立的石文化观念和独特的石审美标准，追求自然无为、恬淡宁静成为石文化的核心理念之一。

石头是自然天成的物质，集形、声、色、韵于一身，在道家看来蕴含意味深长的哲学理念，这正好与中华传统道家思想互相呼应，彰显天人合一的理想。庄子提出“心斋”和“坐忘”两个观点。即抛开一切欲念使心灵纯净，不以物累，不受形役，万物融自身为一体，不分彼此，物我交融，同与大道，回到自然本性与游心天地之间，也就是天人合一，才能达到至美的境界。所以古代人们崇尚山石，多是以回归自然景色、山川湖泊开始的，认为一块灵性的石头，就是一段山水的浓缩，于是自秦汉以来，宫殿亭园中大量采用天然山石等材料，在远离自然山水的都市之中建造回归自然之居，文人雅士们甚至“不能致身岩下与木石之中竟是一种憾事”，爱好奇石，寄情于田园、山水之间为一种“高雅”风习。至唐宋两代由于社会经济和文化的发展，叠石造山的园林艺术不但数量比过去增多，而且在实践理论

① 李刚：《何以中国根柢全在道教》，巴蜀书社2008年版。

上都累积了丰富的经验,逐步具有中国山水画式的特点,成为长期以来表现我国园林风格的重要手法之一。清朝文学家沈复所著《浮生六记》中就有一段如何叠山的叙述:"大中见小,小中见大,虚中有实,实中有虚,或露或藏,或浅或深",反映出道教阴阳理论对中国园林中叠石造山的设计和评价标准具有决定性作用。

道教崇尚自然而然的美。《庄子·知北游》曰:"天地有大美而不言,四时有明法而不议,万物有成理而不说。"认为这才是真美、大美。东晋道教学者、著名炼丹家、医药学家葛洪亦曰:"美玉出于丑璞。"受此影响,中华石文化中形成了自然淡泊的石头审美情趣,即石之美应当是寂寞、幽深、清虚、静空、苍古、枯淡的风韵之美,没有媚姿,没有俗态,在这样的石头面前,人的心灵会处于无私、无欲、无念、自在的太极幻境,被束缚的人性得到解脱与自由。而对石头的欣赏,也不是简单的观赏与喜爱,是人与石的对话与解读,石头对于人具有了"以石铭志""藏石养性"的"内视""自省"功能。

二、儒家思想文化及其对中华石文化的影响

(一)儒家思想文化的主要内容

儒家思想为春秋时期孔子所创,经孟子等人发展,其思想内涵深远,内容丰富,既能体现在道德、人格方面,也体现在其政治思想方面,主要经典著作有《论语》《春秋》和《孟子》等。

在道德、人格方面,儒家思想以六艺为法,崇尚"礼乐"和"仁义",提出"五常八德"等伦理道德观,倡导孝、悌、忠、信、礼、义、廉、耻,把"仁、义、礼、智、信"作为做人治世的根本。对此,儒家学者们追求的最高境界是"内圣外王"。孔子认为一个人能不能成为品德高尚的仁人,关键在于自己,故孔子曰:"克己复礼为仁。一日克己复礼,天下归仁焉。为仁由己,而由人乎哉?"而《礼记·大学》所提到的"格物、致知、诚意、正心、修身、齐家、治国、平天下"八个条目被视为实现儒家"内圣外王"的途径,其中"格物""致知""诚意""正心""修身"属内圣范畴。"内圣"即通过修养成为圣贤的一门学问。"齐家""治国""平天下"属外王范畴,"外王"即在内心修养的基础上通过社会活动推行王道。"内圣外王"皆以"仁、义、礼、智、信"为根本指针。

儒家思想中"义"是一种观念形式的规范,一个人在社会中行事为人,有他应该遵行的义务和应该做的事情。儒家强调"义利之辩""君子喻于义,小人喻于利",而这些义务的本质便是"仁",即一个人必须要有仁爱之心,才能完成其社会责任和义务,所以《论语》中提倡舍生取义、见利思义、见危授命、"三军可夺帅,

匹夫不可夺志”的品质，以及“士不可以不弘毅，任重而道远”的历史使命感。儒家思想要求“仁”的实践包含为人着想即所谓“己欲立而立人，己欲达而达人”，将“己之所欲，亦施于人”谓之“忠”，将“己所不欲，勿施于人”谓之“恕”，“忠恕之道”是把仁付诸实践的途径。儒家从“义”的理论推导出“为而无所求”的“知命”理论和“知命”的人生态度。所谓“命”乃“天命”或“天意”，其意为每个人从事各种活动，其外表成功，都有赖于各种外部条件的配合，完全不是人力所能控制的，因此竭尽己力，成败在所不计，故所谓“不知命，无以为君子也”“知者不惑，仁者不忧，勇者不惧”“君子坦荡荡，小人长戚戚”。“礼”原指古人祭祀的仪式，表现了对上天和祖宗的尊敬，也体现了人间的等级和尊卑。孔子将“礼”从宗教范畴推广到人间成为人文世界的行为规范，并与人的内在理性——“仁”结合在一起，使“礼”的实践成为人的内发行为，达到自我控制的地步，即“道之以德，齐之以礼”。“智”是指辨是非、明善恶和知己识人的能力，即“智谋之力”。孔子曰：“君子道者三，我无能焉，仁者不忧，智者不虑，勇者不惧。”《中庸》云：“智仁勇三者，天下之大德”。大家熟悉的《论语》中所曰“知之为知之，不知为不知，是知也”，是讲人的知识再丰富，总有不懂的问题，那么就应当有实事求是的态度，只有这样才能学到更多的知识，才是智慧之举。“信”是指诚实守信、坚定可靠、相互信赖这样的品行，即“诚信之品”。“信”不是简单的诚实，信用才是“信”最基本的内涵，它不仅要求人们在自己的行为上要诚实和守信，同时也反映出人们对某一个事物、某一种理念认识上的坚定可靠，反映出人与人之间、人与物之间相互信赖的关系。故孔子曰“人无忠信，不可立于世”，又说“人而无信，不知其可也”，把“言必信，行必果”“敬事而信”作为规范其弟子言行的基本要求，把诚信看作做人立世的基点。孟子则把诚信看作社会的基石和做人的准则，认为“诚者，天之道也。思诚者，人之道也。至诚而不动者，未之有也；不诚，未有能动者也”。

儒家学说经历代统治者推崇以及孔子后学的发展和传承，成为中华民族价值体系中的最核心因素，对中国文化的发展起了决定性作用，在中国文化的深层观念中，无不打着儒家思想文化的烙印，几千年来对于中国的政治、经济、文化等各个方面产生巨大的潜移默化的影响。

（二）儒家思想对中华石文化的影响

儒家的“仁”“义”“道德”以及“天人合一”思想不仅是中国古代数千年的主导文化思想，而且对中华石文化的发展具有重要的意义。不过，儒家的“天人合一”与道教的“天人合一”有所不同。儒家的“主调”仍然是宗法伦理，所以天人协调还是要归结为人际协调。道家则有不同，它以超脱社会伦常为目的，于是把复归自然当作寄托身心的不二法门，这就使得天人协调从从属地位独立出来成为“第一义”。

首先，儒家思想认为“天”与“人”是合一的，这种“天人合一”的观念从艺术上讲就是“自然的人化”和“人化的自然”的统一，把自然与人、人与物、主与客相互交融，整合而构成中国文学艺术的主要的审美特征之一。这种“天人合一”思想肯定自然和精神的统一，关注人类行为和自然界的协调，是中国古代数千年的主导文化和民族文化精神特质的典型表现。这种“天人合一”思想，其实质是认为人和天是不平等的，是人合于天的一种思想。在儒家“天人合一”思想影响和引领下的中华石文化，要求人与石的和谐，反对人为破坏自然，强调人意随天意，天意不能违，人应尊重自然。

其次，纵观中华石文化的历史，其中玉文化占据重要内容。而玉文化是建立在儒家思想的德、义基础之上的。《礼记・聘义》记载孔子的弟子子贡曾质疑孔子“敢问君子贵玉而贱珉者何也？玉之寡故贵之也，夫昔者君子比德于玉焉！”由此而引出“君子比德于玉”，并最终形成玉有“仁、义、礼、智、信”之德的理论。玉之仁，表现为任君安置，从无苛求；玉之义，表现为只有付出，任人评说而不介意；玉之礼，表现为毕恭毕敬，相伴主人；玉之智，表现为玉现百态，令人自省；玉之信，表现为不叛逆，无怨言，立不旋踵，粉身碎骨取与信。玉成为温厚、谦和、诚实、坚韧、珍贵、美丽等精神和品德的最高境界和象征。[①]

再次，《论语・雍也篇》中孔子有“仁者乐山，智者乐水”的比德说，就是将山水之美与人的品德视为同一美德，彼此可以相比相视，相互交流，融为一体，赋予无知觉的自然山水以某种人的品格，借山比君子之德，借水比智士仁人，将山和水的某些自然特征和规律性比作仁智者的优良品德，自然山水被人格化，由此孕育产生了我国早期的石文化美学思想。

三、佛教思想文化及其对中华石文化的影响

（一）佛教思想文化的主要内容

佛教是世界三大宗教之一，它产生于公元前 10 世纪的古印度，自两汉之际传入中国。佛教创始人为乔达摩・悉达多，他 20 岁时离家，此后被尊称为“佛陀”，意为觉悟者，简称“佛”，所传宗教被称为“佛教”。佛教经典著作有《金刚经》《千手千眼无碍大悲心陀罗尼大悲神咒》《般若波罗蜜多心经》《大藏经》《大佛

① 另请见本书第二章“三礼玉论：中华玉文化制度”之“四、儒家思想与‘玉’文化”。

顶首楞严神咒》《华严经》《佛说阿弥陀佛经》等。

佛教重视人类心灵和道德的进步和觉悟，提出人生观、宇宙观、方法论和认识论的诸多范畴与思想，涉及本体与现象、宇宙元素、时间空间、运动变化、因果关系、有限无限、依赖联系、对立统一、天人关系等诸多宏观和微观的问题。佛教信徒修习佛教的目的在于依照悉达多所悟到的修行方法，发现生命和宇宙的真相，最终超越生死苦痛，断尽一切烦恼，得到究竟解脱。

佛教传入中国后在漫长的历史长河中，与本土文化相接触，由依附、冲突逐渐达到融合协调，成为中国文化的有机组成部分。佛教理论的总纲为苦、集、灭、道“四圣谛”，即是对人生现象的评价和解脱痛苦的指示，佛教的其余说法都是围绕着它而发挥、推演出来的。(1)“苦谛”认为生存就是痛苦，有生、老、病、死、怨憎会、爱别离、求不得、五取蕴八苦。“生苦”意指胎儿在母亲肚子里住胎十月，如同关在黑暗的地狱中，从婴儿成长为少年、青年、壮年、中年，种种痛苦连绵不断。“老苦”意指进入老年，须发变白，牙齿脱落，眼花耳聋，肌肉松弛，神志不清，渐近死亡。“病苦”意指包括种种身病和忧愁悲伤的心病。“死苦”意指生命无常最终死亡和遭遇偶然事故或灾难而死亡。这四种是人的自然属性方面的痛苦。“怨憎会”意指想躲开憎恨的人和厌恶的环境却不得不会合在一起。“爱别离”是指想同喜爱的人和环境永远相处却不得不分离。“求不得”意指想得到喜爱的东西却偏偏得不到。这三种是人的社会属性方面的痛苦。“五取蕴”中的“五蕴”指色、受、想、行、识，佛教认为人体由此五种因素构成，故特指人身；“取”是执着贪爱的意思。“五蕴”与“取”结合，就产生各种贪欲，招致各种肉体与精神的痛苦。(2)“集谛”认为一切存在都是由条件集合而成，苦也是这样，并从十二因缘说、轮回说分析产生人生各种痛苦的理由和依据。(3)“灭谛”阐述断灭贪欲、痛苦，达到最终解脱境界涅槃的道理。(4)“道谛”阐述达到涅槃境界所应遵循的正确途径与方法。

佛教对中国人的世界观、人生观产生巨大的影响。例如，佛教突出“自性”的禅宗激发人们自立自强，促成人们不畏强权的坚定信念；佛教提倡积极“入世”“普度众生”的精神又给予中国文人士大夫们无私无畏、不惜牺牲的精神境界；佛教“三界唯心，四大皆空”的缘起论给予中国文人雅士随缘任运、处处是禅的超逸处世态度。后来中国文人士大夫们所创造的“妙悟”说、“境界”说、“禅机”说，都深得佛教思想的启发。

(二)佛家思想对中华石文化的影响

首先，佛教是一种以人为本的宗教，佛教又是一种关注现实生活的宗教，是一种主张自力解脱的宗教,对中国文化产生过很大影响和作用,在中国历史上留下了灿烂辉煌的佛教文化遗产。例如,我国古代建筑保存最多的是木石建造的佛教寺塔,我国古代书籍保存最多的是木石雕刻的经书。在佛教巨大的信仰力量推动下,经过一代代人虔诚艰辛的雕琢,留下了诸如敦煌、麦积山、云冈、龙门、大足等众多佛教题材的石窟。这些都是我国伟大的文化遗产。

其次,佛家思想中对我国赏石观念与审美标准影响最深远的是禅宗。“禅”在汉语中为“静虑”之意,即静中思虑,将心专注在一法境上,以期证悟本自心性。在物我关系上,禅宗认为“物我同根”“物我为一”,与儒家、道家的“天人合一”有相同之处,但所不同的是禅宗追求“心物圆融”。“圆融”之意,是将生与死、快乐与痛苦、染污与净化、系缚与和解脱等相对的生活内容,作为彼此相依、连续不断的过程来加以思考。这样,生活就不是分离的、零碎的和孤立的状态,而具有了联系性与普遍性、变化性与丰富性。在禅宗看来,宇宙万物,大至山河大地,高山流水,小到一草一木,一石一花等等,都与个体的生命律动本来就是圆融一体、息息相通的,故禅宗以圆为美的审美思想论,推崇的是心物圆融一体的“大圆境”,并视其为最高的、极致的审美境界。禅宗总是把生命艺术化,艺术生命化。禅宗艺术在感情上追求平静恬淡,节奏上强调闲适舒缓,色彩上崇尚清雅淡然,意象的选择也总是大自然中最能够表现清旷闲适的景物,偏爱宁静淡泊、清远和谐,朦胧恬美、平淡虚融等,而排斥冲动激昂、艳丽热烈、刺激振奋、悲切愤慨等,所以在物象上,禅宗总是选择幽谷荒寺、清松明月、远山寒江等,而那些气势高远、景色荒寒、清幽闲适、自然淡泊、虚融空灵、静穆旷达、空寂寥落、悠远深长的石头因最能表达禅宗禅理,最能让人体悟禅机,被称之为“禅石”。禅宗思想影响和引领下的石文化观念,由道家的天人合一,儒家的人合与天,上升到了一种空灵圆融的境界,根本不再考虑人,也不再考虑天,而是将人完全投入石头中去,和石头同呼吸,共哀乐,由此表征着人们对生活的态度——极致的圆融。

拓展学习 ▶

1. 什么是大石头理论?

2. “摸着石头过河”是什么意义?

第二章　三礼玉论：中华玉文化制度

“三礼”是我国古代社会关于政治、经济、法律的最重要的典章制度《周礼》《仪礼》《礼记》的总称。三者包含当时帝王贵族及整个统治阶级的一整套礼节和仪式，也包含建立这种教条的指导思想。其中关于玉的论述颇多，构成了我国时间最早、内容最全的一部古代玉论，被称为“三礼玉论”。仅以《周礼》而论，有关玉的规定达上百条之多，内容涉及我国古玉的理论、玉用途分类及使用的规定。其中就玉的使用范围，涉及政治、经济、军事、法律、外交诸领域；就玉的用途方式，遍及祭祀、庙制、朝聘、盟会、婚丧、车服、宫室、器物、音乐等方面；就玉所能体现的功能，涉及代表天地鬼神、玉权象征、国家财政、人格化身等不同方面，甚至严格的君臣次序、贵贱等级、长幼辈分、地位高下等竟无一不和玉有密切的关联。因而，“三礼玉论”是研究我国古代玉文化的一把钥匙。“三礼”中严格的宗法、礼俗制度深刻影响中华玉文化内涵。为适应统治者爱玉心理，当时的思想家们以仁、智、义、礼、乐、忠、信、天、地、德等观念，比附玉的物理化学性能上的各种特点，借用玉来体现礼学思想。也就从这个时候起，“玉”已非一种客观物质，而是超越了其“山岳精灵”的自然属性而蕴含了人格精神品质，被诠释为神圣、权力、高贵的君子象征。

第一节　天地人神:中华玉文化中的“玉”

一、古代造字与“玉”

(一)古汉语中之“玉”

众所周知,从旧时器时代到新石器时代,原始人类在选制、琢磨石器的劳动过程中,逐渐接触到细腻坚硬、色彩美丽的石头,从而产生了“玉,石之美者” 的观念。而“玉”字最初始于我国最古老的文字——商代甲骨文和钟鼎文中。早期甲骨文中“玉”字写作,象形字“用绳串起的若干玉片”, 绳上端为绳结;又有甲骨文的简化成三片宝石和一根串绳。后金文的“玉”字为,篆文的“玉”字为。这个“玉”字从初期甲骨文的写法到最后的定形,意味着它赋有鬼神思想、“天人合一”思想和玉权思想。换言之,在远古时期玉在古代社会神权政治和玉权政治中起着贯通天、地、人(神)的神秘作用。

(二)“玉”与“王”的关联关系

不难发现与篆文的“王”字形非常相似,些微的区别仅在于:的三横疏密均匀,而“王”的三横上密下疏。之所以如此相似绝非偶然,而是反映两者之间的必然联系。由于“天人合一”思想的确立,有以一人而贯天、地、人三者之说遂成“玉”字之形象。后因产生视玉为神圣之观念,终又有了“三玉之连”的解释,玉、神、王三位一体正体现了玉权政治的确立。而“王”字三横一竖,意指“天、地、人一贯三为王”。对此西汉哲学家、政治家董仲舒解释为:“古之造文者,三画而连其中,谓之王。三者,天地人也。而参通之者,王也。”《说文解字》段注解释帝王的“王”字时,认为王者即“天下归往也”而 “王之所为,就是天义”。《说文解字》段注解释玉的字形为“三玉之连贯也”,即三横一竖象征一根丝线贯穿着三块美玉。说明古人认为玉能代表天地四方及人间帝王,能够沟通神与人的关系,表达上天的信息和意志,是天地宇宙和人间福祸的主宰。换言之,“王”与“玉”,一方是贯通天地人的人,一方是贯通天地人的物,二者是相通、相生、相照的,这在另一汉字“皇”字是“白”和“玉”的组合中也得到反映。玉用它的物象,它的色泽与品质,映照着正在生成的“绝地天通”的“王”, 而“王”最早就是能用巫术和仪式来催化天、地、人"混沌"之状的大祭司。随着"王权"的进一步演化，被认定为能够贯通天地人的人，是那少数几个人格"美如玉"的"王"。

（三）"玉"的其他喻义

"玉"字的基本含义，除"美石"之外，另有" 美好""高尚""尊贵"之意，因而人们常用"玉"来比喻和形容一切美好的人或事物。如以玉喻人的词有玉容、玉面、玉女、亭亭玉立等；以玉喻物的词有玉食、玉泉等；以玉组成的成语有金玉良缘、金科玉律、珠圆玉润、抛砖引玉等。

二、"三礼"与"玉"

（一）"礼"的含义

"礼"是中国古代社会的典章制度和道德规范，是维护上层建筑以及与之相适应的人与人交往中的礼节仪式。而"礼"这个字的原初形态是：左边是个"示"，右边由两部分组成，上边现写成"曲"，下边为"豆"字。在古汉语中，凡"示"字旁大都和祭祀神灵有关，如"神""社""祈""祝"等。右边的"曲"是个象形字，它象征一个器皿里放着两串玉，下边的"豆"字就是放器皿的凳子。由此可知"礼"字原是表示祭祀神灵的一种仪式，器皿里的那两串玉就是奉献给神灵的祭品。故"礼"的用途在《说文解字》中解释为"事神致福"。

（二）"三礼"的形成

夏、殷、周三代已分别建立起夏礼、殷礼、周礼。传说轩辕黄帝最早统一中国并建立起典章制度。《拾遗记·轩辕黄帝》中记载黄帝曾"诏使百辟群臣受德教者，先列圭玉于兰蒲，席上燃沈榆之香，舂杂宝为屑，以沈榆之胶和之为泥以涂地，分别尊卑华戎之位也"。这说明黄帝时代已建立了圭玉制度。而周公制礼、典章制度较前二代更为完备，以至于《论语·八佾》中描述孔子曾赞叹不已说："周监于二代，郁郁乎文哉，吾从周。"意思是：周朝的礼仪制度借鉴于夏、商二代的基础发展而来，是多么丰富而完备啊，我遵从周朝礼制。《周礼》《仪礼》《礼记》统称为"三礼"，是我国古代重要的典章制度文献，是古代社会关于政治、经济、法律的最高训条，包含当时帝王贵族及整个统治阶级的一整套礼节和仪式。

（三）"三礼"中之"玉论"

"三礼"中关于"玉"的论述奠定了中华玉文化的制度基础。仅《周礼》中，有关玉的规定达上百条之多，是一部完整、全面地体现我国古代玉器理论与具体使用的历史文献。其内容包括了我国古玉的理论、分类及使用规定；其使用范围涉及政治、经济、军事、法律、外交诸领域;其有关用途方式遍及祭祀、庙制、朝聘、盟会、婚丧、车服、宫室、器物、音乐等方面;其所能体现的功能可代表天地鬼神、玉权象征、国家财政、人格化身。可见,在严格的封建制度中,所谓君臣次序、贵贱等级、长幼辈分、地位高下,竟无一不和玉有密切的关联。“三礼”建立起一套完整的玉理论和玉用途分类学问,是我国时间最早、内容最全的一部古代玉论,故人们将其称为“三礼玉论”。根据“三礼玉论”,在当时的历史条件下,对玉的开发和利用是一件和国家政治密切相关的大事,是国家政权机构的组织法则和统治法则中不可缺少的重要内容。当时的政府机构对玉的管理范围,包括从玉石原料的开采和征集、管玉机构和加工人员的组织和建制、各种玉器的名称和形制规定及其寓意、各种不同礼仪场所的运用规格和运用形式等,都做了细致的规定和叙述。现有大量考古挖掘也证明,我们古人在实践中对这一套用玉礼制施行已经相当充分。

(四)“六瑞”和“六器”

古时祭祀的对象包括天地四方、日月星辰、山川百神、列祖先贤。在这种祭典活动中,离不开六器和其他祭玉。因为鬼神之主有六宗之说,世间苍生便有六祭之举,于是人们创造了六种玉器,按照不同的寓意、不同的玉色、不同的造型分别对待,礼而恭之。这就是《周礼·春官·大宗伯》中载:“以玉作六器,以礼天地四方,以苍璧礼天,以黄琮礼地,以青圭礼东方,以赤璋礼南方,以白琥礼西方,以玄璜礼北方。”即是说:圆形苍璧,蓝色,专用于祭天;玉琮内圆外方,黄色,专用于礼地。这正合于古人天圆地方、天青地黄的观点。青圭上尖下方,其色葱绿,意为初春万物萌生,敬东方之神;红色的长形而半尖似刻刀形的璋,喻示夏日作物近熟,供奉南方之神;白色刻成虎形的玉,以虎之猛威喻深秋肃杀,敬西方之神;黑色半圆形的璜,喻冬令收藏,地上无物,敬北方之神。《周礼·春官·大宗伯》又载:“以玉作六瑞,以等邦国:王执镇圭、公执桓圭、侯执信圭、伯执躬圭、子执谷璧、男执蒲璧。”从中可见商周时期通过玉来体现等级森严的分封制度。

三、“气一元论”与“玉”

(一)何为“气一元论”

“气”是中国古代哲学中的一个重要概念,中国古代哲学的物质观、宇宙观从五行的多元论到阴阳二气的二元论,最终统一于气的“一元论”。“气一元论”认为宇宙开始的时候是一片混沌,后来经过演化,于是“气之轻清上浮者为天,气之重浊下凝者为地”。[1] 自然万物由元气凝聚衍生而成。《庄子・知北游》中就有“通天下一气耳”的说法,认为万物的生成、发展、灭亡都是一气之变化,气是构成人和万物的共同的物质基础,指出“人之生,气之聚也。聚则为生,散则为死”。《周易・系辞上》也有“精气为物”,唐代著名经学家孔颖达对此疏义:“谓阴阳精灵之气,氤氲积聚而为万物也。”清代知名学者段玉裁在其《说文解字注》中也引曾子言:“阳之精气曰神,阴之精气曰灵。”那么“灵”是指什么?《说文解字》解:“灵,巫也。”灵即是巫,这说明巫是代表神灵的意志。

(二)“玉”:天地之灵

巫如何代表神意呢?《说文解字》又曰:“以玉事神谓之巫。”换言之,巫即是以玉祭神灵的人。那么为什么要“以玉事神”?而且祭祀神灵并非只有“玉”而没有其他物品,诸如祭祀所用之器物贡品甚至人皆为事神之物。为什么“以玉事神”才为巫?这是因为“玉”作为天地之圣物、精灵的化身,是祭祀所用之器物中最神圣之物,最能代表神灵之形象,只有玉才能惊天地、泣鬼神。于是在迷信空气浓厚的远古时期,“玉”成为至高无上不可亵渎的崇拜对象,而在人世间能与“玉”相提并论的人只有“巫”,在阴间或上天能与“玉”相提并论唯“鬼”唯“神”。这说明,在古代先民的意识中,巫是神灵意志的表达者,而玉又是神灵风貌的体现。巫、神、玉三位一体相互依存的关系是原始社会中神权政治的集中表现。当后来神权政治走向消沉,玉权政治抬头的时候,巫、神、玉三位一体又走向了玉、神、王三位一体。

(三)“玉”:万物之尊

从远古到明清,我国古代的先人用天地之精化生万物的思想来解释玉的起源,用阴阳对立的观点来说明玉的本质和作用,认为“玉”作为阴阳二气中阳气之精,具有通灵天地、除邪晦、知祸福的神力,从而把玉推崇为万物之尊者,赋予其神奇的魅力,认为玉具有超自然的力量。根据这些思想,古人相信将玉制品供人佩饰或使用,可增加精神上和心理上的抵抗力量,防御邪气的侵袭,扫除鬼祟的祸患,保障人和物的安全和吉祥。古人基于灵魂不灭、同天共地、与世常存的信仰,相信玉器既能在人间作为特权的标志,在阴间也一定如此。为了使死者进入阴间以后仍然居于人上,就尽量将人间宝贵的玉器埋入墓中,而玉石的天然属性非常稳定,虽历经千万年之久亦不会轻易腐蚀,既然玉能不朽,也会使亡人不朽,这又使得古人相信在死者的身上和棺内放置玉器以后能使尸体不致腐朽。于

---

① 王诒卿:《幼学琼林精解》,人民文学出版社 2009 版。

是，丧葬用玉之风在当时十分盛行。如东晋道教学者、著名炼丹家、医药学家葛洪所著《抱朴子》云："金玉在九窍，则死人为不朽。"此外，古人还相信玉有使人长生不老的功能。例如《抱朴子》中《仙药》一卷又云"玉亦仙药，但难得耳"，又说"服金者寿如金，服玉者寿如玉"，等等。

四、儒家思想与"玉"文化

（一）"君子比德于玉"

在我国2000多年的封建社会中，儒家思想曾经被奉为学术正统而享"独尊"之誉，这不仅与当时的政治兴衰有着密切的关系，也对历代哲学、史学、文学、艺术的发展，尤其对传统玉文化的形成与发展产生重要影响，并构成中华玉文化的核心基础。

儒教思想崇尚"礼乐"和"仁义"，重视"伦理"和"道德"教育，将"玉"与"德"结为一体，赋予玉石"德"的内涵。孔子在《礼记》中有言"君子无故，玉不去身"，将"玉德"与"君子之德"加以比较，大谈玉之美德，极力宣扬玉含天地威仪，孕治国之德。《礼记·聘义》中记载孔子答子贡问："夫昔者，君子比德于玉焉，温润而泽，仁也；缜密以栗，智也；廉而不刿，义也；垂之如坠，礼也；叩之其声清越以长，其终诎然，乐也；瑕不掩瑜，瑜不掩瑕，忠也；孚尹旁达，信也；气如白虹，天也；精神见于山川，地也；圭璋特达，德也；天下莫不贵者，道也。诗云：言念君子，温其如玉。故君子贵之也。"即指出君子如玉有仁、智、义、礼、乐、忠、信、天、地、德、道共"十一德"。由于春秋时代，周王衰微，礼乐征伐自诸侯出，陪臣执国命，等级制度破坏，统治者内部对于礼制任意僭用，礼崩乐坏，所以孔子"君子比德于玉"的言行，从另一角度也说明他想力图恢复周代完美、周密的礼制。

（二）玉之美德[①]

继孔子论玉"十一德"后，又出现《管子·水地》中论玉"九德"："夫玉之所以贵者，九德出焉。温润以泽，仁也；邻以理者，智也；坚而不蹙，义也；廉而不刿，行也；鲜而不垢，洁也；折而不挠，勇也；瑕适皆见，精也；茂华光泽，并通而不相陵，容也；叩之，其音清扬彻远，纯而不淆，辞也。是以人主贵之，藏以为宝，剖以为符瑞，九德出焉。"《荀子·法行》中论玉"七德"："子贡问于孔子曰：'君子之所以贵玉而贱珉者，何也？为夫玉之少而珉之多邪？'孔子曰：'恶！赐！是何言也！夫君子岂多而贱之，少而贵之哉！夫玉者，君子比德焉。温润而泽，仁也；栗而理，

① 刘国祥、于明：《名家论玉》，科学出版社2010年版。

知也；坚刚而不屈，义也；廉而不刿，行也；折而不挠，勇也；瑕适并见，情也；扣之，其声清扬而远闻，其止辍然，辞也。故虽有珉之雕雕，不若玉之章章。'《诗》曰：'言念君子，温其如玉。'此之谓也。"西汉历史学家、文学家刘向根据儒家五经即《周易》《尚书》《诗经》《礼记》《春秋》所著的《五经通义·礼》有曰："玉有五德：温润而泽，有似于智；锐而不害，有似于仁；抑而不挠，有似于义；有瑕于内，必见于外，有似于信；垂之如坠，有似于礼。"《说文解字》最终对"玉之美德"综合解释为："玉，石之美者，有五德：润泽以温，仁之方也；䚡理自外，可以知中，义之方也；其声舒扬，专以远闻，智之方也；不挠而折，勇之方也；锐廉而不忮，洁之方也。"至此人们普遍趋向于接受"五德说"，并且逐渐将玉石本身所固有的物理性质与当时社会中对于善恶、是非、荣辱、美丑等观念糅合在一起，加以拟人的解释，作为评价、判断人们行为的标准。"玉"人格化为衡量人格品质的道德楷模。历史上无数的仁人志士，以玉比德，敦品励行，常以"人君德美如玉而明若烛""言贤者德音如金如玉""守身如玉""宁为玉碎，不为瓦全"等语自勉。如战国时代伟大诗人屈原，志行高洁，常自称为"怀瑾握瑜"，即以美玉之名——"瑾""瑜"比喻自己的高尚品德。玉成为君子的一种身份象征和明志之物。

拓展学习 ▶

1. 了解《新华字典》中"石"为部首的字的含义。
2. 了解《新华字典》中"玉"为部首的字的含义。

（三）和田玉之品德美

几千年来玉文化之所以能够成为中国传统文化的一大特色，成为诠释中国古代哲学和宗教的最佳物质载体，皆因玉自身特性符合中国传统文化的审美标准。而新疆和田玉因质地细腻、坚硬、缜密、滋润，亮丽照人，集"仁、义、智、勇、洁"这"五德"之美，能给人一种温润与凝重感与美的享受，因而人们都以和田玉为尊、为贵、为正宗。和田玉成为中国玉文化的代表性"玉"，所谓玉之"五德"正是以和田玉为对象而述之。

和田玉的物理特性，就是玉之本质之美。它一般包括玉石光泽、纹理、质地、硬度、比重、韧性、声音等要素。清代玉器收藏鉴赏大家陈性在其著作《玉记》中对和田玉的评价是："其玉体如凝脂，精光内蕴，质厚温润，脉理坚密，声音洪亮，佩之益人性灵。"这些文字都是基于和田玉质地之美而产生的人格化的描述与赞美，都是中华传统的道德观、审美观的体现。从宝玉石鉴定的角度说，所谓"君子

比德于玉”正是将田玉之五大物理特性比喻为君子具有的品德:

(1)“润泽以温,仁之方也。”一块好的和田白玉就像一块羊脂、猪油一般“凝脂”润泽,黄玉则闪现鸡油一般温和光泽。这是和田玉区别于其他玉种的独特品性,也是其他玉种不具备或者难以望其项背的唯一特性。这种自然柔美、温和滋润的色泽以及光洁细腻的物理特性,就像富有高贵纯洁的仁爱之心,恩泽善施于四方。

(2)“䚡理自外,可以知中,义之方也。”玉有较高的透明度,从外部就可以看出来其内部 具有的特征纹理,所以玉可以比喻忠义之心表里如一;同时,和田玉精光内蕴,其自内而外地发出一种油脂光泽,这犹如一位性情温厚儒雅的君子,才情内敛而不张扬,对待他人温润如玉。

(3)“其声舒扬,专以远闻,智之方也。”和田玉质地紧密,敲击时就会发出清亮、悠扬、悦耳的声音,并能传到很远的地方,这一特征犹如那些具有智慧并传达给四周的贤人。

(4)“不挠而折,勇之方也。”和田玉质地缜密,细腻温润,具有极高的韧性和硬度,这使得雕琢时不用担心玉质不能承受,保管、盘玩也不用担心其损坏或受到磨蚀,因而可以用玉来代表超人的勇气和宁折不屈的性格。

(5)“锐廉而不忮,洁之方也。”和田玉是一种交织成毛毡状结构的透闪石或阳起石纤维状的微晶集合体,这种结构决定了和田玉质地细腻、纯净,即使发生断口,其边缘也不锋利。这种特性如同那些自身廉洁、冰清玉洁,自我约束却并不伤害他人的君子。

(四)玉德与玉符之争

这里所谓“玉德”,是指玉的质地或本质;所谓“玉符”,是指玉的色泽。[①] 那么,对玉而言,“质”与“色”哪个更为重要呢?古代先贤们已有“玉德”与“玉符”之辩。

从先秦文献可以发现,当时人们只谈玉德,而不谈玉符。例如,前已述孔子在《礼记·聘义》中关于玉的“十一德”,《管子·水地》的“九德”,《荀子·法行》记载孔子回答子贡的“七德”,其内容基本上是以儒家道德信条附会于玉的各种物理性能,范围只限于玉的质地,都未涉及玉的颜色、玉的外观美。这就是先秦论玉贵德不贵符的思想表现。故我国地质事业的奠基人、著名矿物学家章鸿钊在其著作《雅石·玉类》中认为“古人辩玉,首德而次符。”

---

① 关于和田玉之色美,参见本书第十一章第四节“软玉之王:和田玉”。

然而两汉时期不仅玉德思想发展到较前更成熟的地步，而且在玉的质地与玉的外观美的关系，也就是玉德与玉符的关系方面，在人们的思想观念上也有明显的变化。例如，西汉历史学家、文学家刘向《说苑·杂言》云"玉有六美"而不称"六德"："玉有六美，君子贵之，望之温润，近之栗理，声近徐而闻远，折而不挠，阙而不荏，廉而不刿，有瑕必示之于外，是以贵之。望之温润者，君子比德焉；近于栗理者，君子比智焉；声近徐而闻远者，君子比义焉；折而不挠，阙而不荏者，君子比勇焉；廉而不刿者，君子比仁焉；有瑕必见于外者，君子比情焉。"这或可说明西汉时期人们已认识到玉的"德"与"美"是统一的、不可分割的。至东汉时期，随着玉文化的发展，唯重玉色的人不断增加，德符并重的原则被人们所认识。

由于汉代人认为"玉"之所以区别于"石"，有两个必要条件，一是"美"，二是"有五德"，二者缺一不可。这就将玉的外观美提高到与玉德并重的地步，也就是说"首德次符"的传统观念到汉代有了明显变化和发展，由"首德次符"发展为"德符并重"。例如，东汉著名文学家王逸在《正部论》云："或问玉符，曰：赤如鸡冠，黄如蒸栗(一作"粟")，白如脂肪，黑如纯漆，此玉之符也。"魏文帝曹丕为太子时，得钟繇玉玦，为此他在《与钟繇谢玉玦书》中写道："窃见玉书，称美玉白如截肪，黑譬纯漆，赤拟鸡冠，黄侔蒸栗。"王逸和曹丕论述玉或美玉，不云玉德，而只叙玉符，指出美玉有白、黑、赤、黄诸色，对玉的颜色美给予很高的评价。可见东汉后期在玉德与玉符的关系上有了更为显著的变化，人们认识美玉已离不开它的颜色，离不开它的外观美，因而在某种意义上说，重"符"似乎已更甚于重"德"。

第二节　玉德金声:中华玉文化发展史[①]

一、石器时代:从原玉到神玉

从旧石器时代至今,中华玉文化已有近八千年辉煌历史。它汇人文之精神,容历史之精华,纳艺术之精髓而博大精深,独具魅力,在中国文化史中占有极其重要的地位,具有深远的历史意义,并一直在中华大地上绵延继续。其间,根据玉的使用人及使用用途来分,其发展经历了原玉、神玉、王玉、冥玉、官玉、民玉六个阶段。根据不同时期人们对玉的认识态度,玉文化思想史经历了神秘化时期(新石器时代晚期至夏代)、礼仪化时期(商周)、人格化时期(春秋战国)、迷信化时期(秦汉)、世俗化时期(隋唐至明清)和生活化时期(民国至当代)。

(一)旧石器时代至新石器时代早、中期:原玉时期

1.石器的打制与使用

考古发现,自250万年前起,我们的祖先就已经开始用石御敌,以石劳作,燧石取火,石针疗病,乃至以石饰人。这些石器的出现,是人类发展史上的一个重要里程碑,由此开创了人类史前时代最初的技术甚至艺术活动,因此可以说,是石头敲开了人类文明的大门,并与人类结下了不解之缘。故恩格斯说:"人能够用他的手把第一块岩石做成石刀,终于完成了从猿到人转变的决定性一步。"而这些曾经古人制作、使用过的石头,被称之为石器。石器不仅是帮助人类物质文化发展的重要工具,也成为人类物质文化发展的重要历史载体与证据。目前,考古已发现五十万年前原始人类遗留下来的各种石器几万件。根据石器是否经由人类使用打制为标志,考古学上将人类使用石器的早期划分为旧石器时代和新石器时代。[②] 旧石器时代的石器以打制为主,新石器时代的石器以磨制为主。

旧石器时代(一般认为这段时期在距今约250万—1万年前)是石器时代的早期阶段,在古地理学上是指人类开始以石器为主要劳动工具的文明发展阶段。

① 王亚民:《玉器、玉文化及其民间藏玉》,《紫禁城》2010年第5期,第107—111页。

② 迄今所知最早的石器发现于东非肯尼亚的科比福拉,以及埃塞俄比亚的奥莫和哈达尔地区,年代距今约260万—200万年。

旧石器时代分为早期、中期和晚期,相对应的人类体质进化阶段是能人和直立人阶段、早期智人阶段、晚期智人阶段,地质时代属于更新世中期至更新世晚期。目前所知的旧石器时代的文化在非洲、欧洲、亚洲等世界范围内广泛分布。中国旧石器时代的人类化石和文化遗物分布广泛,材料极为丰富,至今已在全国 26 个省区内发现了百多处旧石器时代遗址。[①] 距今 100 万年前文化有西侯度文化、元谋人文化、匼河文化、蓝田人文化以及东谷坨文化等。如在距今 170 万年前的元谋人遗址上发现了 7 件元谋人用脉石英制造和使用的石核与刮削器,在匼河遗址中发现了可能用于狩猎的石球。距今 100 万年以后的遗址更多,在北方以周口店第 1 地点的北京人文化为代表,在南方以贵州黔西观音洞的观音洞文化为代表。旧石器时代中期文化可以山西襄汾发现的丁村文化为代表。另外比较重要的有周口店第 15 地点文化和山西阳高许家窑人文化。中国进入旧石器时代晚期,遗址数量增多,文化遗物更加丰富,技术有明显进步,文化类型也更加多样。晚期随着生活环境的变迁和生产经验的积累,先人开始从适宜制造石器的原生岩层开采石料,制造石器,因而出现了一些石器制造场。如内蒙古呼和浩特市东郊大窑村和前乃莫板村的两处石器制造场,就是当时人类制造和采集原料的重要场所。

考古发现,先人打制石器的石料主要是燧石、玛瑙、石英、砂岩、角岩及各种硅质岩等。打制技术随时间的推移日益精美,打制方法可分为碰砧法、摔击法(投击法)、锤击法、砸击法(两极打击法)、间接打击法等,打制的石器种类有砍砸器、刮削器、尖状器、雕刻器、斧形器、镞形器、刀形器、石球状器等,它们各有不同的用途。旧石器作为唯一能够保存至今的早期人类制作和使用过的工具,对于我们研究探讨早期人类的生存方式和社会、文化、技术的发展等与人类起源及演进相关的问题有着十分重要的意义。因为石器生产的每一个步骤和过程都要留下特有的痕迹和许多废片,都要打上远古人类石器制作过程的"烙印",都可以体现人类在打制石器过程中受到这些自然因素制约作用的信息,以及人类对这种制约作用的认识程度和能力,这些石片、石核和石器的类型、形状、器物组合,石制品的原料、大小、比例关系以及遗址的空间分布状况等代表了许多史前信息。[②] 因此,我们通过石器上获得的远古相关信息,尽可能揭示先人当时的行为方式、社会经济运转状况、所处的生态环境等,从而了解人类自身的演化过程,把握人类未来的命运。

---

① 谢燕萍、游学华:《中国旧石器时代文化遗址》,香港中文大学出版社 1984 年版。

② 王益人:《旧石器考古学中的结构与信息》,《文物世界》2001 年第 2 期,第 31—48 页。

知识链接 ▶ **目前已知中国最早的人类**

1984年,在重庆市巫山县庙宇镇龙坪村龙骨坡上,发现有约120种上千件哺乳动物化石,此外还发现有一段带有2颗臼齿的残破能人左侧下颌骨化石,1986年又发掘出3枚门齿和一段带有2个牙齿的下牙床化石,以及数十件石制品。这批化石属于较早的直立人,所在层位经地磁测年为距今201万—204万年,是迄今我国发现的最早的人类化石,科学家将其命名为“巫山人”,该地点被命名为龙骨坡遗址。1996年国务院公布龙骨坡遗址为全国重点文物保护单位。

2. 玉石的琢磨

旧石器时代晚期,人们在制作、使用石制工具时发现了玉这种矿物。它比一般石头更为坚硬,于是人们就用它来磨制其他石器;由于它又有与众不同的色泽和光彩,晶莹通透,惹人喜爱,于是当原始人开始有美的意识后,便用它来做装饰品。北京山顶洞人遗址出土过一些大小一致的白色小石珠和黄绿色卵形穿孔的美石,这是到目前为止发现最早使用玉(泛义玉)的记录。这说明,早在18000年前,早期先民已经发现玉的独特美,并作为装饰品开始使用,以引起异性的关注。这是人类社会的原玉时期。而内蒙古自治区敖汉旗兴隆洼遗址出土的玉器是迄今所知的中国年代最早的真玉器,它标志着社会大分工的形成,使我国使用琢磨真玉器的年代追溯到了8000年前左右的新石器时代中期。而1975年考古又发现在距今七八千年的浙江余姚河姆渡新石器时代遗址中,有28件用玉料和萤石制作璜、管、珠一类的装饰品,这反映当时人们已经可以制造简单的玉器、石器。由于当时玉的数量极少且加工困难,因而极为珍贵,只有族群里少数头面人物如族长、祭师才有资格佩戴并使用它。

(二)新石器时代晚期至夏:神玉时代

1. 新石器时代文化

新石器时期(大约距今10000—4000年)在考古学上是指以制造和使用磨制石器为标志的人类物质文化发展阶段。这时大多数石器经过在砥石上研磨加工,有了一定的形状。我国大约在1万年前就已进入新石器时代,由于地域辽阔,各地自然地理环境很不相同,各地新石器文化也有很大区别。考古发现:新石器时代早期,前段以河北徐水县南庄头、江西万年县仙人洞及吊桶环、湖南道县玉蟾岩遗址为代表，主要以打制石器为主，开始使用简单磨制石器；后段主要以内蒙古赤峰兴隆洼、河北武安磁山、河南新郑裴李岗等为代表，磨制石器有了很大发展。新石器时代中期又可分为前后两期，前期以河姆渡文化、龙虬文化、北辛文化、半坡文化、前大溪文化为代表，后期以仰韶文化、马家浜文化、大汶口文化为代表，该时期磨制的石器种类日益丰富，制作亦越来越精美。新石器时代晚期也叫铜石并用时期，以山东历城龙山镇城子崖、山东日照两城镇、河南洛阳王湾、山西襄汾陶寺、甘肃临兆马家窑、湖北京山屈家岭、湖北天门石家河、浙江余杭良渚遗址为代表，该时期石器磨制精致，器型变小。此后，随着人类逐渐开始制作陶器、纺织，从事农业和畜牧业，发明了冶铜技术，开始了定居生活，语言、记号、文字、绘画、雕塑、音乐、舞蹈等文化艺术开始萌芽，石器时代结束，人类开始迈向原始文明历史进程。

2. 夏：神玉时代

考古学研究表明，在新石器时代晚期，玉在当时原始部落文化中常作为私有财产的标志，且多带有原始宗教和迷信的色彩，因而成了权力和地位的象征。掌握祭祀大权者相信天圆地方，便琢制圆璧与方琮，来礼拜天神与地祇，使玉开始具有通灵的法力。渐渐地玉被演变成一种巫觋祀神，沟通天、地、人的礼器、祭器。而史前社会以及整个古代社会，吃饭穿衣是人类第一需要，农耕、狩猎、采摘等都是为了满足人们饮食生存的第一需求。人们所进行的祭祀活动，主要目的就是祈求神灵保佑，四季风调雨顺，人们获得充足的食物。玉之洁净细腻犹如果肉，光泽油润似同脂肪，容易使人想象为食物。故巫师在祭祀中，将像美食般的玉摆陈出来，以玉事神。《山海经》就这样记载：人需要以谷物、肉类和果实为食物，黄帝以“玉膏”为食物，神灵以“玉”为食物。其实，玉供神食用仅是玉众多功能之一。

掌握祭祀大权者还认为氏族远祖的生命是经由神物源自上天的，便在玉器上雕饰想象中神祇祖先的形貌，甚至刻绘极具深义的符号，以礼拜之，希望借玉器特有的质地、造型、花纹与符号，产生感应法力，与神祇祖先交流，汲取他们的智慧，获得福庇。正是在漫长历史进程中出现的这些原因，使玉由原来仅仅是一种特别的石头转化为权力、地位、财富、神权的象征。例如，在红山文化、良渚文化遗址中，就发现了大型祭坛等宗教性建筑遗迹，以及大量玉神器。玉神器包括巫事用的法器、装饰，以及祭祀不同神灵的器物。红山文化遗址中主要有勾云形器、龙首玦、发箍、丫形器，以及神人、龙、龟等，而其中的玉龙、玉猪等则应是作为族群的图腾而制作的。良渚文化遗址中的琮、璧、璜、钺等形制简单，薄厚不匀，造型不很规则，以素面居多。有些有较繁缛的阴线刻纹，玉器上的神人兽面图案多侧重于头部，尤为突出眼目的表现，研究认为那应当是良渚文化部落的最高神祇。

神玉时期玉的特征就是器形以神器为主，玉器制作不求形似，重在神韵，玉器朴拙而神秘，是远古时期通神的重要工具。而在我国关于古代英雄的神话故事中，许多神话故事在叙述这些伟大人物时，也将世系英雄与神格化的玉紧密地联系在一起。传说炎帝时曾"有石磷之玉，号日夜明，以之投水，浮而不下"。其实这是一种磷光效应，但古人却把这种自然现象和炎帝神农的圣德联系在一起，似乎天地为贤人的圣德所感，以至于玉石都显了灵。古代传说是轩辕黄帝最早统一了中国，并建立了典章制度，因此国人至今仍以作为炎黄子孙而自豪。《拾遗记・轩辕黄帝》中记载他曾"诏使百辟群臣受德教者，先列圭玉于兰蒲，席上燃沈榆之香，舂杂宝为屑，以沈榆之胶和之为泥以涂地，分别尊卑华戎之位也"。这说明黄帝时代已建立了圭玉制度。唐尧是圣德之主，传说他得到了一块雕刻着"天地之形"的玉版，说明唐尧圣世，功绩卓著，与其得玉版受天意和知识有关。夏禹治水，奏万古奇功，皆因他得到"蛇身之神"传授玉简的结果。所有这些描述都强烈地表现了古人对玉的狂热宗教情绪。相关内容可参见本书第四章"宗教信仰中的石文化"。

拓展学习 ▶

1. 了解我国新石器时代主要文化遗址。
2. 玉器从何时起有了装饰功能？
3. 古代玉器的政治、经济、文化价值表现在什么方面？

二、夏、商、周（春秋、战国）、秦：王玉时代

（一）玉礼器为王权的代表

夏晚期至商、周，玉的宗教、政治、文化属性已经渐次完善。这一时期玉器盛行，从帝王将相到布衣百姓无不以玉为贵，国家用玉的功能主要在于朝觐、盟誓、婚聘以及殓葬等。例如，河南偃师二里头遗址出土的夏代玉器，包括玉柄形器、玉钺、玉圭、玉璋、玉璧、玉戈、玉琮、玉铲、玉刀、玉镯、玉版、玉管、玉铃舌等。在河南省安阳市发现的商代王室墓葬——殷墟妇好墓共出土青铜器、玉器、宝石器、象牙器等不同质地的文物 1928 件，其中玉器 755 件，分为礼器、仪仗、工具、

生活用具、装饰品和杂器六类，这些玉器的玉料多来自新疆以及东北地区，加工精细，技艺高超，造型丰富多彩，代表了殷墟玉作工艺的最高水平。在河南鹿邑长子口墓地、洛阳北窑西周墓地、三门峡虢国墓地、平顶山应国墓地出土西周时期玉器包括戚、戈、圭、璋、琮、璧、璜、玦形器及动物饰件、项饰、玉组佩等。总体上看，这一时代玉文化的主要特征是玉礼器成为王权的代表。

1. 玉为国家占卜之法器

夏、商、周三朝在立国之初，都借助烦琐的巫术仪式来表明神意，确立政治上的合法性。换言之，天命的掌握必须通过占卜、法器来完成。如启建夏朝之初，有“钧台之享”，商汤灭夏后有“景亳之命”，西周肇始，武王于孟津大会诸侯，因为周朝拥有最权威的占卜法器——“大宝龟”，所以周武王理所当然成为了解神意、通达天命的使者。而占卜使用的法器主要是玉器。因此玉的使用被编入当时国家法典，通过玉器的使用，以区别和稳定统治阶级内部的等级关系。至此，玉礼器成为这一时代玉文化的主要特征。

2. 玉为国家祭祀之礼器

巫术是古代人类社会礼天祈福，祭祀祖先等的一种重要形式。《周礼·春官·宗伯·第三》曰：“若国大旱，则师巫而舞。”《尚书·舜典》曰：“击石拊石，百兽率舞。”描述了古人进行巫术活动的情景，即一般形式是巫师带领一群人边唱边舞，边敲击玉石发出有节奏的音响。历史记载和后人分析表明，玉是当时制作乐器的最好材料。最早的原始歌舞和巫术礼仪活动是混为一体的，但进入阶级社会后开始发展成社会上层建筑的两个独立的部分，原始歌舞演变成“乐”，巫术礼仪演变成“礼”。于是玉从参与歌舞、巫术礼仪活动而成为中国玉文化的开端之一。至周朝用于礼的玉器的内涵、形式都必须符合严格规定的礼制要求。《周礼·大宇伯》中就记载祭祀不同方位的神祇，所用的玉是器形不同的，故有了“六器”；在重要场合，不同身份、等级的人，所持玉器的规格、形状、大小是不一样的，故有了“六端”。周礼建立严格的等级制度，规定天子、诸侯的不同服饰，如帝王冕冠前后备有“十二旒”，用白玉 288 颗。至于为什么用玉制礼器，有人认为原因如下：一是玉乃天地之精华浓缩，天地间至贵者；二是玉有五色可配天地五方；三是玉的硬度相对较低，可利用比玉更硬的金刚砂解玉和琢磨；四是玉石韧性较强，璧琮璜等玉器均要进行切割，玉的抗冲力较大，可以抵抗冲力的破坏，利于制器。

3. 玉为王命之信物

如在玉圭中，有琬圭、琰圭、谷圭之分，它们都是国王赐予使节行使命令的信物：琬圭用于国王结好诸侯，赞扬他们的美德善行；琰圭用于国王征伐诸侯，惩罚他们的违逆恶行；谷圭用于国王议和或下聘。这样，玉成为王命的象征。如春秋战国时的玉圭的重要用途之一就是诸侯之间签订盟约的载体，山西侯马和河南温县的晋国盟誓遗址中，就出土了这种玉圭。

4. 玉为天命皇权象征

据传秦王嬴政统一天下后称始皇帝，命李斯篆书"受命于天，既寿永昌"八字并雕琢为传国玉玺，作为天命和最高权力的象征，谁掌握它，谁就是受命于天的天子。故《汉书》有记载："初，高祖入咸阳，得秦玺，乃即天子位，因御服其玺，世世传受，号曰传国玺。"虽然这枚传国玉玺后因战乱而失传，但具有征信作用的帝王玉玺一直代表国家和皇权，成为最高权力的标志。

（二）玉礼器的主要品种

从上可知，这段时期礼仪活动中所用的玉器其品种繁多，纹饰主要有凤鸟纹、云纹、谷纹等。伴随着工具的改进，玉器纹饰线条遒劲，钻孔光滑，做工精致，镂雕镶嵌技艺运用得极为普遍。主要品种有：

1. 玉璧

玉璧是六瑞中出现最早、使用时间最长的一种礼器。呈圆形、片状，中部有孔。环状实体部分称"肉"，孔洞部分称"好"，比例有严格的规定，《尔雅》有"肉倍好，谓之璧"之说。① 玉璧的颜色为天蓝色，是礼天的玉器品种，因此，《周礼·春官·大宗伯》有"以苍璧礼天"之记载。

2. 玉琮

玉琮是一种中间为圆筒状，外圈为正方或钝角四方形的器物，代表了天圆地方的观念，中间穿孔代表天地之间的沟通。琮的材料要求为黄色，是礼地的玉器品种。《周札·春宫·大宗伯》有"以黄琮礼地"的记载。玉琮还被用于符瑞、殓葬等。

3. 玉圭

玉圭是一种扁平长方体器物，它是六瑞中最为繁杂的一种重要礼器。板状器顶端为平的，称乎首圭，顶端为尖的则称尖首圭。制作圭的材料要求是青色的，它是礼东方的器物。《周礼·春官·大宗伯》有"以青圭礼东方"的记载。此

① 《尔雅》是我国训诂学史上第一部成系统的训诂专著，它大致成书于战国中后期，其撰写人现无从考证。

外,玉圭还用于代表地位高低、符节,行使征守恤荒、和难聘女、治德结好、易行除慝等。

4. 玉璋

玉璋是一种扁平长方体器物,一端斜刃,另一端穿孔,也是六器之一。做璋的玉材要求其颜色是红色的,是礼南方的器物。《周礼·春官·大宗伯》有"以赤璋礼南方"的记载。

5. 玉璜

玉璜是一种圆心略缺的半圆形片状物,即"半璧",两端各有一孔,也是六器之一,且是其中样式最繁复、数量最多和流行时间长的一种礼乐玉器。做璜的玉材要求其颜色为黑色,是礼北方的器物,《周礼·春官·大宗伯》有"以玄璜礼北方"的记载。此外,玉璜也作为佩饰物。

6. 玉琥

玉琥是圆雕形片状体或饰虎纹形的虎形器。做琥的材料要求为白色,是礼西方的器物,《周礼·春官·大宗伯》有"以白琥礼西方"的记载。同时,玉琥也是王侯用以调兵的信物。

7. 玉珑

玉珑是龙形玉器。龙是中华民族的图腾.历代关于龙有无数神奇的传说。《说文解字》中解释:"龙是鳞虫之长,能幽能明,能细能巨,能短能长,春分而登天,秋分而潜渊。"

8. 玉磬

玉磬是一种标准形制如矩形尺状的器物。上古时是宫廷举行大礼奏乐时的主要打击乐器。

9. 玉册

玉册是由数块扁平长条形玉片组成,上面书刻文字,内容有祭祀、明誓、悼文、记史等,是上层统治者的专用物。

(三)"三礼"中对佩玉的严格规定

从奴隶社会到整个封建社会,几乎没有一个朝代不是以玉饰来作为官场礼仪的标志。《礼记·玉藻》云"古之君子必佩玉",皆因"君子于玉比德焉",故当时的君王必佩戴玉饰。然而在"三礼"中对佩玉有严格的规定,甚至对用来穿串玉饰的丝带色彩也有规定。如《礼记·玉藻》有一段特别的叙述:"天子佩白玉而玄组绶,公侯佩山玄玉而朱组绶,大夫佩水苍玉而纯组绶,世子佩瑜玉而綦组绶,士佩瓀玟而緼组绶。”这句话的意思是规定天子以白玉为佩,用黑色的丝带相贯;公侯以山玄玉为佩,用红色的丝绳穿系;大夫用水青色的玉为佩,必用纯色的丝绳穿挂;世子用瑜玉之佩,需用杂色丝绳组系。与之相对应,佩饰类和装饰类玉器的品种十分庞杂,大致可分为头饰、耳饰、项饰、手饰、身饰几大类。

(四)璧、瑗、环、玦的用途

《左传·哀公七年》中有一段关于中国古代人际交往使用玉器的文字记载:“禹会诸侯于涂山,执玉帛者万国。”这即是“化干戈为玉帛”的由来。当时诸侯所执的玉有圭、璋、璧,合称为三玉,都属于古代所言的瑞玉。这里需要特别说明的是,古代三玉中的玉璧,是一种特指,并不包含玉瑗、玉环、玉玦。

先秦的典籍论及礼玉,特别是圆玉,其作用甚多。但对圆玉的形制的区别却很少说明。《周礼·考工记》中仅提到:“璧羡度尺,好三寸以为度。”“羡”被后人解释为璧的孔径,至于瑗、环、玦的区分,未作说明。直到汉初编撰的《尔雅·释器》才有了以下解释:“肉倍好谓之璧,好倍肉谓之瑗,肉好若一谓之环。”

那么,这里的“好”与“肉”指什么?宋人撰《尔雅疏》做了更清晰的解释:“肉,边也;好,孔也;边大倍于孔者名璧。”关于各自的用途,《荀子·大略》有曰:“问士以璧,召人以瑗,绝人以玦,反绝以环。”按照这个标准,古代璧、瑗、环、玦这四种圆玉的分类、特征及用途是:

1. 玉璧

玉璧是中心孔径小于边宽的圆玉。古代诸侯朝见天子,卿大夫奉命会见邻国国君,都要执见面之礼,这在当时被称为“贽”,而玉璧是作为“贽”最为重要的礼物,这是古代极为严格的礼仪,使用玉璧向对方表达敬意和问候。这种礼仪逐渐演化为高级贵族彼此往来,也都以玉璧为“贽”的时尚和风气。此外,在古代地位低的人往往要向地位高者赠璧以示敬意、问候和生死效忠,之后发展为好友之间相互赠玉璧,以示知心之交的凭证。由于“璧”的读音与“毕”“毙”相似,所以古代玉璧也作为葬玉使用。

2. 玉瑗

玉瑗是圆形板状体,《尔雅》中有“好倍肉,谓之瑗”可用于证明玉瑗是中间有一大孔,即中心孔径大于边宽的圆玉。玉瑗是一种地位高者召见地位低者的信物,古时凡天子召见诸侯,诸侯召见卿大夫的时候,都会命人拿着玉瑗,以为凭证。被召见者见到使者带来的玉瑗,便要立刻到召见者身旁听命,另还作为引导君王上阶之器,以免君王失坠等。

3. 玉环

《尔雅》云:“肉好若一谓之环。”玉环形同璧,区别在于肉和好的比例,即中心孔径等于边宽的圆玉。古人佩环是为了象征自始至终不渝的精神,除佩饰外,还用来传递回归、回还的信息。

4. 玉玦

玉玦是一种带缺口的环形器,产于新石器时代,常作耳饰。古人佩玦有两个含义:一是决断事物;二是表示断绝之意。玉环和玉玦的形制相仿,只是玉玦有一缺口,正是这一缺口之别,这两种圆玉表达了两种完全不同的信息:古代流放边境的罪臣,三年之后,如果得到君王送来的玉环,便得知君王召其归还,因为“环”与“还”同音;如果得到玉玦,便知君王已与他断绝,返回无望,因为“玦”与“绝”音近。古代也有环、玦连用,根据对环、玦的选择,从而可得知该人对某件事情所持的态度是赞同还是反对。

三、秦汉至魏晋南北朝时期:冥玉时代

(一)冥玉风俗

冥玉风俗其实早在新石器时代就已存在,例如浙江余杭良渚文化遗址、河南偃师二里头遗址、殷商墟妇好墓等,都出土了大量随葬玉器。而到秦汉魏晋南北朝时期,王室皇家生前用玉,死后殓玉,以显尊严权威。尤其是到了汉朝,特别是自从张骞通西域以来,昆仑山的玉石大量流入内地,人们对玉的崇尚与使用也更加广泛,生者佩玉、食玉,亡者裹玉、填玉,甚至认为圆璧有助于灵魂通天,因而在帛画、墓砖上,都饰以玉璧图像,以至于我们现在发掘的汉墓中都发现了大量的葬玉。

汉代是我国古代玉器的一个辉煌的时代,奠定了中国玉石文化的基本格局为“礼、摆、饰、葬”四大类,即这一时期玉的种类主要有礼器、陈设器、装饰玉和葬玉等四大类。常见的纹饰有云纹、鸟纹、龙纹、螭虎纹、谷纹、蒲纹等,玉面通常被勾出细如游丝、若断若继的细线,刚劲有力,线条的构图准确。而最能体现汉代玉器特色和雕琢工艺水平的,是陈设玉和葬玉。陈设玉有玉奔马、玉熊、玉鹰、玉辟邪等,多为圆雕或高浮雕作品,凝聚着汉代浑厚豪放的艺术风格。葬玉品种分为两大类:一类是作为陪葬之用,即将死者生前使用的玉或专门为死者制造一些玉制品随死者葬于墓中,或是让死者灵魂得到安慰.或是让死者进入阴间仍能飞

黄腾达、高官厚禄；第二类是专门的丧葬器，因古人迷信“金玉在九窍，则死人为不朽”而以玉陪葬之。

(二)丧葬玉的主要品种

1. 玉琀

《说文解字》云：“琀，送死口中玉也。”玉琀又称“饭含”，“玉塞九窍”的亡人口中之物，是放在死者口中的玉器。以玉为口含的现象多集中于殷墟，玉琀的种类也比较多。玉琀各代形制不一，商周玉琀有玉蝉、玉蚕、玉鱼、玉管等，春秋战国时玉琀有玉猪、玉狗、玉牛、玉鱼等，多为小动物。玉琀中最有特色的当属汉代的玉蝉，其线条简练，粗犷有力，刀刀见锋，表面平滑光亮，边沿棱角锋利，翅尖几可刺手，素有“汉八刀”之称。汉时人们多以玉蝉作琀，寓意非常明了，因为蝉是在地下洞出生，故除《后汉书·礼仪志下》写“饭含珠玉如礼”的“礼仪”意思外，玉琀在亡人口中，无非是要亡人如“蝉蜕”复生，灵魂延续。东晋以后玉蝉几乎不见，至宋代因仿古之风大盛，玉蝉又开始大量出现。但自宋以后，玉蝉作为佩饰的功能日渐突出，纹饰也渐趋繁缛，有的翅膀竟像苍蝇翅那样撇开，早不似汉代玉蝉的气韵。

2. 玉衣

玉衣的起源，可以追溯到东周时的“缀玉面幕”“缀玉衣服”。汉代统治者不仅把玉作为财富和权力的象征，还迷信“玉能寒尸”，坚信以玉护身能使尸体保持不腐烂。为此他们用昂贵的玉衣做殓服，且使用九窍器塞其九窍。汉代规格最高的丧葬殓服是“珠襦玉匣”，形如铠甲，用金丝连接，称为“金缕玉衣”，也称“玉匣”“玉柙”，为汉代帝王下葬所用，其他贵族使用银、铜线缀编而成的玉衣则称为“银缕玉衣”“铜缕玉衣”。目前为止全国共发现玉衣二十余件，中山靖王刘胜及其妻窦绾墓中出土的两件金缕玉衣是其中年代最早、做工最精美的，玉衣实物包括：头套、上衣、裤子、鞋、手套、玉屑、玉握、玉枕等。其中刘胜的玉衣共用玉片2498片，金丝重1100克，窦绾的玉衣共用玉片2160片，金丝重700克，因制作所费的人力和物力十分惊人，故到三国时曹丕下诏禁用玉衣，玉衣前后共流行了四百年。

3. 玉覆面

“玉覆面”即玉质丧葬面具，它由近似人面部五官形式的若干件玉器按人体面部大小形态缝缀在布料上，形式各不相同，有的是专门而做，有的似用其他玉器改作或合并而成。先秦贵族的丧葬仪式中，人们会用各种玉料对应人的五官及面部其他特征制成饰片，缀饰于纺织品上，用于殓葬时覆盖在死者面部，以防秽气侵尸，真魂流散。

4. 玉塞

又称九窍塞，是填塞或遮盖死者的耳、目、口、鼻、肛门和生殖器九个窍孔之用的，目的是防止人体内的“精气”由九窍逸出，以达尸骨不腐。

5. 玉握

玉握是葬死者时，执在死者手中的玉器。早期玉握并无一定的规定，但汉代盛行握玉豚，即玉猪，皆因猪是当时社会的主要家畜，是财富的象征。

四、隋唐至宋、辽、金、元时期：官玉时代

（一）隋唐玉器

从秦汉至隋唐，玉器一直是皇公贵族的专有装饰用品。唐代时随着西域的开拓使得新疆和田玉大量输入内地，因而唐代玉器材料多为和田玉，工艺上精雕细琢，同时唐代玉器的传统礼器功能失去，出现禅地玉册与玉哀册两种新的礼仪玉，丧葬玉几乎绝迹，而佛教、人物玉器（如玉佛和玉飞天），实用玉器皿（如玉带板和玉首饰），摆饰玉（如肖生玉器）大行其道，推动玉器迈进艺术殿堂，使玉文化呈现世俗化、生活化的新趋势。玉器的艺术风格与前代玉器在风格上迥然不同，大量写实的花、鸟、虫、鱼造型和纹饰出现，常见的有折枝花卉、葵花、云朵纹、人物鸟兽等，充满生活气息和勃勃生机。在雕琢中常采用一种似凸实凹的表现手法，获得相当成功的立体效果。

唐高祖李渊时期首创了按官级高低佩戴玉器服饰的制度，据《唐实录》记载：“高祖始定腰带之制，自天子以至诸侯，王、公、卿、相，三品以上许用玉带。”即用玉带銙的佩带形式来象征官位及其权力，一般三品以上文武官员方许佩用。玉带銙由鞓（鞓带衬）带板、铊尾和带扣组成。唐代玉带銙（板）特点：一是带銙的颜色由紫色向其他颜色递变，紫色位阶最高。紫色其义来源于紫微星，据传是天帝所居处，故以紫色位至尊。二是带銙以玉为最高，依次为金、银、铜、铁。三是根据官爵的高下，所用玉带銙的节数有严格规定，由 13 块至 7 块，尊卑有别。

（二）宋、辽、金玉器

两宋时经济发达，商业繁荣，由于手工业技术进步，玉器加工变得更方便快捷，玩玉赏玉之风盛行。《宋史・舆服志五》载：“太平兴国七年正月，翰林学士承

旨李昉等奏曰:'奉诏详定车服制度,请从三品以上服玉带,四品以上服金带。'"由此可知宋代沿用唐时官玉制度。同时这一时期玉器不再是皇家、官场专用,而进入民间流通市场,民间玉器消费对象已不仅是宫廷高官贵族或文人雅士,普通百姓也可以享用,因此宋代玉器出现了平民化的世俗题材,甚至形成一门专琢花鸟形玉器的玉作。辽、金时期玉器出现了大量写实的花卉、虫鸟、虎鹿山林、龙凤呈祥图案,在形神兼得上达到很高造诣。镂雕手法在这一时期运用得极为普遍,并出现一些形态逼真的仿古玉。辽、金时期"春水玉""秋山玉"出现了巧作。[①]"巧作"即利用同一块玉料不同的天然色泽和纹理,巧意构图,使玉雕天然浑成为不同层次、内容的艺术作品,这种工艺又称"俏色"。辽、金时期"春水""秋山"题材的巧作玉器,就是利用和田籽玉棕、黄色玉皮,表现契丹、女真等北方少数民族"四季捺钵"时的自然景色。

(三)元玉器

元朝建立后,对汉文化的重视程度更是超过前代,官办手工业繁荣,宋、辽、金的一些玉匠进入元官办手工业作坊继续从事玉雕业,使宋、金琢玉传统得以发扬光大。这些玉匠吸收了宋、辽、金高超的镂雕琢玉技术,同时浮雕技法被运用得出神入化,最后创造出气势大、雕琢精、装饰巧的元朝玉器新风。其中皇家代表性玉器主要有:渎山大玉海、玉押、玉绦环、玉带钩和玉帽顶(玉炉顶)等。至元代人们还大量利用青灰色玉料巧作的玉器,但玉器雕琢除注重形体、饰纹、线条外,玉器的色泽搭配技巧亦十分熟练。在表现艺术主题技巧上,广泛用玉皮,加工成巧作器物,这是当时为增加玉器美观而有意设计的新品种,在动物、植物纹饰上,运用得非常出色。例如,利用棕黄色玉皮惟妙惟肖地表现半枯的秋荷;又如,利用青灰或黑灰两色巧作墨玉鱼莲佩、云龙饰件(白玉巧作云龙饰件、青玉巧作龙虎饰件)等。

五、明清时期:民玉时代

(一)明代玉器[②]

明代玉器渐趋脱离五代两宋玉器形神兼备的艺术传统,形成了追求精雕细琢装饰美的艺术风格。明代的皇家用玉都由御用监制,而民间观玉、赏玉盛行,

① "春水玉"所指为鹘(海东青)捉鹅(天鹅)图案的玉器,"秋山玉"所指为山林虎鹿题材的玉器,都是辽金契丹族、女真族广泛使用的玉雕题材,与汉民族传统玉器题材大相径庭,带有明显的北方游牧民族的特征。

② 张广文:《明代玉器》,紫禁城出版社 2006 年版。

在经济、文化发达的人城市中都开有玉肆,至明代晚期最著名的玉作中心是苏州。同时古玩商界为适应收藏、玩赏古玉器的社会风气,还大量制造了古色古香的伪赝古玉器。明代玉器的玉材主要使用质地细腻温润的和田玉。明末著名科学家宋应星在《天工开物》中记载当时运送玉材的盛况"凡玉由彼地缠头回,或溯河舟,或驾橐驼,经庄浪入嘉峪,而至于甘州与肃州。中国贩玉者,至此互市得之,东入中华,卸萃燕京。玉工辨璞高下定价,而后琢之"。明代通过海上贸易,也得到了大量珍稀宝石,扩大了宝玉石制作的用料范围。明代玉器的纹饰和装饰手法丰富,动物图案有:龙、蟒、凤、狮、虎、鹿、羊、马、兔、猴、鹤、鹅、斗牛、飞鱼等;植物图案有:菊花、牡丹、荷花、葵花、兰花、石榴花、灵芝、山茶花等;还盛行以图案为底纹或边饰万字、喜字、寿字、流云、朵云、波浪等。从器型上看,主要有礼器、装饰用器、文房用品和日用器皿等;玉礼器主要有玉璧、玉圭;装饰用器有玉带板、带钩、带扣、玉簪、鸡心佩、花片、方形玉牌等;文房用品有玉笔、笔架、玉砚、水洗等;日用器皿有玉盒、玉杯、玉壶、金托玉执壶等。明代玉器最大特色:一是深受文人画艺术的影响,追求高雅情趣,玉器制作出现前所未有的诗书画印艺术;二是符瑞吉祥的谐音题材大为流行,隐喻吉祥的纹饰在玉器上比比皆是,例如多以图像组合表现吉祥之内涵,如"连年有余""五子夺魁""福在眼前""马上封侯"等,反映出人们趋吉祈富之心理。

(二)清代玉器[①]

清代作为我国封建社会最后一个王朝,"康乾盛世"曾出现了我国古代玉器史上最为昌盛的时代,成就了我国玉文化发展的第三个高峰。

1.玉作工艺南北各具特色

清代玉器制作主要出自宫廷造办处、苏州、扬州三处,三处各具特色。造办处玉作特色:(1)体现皇家旨意,制作流程复杂,玉料精挑细选,做工严谨,造型极为规整,方、圆、弧、折的雕琢一丝不苟,抛光细致,技艺精湛繁复,代表清代玉器最高水平;(2)品种和数量繁多,有陈设品,佩饰,实用器皿,文房用器,以及山水、花鸟、玉山子、浮雕图画式的玉屏风等;(3)乾隆时期的造办处玉作工艺术水平达到高峰,清代中期以后造办处玉器生产渐入衰落。苏州玉作特色:(1)以小巧玲珑、精心巧作见长,多平面镂刻,其薄胎玉器技艺更胜一筹;(2)苏州制玉大家主要有陆子刚、姚宗仁、郭志通等。扬州玉作特色:(1)因材施艺,以大取胜,以巨雕和山子雕为主打,特别善于碾琢几千斤甚至上万斤重的特大件玉器,其代表作

① 常素霞:《中国古代玉器图谱》,河北美术出版社1999年版。

《大禹治水图玉山》是我国现存最大的玉山子；(2)扬州玉匠善把绘画技法与玉雕技法融会贯通，注意形象的准确刻画和内容情节的描述，讲究构图透视效果，将浮雕、圆雕、镂空雕等多种技法融于一体，具有浑厚、圆润、儒雅、灵秀、精巧的特征。

2. 玉器种类繁多①

清代玉器的种类繁多，归纳起来，依玉器功能不同可分为：(1)册宝类有玉册、玉宝、宫殿堂阁之宝、鉴赏章等；(2)神像类有佛、菩萨、罗汉、八仙等；(3)祭法类有圭、璧、琮、七珍、八宝、五供、铃杵、净瓶、爵等；(4)陈设类有鼎、尊、簋、觥、觚、瓶、炉、壶、山子、如意、花插、玉屏等；(5)文玩类有笔杆、砚、水盂、笔筒、笔山、笔掭、镇纸、臂搁、洗、砚滴、棋子等；(6)器皿类有盘、碟、碗、杯、盅、盏、盒、执壶、鼻烟壶、唾盂等；(7)佩饰类有朝珠、手串、朝带、顶圈、香囊、带钩、翎管、簪、戒指、手镯、环、佩、牌、坠等；(8)用具类有笛、箫、推勺、冠架、拐杖头、梳、粉盒等；(9)镶嵌类包括普遍施用于室内陈设、家具、器皿上的各种饰件。

3. 玉器已用于日常生活

清代玉器与社会文化生活关系日臻密切，玉器成为各阶层民俗事项和服饰上广泛佩戴使用的装饰品和吉祥物，并兼有一定的实用功能。例如，明清官宦大户人家常用玉器有如意、杯盏、盘碗、执壶、带钩、带扣、翎管、扳指、香囊、鼻烟壶、牌形佩、透雕花片、龙凤佩、仿汉佩、朝珠、圆雕坠饰、镯子、扁簪、砚滴、笔筒、笔洗、臂搁以及仿古彝器等。而文人文房用玉有笔洗、笔筒、墨床、镇纸、臂搁等。此外，寻常百姓人家也出现装饰类玉器，如玉鱼、玉片饰、玉坠、玉牌、玉锁、玉发箍、玉簪、玉笄、玉帽花、玉带钩、玉香囊、玉生肖等。

4. 玉料来源充足

据史料记载，清代玉材除和田玉外，还包括准噶尔玉(又称玛纳斯玉，因产于新疆天山北麓准噶尔盆地南边的玛纳斯县而得名)、蓝田玉、南阳玉、岫岩玉等等。此外，也有从越南、缅甸、印度等地输入云南的翡翠、玛瑙、水晶等，由于各种玉料来源充足，极大地促进了清代民间制玉业的发展。

---

① 《宏伟精致的清代玉器文化》，http://www.chinajade.cn/zine/1618.html。

第三章　金城石室:传统建筑中的石文化

谁是最先步入中华建筑文化之门的第一人?史传是:有巢氏。《韩非子·五蠹》中开篇描述:“上古之世,人民少而禽兽众,人民不胜禽兽大蛇。有圣人作,构木为巢,以避群害,而民悦之,使王天下,号曰‘有巢氏’。”有巢氏所构之巢,虽然只是人类房屋最早的雏形,但代表着当时人类从原始的山洞居住发展到建造房屋的阶段,标志人类居住史的一次伟大开端,从此木、土、石成为人类建筑不可或缺的基本材料。石材的应用与人类生存的自然条件与环境、开采技术与工艺水平的逐渐提高紧密相连。从旧石器时代原始人居住的天然崖洞,到神庙建筑、宫殿建筑、陵墓建筑……从巍巍万里长城、古关隘城堡,到乡间石桥、石路、石坊……石材,在中国的建筑中虽然不占主流,却是无处不在,不可或缺,别具特色,辉煌无比,为中国建筑史谱写了雄伟篇章,也进一步丰富了中国石文化内容。尽管中国古代建筑中的石材使用并不如西方古典建筑那样从整体到局部都广泛使用且石材精雕细刻无以复加,但石头作为最佳建筑材料在中国古代建筑中的许多重要部位都得到广泛使用,不仅对建筑起到美化修饰的作用,提高了建筑的耐久性、坚固性,甚至还具有某些特殊的政治和宗教意义。

第一节　雕栏玉砌:传统石制建筑与石构件

一、传统石制建筑发展历史[①]

(一)中西方建筑的差异

石头是大自然为人类提供的最古老、最坚实、最耐久、最取之不尽的建筑材料。石材以其天然之美,在古今中外建筑史上谱写了无数的雄伟篇章与绚丽佳作,以至于法国作家雨果曾经感叹:“建筑是石头的史书。”

众所周知,传统建筑材料一般就是木、土、石三种。中华民族是最早利用石头作为建筑材料的民族,并创造出许多石制建筑奇迹,石材成了中国人建筑中不可缺少的材料。然比较而言,中国传统建筑以土木为主、石材为辅,西方传统建筑则以石材为主。这是因为,古代西方许多宏大的建筑物都与神权有关,需要象征神的永恒,而不耐久的木材无法满足这一要求,且粗大的木材不易获取,坚固耐腐的石材于是受到了西方人青睐。但是古代中国既有石料的来源,也有石材加工的技术,为什么石材却并不常用在人们居住的房屋中,而多用于城墙堡垒、宫殿坛庙、寺观佛塔、桥梁墓室、道路河堤等处?原因在于:一是我国中原地区多土多木容易获取,相比而言石材更难采得,采用土木为主要材料建筑效率更高、耗时更少、成本更低。二是崇尚节俭自古是中华民族的主流价值观,认为建造石头建筑是奢侈的劳民伤财的表现,因而无法被主流价值观接受。三是中国工匠们很早就掌握木制建筑的榫卯结构技术,相比较对石质建筑力学缺乏了解,也未发现更好的石头间缝垫灰材料。四是我国传统五行、风水等思想认为木材是向上生长的树木,代表着生命、生气,方位为东,是吉象;五行中的土也是吉象,据中央,主方正。土木相配合,可谓相辅相成,而石材其质地近金,有肃杀之气,因此墓室用石材砌成,暗示着死亡,在意象上具有永恒意义。不过,在功能上有坚固耐久要求的防御建筑,如汉长城有不少是就地取山石垒砌而成;此外耐久性要求较高的建筑部件,如地面、台基、柱础中也主要使用石材。而福建惠安、漳州等地,因盛产花岗石,为当地百姓提供了极好的建筑材料,因而随着开采技术与条

---

① 《说石之二:古建筑中的石质构件》,http://blog.sina.com.cn/s/blog_8e3f6dd90101j24x.html。

件的提高，近代以来大量出现石条建起来的楼房，甚至屋面、楼板、楼梯、护栏、门窗、过梁都是用石条砌筑而成。

（二）我国传统石制建筑发展历史

从历史上看，石材应用是和人类生存的自然条件与环境紧密相连的。旧石器时代，原始人就利用天然崖洞作为居住处所。例如，20 世纪 70 年代在我国陕西省神木县高家堡镇石峁村附近，发现了一个史前时期规模最大的石城城址，被称为“石峁遗址”。该城址的发现可用“石破天惊”来形容，因为石峁遗址为中国文明起源形成的多元性和发展过程提供了全新的研究资料，经过几十年大量考古调查、勘探和部分发掘，人们在遗址中发现了规模宏大的、保存相当完整且基本可以闭合的石砌城墙以及城门、角楼和疑似“马面”等附属设施，整个石城布局和规划极为严整、精确，为已知世界上最早的“瓮城”结构。通过调查分析，专家初步认定石峁城址应当始建于龙山文化中晚期至夏代早期阶段，距今约 4300 年，这一发现足以证明，中华民族至迟在 4300 多年前就开启了石制建筑的历史。

至商周时期，石料的运用已比较普遍，然而又因战乱频繁、开采困难等原因，石制建筑在当时仅为权贵使用，且多用作建筑的雕刻材料或用于基础部位。例如，1992 年在浙江省龙游县发现的“龙游石窟”，人们至今还未打开其在当时作何用途的秘密。汉代以后，石料开采、选择技巧越来越高，石制台基、地基、地面、墓穴等工艺日益精湛，这从汉朝遗留的贵族墓室建筑可以得到证实。实际上中国古代建筑材料、结构、建筑类型均十分丰富，既有夯土也有木结构，既有砖材也有大型石材，既有梁柱结构也有拱券和穹顶结构。例如，位于中国江苏徐州市的著名龟山汉墓，为西汉第六代楚王襄王刘注夫妻合葬墓，该墓为典型的崖洞墓，其十五间墓室和两条甬道总面积共 700 余平方米，容积达 2600 多立方，几乎掏空了整个山体，在半山腰挖石修墓，其神奇堪与埃及金字塔垒石成墓相比肩。

南北朝时期，随着佛教兴起和建筑工艺水平的提高，石头建筑越来越多，大量江南寺庙、牌坊、楼台等的出现，使我国石制建筑发展到新的高峰。至隋唐，石制建筑主要为宫殿、坛庙、寺观、佛塔、园林、石桥和民居建筑等，其中宫殿、园林、石桥建筑的成就最为突出。明清之后，石制建筑、艺术品更加繁杂，经一些名家、名匠的弟子传承，石雕艺术甚至出现分宗立派现象。

二、传统建筑中的石材

(一)石台基、石栏杆、石柱础

1. 石台基

台基也称基座,系高出地面的建筑物底座,用以承托建筑物,并使其防潮、防腐,同时可弥补建筑单体不甚高大雄伟的欠缺。中国古代建筑始终有三个主要部分:台基、屋身、屋顶。台基是全部建筑的基础,一般用砖或石砌筑,是房屋及房屋主人身份和地位的标志,具有政治和宗教色彩。皇家宫殿一般气势磅礴,厚重威严,其台基多为层石条砌筑,如故宫三大殿和山东曲阜孔庙大成殿,都是在一层层砌起的石台基之上耸立起来的。

2. 石栏杆

又称护栏,也称勾阑。最早在周代礼器座上就已有类似栏杆的构件,至汉代以卧棂式栏杆为最多,六朝时盛行钩片勾阑,多用于须弥座式台基上。唐宋起凡高级别建筑的台基边均设石栏杆,元明清的石栏杆逐渐脱离木制栏杆的形制,趋向厚重,广泛用于普通台基上或桥的两侧、楼梯两侧、廊柱两侧、亭榭周边等处的建筑物边缘,以防止人体坠落,并起到美观的作用。在进行栏杆设计时,一方面考虑安全适用、施工方便、节省空间等因素,另一方面也考虑成本与美观。由于石栏杆用笨重而坚硬的石头进行装置和雕刻,技术难度要远远大于木栏杆和其他材料的栏杆,故最初的栏杆主要以木制之,但石栏杆雕刻生动形象,立体感更加强烈,且坚实耐久,不易磨损,后才大量出现石栏杆。由于宫殿中石阶和石栏杆多用纯白色大理石即汉白玉这种石料制作,故又才有"玉砌朱栏"的诗句。至元、明、清时石栏杆逐渐脱离木制栏杆的形制,不仅趋向厚重,并成为中国古代建筑典雅灵秀最突出的反映。石栏杆一般由望柱、栏板和地铺石三部分组成。望柱分柱身和柱头两部分:宋代柱身的截面多为八角形,至清代时截面多为四方形,望柱柱身各面常有海棠花或龙纹装饰,柱头的装饰花样繁多,形式种类各异,隋朝至元代多雕狮子、明珠、莲花,明清官式做法有莲瓣头、云龙头、云凤头、石榴头、狮子头、覆莲头、水纹头、火焰头、素方头等,民间风格的柱头形式比较自由,只有皇家宫室才能采用龙凤柱头,民间不得使用。望柱与望柱之间的石雕栏板,是整个石栏杆中所占面积比例最大的部分,也是石雕工艺装饰的重点部位,主要有镂空和实体两类形式,它上面通常雕刻着各种花纹图案,使静态的石头变化灵活。如今人们所见最早的为隋朝建的安济桥和五代建造的南京栖霞寺舍利塔上的石栏杆。而现代石雕栏杆的材料和造型更为多样，精致绝伦的石栏杆在保护人们安全的同时，也装饰陶冶人们的生活情操，并成为一种传统艺术装饰品而传承下去。

3. 石柱础

石柱础是古代建筑中的重要构件之一，又称磉盘，或柱础石，是承受屋柱压力的奠基石，使柱脚与地坪隔离，起到防潮防腐的作用。故古人对柱础石的使用十分重视，无论是皇宫大殿还是普通民居，但凡是木架结构的房屋内的木柱皆有柱础石，只是不同时代，有不同的形制与特色。先秦时期大多用卵石做柱础，汉朝柱础有类似覆盆式(似盆反扣过来)、反斗式，但样式极为简朴。至六朝时覆盆式已普遍流行，且有了人物、狮兽、莲瓣样式的柱础。唐朝则最流行雕有莲瓣的覆盆式柱础。北宋时李诫编纂的我国古代最完整的建筑技术书籍《营造法式》记载有当时石柱础的不同形制："其所造花纹制度有十一品：一曰海石榴花；二曰宝相花；三曰牡丹花；四曰蕙草；五曰方文；六曰水浪；七曰宝山；八曰宝阶；九曰铺地莲花；十曰仰覆莲花；十一曰宝装莲花。或于花纹之间，间以龙、凤、狮兽以及化生之类者，随其所宜分布用之。"明清时形制除上述外还有鼓形、瓶形、兽形、六面锤形等多种，雕饰图案以龙凤云水为母题，或以百狮飞鹤为主体，结合宗教装饰图案的佛家八宝、民间八宝、道家八宝以及花鸟虫鱼等，制作工艺已达到极高水平，另外还有琴棋书画、麒麟送子、狮子滚绣球等传统图案数百种之多。雕刻手法上善于把高浮雕、浅浮雕、透雕与圆雕相结合，装饰性与写实性相比衬，使装饰作用与独立欣赏价值相统一，充分体现了当时工匠的高超技艺，同时也展现屋主人的情操和愿望。总之，石柱础完美造型和精美纹饰使古代建筑的柱子不仅是一种建筑部件，也是实用与艺术完美结合的中国古代建筑不可或缺的组成部分。

(二)石门

1. 传统石门基本建构及功能

门，就是建筑物的出入口，它的实用功能是给居住者带来方便、安全、温暖及私密，主要由门扇、门框、门槛、门枕、门楣、门头等基本部分组成。门作为房屋外檐最为突出的部分，在中华传统文化中又是居住者身份、地位、理想追求、审美情趣的外在展示，因而又被视为是建筑物的脸面，亦称为门脸，并通过"门面"这一具体的物化形式表现出来，折射出严格的礼制制度，形成了影响深远的所谓"门第"观念，所以"门"成为中华古代建筑中最为突出的部分。另一方面，古人认为门是确保家庭生气、兴旺的枢纽，而在生产力低下、科学不昌明、文化思想愚昧的封建社会，面对难以防范的各种自然灾害，人们普遍存在消灾避祸、求吉祈富的社会心理，在道教思想及“堪舆学”（俗称“风水学”）影响下，“灵石”镇宅成为民间风俗，故“名门望族，凡门前、巷口、村头，皆立石止煞”，而普通百姓则按方位符镇法，立“泰山石敢当”于房屋之凶位以避凶邪。由此可见，以石材制成房屋“门面”，自古亦有“化煞”的心理作用。

2. 石门框

门多以木或石为材料建造。石制门框即称石门框，一般是安在较厚实的砖、土墙上，形状有长方形和拱形。石门框上的横框叫门额，有承重的作用，有的门额上还雕刻瓦当、滴水等各种图案，起到美化装饰作用。明代建筑的门额还装有门簪，有的门额上镶嵌石横匾，根据房主的地位或身世镌刻一些文字或图案等，左右立框称为门颊。

3. 石门槛

石门槛是在门框下面紧贴地面的一块相对较宽厚的长条形石条（多数人家的门槛以木制成），固定在地下，其功能一是划分内外的界线，在风水学中具有阻挡外部不利因素进入家中并防止财气外漏的作用；二是身份与地位的象征。

4. 石门枕

门枕早在汉代建筑中已经出现，它多用石料加工而成，也称为门枕石、门礅、门座、门台、镇门石等，多用于中国传统的四合院建筑中，样式丰富，花纹多样。门枕石的使用方式是：固定在地面上，一半在门里，一半在门外，中间与门框的相交处开有一道凹槽，用来插放门槛。门内一半门枕石开圆形穴，放置门下轴，门外的部分多做有装饰，或为方形的墩，或为圆形的鼓，往往雕以精美的鸟兽花饰，并赋予丰富内涵。传说圆形墩是武将门前所用，古时战胜归来的将军把战鼓放在门前，以耀功绩，故又叫抱鼓石、石鼓、门鼓、圆鼓子、石镙鼓等。

（三）石花窗

石窗，又称石花窗，石漏窗，就是用石材雕刻成的窗户，应用于庭院建筑，它既能透风，采光、又具有防盗功能，更具有艺术装饰性，起到点缀环境之作用，是一种融实用性与艺术性为一体的我国古代石雕工艺表现形式之一。石窗形制以长方形和方形最多，亦有圆形、拱形等。石窗外形与窗花讲究实用与审美的和谐统一，制作工艺往往融汇浅浮雕、浮雕、深雕、圆雕、透雕等多种艺术手法。窗花表现的内容与题材丰富多彩，儒释道三教文化、市井故事、神话故事、古典名著、历史典故等无不涉及，从一个侧面体现出不同地区的百姓人家的宗教信仰、生活理想、文化观念、审美趣味、风俗礼仪等。

三、石阙、石雕牌坊

（一）石阙

阙是中国古代建筑体系中极为重要的一种建筑形象，它溯源于门，雏形是古代墙门豁口两侧的岗楼，在人们能够建造大型门屋后，便演变成门两旁外侧的体现威仪的建筑，防御功能逐渐减弱。阙都是成对、对称地建立在宫门、城门或陵墓等建筑物前入口大道的两旁，中央无门扇，两阙间空缺的地段为通向阙后建筑物的道路（古代"阙"与"缺"通用），故称"阙然为道"。阙具有两种形式：一种是碑形，但宽度与厚度的比例近方，扁平者较少，其上覆以模仿瓦、吻、檐及斗拱的木构建筑物的石造屋顶，每种又有单檐和重檐的差别；另一种是除上述的这一部分为主阙外，其外侧连以略矮小的子阙，子阙上面也覆以石造屋顶。砌在阙身上部、阙额以及楼部上的石块，雕刻各式装饰图案，有的刻有青龙白虎、朱雀玄武，有的刻有云气仙灵、珍禽怪兽，有的刻有神仙人物，有的刻有历史故事，有的刻有铭文，造型古朴，形态生动，内容丰富。

文献记载西周时已有阙，阙的建造材料有木、石，木制阙容易在战争中毁灭或自然朽败，难于长久保存，故目前已存的阙都是汉代以来遗留的石阙。汉代石阙，是我国现存的时代最早、保存最完整的古代地表建筑。其中：年代最久的是河南省登封县的汉代三阙——太室阙、少室阙、启母阙，距今已有近 2000 年的历史；重庆忠县乌杨阙是保存最好的汉阙，现存于国家级博物馆——重庆中国三峡博物馆，为国宝级文物；四川省是发现石阙最多的省份，其数量超过全国范围内现存阙的三分之二。它们都为研究古代建筑艺术、雕刻艺术以及古代人们的生产生活等提供了珍贵的实物资料。

（二）石雕牌坊

石雕牌坊是用石材雕刻、建造而成的特有的门洞式建筑。它是中国传统建筑中变化最大、样式最多、分布最广、结构最特殊、历史最悠久且功能极复杂的一种建筑，又名牌楼。我国古代遗留下来的石牌坊分布广、数量多、功能繁杂。综观起来，就功能、用途、性质、建造场合诸方面而言，大约有一二十种之多。如果按范例分，有皇家石牌坊、官宦石牌坊、布衣石牌坊等。在封建社会，牌坊制作的审批权掌握在皇帝手中，牌坊的制作规格也有严格的品级限定，如只有帝王神庙、陵园才可用最高品级的牌坊，即"六柱五间十一楼"，臣民最多只能建"四柱三间七楼”。封建官吏所建以宣扬政绩、赞美品德、树立榜样的牌坊,通常构筑在门路、桥梁等处。汉时起当一个坊里有人做了体现“嘉德懿行”的好事时,官府就会加以表彰,把褒扬的榜文悬挂在坊门之上,由此这个坊门有了“榜其闾里”的功能或成为具有纪念意义的牌坊;至唐、宋时,官府的重要文告往往公示于牌坊上,也有将政绩、及第、长寿、守节等树立门柱上进行表彰的情况,即所谓“树阙门闾”“门安绰楔”;至元、明、清时,又有“旌表建坊”的做法,即帝王赐给臣民的“匾”被挂在石雕牌坊上,匾上的赞誉之词是帝王以“圣旨”的形式来敕封的,“匾额”上的题词就是表彰的内容。如今在安徽、江西、浙江等许多地区的村口旷野中,还存在大量的布衣牌坊,它们多为孝子坊、烈女坊、贞节牌坊,另外还有许多宗祠牌坊、衙署牌坊、府第牌坊、忠义牌坊、敬贤牌坊、甲第牌坊、旌功牌坊、褒德牌坊等,这些牌坊在人声鼎沸中或苍烟落照中巍然矗立,经历年年岁岁,风吹日晒雨淋,显得苍茫古朴,沉寂荒凉。对于现代人来说,它们旌表节烈、褒扬功德、让后人敬仰的意义已不复存在,但作为古代建筑艺术的智慧体现,仍值得后人敬仰和膜拜。

今天一些新造的石牌坊被广泛设置在城乡街道、景点、庙宇、路口前,起到点题、框景、借景等装点景观作用,同时石牌坊还远涉重洋屹立于异国他乡的许多地方,被视为中华文化的一个典型标志。

拓展学习 ▶

1. 古代贞节牌坊中最有盛名的在哪里?有哪些特点?

2. 浙江省现存较有名的石牌坊有哪几座?其功能是什么?包含着哪些文化意义?

3. 探访当地现存的石牌坊,了解其文化内涵。

4. 了解西方神庙、教堂建筑中的石文化。

四、石桥石雕

(一)石桥的产生

在人为建造桥梁之前,自然界由于地壳运动或其他自然现象的影响,形成了不少天然的桥梁形式。如浙江天台山有一名胜——横跨瀑布上的石梁,梁连接二山,形似桥,故又称为石梁桥。对此天然石桥,古代文人留下不少佳句,例如,初唐诗人宋之问《灵隐寺》诗中就有:“待入天台路,看余度石桥。”北宋诗人梅尧臣在其《送微上人归省天台》诗有:“释子怀慈母,吾儒未易轻。不寻琪树去,肯向石桥行。”梅尧臣另一首《寄天台梵才上人》诗中又有:“常观月从东方出,想照石桥旁畔人。”又如江西贵溪也有因自然侵蚀而成的石拱桥——仙人桥。人类正是从这些天然桥中得到启示后,便取山石为基作台,取木、石、竹、藤甚至盐、冰等自然材料建造出“独木桥”“跳墩子石桥”。

随着社会生产力的发展,在建材方面对石料的大量利用,使桥梁在原木构梁桥的基础上,增添了石柱、石梁、石桥面等新构件,由此而使石桥应运而生。所以,石桥就是用石材建造的桥梁。中国以石造桥的历史悠久,根据建造工艺及结构的不同,有石梁桥、石板桥、石拱桥等。我国春秋战国时期便出现了石墩木梁跨空式桥,西汉进一步发展为石柱式石梁桥,东汉则又出现了单跨石拱桥,隋代创造出世界上第一座敞肩式单孔弧形石拱桥,唐代又造出了船形墩多孔石梁桥。宋代是大型石桥蓬勃发展的时期,创造出像泉州洛阳桥和平安桥那样的长达数里横跨江海交汇处的石梁桥,以及像北京卢沟桥和苏州宝带桥那样的大型多跨石拱桥。

知识链接 ▶ **古桥之乡绍兴**

“垂虹玉带门前来,万古名桥出越州。”绍兴是中国历史文化名城之一,古称越国、越州。由于绍兴境内水道纵横,又因水而有桥,且桥梁量多面广,被称为中国的“古桥博物馆”。明清时期,绍兴石桥便连街接巷,五步一登,十步一跨,真可谓是“无桥不成市,无桥不成路,无桥不成村”。目前,绍兴已存的604座古桥中,宋以前古桥13座,明以前古桥41座,清代重修、重建、新建的古桥550座。按材料与结构分:有古木桥(包括木梁桥、木拱桥)10座,石梁桥(包括三折边桥)348座,石拱桥(包括多折边拱、半圆拱、马蹄形拱、椭圆拱、准悬链线拱)241座,多桥型组合桥4座,纤道桥1座。绍兴古桥不仅类多面齐,而且许多桥取得了国内“桥梁之最”称号,例如,国内现存最早的城市桥梁——宋代八字桥,国内仅有的唐代特长型石梁桥——纤道桥,国内仅有的连续三孔马蹄形拱桥——泾口大桥,国内首次发现的准悬链线拱古桥——玉成桥等。这些古桥“之最”说明绍兴古桥在桥型、建桥工艺、技术水平方面都达到了当时时代的高峰。

(二)古代石桥的基本类型

1. 石拱桥

石拱桥是用石块拼砌成弯曲的拱作为桥身,上面修成平坦的桥面,用以行车走人,又有单拱、双拱、多拱之分,拱的多少视河的宽度来定。我国的石拱桥有悠久的历史。北魏晚期的地理学家郦道元所著地理名著《水经注》中详细记载了一千多条大小河流及有关的历史遗迹、人物掌故、神话传说等,里面提到的"旅人桥",大约建成于公元 282 年,可能是有记载的最早的石拱桥了。我国的石拱桥几乎各地都有,这些桥大小不一,形式多样,有许多是惊人的杰作。其中最著名的当推河北省赵县的赵州桥和北京的卢沟桥。赵州桥又名安济桥,因桥体全部用石料建成,当地俗称大石桥,它是隋代开皇至大业年间(公元 595—公元 605 年)由李春选用附近州县生产的质地坚硬的青灰色砂石建造而成,是当今世界上现存最早、保存最完善的古代敞肩石拱桥。杭州古桥中最高、最长的石拱桥为明崇祯四年(公元 1631 年)所建的拱宸桥。

2. 石梁桥

石梁桥又称平桥、跨空梁桥,是以石桥墩做水平距离承托,然后架木或石梁并平铺桥面的桥。梁桥若中间无桥墩者,称单跨梁桥;若水中有一桥墩,使桥身形成两孔者,便称双跨梁桥;若两墩以上者,便称多跨梁桥。汉代时由于发明了桩基技术,于是出现了石桥墩、石梁。石板桥构造方便,材料耐久,维修省力,是民间最为喜用的一种桥形,尤其是南宋后,南方许多地区建造了许多长大的石梁桥。例如,今浙江温州瓯海藤桥镇寺前村有一座肇建于南宋时期的三孔石梁桥,跨度 33.3 米,桥面宽 3.9 米,桥墩由块石砌筑,两端外伸 3 米,成三角体,各孔桥面并排直铺石板梁 5 条,每条长 9 米,厚 0.5 米,重约 6 吨,系利用潮水涨溶浮运架设,建造技术高超,至今数百年可不加修缮。

(三)石桥石雕

一座石桥就是一幅风景,一件艺术品,一项文化的重要载体。中国石桥虽然看上去大致相似,但由于桥头、桥墩是以形态各异的龙、狮、吸水兽和力士等雕刻艺术装饰,桥栏多雕饰有不同内容的精美石栏,因而使每座桥又各具特色。例如,有的桥头两端都有高大威猛的石狮,用以镇守桥不受外部侵蚀和保护行人的安全;有的桥面两侧有护栏,护栏一般都雕刻有花卉、吉祥图案,或是一些人物故事;有的桥头设立牌坊、华表、经幢和小石塔等;有的护栏中的望柱是连续护栏的中坚,望柱顶端似桃形的座,称为宝瓶,其意为永保平安。最令今人称道的隋朝的石匠李春设计和参加建造的赵州桥虽经一千多年风风雨雨,但桥面的人物雕工精巧别致,至今保存完好。桥主孔中间雕刻的吸水兽、桥墩最上层条石上的力士雕、桥拱上雕刻的“飞马踏云”、桥主孔与腹孔之间连接处雕刻的龙头等实属国内罕见的石雕艺术精品。又如北京的卢沟桥始建于金大定二十九年(公元1189年),迄今已经有八百余年的历史,全桥长266.5米,有11拱,面宽度为9.3米,桥身用巨大的白石砌成,被唐代文人赞美如“初月出云,长虹饮涧”,该桥的建筑设计先进,制造精良,建筑装饰更是别具特色,尤其是桥栏为高达近一米半的281根望柱与栏板连接而成,每根望柱顶端都刻有一个大狮子以及形象各异或藏或露的小狮子。因而卢沟桥不仅因“卢沟桥事件”而载入现代历史史册,更因明代《帝京景物略》中就有卢沟桥的石狮子“数之辄不尽”的记载,民间有“卢沟桥的石狮子——数不清”的传说而早已闻名天下。再如明清时期建造的故宫前的汉白玉石桥雕刻、清代颐和园内的玉带石桥和十七孔大石桥雕刻等,都是石雕的艺术珍品。中国著名的桥梁专家、教育家、社会活动家茅以升为此撰写了《桥话》《中国石拱桥》等大量有关中国传统石桥的科普文章。

拓展学习 ▶

1. 了解世界各地有哪些著名的天然石梁桥。
2. 了解“秦始皇于海中作石桥”的神话传说。
3. 了解浙江的“纤道桥”情况。
4. 了解杭州西湖“九曲桥”情况。
5. 了解中西方石文化对其建筑的影响。

第二节　琼楼玉宇:宫殿建筑中的石文化

一、中国历史上最为著名的宫殿

(一)什么是宫殿建筑

宫殿是古代统治者处理朝政和居住的地方。“普天之下,莫非王土”,在统治阶级看来,普天之下都是属于皇家所用,所以为了巩固自己的统治,突出皇权的威严,满足精神生活和物质生活双重享受,最高统治者往往不惜尽全国之力,建造规模宏大、金碧辉煌、富丽交辉、气势雄伟的建筑物或建筑群。然而,历史长河中各朝代建造的无数华美宫殿,由于时间的流逝,以及江山易主与王朝更替,绝大多数都在战争烽火中灰飞烟灭,只留下断壁残垣令人叹惜。

(二)宫殿建筑的结构

中国宫殿建筑通常由基台、柱框与墙身、屋顶三大部分组成。虽然受传统文化影响多以木质结构为主,所用石材取决于建筑的等级(石材等级高,砖等级低),且石材在中国宫殿建筑中并不像西方那样规模宏大,而主要用于基台、望柱、栏杆、石柱础、须弥座等处,但必定是气势磅礴、厚重威严,配置优美的造型、流畅的雕刻等,因而是石文化在我国传统建筑中的最好体现。

(三)中国历史上最为著名的宫殿

根据文献记载和考古发现,我国在商代时就出现了宫殿建筑。河南偃师二里头商代早期宫殿遗址即是现知最早的宫殿,而中国历史上最为著名的宫殿主要有:

1. 秦阿房宫

阿房宫是中国历史上第一个统一的多民族中央集权制国家——秦帝国于骊山修建的豪华宫殿,据记载,包括前殿建筑群和“上天台”建筑群两大部分,被认为是中国历史上最大的宫殿群,是中国首次统一的标志性建筑,也是中华民族开始形成的实物标识。众所周知,《史记》中记载阿房宫是被项羽烧毁,事实怎样呢？2002 年阿房宫考古工作队通过考古发掘发现,在阿房宫前殿遗址正面 1150 米处,有一大型黄土遗址建筑台基,东西长 250 米,南北宽 45 米,距地面高度 7

米，距秦代地面高9米。黄土台基中下部有纵横交错的排水管道，说明这个黄土台基上曾有被人使用过的大型宫殿建筑。在这一黄土台基北部3.8米处地下，发现一"矩"字形石渠遗存，东侧向南长17.4米，西侧向北长4.9米，东西长9米，水渠宽40厘米，深12至15厘米，水渠底层铺大鹅卵石，上铺小鹅卵石，水渠两侧砌筑比较规则，2至3排由呈"品"字形的大鹅卵石铺就。专家认为，这是比较典型的小桥流水式渠道和园林遗址，进一步证实史书上关于阿房宫是在秦皇游幸的"上林苑"的基础上扩建而成的记载，从而证实了秦阿房宫不仅有规模宏大的阿房宫前殿，而且是由一系列宫殿组成的宏伟建筑集群，而宫殿红烧土和火焚墙体残块的首次发现，否定了以往关于阿房宫未被焚烧的说法，找到了阿房宫毁于大火的证据，但是否由项羽焚烧，还有待进一步探查和研究。

2."汉三宫"

西汉时长乐宫、未央宫、建章宫合称"汉三宫"。长乐宫又叫"东宫"，是汉高祖刘邦处理政务的地方，公元前202年汉高祖在秦朝兴乐宫的基础上建成，由长信殿、长秋殿、永寿殿、永宁殿四组宫殿组成。未央宫始建于公元前200年，即高祖七年，在长安城的西南部，是皇帝朝会的地方，也是西汉王朝政治统治中心，未央宫宫内的主要建筑物有前殿、宣室殿、温室殿、清凉殿、麒麟殿、金华殿、承明殿、高门殿、白虎殿、玉堂殿、宣德殿、椒房殿、昭阳殿、柏梁台、天禄阁、石渠阁等，因在长乐宫之西，汉时称"西宫"，在后世人的诗词中未央宫已经成为汉宫的代名词。建章宫始建于公元前104年，在未央宫西的长安城外，为汉武帝在位时所建，为显示大汉的国威和富足，武帝在长安城外上林苑修建朝宫，其"度比未央"，规模宏大，因其周二十余里，千门万户，故有"千门万户"之称，武帝曾一度在此朝会、理政，但其宫殿建筑毁于新莽末年战火中，今地面尚存并可确认的有前殿、双凤阙、神明台和太液池等遗址。

3.唐大明宫

唐大明宫，原名永安宫，初建于公元634年，是唐朝长安城的三座主要宫殿——大明宫、太极宫、兴庆宫中规模最大的，占地350公顷，有含元殿、麟德殿、三清殿、翔鸾和栖凤两阁等建筑，堪称当时世界上最辉煌壮丽的宫殿群，自唐高宗起先后有17位皇帝在此居住，并成为皇帝处理朝政、接见群臣、举行阅兵仪式等重大活动的场所，是当时大唐王朝的国家象征与政治中心。

4.明初故宫

明初故宫又称南京故宫、南京紫禁城，建于公元1366年，是明朝初期的皇宫,为北京故宫的蓝本。占地面积超过100万平方米,南、东、西、北有南午门、东华门、西华门、玄武门各四座门。入午门为奉天门,内为正殿奉天殿,殿前左右为文楼、武楼;后为华盖殿,谨身殿。内廷有乾清宫和坤宁宫,以及东西六宫。整个故宫壮丽巍峨,殿阁雄伟,是中世纪世界上最大的宫殿,被称为"世界第一宫殿"。

5.明清故宫

明清故宫又称北京故宫、紫禁城,位于北京市中心,始建于公元1406年,是中国明清两代24位皇帝的皇家宫殿,也是世界上现存规模最大、保存最为完整的木质结构古建筑群之一。故宫分前后两部分,前部是皇帝举行重大典礼、发布命令的地方,主要建筑有太和殿、中和殿、保和殿。这些建筑都建在汉白玉砌成的8米高的台基上,远望犹如神话中的琼宫仙阙,建筑形象严肃、庄严、壮丽、雄伟,三个大殿的内部均装饰得金碧辉煌。后部为"内廷",是皇帝处理政务和后妃们居住的地方,这一部分的主要建筑即乾清宫、坤宁宫、御花园等,都富有浓郁的生活气息,建筑多包括花园、书斋、馆榭、山石等,它们均自成院落。一条中轴贯通整个故宫,这条中轴又在北京城的中轴线上,三大殿、后三宫、御花园都位于这条中轴线上。在中轴宫殿两旁,还对称分布着许多殿宇,总面积72万多平方米,有殿宇宫室9999间半。整个布局气魄宏伟,雄伟壮观,其建筑风格独特,装饰华丽,集中体现了中国古代汉族宫廷建筑之精华,在世界宫殿建筑中极为罕见。

二、中国古代宫殿建筑的文化内涵

中国古代宫殿建筑是皇权象征,鲜明体现出当时建筑上的等级观念。宫殿受阴阳五行观念影响较大,"阴阳五行说"影响着宫殿布局和规划,其文化内涵主要体现出以下几大特征:

第一,整体规划以王权为中心并受传统定式影响。中国古代宫殿作为封建专制皇权的象征,以王宫为中心布局都城的做法持续了3000多年,如唐朝的长安城、元朝的大都和明清时期的北京城都按照这种布局思想而建。《周礼·考工记》是我国最早的一部技术书籍,书中记载都城的规划时写道:"匠人营国,方九里,旁三门。国中九经九纬,经涂九轨。左祖右社,前朝后市。"所以此后都城布局以此书为参照,以王为中心,象征着紫微帝宫,作为四方之极,一统天下。

第二,选址与平面布局方式受阴阳五行观念影响。根据外朝为阳、内寝为阴的原则,形成了前朝后寝的布局;根据数字中奇数为阳,偶数为阴的原则,形成五门三朝的布局;根据阳宅风水理论,按照自然环境或人工营造背山面水的阳宅格局。

第三，遵从古代礼仪制度。即以左为尊，以 9 为最大阳数，宗庙为先，厩库次之，居室为后，中轴对称，“左祖右社”，并在开间数量、建筑色彩、彩画样式、仙人走兽数量、丹墀等方面都遵守严格规定。

第四，在宫殿艺术装饰上突显专制皇权至高无上的权威。各时期的皇家宫殿，不仅气势博大宏伟，布局严整对称，建筑精美豪华，制式等级森严，而且台基、柱框、屋顶、墙壁、色彩、彩画等次要部分，亦无一不体现皇家的威严与高贵。

三、中国古代宫殿建筑的石文化特色

各个朝代的宫殿建筑作为当时社会文化和建筑艺术的集大成者和最高体现，在建筑工艺上都有不同的时代特征。但它们的共同特点是建筑材料以木、土、石、砖为主，单体建筑的结构方式均为框架式木结构，包括抬梁式、穿斗式、井干式等，创造斗拱结构形式，平面布局则内向含蓄，多层次均衡对称。虽然基于中国传统建筑以木为主，石材多作为配角出现，但石头凝重粗犷、坚固难朽、装饰性强、历久弥新等特质，成为建造宫殿的最佳材料。由于石材成本高于砖土，在材料使用上石材为上，砖为下，所用材料取决于建筑的等级，而凡用之石材，均经工匠们的精工细雕，艺术表现达到炉火纯青、出神入化的地步，石头成为宫殿建筑中最重要的建材之一。例如，宫殿建筑的主要部分是台基、柱框与墙身、屋顶。台基的装饰很丰富，但以须弥座形式等级最高，栏板、望柱及其纹饰亦受等级限制。如北京故宫主体宫殿建筑都建在石头甚至汉白玉砌成的台基上，台阶亦以一级级石条砌成，远望犹如神话中的琼宫仙阙高高耸立，以烘托建筑形象的严肃、庄严、壮丽和雄伟，而建筑石雕中以石柱、石础、石栏雕刻居多，雕龙最具特色，如盘龙柱、盘龙御道一般多以大理石甚至汉白玉雕琢而成，体现皇帝的威严。其他石雕、石刻装饰随处可见，栏杆上遍施精美浮雕，独具匠心，精美无比。北宋文学家、诗人苏辙在《登嵩山·将军柏》诗中有云：“肃肃避暑宫，石殿秋日冷。”元朝诗人虞集在其《玉华山》诗中亦云：“光凝石殿千年雪，影动银河八月槎。”这些诗句都是对石造宫殿的赞誉。

第三节　圣境石殿:宗教建筑中的石文化

一、宗教建筑概述

我国的寺庙、道观建筑因宗教信仰而建,是保存数量最多也最古老、完整的建筑。我国传统佛寺、道观的建筑原则与平面布局几乎等同于宫殿建筑,只是规模较小,并且在装饰及室内摆设上带有各自的宗教色彩。寺庙、道观内建有对称的钟楼和鼓楼。佛寺在佛殿之前还建佛塔,供奉佛舍利,汉语称为"浮屠",有木塔、石塔、砖塔、铁塔等。其中,能保存至今的佛塔多是石制佛塔。

(一)宗教建筑的起源

远古时期,由于生产力水平和人们认识水平低下,对自然灾害和野兽侵袭无法抵抗且又难以加以科学解释,故寄希望于冥冥之中神灵的保护,逐渐形成了自然崇拜、祖先崇拜习惯,进而产生了宗教信仰。于是人们在居住地建立起寺庙来供奉他们的守护神,寺庙被认为是神的居住地,人们带着各种贡品来到寺庙向神表达敬意,而寺庙则给人们内心带来平安和平和。今天人们普遍认为,宗教信仰是人们精神上的一种需求,是人们的权利。目前全世界大约有四分之一的人信仰宗教,且主要信仰三大宗教,即公元前 6 世纪以前产生的佛教、公元 1 世纪 30 年代产生的基督教以及公元 622 年产生的伊斯兰教,对这些信徒来说,他们心中信仰的皈依之地分别是佛寺、教堂和清真寺。随着三大宗教信仰在世界各地传播,不同国家或地区的三大宗教建筑在风格上、形制上、装饰上都各不相同,反映出不同的文化特征与时代特征。例如早期的基督教教堂因要表现出神权权威,需要给信徒与神一样永恒的感觉,因而在建筑材料上选择历久弥坚、不易腐蚀的石材,以至于今天我们看到欧洲历史上无论是罗马风格的教堂还是哥特风格或巴洛克风格的教堂基本上都是由石头建造而成。而在佛教两千多年间的发展中,佛教建筑也形成了印度风格、东南亚风格、中国风格、中国藏传佛教风格以及日本风格等,中国佛教建筑早期受印度佛教建筑影响,但很快就开始了中国本土化过程。

而在佛教传入中国之前,自战国中期在中国本土兴起的宗教——道教,在从汉朝至清朝的长期发展中,广泛吸收了古代巫术、神仙思想、诸子百家以及中华传统自然科学、社会科学、风俗习惯、文化艺术等，具有鲜明的中国特色，对中华民族各阶层思想意识的形成以及中华传统文化各个层面都产生了深远影响，道教建筑亦形成自身特色。

(二)佛寺概述

佛寺，即佛教寺庙，是供奉佛像、存入佛经、举行佛事活动和供僧众们生活、居住的场所，是最主要的佛教建筑。“寺”在我国最初并不是指佛寺，秦代以来通常只将官舍称为寺。东汉时因中天竺高僧携佛教经像来到洛阳，为此专门为高僧兴建官舍并命名为白马寺，这便是佛教传入我国内地时兴建的第一座寺院，后被称为中国及东亚、东南亚地区佛教寺院的“祖庭”。自此开始，“寺”逐渐成为中国佛教建筑的专称。除外，“庵”，指小佛寺，也指由归入佛门受持具足戒的比丘尼(也称尼姑)居住的寺庙。南北朝至唐代，佛寺已遍及全国，建筑布局也渐趋稳定。目前中国著名的十大古寺为:洛阳白马寺、杭州灵隐寺、登封少林寺、苏州寒山寺、正定隆兴寺、泉州清净寺、开封大相国寺、北京卧佛寺、西宁塔尔寺、日喀则扎什伦布寺。这些佛寺既是人们宗教信仰的皈依之地，又是完整保存我国古代佛寺文化的历史文物汇聚之所。随着国家对弘扬佛教文化活动的重视，不仅古代佛寺建筑得到很好的修缮保护，越来越多新的佛寺建筑在各地出现，正所谓“寺庙乾坤贯古今”。不过，虽然中国传统建筑以土、木为主要材料，很少使用石材，但在建造佛寺、佛塔、佛殿、佛窟这些佛教主要建筑时，石材坚固持久的优良特质在这些建筑中得到充分、精致的发掘与利用。

我国古代佛寺类型大体分为:汉地佛教寺庙、藏传佛教寺庙(喇嘛庙)、汉藏混合型寺庙和南传佛教寺庙。这四种类型佛寺建筑的文化特色也有很大差异。

汉地佛教佛寺一般由山门、寺庙、阁楼、牌坊、狮子雕刻、塔、幢、碑等组成。山西省的五台山是我国著名的佛教圣地之一。五台山上的佛教建筑非常多，保存至今的就有 58 处。其中南禅寺和佛光寺较著名。佛光寺建筑在半山腰，上下共三个院落，各个院落都有殿、堂、房、舍等各种建筑，荟萃了我国各个时期的建筑形式。

“藏传佛教”是中国佛教的一派，俗称喇嘛教。喇嘛教寺庙建筑的特点是佛殿大、经堂高，建筑多依山势而筑。藏族的寺庙建筑以土木石结构相结合，但以木结构为主。大经堂为三层建筑，墙体用块石砌成，厚而窗子小，给人非常浑厚稳定的感觉。由于寺院一般都依傍坡台而建，所以建筑物显得很高大。始建于唐代的西藏拉萨的布达拉宫是典型的喇嘛教寺庙建筑，整个宫殿建筑依山势叠砌，辉煌壮观，其建筑面积达 2 万多平方米，内有殿堂 20 多个，正殿供奉着珍贵的释迦牟尼12岁时等身镀金铜像。布达拉宫虽具有典型的唐代建筑风格,也吸取了一些尼泊尔和印度的建筑艺术特色。

汉藏混合型寺庙主要建筑大经堂往往采用简化的藏式装饰,其他附属建筑及塔幢的形式选用汉式藏式不一。如承德避暑山庄的外八庙就是大型汉藏混合型寺庙,前边平地部分按汉人的山门、碑亭、天王殿、大雄宝殿的轴线对称格局布置,而后部则以藏式大经堂或坛城式布局结合山势布置,成为汉藏建筑的叠加。青海湟中县的塔尔寺也是一种汉藏混合的形式,既有完全汉式的建筑如大召殿、喜金刚殿等早期建造的佛殿,亦有完全藏式的建筑如大经堂等,还有汉藏混合式的建筑,如讲经院(显宗学院)等。

中国傣族地区的佛寺建筑受缅甸、泰国佛教建筑的影响较大,建筑形式亦很富于地方特色。故称南传佛教寺庙。佛寺一般选择在高地或村寨中心建造,其布局没有固定格式,自由灵活,也不组成封闭庭院。寺院建筑由佛殿、经堂、山门、僧舍及佛塔组成,这些建筑多由砖石建造而成。

(三)道观概述

道教为多神崇拜,尊奉的神仙是将道教对"道"之信仰人格化的体现。在道教中,"神"指先天自然化生之圣,"仙"指后天修炼得道之人。人们通常将神、仙二字合用或混用。

道教中的活动场所称谓很多,主要称谓有宫、观、庙,以及院、殿、祠、堂、坛、馆、庵、阁、洞、府等。道教认为,人间的宫、观、庙、洞等都是神仙的象征性住所,是向神灵祈祷的地方。道教创立之初,其宗教组织和活动场所皆以"治"称之,后又称"庐""静宝"等,南北朝时道教的活动场所称呼为"仙馆",北周武帝时又称为"观",取观星望气之意,唐朝时因皇帝认老子为祖宗,而皇帝的居所称为"宫",所以道教建筑也始称为"宫",但宫是道教庙宇最隆盛的称谓,道教中凡称"宫"的庙宇一般都要经过封建帝王的特许或"赐额"。

道教的神仙境界主要分为三十六天、神山仙岛、洞天福地、名山大川、幽冥地府、人间宫观这六种。三十六天:从上到下依次为无极大罗天、三清天、四梵天、无色界四天、色界十八天和欲界六天。神山仙岛:主要有昆仑山、蓬莱三神山、大小方诸山和十洲三岛。洞天福地:洞天指山中有洞室通达天界,贯通诸山,福地指得福之地,居住于此能够受福度世、修成地仙,洞天福地分为十大洞天、三十六洞天和七十二福地。幽冥地府:幽冥地府是鬼的世界,需要神仙监管,所以地狱是特殊的仙境,幽冥地府主要包括酆都地狱、泰山地狱和十王殿。人间宫观是仙境的延伸。

道教圣地分别是:湖北十堰的武当山、四川都江堰的青城山、江西鹰潭的龙虎山、安徽黄山的齐云山。武当山为“四大道教名山”之首,山势奇特,雄浑壮阔,有72峰、36岩、24涧、3潭、9泉、构成了“七十二峰朝大顶,二十四涧水长流”的秀丽画境。山间道观总数达2万余间,规模宏大,建筑考究,文物丰富,这些道观建筑群已被列入世界遗产名录。山间主要道观有:金殿、紫霄宫、遇真宫、复真观、天乙真庆宫等近百处。青城山因有36座山峰,如苍翠四合的城郭,故名青城山。这里林木青翠,峰峦多姿,向有“青城天下幽”之誉,为我国道教发祥地之一,相传东汉张道陵(张天师)曾在此创立五斗米道,因此,历代宫观林立,至今尚存38处,著名宫观有:建福宫、天师洞、上清官等,并有经雨亭、天然阁、凝翠桥等胜景。龙虎山独具碧水丹山的自然特色,有着现今所知历史最悠久、规模最大、出土文物最多的崖墓群,构成了这里自然人文景观的“三绝”。龙虎山的著名宫观有:天师府、上清官等。齐云山又称白岳,因其“一石插天,与云并齐”,故名齐云山,是一处以道教文化和丹霞地貌为特色的山岳风景名胜区,有36奇峰、72怪岩、24飞涧,加之境内河、湖、泉、潭、瀑构成了一幅山清水秀、峭拔明丽的自然图画。山岳特点是峰峦怪谲,且多为圆锥体,远远望去,一个个面目各异的圆丘自成一格,主要道观有:洞天福地、真仙洞府、太素宫、玄天太素宫、玉虚宫等。齐云山碑铭石刻星罗棋布,素有“江南第一名山”之誉。

二、佛寺、道观建筑对中华石文化的影响

虽然不同时期的佛寺、道观建筑布局无不与其功能相适应,同时又受到当地传统建筑风格的影响,从而形成自己的不同特色。但是,中国佛寺、道观建筑都体现出中国佛教、道教“天人合一”的宇宙观,展示了人神和谐理念,都反映出中华传统文化特点,并丰富和提升了中华石文化的内涵。

1. 选择天然胜地

佛寺、道观的选址往往首先考虑山川形势以及方位,认为只有能融合天气、地气、水气、人气等天地万物之灵气且能够藏得住气的地点方为建寺修观之佳地。而一般名山大川的山腰或山顶、曲径通幽的山林、景色险绝的山崖都成为建佛寺、道观之佳地,正所谓“深山藏古刹”“天下名山僧占多”,目的是一方面营造出引人入胜、高不可攀又令人向往的意境,另一方面使广大信众能够脱离尘俗静心修持修炼,又能登高远望,思想开阔。

2. 将自然与人为相融合

许多佛寺、道观建筑往往不墨守成规,借助山石之势而做自由式的布局设

计。因为石头具有经久不变的特色,加之石头质朴自然,与佛教、道教理念相吻合,故大多数露天设置的建筑物,如门柱、石台、石础、石栏、石墙、石碑、佛塔、经幢、莲花座等完全由石头建造或雕刻而成,有的佛寺、道观甚至在悬崖绝壁上建造高低叠错的楼台殿阁,或就着山石开凿石窟,雕琢佛像、神像,或直接以自然石洞为殿寺供奉佛像、神像,有的依岩石作摩崖石刻,等等。

3. 总体设计风格讲究内敛含蓄

即有意识地将内外空间模糊化,讲究内外空间的相互转化,把自然包容在建筑群中,殿堂、门窗、亭榭、游廊均开放侧面,形成一种亦虚亦实、亦动亦滞的灵活的通透效果。

4. 园林美与禅家精神融为一体

自然山水状态的园林环境在禅家心目中,便是精神境界的同一物,是世间的净土,是自在、自由的所在,因而佛寺、道观园林更强调“静”“幽”“隐”的艺术风格,通过竹林、石径、禅石等自在而澄静的景色,以期在山水、园林的自然美境界中明心见性,实现与禅的精神理想契合感悟。

拓展学习

1. 探访杭州灵隐寺。
2. 了解或探访浙江嵊州红佛寺的石文化。
3. 了解道教的神仙谱系。

三、佛塔中的石文化

(一)佛塔的由来

佛塔指供奉或收藏佛舍利(佛骨)、佛像、佛经、僧人遗体等的高耸型点式建筑,又称“宝塔”。佛塔起源于印度,也常称为“佛图”“浮屠”等。随着佛教传入我国,越来越多的古代僧人也开始将佛教高僧的舍利子和佛经埋藏在地下,称之为“佛冢”,被视为佛教圣物。唐朝时随着佛教文化在中原大地的传播,唐皇帝下诏将“佛冢”改成了“塔”,于是佛塔一词一直沿用至今。随着佛教的发展演变,佛塔的建造意义也更加广泛,有的为供奉佛舍利而建,有的为尊释伽之遗物而建,有的为敬八尊佛而建,有的为珍藏经颂而建,有的还为埋葬众僧而建,等等。佛塔成为中国古代建筑中形式最为多样的一种建筑类型,现存数量近 3000 座。

古代佛塔有许多种类:按所用材料分,有木塔、砖塔、石塔、金属塔、陶塔等;按结构和造型分,有楼阁式塔、密檐塔、单层塔、喇嘛塔和其他特殊形制的塔。古代佛塔的建造一般就地取材,多以土、木、砖、石、琉璃建造,铜、铁等金属材料一般在大型塔上用做塔刹部分,这种做法是在宋代以后才推广起来的,后也有单纯用金属制作塔的,由于金属材料稀缺,造价太高,多为小型塔,通常是摆放在佛寺建筑室内或者院内大殿前等位置,作供奉、纪念或者陪葬所用。石材是元代以前古代寺院石雕佛塔的主要建筑材料之一,一般石材分两种:石材砌块和石材雕刻。单一的石材砌块佛塔主要是一些墓塔、经塔等单层或者两三层的小型塔,而石材雕刻的佛塔形制有许多种类,其中大型佛塔的主要类型有楼阁式塔和密檐式塔,小型佛塔主要包括亭阁式塔、经幢式塔、造像塔、经塔。石材佛塔特点是样式基本不重复,雕刻装饰丰富,形状有圆形、八角形、六角形、十二边形等,除了一些仿木构件以外还有许多的雕刻花纹和浮雕,艺术价值很高。

(二)我国现存著名的古代石塔

1.古代石塔上的石刻内容

中国佛塔演变经历过由木质到砖、石砌筑的过程,塔一般由地宫、塔基、塔身、塔顶和塔刹组成,其中运用石雕艺术装饰者常见,塔中石雕的内容多与各种宗教文化有关。考古发现的我国最早的石塔可能是在新疆与甘肃西部发现的一批北凉时期制品。这些石塔上面刻写有佛教经文,如《增一阿含经》《佛说十二因缘经》等,石塔多制作成四面多层楼阁式塔,每面雕刻佛像,往往也雕刻经文。大约从初唐开始,佛教徒制造石塔的风气兴盛起来。这时制作的石塔,雕刻精美,大多附带有发愿文、题记以及佛经经文等,如唐代至五代的大理三塔,唐代至金代建的云居寺塔和石经,宋代释伽文佛塔等。

2.我国现存著名的古代石塔

(1)山东济南四门塔佛塔。四门塔位于山东济南市历城区柳埠镇的神通寺内,属全国重点文物保护单位,建于隋大业七年(公元611年),是中国现存最早的单层亭式石结构佛教塔,全部以青石砌成,塔总高10.4米,塔内中心有大石柱,柱四面各有石佛像,绕柱一周为回廊,塔檐用五层石条叠涩砌成,轮廓内凹。最上须弥座四角置“蕉叶”,正中置石刻覆钵和五重相轮及宝珠组成的塔刹,艺术价值较高。

(2)福建泉州开元寺东西塔。该塔是我国现存最高的一对石塔。开元寺始建于唐朝垂拱二年(公元686年),至今已有1300多年的历史。寺庙规模宏伟,有气魄雄奇的大雄主殿、甘露戒坛、藏经阁和东西塔,以其古老精湛的建筑艺术和独具魅力的神韵著称于世,而坐落在开元寺中两侧的双塔,即东面48.27米高的"镇国塔",以及西面45.06米高的"仁寿塔",又称东西塔,是我国最高也是最大的一对石塔。

(3)江苏镇江云台山昭关石塔。该塔为元代所建,距今已有700多年历史,石塔由门洞支柱、过街平台、云台、塔身四部分组成,不仅在建筑结构上设计精妙,选景风格上别具特色,而且是我国目前唯一一座保存完好,年代最久的过街石塔,具有十分重要的历史、科学、建筑和艺术价值,为我国古塔中的瑰宝和中华民族优秀的文化遗产。2006年被国务院列为全国重点文化保护单位。

四、经幢中的石文化

(一)经幢的由来及发展

经幢,是唐初随佛教传入中国后刻有经文的一种建筑。这里所谓的"经",即佛经或佛名;所谓的"幢",原是用于中国古代仪仗中的在竿上加丝织物做成的旌幡,又称幢幡,后成佛教寺院中的一种柱状法器,幢身上下垂丝帛并绣有佛经或佛名,昭示着佛经的隆重和威仪,宣扬着佛教的思想,是一种带有宣传性和纪念性的艺术建筑。至唐朝时,为保持佛经或佛名经久不毁,逐渐被石质、木质、陶制、铁制等经幢所替代,其中以石质最多。经幢一般由幢顶、幢身和基座三部分组成,主体是幢身,刻有佛教密宗的咒文或经文、佛像等,多呈六角或八角形。唐宋以后,建幢之风盛行,有为建立功德而镌造的陀罗尼经幢,也有为纪念高僧而建的墓幢,形式也有了变化,唐代的石雕经幢造型简朴、质直、矮小,高不过几厘米到几米,五代之后造型逐渐复杂,宋代和金代石雕经幢建造结构比唐代复杂,层数逐渐增高,甚至达到十几米的高度,雕刻日趋华丽和精细,一般安置在通衢大道、寺院等地,此后一直盛行延续。到清代,石雕经幢营造日益稀少,有些作为墓塔,安放在墓道、墓中、墓旁。

知识链接 ▶ **梵天寺经幢**

梵天寺经幢现位于浙江省杭州市上城区凤凰山麓梵天寺路西端原梵天寺前。该经幢通体用太湖石雕刻而成，为南北对峙双幢形式，双幢结构基本相同，相距13米，幢高15.76米，均由基座、幢身、腰檐、短柱层及幢项五部分组成，基座雕有覆莲、幡龙、菩萨像等。其上是八角形幢身，南幢身刻有《大随求即得大自在陀罗尼经》，北幢身刻有《大佛顶陀罗尼经》。梵天寺经幢是吴越建筑艺术与雕塑艺术结合的瑰宝。据《吴越备史》载，五代后梁贞明二年(公元916年)，钱镠为迎接鄮县(今鄞县)阿育王寺释迦舍利塔到杭州，于梵天寺前建塔，名南塔，后毁于火。现存的双幢是宋乾德三年(公元965年)钱弘在原址重建的，为浙江省现存经幢中最高的经幢，被国务院批准列入第五批全国重点文物保护单位名单。

(二)石雕经幢

石雕经幢是佛塔里面重要的分类。由于石雕经幢最耐风化，故我国保存下来的经幢都是石质经幢，又名石幢，有二层、三层、四层、六层之分，形式有四角、六角或八角形，其中以八角形为最多。幢身立于三层基坛之上，隔以莲华座、天盖等，下层柱身刻经文，上层柱身镌题额或愿文。基坛及天盖，各有天人、狮子、罗汉等雕刻。我国现存石质体型最大、塔身最高的一座经幢，是建于公元1038年北宋宝元元年的河北赵县的陀罗尼石质经幢。该经幢通高16米，平面呈八角形，共七层，经幢由基座、幢体和幢顶三部分组成：最底下的是一方形的台基，束腰处刻有莲花石柱、金刚力士及“妇人掩门”雕像；台基之上，为扁平的两层须弥座，首层束腰部分每面雕刻三尊菩萨像，次层束腰处刻《佛顶尊胜陀罗尼经》的故事画，其中有佛像、宝塔、房舍，还有盘龙、仕女、乐伎、莲花等图案，最上面刻八座须弥山峰；经幢主体分为六节，石雕经幢身正面篆刻“奉为大地水陆苍生敬造佛顶尊胜陀罗尼幢”一共18个大字，其他七面镌刻的楷书经文上以宝盖、仰莲等过渡到第二、三两节幢身，同样雕刻楷书陀罗尼经文，第四、第五节幢身上刻有佛教人物、经变故事、狮象动物、花卉等，第六节幢身为八角形，亭上安置桃形铜制火焰宝珠塔刹。整座石雕经幢的轮廓清秀庄重，体现了宋代造型艺术的杰出成就，也是研究我国佛教经幢历史的宝贵资料。而我国各地遗留下来的各历史时期的石雕经幢作为佛教文物,取材于佛教题材的同时又富有鲜明的时代特征,是研究佛教艺术发展史不可或缺的实物资料。

拓展学习 ▶

1. 浙江省目前留存有哪些较著名的经幢?
2. 了解南京中山陵的建筑特色。
3. 了解印度泰姬陵的建筑特色。
4. 了解柬埔寨吴哥窟的建筑特色。

第四节　祈祭石置:坛庙建筑中的石文化

一、坛庙建筑的起源

(一)什么是坛庙建筑

坛庙建筑是汉民族祭祀天地、日月、山川、祖先、社稷的建筑,著名的有天坛,地坛、日坛、月坛、文庙(如孔庙)、武庙(如关帝庙)、泰山岱岳庙、嵩山嵩岳庙、太庙(皇帝祖庙)等,各地还有祭社(土地)稷(农神)的庙,都充分体现了汉民族作为农耕民族的文化特点。

"坛"是指在祭祀天、地、日、月、星辰、社稷、五岳、四渎等自然之神时候台型的"坛";"庙"指祭祀祖宗、先圣、先师以及山川神灵的庙,换言之,"庙"的出现是为了祭祀祖先的,庙祭有别于祭祀天神地祇的坛祭。伴随着祭祀活动产生的场所和构筑物统称为坛庙。

祠堂在中国古代封建社会中,是维护礼法的一种制度,是家族光宗耀祖的一种精神象征。通过祠堂的建造规模、建筑形象以及装修装饰,能够显示宗族在当地的社会地位与权势。目前,规模宏大、装饰华丽的祠堂主要有广东陈家祠堂、安徽的胡氏宗祠以及江苏的瞿氏宗祠,这些祠堂都从不同方面体现了我国各地祠堂古老的建筑风格和卓越的营造技艺。

坛庙建筑的布局与构建结构与宫殿建筑一致,只是建筑体制略有简化,色彩上也不能多用金黄色。在建筑材料上则如其他传统建筑一样,在需要坚固、耐用的地方大量使用石材,充分体现出我国传统建筑中的石文化特色。

(二)什么是祭祀

中国坛庙建筑起源于祭祀。"祭祀"即指敬神、求神和祭拜祖先活动。根据考古学考证,最早的祭祀活动出现在旧石器时代后期,而最多在10余万年前就出现了祭祀迹象。自国家产生后,君王或帝王为宣扬君权神授思想,将自己比作天地之子,受命于天,统治百姓,增强政权的合理性,强化自己的政权统治,同时也为自己寻求精神上的保佑,祭祀因而成了中国历史上所有王朝重要的政治活动。故古人云:"国之大事,在祀与戎",祭祀与保土卫疆是同等重要的事,是我国传统礼典文化的重要组成部分,儒家礼仪的主要内容。因为中国古代宇宙观最基本要素是天、地、人,《礼记·礼运》称:“夫礼,必本于天,肴于地,列于鬼神。”《周礼·春官》记载显示周代最高神职“大宗伯”就是“掌建邦之天神、人鬼、地示之礼”。《史记·礼书》也说:“上事天,下事地,尊先祖而隆君师,是礼之三本也。”所以古代的祭祀对象分为三类:天神、地祇、人鬼。其中天神称祀,地祇称祭,宗庙称享。祭祀的等级在《礼记》中严格规定为“天子祭天地,祭四方,祭山川,祭五祀”,诸侯只能“祭山川,祭五祀”,而士庶只能祭祖先和灶神。祭祖日是清明节、端午节、重阳节。

二、坛庙建筑的种类

根据其功能与等级的不同,坛庙建筑可以分为三大类。

(一)祭祀天地神灵的坛庙

祭祀天地等自然神灵是古人生活中一项至关重要的活动。人类早期的生存威胁大多来自狂风暴雨、闪电雷击等自然灾害,于是认为“天”是至高无上、无所不能的主宰,日、月、星、辰、风、雨、雷、电各有其神,支配万物生长和人间祸福。人类感激这些神灵,同时也对它们产生了畏惧,因而对众多的神灵顶礼膜拜,求其降福免灾,这成为早期人们日常生活的一部分。国家形成之后,为了表达对天地诸神的崇敬与膜拜,历朝历代统治者在都城中都建造了相应的建筑,定期举行祭祀活动。根据古代礼制关于郊祭的原则和阴阳哲学,形成了祭天于南、祭地于北、祭日于东、祭月于西的格局,郊外远离城市喧嚣的祭祀更增加了祭者的肃穆崇敬之情。目前所发现的年代最早的坛类建筑是南京紫金山六朝祭坛,较著名的有北京的天坛、先农坛、社稷坛、地坛、日坛、月坛,以及山东泰山的岱庙、湖南衡山的南岳庙、陕西华阴的西岳庙、河南登封的中岳庙及山西浑源的北岳庙等。

(二)祭祀祖宗的宗庙

在中国漫长的封建社会中,宗法观念、宗法制度渗透到上至帝王、下至百姓的思想意识中,并通过血缘维系人际关系、家族利益乃至国家统治,因而从帝王的祖庙到庶民的祠堂无不是宗法制度的物质象征与必然产物。只是在称谓上,皇帝祭祀祖先的场所是祖庙或称太庙,在国家社稷中具有重要地位,历朝历代都是按照“左祖右社”的营建规制,将太庙建在宫城的左方,在皇城中占据重要位置。太庙祭祀是封建国家政治生活中的一件大事。著名的北京太庙为明、清两代皇家祖庙,位于北京市天安门东侧,面积 14 万平方米,平面成南北向长方形,正门在南,四周有围墙三重,主要建筑为三进大殿及配殿,前面有琉璃砖门及戟门各一座,两门之间有 7 座石桥。明朝以后,普通百姓有了专门祭祀祖先的场所，称为祠堂或家庙。祠堂是祭祖的圣地，祖先的象征。南宋理学家朱熹在其《家礼》中规定“君子将营宫室，先立祠堂于正寝之东”，如果遇上灾害或者外人盗窃时，“先救祠堂，后及家财”。显然，古人将祠堂放在关乎宗族命运的神圣地位。在中国南方诸如浙江、安徽、江西等地，祠堂大多是传统的四合院式建筑，主要建筑分布在中轴线上，前为大门，中为享堂，后为寝室，加上左右廊庑，组成前后两进两天井的组群建筑。祠堂的功能首先是供奉和祭祀祖先，达到敬宗收族的目的，随着社会的发展变迁，其功能不断扩大和延伸至族人婚丧嫁娶、娱乐庆典、宗教活动甚至社交活动等。

(三)祭祀圣贤的庙、祠

在中国古代社会，人们常常为表达对圣哲先贤的钦佩崇敬之情而建庙立祠，这类纪念性建筑种类包括儒家贤哲庙、将相良臣庙、文人学士庙等，它们分布的范围最广，涉及的对象最宽泛。除了帝王或官府下令修建之外，很大一部分都是民众自愿所建。现较为重要的有山东曲阜孔庙，山西解州的关帝庙，四川成都的武侯祠、杜甫草堂以及杭州的岳王庙等。

三、天坛、地坛中的石文化

祭祀在古代是最为庄严、肃穆、崇高和神圣的活动，有严格的宗法礼制规定。同时，为了确保坛庙不仅在物质上满足祭祀要求，还在精神上实现帝王的祭祀需求，中国古代能工巧匠通过各种独具匠心的建筑布局，雕刻形象、数字色彩等设计，以及建筑名称等赋予坛庙丰富的文化寓意。北京天坛、地坛是明清两朝皇帝祭祀的场所，有着很高的历史价值、艺术价值与文化内涵，故是最值得一说的。

(一)天坛

北京天坛始建于公元 1420 年明朝永乐年间，是祭祀天地的祭坛建筑的典型代表，是各种祭坛中规模最大、建筑规制最高的建筑，为明清两代帝王祭祀皇天，祈求五谷丰登之场所。古代中国人相信天圆地方之说，因此天坛建筑的主要设计思想就是要突出天空的辽阔高远，以表现“天”的至高无上。在布局方面，北京天坛是圜丘、祈谷两坛的总称，有坛墙两重，形成内外坛，形似“回”字。两重坛墙的南侧转角皆为直角，北侧转角皆为圆弧形，象征着“天圆地方”。天坛主要建筑在内坛，圜丘坛在南，祈谷坛在北，二坛同在一条南北轴线上，中间有墙相隔。圜丘坛内主要建筑有圜丘坛、皇穹宇等，祈谷坛内主要建筑有祈年殿、皇乾殿、祈年门等。在天坛建筑中，圆与方的形象被大量运用。圜丘坛，也叫祭天台，是天坛的主要建筑，是明清两代皇帝举行祭天大礼的地方，所以真正意义上的天坛是圜丘坛。“圜丘坛”的四座坛门分别叫泰元门、昭亨门、广利门、成贞门,中间的四个字“元、亨、利、贞”,都是《易经》当中的乾卦的卦辞,这四个字就代表了天的特征、本性和伟大。祈谷坛坛面正中是祈年殿,为圆攒尖顶的三重檐圆形大殿,明嘉靖年修建时祈年殿的三层檐为三色瓦,从上至下依次为蓝,代表昊天;黄,代表皇帝;绿,代表百姓。清乾隆年间再次整修,才把三层檐瓦一律改为蓝色,象征着天。

天坛的建筑命名都有一定寓意。例如,祈年殿是祈祷丰年的大殿;皇乾殿的“皇”字代表光明、伟大,“乾”字代表天。在祈年殿的建筑构造中,可以了解中国古代人们对天空星象观测的文化特性。首先是确立了东、西、南、北四个星宿,起名为青龙、白虎、朱雀、玄武,东边是青龙宿,西边是白虎宿,南边是朱雀宿,北边是玄武宿。每个星宿又包括有七个小星宿,于是四七二十八,出现了二十八星宿,所以祈年殿的十二根檐柱、十二根金柱加四根龙井柱,共二十八根大柱,构成了二十八宿;再加上殿顶上八根短的铜柱,就变成了三十六根,于是把它寓意为三十六天罡。长廊的七十二间象征七十二地煞,这又构成了古人的一种星宿的观念。此外,古人通过观测认识到北斗七星的重要,于是在天坛里特意安置了七星石,七星石是在天坛七十二长廊东南的场地中,按照北斗七星的方位排列的七块巨石,体现出古人观测天象的一种文化理念。又传,因明嘉靖九年(公元 1530 年)有一道士认为太空旷,不利于皇位和皇寿,就设七石镇在此,清朝又在东北方加一石头,表示不忘祖籍。因此七星石其实是七大一小共八块巨石。天坛还有“礼玉六器”,即玉璧、玉琮、玉圭、玉琥、玉璋、玉璜,是分别祭祀天、地、四方的礼器。

(二)地坛

地坛又名方泽坛,是明清两代帝王祭祀皇地祇的地方,明嘉靖年间建造,最早叫方泽坛,清代嘉靖十三年(公元 1534 年)重新修葺后改叫地坛。跟天坛一样,地坛也分内坛和外坛。方泽坛是举行祀典的祭台,狭义的地坛就是指这座祭台。坛四周有方形水渠环绕,名为方泽。方泽西南外侧有石雕的龙头,祭祀时方泽注水,水深至龙口,形成“泽中方丘”。因为古人认为祭坛“必受霜露风雨,以达天地之气”,所以祭坛之上不建房屋,也没有内部空间。地坛坛面铺正方形白色石块,整个坛面由 1572 块石块铺成。坛立面包砌黄琉璃砖,四面各有八级台阶,下层东西两侧有 4 个石座,南面两座雕山形花纹,北面两座雕水形花纹,祭祀时以五岳五镇、皇帝陵寝所在的五陵山和四海四渎从祀,是安放从祀神位的四从坛。

中国皇家建筑擅长通过地面铺作和道路、台阶的距离与远近曲直，营造出一种特定的意境或气氛。例如，天坛是为现实帝王与天的特殊关系而修建的，为了能表达天坛建筑的这一特性，天坛在设计理念上主要运用了象征主义的艺术手法，这种手法具体表现为“形”“色”以及“数”的象征，其建筑以突出“天”的至高无上，祭天者被放到了从属地位，帝王在天坛祭天主要是为了表现自己是天之元子，是受命于天。而祭地之时则要强调帝王是君临大地、统治万民的法统，故地坛建筑虽然也要表现大地的平实与辽阔，但更要突出作为大地主人的“君王”的威严，要唤起帝王统治万民的神圣感和自豪感，所以营建地坛的古代建筑师们煞费苦心地构思与设计出了祭地者至高无上的感觉。方泽坛的空间和距离从一门到二门、二门到台阶前都是 32 步左右，两层平台都是 8 级台阶，上二层平台又是 32 步左右。这样设计的作用是使人在行进间持续时间有相同的重复感觉，会自然而然地转化成心理上的节奏，步步登高、平步青云之感油然而生。

拓展学习 ▶

1. 我国古代祭祀对象的等级和分类是怎样规定的？
2. 了解浙江孔庙的渊源。
3. 我国古代祠堂和家庙的作用是什么？

第五节　陵寝石墓：古代陵墓中的石文化

一、中国古代帝王陵墓概况

（一）古代帝王陵墓的重要价值

“生，事之以礼；死，葬之以礼，祭之以礼。”一方面，产生于史前的原始祖先崇拜经过儒家思想的改造和强化，延续 2000 多年，体现在建筑上除了前面谈到的祭祀祖先圣哲的“坛”“庙”以外，最重要的就是陵墓了。另一方面，中国古人基于“灵魂不灭”的观念，无论任何阶层普遍重视丧葬且多厚葬，对陵墓皆不惜耗费巨额财力精心构筑以防水浸土淹或掘墓盗取。尤其是中国古代帝王陵墓建筑集安葬与祭祀于一体，是我国古建筑中最宏伟、最庞大、最为特殊也是目前遗留最完整的建筑群。

古代帝王陵墓还是我国至今保留时间最长也是最精彩的建筑艺术形式之一。之所以保存长久，其中一个重要原因是治石技艺与石雕石刻艺术在墓葬中的大量使用。而东汉时期，墓碑风行，不仅王公贵族墓前树碑，就连庶民百姓乃至童孩墓前也树碑，一些石质墓碑铭有制作精致的碑文，其中一些不仅成为重要的研究史料，也成为当今宝贵的临摹古代书法的石刻碑帖来源。如今，人们从不同历史时期所遗存的规模宏大、精美绝伦的陵墓石刻所体现出的艺术表现中，还能够感受到历代封建王朝不同时期的社会风貌和人文精神，故具有重大历史研究价值。

（二）陵墓中的等级制度

中国封建社会，强调“卑尊有分，上下有等，谓之礼”，视宅舍宫室为“礼之具也”。以礼制伦理门庭，讲究宅居的识别性和各种象征、隐喻乃至禁忌，陵墓建筑的等级亦是“礼之具”，因而同样不可逾越。如唐代学者封演撰写的《封氏见闻记·羊虎》中有载：“秦汉以来，帝王陵前有石麒麟、石辟邪、石象、石马之属，人臣墓前有石羊、石虎、石人、石柱之属，皆所以表饰坟垄，如生前之像仪卫耳。”

“陵”或“陵墓”中的“陵”字，原意就是高大的山。在古代等级制社会，陵墓体现等级的最重要表现就是坟堆的大小和体量，因为古人从自然界的崇山大河、高树巨石中体验到超人的体量所蕴含的崇高，从雷霆闪电、狂涛流火中感受了超人的力量所包藏的恐惧，他们把这些体验移植到建筑中，巨人的体量就转化成了尊严的重要。因而中国古代帝王陵园的布局首先大都是四周筑墙，四面开门，四角建造角楼，陵前建有神道，神道两侧有门阙、华表、石人、石牌坊、石兽雕像等，陵园内松柏苍翠、树木森森，给人肃穆、宁静之感。其次自秦汉直到明清，帝王陵墓顶上有巨大的"宝城宝顶"建制或"依山为陵"，利用自然孤山穿石成坟，营造出气势磅礴的感觉。而其他人臣的坟墓的具体规模，根据身份与官位也有等级之差。坟堆较小者，在称呼上为"丘墓""坟墓"或"冢墓"，丘、坟、冢意即土丘或土堆。

（三）目前已知的帝王陵墓

古代社会盛行厚葬，帝王将相为使自己死后的寝宫万古永恒，对于陵墓的建筑皆倍加用心，不惜耗费巨额财力、大批人力去精心构筑。《史记·夏本纪》记载："帝禹东巡狩，至于会稽而崩。"据此可知中国帝王陵寝文化从夏代的大禹算起至少已有近四千年历史。虽然禹当年的墓葬情况至今未有考古发现，但东汉史学家赵晔所撰《吴越春秋》中记载禹在逝世前曾命群臣："吾百世之后，葬我会稽之山。苇椁桐棺，穿圹七尺，下无及泉，坟高三尺，土阶三等葬之。"东汉著名史学家、文学家班固所著《汉书·地理志》记载："会稽郡县二十六，山阴（会稽）山南，上有禹冢、禹井。"东汉医学家皇甫谧所著史书《帝王世纪》也记有：禹"崩于会稽，因葬会稽山阴之南，会稽山上有禹冢、井、祠"。当然，这些有关大禹陵墓的记载只是神话与史料"杂糅"，其真实性有待考证。目前，我们已知的古代帝王陵墓包括黄帝陵、炎帝陵、太昊陵、大禹陵；秦汉时期的秦始皇陵、西汉帝陵；魏晋南北朝时的北朝墓群、南朝墓；隋唐五代的昭陵、乾陵；两宋的皇陵；辽、金、夏的王陵；明代的明孝陵、明十三陵、明景泰陵；清代的永陵、福陵、昭陵、清东陵、清西陵。但其中的炎帝陵、黄帝陵及大禹陵等均不是几千年前的陵墓原状。

我国帝王陵寝文化的真正肇始是"千古一帝"的秦始皇陵，它应当是世界上规模最大、结构最奇特、内涵最丰富的帝王陵墓之一，目前仅发现的陪葬坑就有180多个，但其大部分情况对人们来说还是个谜。目前，皇帝陵墓中明清两代的皇陵保存最为完整。明朝皇帝的陵墓主要在北京的昌平县天寿山下，即十三陵。明十三陵中规模最大最宏伟的是长陵（明成祖朱棣）和定陵（明神宗朱翊钧）。明十三陵中的定陵已于1956年发掘，其总面积1195平方米，地宫距地面27米，地下寝宫分前殿、中殿、后殿和左右二配殿，全部用砌石卷拱，其他全部用石材构筑。清代各帝王的陵墓，前期的永陵在辽宁新宾，福陵、昭陵在沈阳，其余陵墓均建于河北遵化和易县，分别称为清东陵和清西陵，建筑布局和形制承袭明陵，但建筑的雕饰风格更为华丽。其中清东陵是我国现存陵墓建筑中规模最宏大、建筑体系最完整的皇家陵寝,这里埋葬着顺治(孝陵)、康熙(景陵)、乾隆(裕陵)、咸丰(定陵)、同治(慧陵)5个皇帝,14个皇后,136个嫔妃,共15个陵墓,占地2500平方千米。清东陵地上的建筑以定东陵(慈禧)和裕陵(乾隆)最为考究,地宫全用汉白玉建造,地宫室内墙壁石雕是龙凤呈祥、彩云飞舞等图案,此外全都贴金,金碧辉煌、光彩夺目。

(四)陵墓建筑中的石文化现象

中国古人基于人死而灵魂不灭的观念,普遍重视丧葬,因此无论哪个阶层皆对陵墓精心构筑。在"人生忽如寄,寿无金石固"影响下,质地近金、坚固耐久且有肃杀之气而又可防盗墓之贼破坏洗劫的石材自然成为建造陵墓的不二之选。

据统计,至今我国各地有迹可循且年代能够确认的帝王陵墓有100多座,其数量之多,建造技术之高,享誉中外。在这类建筑中,除了陵寝本身外,还有为数众多的石雕石刻、壁画碑帖文字,它们与建筑融合在一起,不仅成为中国古代建筑中一份丰富的遗产,也形成我国独具特色的文化旅游资源。目前,陕西兴平市西汉时期霍去病墓的《马踏匈奴》陵园石刻,陕西渭河北的唐代十八陵,山东济宁嘉祥的东汉武氏墓群画像石刻,山东长清县孝堂山的东汉郭氏墓石祠,山东曲阜的金代至清代孔陵石像生石刻,四川成都的五代蜀王建墓石刻,浙江杭州的南宋岳飞墓石刻,江苏南京的明孝陵神道石像生,北京的明十三陵神道石像生与"地宫"石刻,河北遵化的清东陵与易县清西陵石像生陵园石刻以及近代南京中山陵石刻等,都是全国重点保护文物。

陵园墓地的石雕是中国石刻的一大种类,历史久远,规模宏大,以陵墓石像为主,还有石棺椁、画像石和墓葬祭器等各类石刻。陵墓石像雕刻各种文臣、武将、仕女、侍者等人物和石马、石象、石骆驼及各种石兽、石鸟,栩栩如生,惟妙惟肖,生气勃勃。同时古代陵墓建筑也是重要的政治性建筑,各个方面都体现出等级制度。例如,在用棺制度上,根据《礼记》记载,"天子之棺四重,诸公三重,诸侯再重,大夫一重,士不重",不得僭越。陵丘形状也有具体规定,比如秦汉时期,只有帝王才能用方形坟丘,一般贵族官员只能用圆锥形坟丘。又如,在石像生的数量上也有严格规定:三品以上的官员可制石人、石羊、石虎各两件,四五品官员只能制石人、石羊各两件,六品以下则不得;而皇帝陵墓的神道两侧的石像生象征着朝中位列两侧的文武大臣,一般都在10对以上。这些石刻无疑丰富了陵区内容,扩大了陵区控制空间,对比出陵丘的高大,对于渲染尊严和崇高的气氛起了很大作用。

例如,唐陵中唐太宗李世民陵墓昭陵北面祭坛东西两侧的六块骏马青石浮雕石刻，人称“昭陵六骏”，具有十分珍贵的艺术价值。六骏是李世民在唐朝建立前先后骑过的战马，分别名为“拳毛騧”“什伐赤”“白蹄乌”“特勒骠”“青骓”“飒露紫”。为纪念这六匹战马，李世民令工艺家阎立德和画家阎立本，用浮雕描绘六匹战马列置于陵前。每块石刻宽约 2 米，高约 1.7 米。“昭陵六骏”造型优美，雕刻线条流畅，刀工精细、圆润，是珍贵的古代石刻艺术珍品。可惜六骏中的“飒露紫”和“拳毛騧”两石，早在 1914 年就被当时我国的古董商人盗卖到国外，现藏于美国费城宾夕法尼亚大学博物馆，另外四石现藏于陕西西安碑林博物馆。

又如，汉代霍去病墓的石雕是我国现存时代最早、保存最完整的成组石雕。霍去病是西汉汉武帝的名将，因有战功，封为骠骑大将军，死后陪葬武帝茂陵旁。霍去病墓石雕作于西汉元狩六年前后（约公元前 117 年），有象、牛、马、猪、虎、羊、“怪兽食羊”、“人与熊斗”和“马踏匈奴”等 16 件，多是根据原石自然形态，运用圆雕、浮雕、线刻等手法雕刻而成，浑厚深沉，粗放豪迈，简练传神，为汉代雕刻艺术珍品，但无论如何，其规模与形制都远远低于汉武帝茂陵。

知识链接 ▶

华表

华表是中华民族的传统建筑物，有着悠久的历史。华表为成对的立柱，起标志或纪念性作用。“华者、光辉、文饰、宋显之意，华胃即显裔。”华表就是身份高贵的标志。有文献记载，华表源于尧时的“诽谤木”，“大路交衢悉施焉。或谓之表木，以表王者纳谏也，亦以表识衢路也”。现存南朝萧景墓表，简洁秀美，若除去桩础方座，柱身铭刻墓主职衔的方牌和双柱顶部的辟邪造型相连接，其简化形制近似后来的华表，兼标识、辟邪、装饰功能于一体，应是望桩或华表的别体。元代以前，华表主要为木制，上插十字形木板，顶上立白鹤，多设于路口、桥头和衙署前。明以后华表多为石制，下有须弥座；石柱上端有一雕云纹石板，称云板；柱顶上有蹲兽，俗称“朝天犼”，华表四周围以石栏，栏杆上遍施精美浮雕。现天安门前有一对汉白玉华表一犼头向外，名称“望帝出”，一犼头向内，名称“望帝归”，都是古代时提醒帝王勤政为民的标志。

二、传统陵墓石兽文化起源与发展

(一)石兽的起源

石兽最初起源于古代帝王贵族及官吏墓前的兽形石雕,也称为陵墓石兽,属于汉族建筑特色。中国的陵墓石雕盛行于相信“灵魂不灭”,提倡“以孝治天下”,进而崇尚厚葬的汉朝。两汉时期的帝王陵园及贵族、豪强墓园在其神道两侧均列置大型圆雕石刻兽类,作为汉朝墓葬空间体系中的重要组成部分。例如,南朝梁代史学家、文学家沈约所撰《宋书·礼志二》中有记载:“汉以后,天下送死奢靡,多作石室、石兽、碑铭等物。”唐朝学者封演所撰《封氏闻见记·羊虎》中亦有记载:“然则墓前石人、石兽、石柱之属,自汉代而有之矣。”而陵墓石兽的种类和多寡依墓主的身份而分不同的等级,其中石雕“麒麟”“天禄”“辟邪”“貔貅”“獬豸”等石兽充分展现了中国古代艺术源于自然而又超越自然的丰富想象力和兼容性,充分显示出古代汉族劳动人民的智慧和艺术才华,是世界石雕艺术宝库中不可多得的珍品,并成为我们研究古代石兽艺术形式和图像传统的最佳实物史料。

三国、两晋时期,因连年战乱以及当时为防止盗墓而在上层社会中流行薄葬制度,帝王贵族陵墓前的石刻雕像、石兽等越来越少。但到南北朝时期,由于社会相对稳定且经济也有一定发展,奢靡之风再次泛起,帝王贵族们又纷纷大肆修建陵墓,陵前树立石兽、墓碑和石柱又一次成为社会风尚,石雕艺术水平也较之以前有了新的提高和发展,并逐步发展形成一定规范制度。按照这一制度,皇帝陵前的石麒麟,头大而颈部略细,有翼有脚爪,颌下有长须垂胸,陵前右侧的一座头上独角,左侧的一座头上双角;王侯墓前的石兽,头大而颈部短粗,有长舌垂胸,有翼有脚爪,但头上无角。不过即使如清朝史学家、汉学家钱大昕所著《十驾斋养新录·碑碣石兽》记载“唐律,诸毁人碑碣及石兽者,徒一年”,即至少在唐朝法律中,就明确规定要保护人们的碑碣及石兽,但是因战乱和人为破坏,大多数石兽与其他历史文物一样,也难逃毁灭厄运,所以才有南宋末至元初著名书法家、画家、诗人赵孟頫在其《岳鄂王墓》诗中云:“鄂王坟上草离离,秋日荒凉石兽危”的诗句。

目前,仅江苏省境内就遗存 33 处六朝时期(南朝宋、齐、梁、陈四个时期加东吴、东晋并称为六朝时期)的皇帝和贵族陵墓神道上的石刻石兽,[①]这些石刻中的石兽,主要为石辟邪(有雌、雄)、石麒麟(有独角或双角),造型优美生动,气魄雄伟,刻工精细逼真,具有鲜明的时代特色,集中代表了六朝雕刻艺术的突出成就。这些能保留至今的石刻石兽弥足珍贵,但有些也未得到良好保护。例如,今置于江苏南京麒麟门外麒麟铺的"初宁陵石刻",原是南朝宋武帝刘裕初宁陵前诸物,为南朝诸石刻中诞辰最早、历史最悠久的,亦是今宋齐梁陈四代中唯一确知的南朝宋代的一对石刻,东为天禄,西为麒麟,南宋时即有诗云:"地悴天荒丘陇平,难从野老问衰兴。苍烟落日低迷处,折足麒麟记坏陵。"另又有云:"短樊长堑起寒烟,知是何人古墓田。千载石腐相对立,肘鬃膊焰极依然。"可见这两尊石兽在千年之前就已经是饱经风霜的模样,今日人们还能够看到实属奇迹。1988 年这两尊饱经磨难的石兽被列为全国重点文物保护单位,左麒麟身形魁梧,纹路尚清晰,线条平直,简约而精良,有南朝石兽之雄风,无后世雕刻浮夸之气,保护程度尚好;但右石兽腿脚尽失,或曾倾覆,所幸头上双角犹存,须髯尚完好。

(二)中国古代石兽的典型类型

1. 石刻"麒麟""天禄""辟邪""狮子"的区分

在事死如生的礼制和封建等级制度的规范以及道家祥瑞、辟邪、升仙思想的长期浸润下,趋吉辟凶、祈福升仙、荫庇子孙、壮大声势的社会意义和现实意义成为我国古代陵墓石兽所表征的主要内涵。今天,我们从古代文献史料所记"麒麟""天禄""辟邪"以及唐朝高宗李治第六子李贤所注《后汉书注》,北宋政治家、文学家欧阳修所作《集古录》,北宋政治家、科学家沈括所撰《梦溪笔谈》中记载的东汉南阳宗资墓前的石兽名称为"天禄""辟邪"可知,古代陵墓神道上石刻的石兽,应当是"麒麟""天禄""辟邪"。但是,由于现存陵墓石兽身上找不到题刻的名称,所以人们并不能明确肯定现在发现的石兽就是当时记载的石兽,这些石兽名称在学术上存在争议,在民间对这些石兽名称也是众说纷纭。那么一般如何区分呢?主流说法有:帝陵前的石兽为"麒麟",王陵前的为"辟邪";一角"麒麟",二角"天禄",无角"辟邪";一角"麒麟",二角"天禄",无角"狮子";但总体一说,这四种石兽在不同时代的雕刻风格、造型都有一定变化,因而今天我们无法做出绝对明确的划分。

---

① 公元 420—公元 479 年的南朝是中国历史上南北朝时期与北朝相对的南方偏安政权的时期,共经历了宋、齐、梁、陈四个政权,因历史学又把南朝与东吴、东晋并称为六朝时期(指南方),故又称六朝。整个六朝时期是中国历史上的大分裂时期,多个政权交替,时局动荡,争战不断,同时也是一个经济文化大发展,民族大融合的时代。六朝陵墓石刻,统称六朝石刻,目前遗留最多的在江苏省,共有 33 处,其年代最早始于南朝刘宋时期,距今约 1500 年。

2. 石麒麟

早在周朝的《礼记》中就记载有龙、凤、麒麟、龙龟,合称为“四灵”,麒麟地位列“四灵”之首。后来汉族民间神话传说有:天地诞生之初,飞禽以凤凰为首,走兽以麒麟为尊。石雕麒麟的雕刻形象,通常表现在外部形状上为:狮头、鹿角,虎眼、麋身、龙鳞及牛尾于一体,尾巴毛状像龙尾,有一角带肉,雄性为麒,雌性为麟,合称为麒麟。由于麒麟的样子是集中了大自然当中所有动物最美好的部分,因此它的寓意自然也就非同寻常,体现出祥瑞、美好,古人认为,麒麟是神、仙的坐骑,常伴神灵出现,故麒麟出没处,必有祥瑞,有时就用来比喻才能杰出、德才兼备的人。

显然,麒麟是按中国人的思维方式复合构思所产生、创造的动物,是几千年来中国人精神世界和物质世界所追求的目标和愿望的反映,现实生活中并不存在。“麒麟”在《春秋》《诗经》《孟子》《史记》等书中的出现,有作为“祥瑞之兆”“帝王德政”“天下太平”的特殊象征意义,后来被汉族民间视为一种主太平、增长寿的神兽,遂又产生送子麒麟、赐福麒麟、镇宅麒麟之说,再发展为麒麟是具有最强的旺财、镇宅、化煞、旺人丁、求子、旺文等能力的辟邪物品,有消灾解难,驱除邪魔,镇宅避煞的作用。因而古往今来,无论是帝王宫殿饰物还是百姓穿戴都能看到麒麟的形象,麒麟被广泛用于建筑、服装、装饰的图案,甚至成为文学、戏剧创造题材。例如,中国传统建筑就盛行在房檐、山墙、门楣、窗框、影壁、柱础、板墙、屋脊、抱鼓石等处以砖雕、木雕或石雕的方式装饰寓意深刻的吉祥图案,麒麟便是其中常用的吉祥动物,有的在大门的两侧装饰石雕麒麟,既显示门庭高贵,又镇宅避邪。而古代墓葬中,也出现麒麟形象,例如,在山东武氏祠(旧称武梁祠)的画像石中就有麒麟石碑、麟凤石碑,陕西顺德汉画像石上也有石雕麒麟。

3. 石天禄、石辟邪

天禄,又称“天鹿”,也称“桃拔”“符拨”,其意与“天命”和“禄位”有关,也有“天赐的福禄”“俸禄”之意。在汉族传说中,天禄和麒麟、辟邪并称为古代祭祀的三大神瑞之兽,其形似鹿而长尾,一角者为天禄,二角者为辟邪。古人把它们成对置于墓前,谓能祓除不祥,永绥百禄,故称为天禄,既有祈护祠墓,冥宅永安之意,亦作为升仙之坐骑。今江苏丹阳市东郊前艾镇曾有南朝齐武帝萧赜之陵墓,现陵虽已不存,但陵前尚存石兽一对,东为天禄,西为麒麟;天禄身长 3.15 米,高 2.1 米,颈高 1.55 米,体围 3 米,头部、颈部、背部、翼部的装饰繁复,具有华贵之气,雕刻技法多用圆刀法,并注意到圆雕、浮雕和线雕的综合运用,属于南朝陵墓石刻的代表作。

《小尔雅·广言》:“辟,除也。”“辟邪”,动词意为避凶,即驱除邪恶;名词是指形似狮,头有角,身有翼翅,具有祈福祛邪作用且象征“仁”与“瑞”的一种神兽。故古人往往在织物、军旗、带钩、印纽、钟纽等物上,以辟邪为饰,而古代陵墓前亦常有辟邪石雕。

与“天禄”“辟邪”混同的还有一种古代瑞兽——“貔貅”,三者形态皆与狮子极为相似。貔貅是传说中的一种凶猛瑞兽,它在天上负责巡视工作,阻止妖魔鬼怪、瘟疫疾病扰乱天庭。古时这种猛兽分雌雄,雄性名“貔”,雌性名为“貅”。但流传至今已无雌雄之分。东汉班固所著《汉书·西域传》上记载:“乌戈山离国有桃拔、狮子、犀牛。”三国曹魏时著名学者孟康对此段文字注曰:“桃拔,一曰符拔,似鹿尾长,独角者称为天鹿,两角者称为辟邪。”这说明在古时这种瑞兽分一角和两角,一角的称为“天禄”,两角的称为“辟邪”。但后来多以一角造型为主,且南方人多喜欢称之为“貔貅”,北方人则称之为“辟邪”。但经过朝代的转变,如今常见到的貔貅多是独角、长尾巴。因为传说貔貅是以财为食的,纳食四方之财,所以在中国传统习俗中,“貔貅”有驱逐邪气、带来欢乐及财富的作用。

4. 石狮子

石狮,通常以大理石、青石、汉白玉等为材料,以圆雕为主要造型手法雕刻而成。石狮是汉族传统文化中常见的辟邪物品,在中国的宫殿、寺庙、佛塔、桥梁、府邸、园林、陵墓及印钮上都会看到它。其实,中国古代的狮子可能来自西域。现发现最早的石狮是东汉高颐墓前的石狮。位于陕西咸阳城北的唐代武则天之母杨氏的陵墓——顺陵的南北东西四门均立有石兽,现南门遗有立狮、天禄(鹿)各一对,北门有坐狮、鞍马各一对,东、西二门还遗有坐狮,其中以立狮和坐狮雕刻最为宏伟。立狮高约 2.5 米,双目圆睁,大鼻阔口,胸肌突起,作昂首行进状;坐狮高约 3 米,为历代石雕坐狮中最大,张口吐舌,筋肉突出,前肢和足爪,刻画特别坚实粗大,把狮子雄健的形象,加以有力的夸张。整个石雕,都刻制精美,强劲有力,气势慑人,体现出盛唐时期石雕艺术的宏伟风格。

曾几何时,狮子还被中国人奉为“守护神”,广泛用于如皇宫、宅院、官衙、庙宇、陵墓和桥梁、碑坊的装饰雕刻等,并且逐渐和中国文化相融合,象征富贵吉祥和神圣不可侵犯的气势。例如,北京故宫天安门前的汉白玉狮子就十分精美、高大,东边立的为雄狮,前爪下有一只幼狮,象征皇权永存,千秋万代。

我们现在看到的石狮,往往有站、蹲、卧等,体态造型千姿百态,变化多样。但仔细观察,狮子的造型在不同朝代有不同特征:汉唐时通常强悍威猛,元朝时身躯瘦长而有力,明清时较为温顺,至清代狮子的雕刻已基本定型。如清朝作家李斗的著作《扬州画舫录》中记载："狮子分头、脸、身、腿、牙、胯、绣带、铃铛、旋螺纹、滚凿绣珠、出凿崽子。"各地雕刻的石狮还有明显的地域特色：北方地区的石狮子通常外观大气，雕琢质朴；南方地区的石狮更为灵气，造型活泼，雕饰繁多，小狮子不仅在母狮手掌下，有的爬上狮背，活泼可爱。历史上较为著名的石雕狮子有：卢沟桥上的"石狮群"，成都武侯祠、文殊院、宝光寺等寺庙大门两侧的石狮，海口海瑞墓前石狮，苏州北寺石狮，孔府门前石狮等，雕刻技艺精细，风格各有特点。如今，石狮子已经作为中国汉族传统文化的一部分被延续下来，现代的大型商厦、宾馆、银行大门两侧等地方，都可以看到威武的石狮身姿。

三、中国陵墓石刻石兽文化特征

显然，陵墓石刻石兽艺术是中国古代石刻艺术的重要组成部分，它集功利性、文化性、艺术性、精神性于一身，对中国陵寝文化有着传承和发展的作用。其中威武而不狰狞，雄强而不恐怖的陵墓石刻神兽更是传达出了哲学、政治、美学、人文的时代气息。

不论是"天禄""麒麟"还是"辟邪"，共同特点都是古人根据现实生活中狮子这一由西方传入的猛兽的最基本特征作为造型形态，又结合传说和神话的虚构、夸张、想象而设计出的具有神性的动物，是古人对于石兽主体性存在的刻画所采用的写实与虚构相统一的表现手法。造型过程中，所有的石兽上半部分是夸张虚构部分，由各种珍禽异兽组合成一种传承的文化符号，使石兽拥有狮子的身形、狮子怒吼的神态、狮子有力的爪子，并在发展变化中增加马和狮子的鬃毛，马的脖颈、鹿的角、飞鸟的翅膀等珍禽异兽的元素，丰富完善石兽的功能形象。昂首怒吼，曳舌张口，魔抓小怪物的造型达到驱邪辟妖的恐吓效用；丰满的羽翼，强健有力的身形，奇异梦幻的整体构成，达到通天达地的升仙效用；文化、神话的象征意义达到荫庇子孙的福吉心理效用和视觉审美的装饰效用。在此前提下，石兽头上角的数量、雌雄的分别与搭配，都是围绕艺术效果而可以随心所欲的。[①]

拓展学习 ▶

1. 阅读纪昀《阅微草堂笔记》卷十六（上海古籍出版社 1980 年版）中《河中石兽》原文，并说明其中寓意。

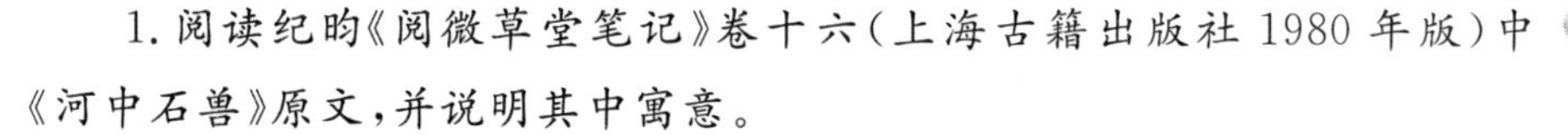

2. 了解"龙""凤""龟"在中国传统文化中的寓意。

① 吴祖清：《六朝陵墓石兽名称考辨》，《收藏与投资》2016 年第 2 期，第 90-99 页。

第四章　通灵神物:宗教信仰中的石文化

在《山海经》《淮南子》等许多古籍中,记载着上古时期中华民族开天辟地与自然抗争的神话故事与民间传说,其中许多故事与传说都与石头相关,人们耳熟能详的就有:盘古化山岳造就乾坤,燧人燧石取火开启文明,女娲炼石齐天补苍穹,精卫衔石填海遂报冤,夏禹凿石治水降恶龙……可以说,石之神话不仅反映了中华民族自古具有生生不息、绵延不绝、不断求索、勇于开创的精神与智慧,也成为中华民族能够傲然立于世界民族之林的宝贵精神财富。而人类艺术的起源也开始于石刻石雕,可以说迄今人类包罗万象的艺术形式中,没有哪一种能比石刻石雕更古老了,也没有哪一种艺术形式能比它更为人们所喜闻乐见、万古不衰。石刻石雕历史可以追溯到距今一二十万年前的旧石器时代中后期,从那时候起,石刻石雕便一直沿传下来,艺术的创作也不断地更新进步。石刻石雕是运用雕刻技法在石质材料上镌刻文字、图案等的石制品或在摩崖石壁上创造的雕塑艺术,在中国有着悠久的历史。中国古代石刻石雕与石制工艺品数量庞大,类别繁多,时代序列较完整。按应用与制作工艺方法不同,一般分成圆雕、浮雕、沉雕、壁雕、镂空雕(透雕)、线雕、影雕、微雕和阴刻、阳刻等几大类别,各有特点、独具风格。从题材和功能上又大致可分为陵墓石刻石雕、宗教石刻石雕及其他石刻石雕三类。不同时期,石刻石雕在类型和样式风格上都有很大变迁。不同的需要、不同的审美追求、不同的社会环境和社会制度,都在推动着石刻石雕创作的发展演变。因此可以说,石刻石雕的历史是艺术的历史,也是文化内涵丰富的历史,更是形象生动而又实在的人类历史。

第一节　灵石迷幻:远古神秘的崇石现象

一、人石互化

(一)关于石头的神话传说

石头开创了人类的初期文明,石文化是人类文化的最初雏形。在中华文明中,自盘古开天辟地以来,流传下许多神仙、先祖、古代英雄与山石有关的神话传说,这些描述将玉石的神灵化作用与世系英雄紧密联系在一起,强烈表达出古人对山石的狂热情感。

原始人类基于自然万物皆有灵的思维,认为人与自然可以相互转化,人与石是相通的、是血肉相连的,由此出现了“禹生于石”“启母石”等“人石互化”甚至“把石头作为自己的物祖神”的神话,石头成为中华民族的图腾。尽管随着社会的发展,“人石互化”的神话所承载的原始先民的天才想象和炽热情感逐渐消亡,但作为集体无意识的遗传基因却在中华民族血脉中代代相承。

我国先祖和古代英雄为推动中国原始社会的发展做出了巨大贡献,许多神话故事在叙述这些人物的伟大功绩时,也将他们与美石灵玉联系在一起。例如,传说炎帝时曾“有石磷之玉,号日夜明,以之投水,浮而不下”。其实这是一种磷光效应,但古人却把这种自然现象和炎帝的圣德融合起来,似乎天地为贤人的圣德所感,以至于玉石都显了灵;尧帝德高望重,圣德贤明,他命羲氏、和氏测定推求历法,制定四时成岁,为百姓颁授农耕时令,传说这与他得到了一块雕刻着“天地之形”的玉版而受天意和知识有关;夏禹治水,奏万古奇功,传说这皆因他得到“蛇身之神”传授玉简的结果。

(二)相关记载

我国先秦时所著的《山海经》[①]是一部内容丰富、风格独特的古代著作,包含历史、地理、民族、神话、宗教、生物、水利、矿产、医学等诸方面内容,其中保存了

① 《山海经》的今传本为18卷39篇,其中《山经》(又称《五藏山经》)5卷,包括《南山经》《北山经》《东山经》《中山经》共21000字,占全书的2/3;《海内经》《海外经》8卷,4200字;《大荒经》及《大荒海内经》5卷,5300字。

包括女娲补天、精卫填海、鲧禹治水等与石头有关的古代神话传说。而汉代《淮南子》中“启母石 ”的传说记述：“禹治洪水，通轩辕山，化为熊。先谓涂山氏曰：‘欲饷，闻鼓乃来。’禹跳石，误中鼓，涂山氏往见，惭而去，至嵩山下化为石。方孕启，禹曰：‘归我子。’石破北方而启生。”

二、山岳祭拜[①]

（一）山岳祭拜的原因

无石不成山，无灵石难成名山。那么，何谓“山”？我国最早的一部解释词义的专著《尔雅》曰：“土高有石曰山。”《释名》：“山，产也”，即言产生万物。《说文解字》解释：“山，宣也，宣气散生万物，有石而高，象形也。”西汉末年谶纬之士所著《春秋元命苞》曰：“山者，气之苞，所以藏精含云，故触石而出。”“岳”，一般指高大之山，古指“山之尊者”。

德国唯物主义哲学家费尔巴哈在其《宗教的本质》一书中说过：“自然是宗教最初的、原始的对象，这一点是一切宗教、一切民族的历史充分证明了的。”远古时期，人类生活所处的自然环境变幻莫测，生存十分艰难，由于人们对自然现象不能做出科学的解释，故而把一些自然现象看作至高无上的东西，这种自然力量震撼着原始先民的心灵，使他们的心理产生出强烈的恐惧心理，认为在现实世界之外，还存在着超自然、超人的神秘境界和力量，主宰着自然万物，因而产生敬畏和崇拜，并形成对大自然崇拜、祖先崇拜、鬼魂崇拜、图腾崇拜、灵物崇拜和偶像崇拜等崇拜对象极为广泛的原始宗教。

灵物崇拜的对象往往是被崇拜者认为具有神秘力量的物体，诸如一块形状奇特的石头，一颗老虎牙齿等，以为带着这些东西可以消祸免灾，增强体力和神力。偶像崇拜则是将经过人为加工的物件作为神灵形象加以崇拜。自然崇拜就是把自然物和自然力视作具有生命、意志和伟大能力的对象而加以崇拜。以人格化的或神圣化的原始自然崇拜范围很广泛，天、地、日、月、星、山、石、海、湖、河、水、火、风、雨、雷、雪、云、虹等天体万物及自然变迁现象都可能成为崇拜对象。但在自然崇拜中影响最大、流传最广、延续时间最长的莫过于山岳崇拜。山岳作为一种原始宗教文化和原始石文化的载体，是中华文明的物化形式，保存着远古文化的记忆。因为在人类的原始时期，由于物质的匮乏与自然环境的恶劣，人们的生存极为艰难，而山岳却给人以博大雄伟、坚韧不拔、不可动摇、无处

---

① 贾祥云：《中国赏石文化发展史》，上海科学技术出版社2010年版。

不在、不可磨灭等感受,于是当时人们认为山岳具有一种超自然的能力——灵性,能够帮助人们消灾祛害,人们借助它们战胜灾害,渡过难关,同时先人们认为山为神仙居所,进而把山视为沟通天地的途径。由此产生了对山岳的祭拜,赋予山岳种种超乎自然力的功能,经过代代相传,逐渐形成一种心理积淀,存在于人们的集体无意识之中,并影响着民族心理和民族精神的塑造。所以古代山岳祭拜的基本原因,在于敬畏自然与祈愿平安。《诗经·小雅》中用"高山仰止,景行行止"的诗句,表达古人对山川的敬畏之情,"高山"被喻以高尚的品德。《诗经·大雅·崧高》认为"崧高维岳,骏极于天。维岳降神,生甫及申",视山岳是天神降临人间的落脚点,是人类通往上天仙境的通道。于是这时期人们对自然山岳更多的是敬畏与孺慕之情,进而以名山大川作为天地的代表,进行原始宗教祭祀活动。

(二)山岳祭拜文化的体现

综观世界上古老文明的民族,大都有自己的神山,例如,古希腊的奥林匹斯山,古印度的须弥山,日本的富士山。神山是人类童年时代思想意识的产物,往往集中体现该民族文化之源的原始状态,并对民族文化传统和文化心态产生至关重要的影响,是民族精神的一种象征。远古时代的中华民族山岳崇拜在甲骨文中就有记载,而封建诸侯对封土内山峦的祭拜在《山海经 》《诗经》中也可找到依据。"五岳名山"即东岳泰山、西岳华山、北岳恒山、中岳嵩山、南岳衡山,是远古山神祭拜、五行观念和古代帝王们受命于天定鼎中原的象征,是他们仰天功之巍而封禅祭祀的地方。其中五岳独尊的泰山更是中华五千年历史和文化的缩影。

坐落在山东省中部的泰山,古称"岱宗", 春秋时改称"泰山",有 25 亿年历史,由地球上最古老的岩石组成,在中华民族心中具有神山圣山的地位,是中华民族的精神家园。它雄起于华北平原之东,凌驾于齐鲁平原之上,山脉绵亘 100 余千米,盘卧面积达 426 平方千米,主峰玉皇顶海拔 1545 米,神话传说其往上最接近统领"三界"的玉皇大帝,东邻神仙居住的仙山蓬莱与瀛洲,故诗曰泰山"魂雄气壮九州东,一敞天门旭日升。百代帝王趋受命,万方处士向蓬瀛"。因而在中国的政治、文化历史上占有很高的地位,是历朝历代统治者祭天的场所,千百年来就有"泰山安则天下安"之说。《礼记·祭法》中有述:"燔柴于泰壇,祭天也。"1957 年在山东莒县陵阳河大汶口文化遗址出土一陶尊,上面刻画有 4800 年前的图像文字,上有太阳的象征,中部为燃烧的火,下部代表泰山,由此可推断整个场景反映的是在泰山燃火祭天的活动,说明古时泰山有燃柴祀天的原始礼俗。传说在夏商时代，就有72个君王来泰山会诸侯、定大位，刻石记号。秦始皇统一中国封禅泰山以后，汉代武帝，唐代高宗、玄宗，宋代真宗，清代康熙、乾隆等帝王也相继效仿来泰山举行封禅大典，将泰山作为国泰民安的象征、安邦定国的基础。久而久之，即使一般的文人墨客、平民百姓，也视泰山石为吉祥如意、富贵长寿、镇宅慑邪的灵石。而“泰山石敢当”则作为泰山灵石崇拜的杰出代表一直延续至今，它所表现的“吉祥平安文化”体现出中华民族普遍渴求平安祥和的心理。虽然具有神异力量的神山灵石在现实中并不存在，但在石头身上寄予了人们为生存想方设法战胜自然的愿望以及不屈不挠的精神，在“物我同化”的观念下，用可感知的具象和幻想的心象将天、地、人、神相叠合，形成崇山敬石理念顽强地存在习俗文化之中，并发展为中国古代士大夫阶层的人格追求和价值取向，进而筑就中华文化之永恒精魂。

知识链接 ▶

石敢当

石敢当的历史相当久远，史书中最早记载见于西汉当时的儿童启蒙识字书《急就章》：“师猛虎，石敢当，所不侵，龙未央。”在镇宅石上出现“石敢当”字样是在唐朝末年。据宋代人王象之《舆地碑记目》记载，宋代庆历年间，福建莆田县令张纬维修县治，出土一块石碑，上刻“石敢当，镇百鬼，压灾殃，官吏福，百姓康，风教盛，礼乐张……”诸字，是国内出土的最早的石敢当实物史料。在明代以后，随着泰山信仰的发展，在各地石敢当的石刻中，有的加上了“泰山”二字。在传播中，石敢当和泰山石敢当同时存在。同时，还有一些其他字样的石刻，如“石将军”“石大夫”等，清代、民国年间以及当代，则以“泰山石敢当”为主。清代以来，在泰山周边还出现了祭祀石敢当的庙宇——石大夫庙，同时存在庙会“石大夫会”，还有以石敢当为题材制作的年画。[1]

三、巨石建筑

(一)世界各地的巨石建筑

巨石建筑产生于世界文明在世界各地广泛形成时期，是考古学家们对新石

① 张树义:《泰山石敢当》,《联合日报》2013年10月20日第四版。

器时代至青铜时代或更晚些时期的立石、列石、环状石、石碣、积石墓及石厦、石棚等巨石建筑的统称。巨石建筑在欧洲、美洲、亚洲、非洲、大洋洲均有分布，较著名的是英国的巨石阵、智利复活节岛、法国布列塔尼石阵等巨石文化遗址。之所以巨石建筑自新石器时代延续至金属器时代显现出全球性分布状况，是因为人类居住在同一星球上，人类文化本身是息息相关的，在历史的长河中，各民族尽管发展状况不尽相同，表现出文化的多元性，但众流归海，基本发展具有相同的规律，即巨石建筑是个世界文化现象，故被称之为巨石文化。

世界各地的巨石文化遗迹内涵丰富，性质和遗存结构相当复杂。从地面形制特征划分，有单纯的列石、独石，单纯的石圈或石框，列石与石框或石圈结合，列石与石框以及石片图案结合，立石(或石柱、石碑)与石框结合等。这些巨石建筑究竟为何人所建、为何目的而建、用什么方法建造等问题长期困惑着人们，吸引着好奇者的目光。现大致推断建造的目的为祭祀供神类、纪念或标志类、震慑降伏类等。由于许多巨石遗存的建造远远超出了同时代人类的一般技术能力，显现出人们未知的神秘色彩，故要揭开其秘密有待于今后考古发掘及其研究。

(二)各地远古神秘的石文化现象

我国已发现约新石器时代的巨石文化遗存集中分布在从东北至西南的“半月形文化传播带”，也就是在中国东部沿海地区以至西藏高原地区之间半湿润半干旱交界的半农耕半畜牧地带，曾大量遍布这种巨石建筑。据考古资料记载，我国的石厦、石棚，见于吉林、辽宁、山东、河南、安徽、浙江、湖南、四川、西藏多地。《汉书・五行志》中就记载：泰山莱芜山南“有大石自立，高丈五尺，大四十八围，入地深八尺，三石为足”。因其状如帝王之冠，故《汉书・三国志》(二十七卷)将其称为“冠石”。由此可知，早在秦汉时代前石厦或石棚已被人们所注意，但当时被称为“冠石”，这是我国有关石棚的最早文献记载。现据辽宁省博物馆调查，仅旅大、金县、盖县、庄河、岫岩、海城、新宾等十一个县区统计，目前已发现大小石棚 54 座，其中以盖县石棚山石棚为最大，海城名为“姑嫂石”的两处(现在仅存一处)大石棚次之，这些巨石是远古人们用六块巨大的花岗岩石料，叠砌成一种呈梯形的平顶建筑，每块巨石重量均在 2.5—10 吨之间，长度与宽度都经人工做了精细的打磨，结合的缝隙严密平整，充分显示了古代人民非凡的智能和高超的建筑技巧。

考古界认为，巨石建筑物属于中国新石器时期创造的一种独特的巨石文化，是中国远古建筑史上的奇迹，是铭刻着古代先民聪明才智和文明精神的历史丰碑。但关于石棚的用途，考古学界说法不一，主要认为是一种巨石坟墓或祭祀场所。但2003年中国社会科学院考古研究所的考古工作者在山西襄汾县陶寺城址首次发现了中国的“巨石阵”建筑遗迹，地下夯土层清楚地表明，在距今约4000年前这里曾经有过一个和英国的索尔兹伯里的巨石阵非常相似，只是规模较小的史前建筑。考古工作者和天文学史研究者确认此类遗址具有天文学意义。因为这个陶寺城址和史籍中“尧都平阳”的记载正相吻合，城址巨大的面积和格局也在提示人们，也许这里真的就是帝尧当年的都城，而且在《史记·五帝本纪》《尚书·尧典》等史籍中，都记载着帝尧和天文学的特殊关系。

2011—2015年的考古调查与勘探发现中国规模最大的史前石城遗址——神木石峁遗址，在石城的墙体发现众多“石雕人面像”，初步证实古城曾在原始宗教信仰中发挥过重要作用。石雕人头像和菱形眼睛装饰的大量发现，说明石峁存在一个掌握宗教权的巫觋阶层。他们通过对城址墙体的“装饰”，不仅使这个墙体得到美观，而且产生一种威慑感。当然，在普遍信仰宗教的史前时代，为增强宗教感或神秘感而布置的“装饰”不仅仅限于石雕人头像。如在石峁遗址中，专家还发现了“墙内藏玉”和在墙基、城门附近埋人骨等现象，这些都可能是古人在处心积虑地以“通灵”方式祈求石峁城址获得超自然力量的保佑。[①]

拓展学习 ▶

1. 了解我国现存的性器崇拜及其遗迹：石祖。
2. 为何古代会有石神与神石传说？
3. 什么是誓言石？

四、玉通人神

(一)玉为原始礼器的起源

古人云：“美石为玉。”玉其实就是指肌理细腻、色泽丰富、质地坚硬的石头。原始玉器发轫于石器，在旧石器时代中期，磨制石器工艺得到提高，先民们在打制磨砺石器过程中，发现一些石头很特别，它比普通石头硬，打磨这些硬石更能显出特别的光泽，这逐渐萌生出了先民们最原始的审美意识，开始有意识地选择那些具有美丽色彩和坚硬质地的石头，或者贝壳、兽牙兽骨等，制作成简单的装饰品，美丽的石头逐渐受到了先民们的珍爱，并被称之为“玉”。这些早期玉石最

① 《中国最大史前石城墙体现“石雕人面像”》，《新快报》2015年9月17日。

初作为部落巫师和首领的装饰,如耳环或颈部项链等等,是一种身份等级的象征。与此同时,先民的宗教信仰思维日益成熟,以为"国之大事,在祀与戎"。由于玉具有晶莹光泽,温润秀雅、坚硬韧性等不寻常的质感特性,故后来原始玉器被赋予了超越其自然属性的内涵,成为先民情感想象与精神思维的载体,进而又担负起沟通神祖的使命,成为氏族首领、巫师在宗教祭祀活动中通神、通天地使用的原始祭祀神器,成为祭祀仪式中沟通人神或借以追求永生不朽的媒介。

(二)红山玉器:通灵神器

自20世纪40年代以来,考古学家们就在辽宁、内蒙古和河北交界的燕山南北及长城一带的中国新石器时代的红山文化遗址上发现成批玉器,这些玉器几乎无一例外都出土在当年最高等级的墓葬中,这些墓葬的主人,有的可能是当年的大巫师,有的可能是部落首领。这件玉器是做什么用的呢? 人们推测,在遥远的史前社会,人们还远不能用一种科学的思维来解释自己赖以生存的自然环境,认为主宰世间的力量来自冥冥中上天的旨意,而这些稀有而珍贵的天然玉石,无疑是上天的恩赐,在它们的身上蕴藏着神秘的通灵神性。人们簇拥在象征上天意志的玉器面前,祈求神灵把福祉降临到他们的身上,而当他们在巫师的召唤下,一次次走向神圣的祭坛,史前玉器便无可阻拦地成就了玉文化初期最辉煌的一个文明。其中"猪首龙形玉制C形龙"代表了早期中国龙的形象,是红山文化原始崇拜的典型表现。[①]

(三)良渚玉器:原始神权王权之象征

距今5300—4000年左右,即比我国东北红山文化较晚一些的还有良渚文化,它主要分布在太湖地区,南抵钱塘江,北至江苏中部(主要是长江以南),因首先发现于浙江余杭良渚镇,故依照考古惯例按发现地点良渚命名为良渚文化遗址。现是杭州市余杭区的良渚、瓶窑、安溪三镇之间许多遗址的总称,属于新石器时代晚期人类聚居的地方。良渚遗址有村落、墓地、祭坛等各种遗存,内涵丰富,范围广阔,遗址密集,但最大特色是挖掘自墓葬中的玉器和黑陶具有典型代表性。

良渚玉器代表了中国新石器时代晚期玉器发展的最高峰,其种类按照器形来分,有璧、冠状器、三叉形器、柱形器、锥形器、半圆形饰、新月形饰、动物形饰、

① 红山文化因内蒙古赤峰市红山后遗址的发掘而得名,成为中国东北地区著名新石器时代考古学文化之一,在中华文明起源和早期社会发展进程中占据显要位置。内蒙古赤峰市敖汉旗有500余处红山文化遗址,出土诸多红山文化精美文物,具有学术研究价值和公共考古价值。

牌饰、串饰、带钩、柄形器、玉镯、玉管、玉珠、玉坠等,从用途来看,璧、琮、冠状器、三叉形玉器等,是史前时代人类用来崇拜神灵的礼器。其中“玉琮”和“玉钺”是良渚文化中最具有代表性的神器和礼器,最具有神权与王权的象征意义。

良渚玉器中的玉琮,是一种典型礼器。“琮”在《说文解字》中曰:“琮,瑞玉,大八寸,似车釭。”《白虎通·文质篇》曰:“圆中牙身外方曰琮。”[①]考古发现的琮有素面琮、纹饰琮、单节琮、多节琮、方琮、圆琮等种类。其主要发现地是良渚文化遗址;但后来发现在山东、河北、山西、安徽、江西、陕西、湖北、湖南、河南、广东、四川等地区的与良渚文化发展时期相同的文化遗址中,都有类似的玉琮发现。如2001年成都金沙遗址就出土一件刻有兽面纹及羽人纹饰的十节玉琮,具有良渚文化玉琮的显著特征。早期的玉琮节数少,至良渚后期玉琮的节数越来越多,已知最多的竟达十九节。有关“琮”的作用,历来有各种解说,如《白虎通·瑞贽》:“琮之为言,宗也,象万物之宗聚也。”《仪礼·聘仪》:“聘于夫人用璋,享用琮。”[②]《公羊传·定公八年》何休注:“琮以发兵。”[③]近现代以来有关琮作用的推断很多,较为统一的认识是:琮外方内圆,方圆相套,由此符合天圆地方理论;中心贯通,由此象征天地贯穿;面饰以动物纹或鸟纹,由此表明动物帮助巫师通天地;玉制或者石制,因玉是山石的精髓,由此暗示其具备通天地的作用;出土在墓葬中,可推断琮是巫术权力者的地位、身份符号,是巫师贯通天地的一种手段或法器。[④]

另一王权象征的玉器是“钺”。“钺”同“戉”,与斧异名同形,只是比斧略大,最早的钺为石制,在当时为劳动工具,主要是一种劈砍工具。当玉器成为礼器之后,玉制成的钺自然而然地替代石制斧钺成为权力的象征。这从良渚时期墓葬考古发掘中可以证实:凡有玉钺出土的墓葬,规格都是最高级别,反映墓主身份之特别。从随葬品摆放位置推测,当时一件完整的玉钺应当是由玉质钺身,木柄(一般考古发掘时木柄早已腐朽)及木柄上下两端玉配件组成。这从实物上证明,良渚文化中的玉钺,从性质和意义上即为“王权神授”的象征物。而《史记·殷本纪》有记:“汤自把钺,以伐昆吾,遂伐桀。”周武王灭商时,商纣自焚于鹿台,武王“以黄钺斩纣头”。由此进一步证实,玉钺就是军权王权的象征。

---

① 《白虎通》又称《白虎通义》,是由东汉班固等撰集的讲论五经同异、统一今文经义的一部重要著作。

② 《仪礼》又名《礼经》《士礼》,是中国春秋战国时代一部汉族礼制汇编,儒家十三经之一,内容记载周代的冠、婚、丧、祭、乡、射、朝、聘等各种礼仪,以记载士大夫的礼仪为主。

③ 《公羊传》亦称《春秋公羊传》《公羊春秋》,是专门解释《春秋》的儒家经典之一。

④ 浙江省文物考古研究所:《良渚古玉》,浙江人民美术出版社1996年版。

五、望夫成石

在我国许多地方,总会有一些天然生成的形如女子翘首远望的人形山石,而现实生活中也有许多痴情女子为分离的丈夫终生守候的事例,于是在中国古代神话和民间传说中,有了将山石崇拜和对坚贞思妇们执着精神的褒扬和同情融合在一起的故事,形成了众多凄美动人、缠绵凄婉的"望夫石"的传说,而其讲述的内容大多都是一位痴情女子久久守望山头,盼夫归来夫不归,最后容颜衰老,生命枯竭,日久化而为山石。这些充满浪漫主义的美丽想象,不仅借石头坚定不移、亘古不变的品质,昭示坚贞执着的精神力量,体现出人们对某种具有崇高价值或执着追求的人格品质的肯定与赞许,也将古代社会对女子须恪守的道德标准巧妙地蕴藏其中并作为典范相传。

古往今来,在众多"望夫石"及其传说中,最为著名的是安徽省蚌埠市淮河岸边的涂山上,一块犹如慈祥妇人端坐于山崖之上的巨石,有人认为此即是《淮南子》中记述"禹娶涂山化为石"的故事来由:相传上古时期,大禹娶涂山氏之女为妻,婚后四日便离家为治水整日奔忙,一别十三年,三过家门而不入,其妻涂山氏之女日夜向丈夫治水的方向远眺,但望穿秋水也不见大禹归来,她朝思暮想,最终化作一块石头,端坐在涂山的东端,因为涂山氏的儿子叫"启",所以后人亦把此石叫作"启母石"。河南登封(就是传说中的禹都阳城)市区北的嵩山万岁峰下,有一块大石头也被称为"启母石"。之后曹丕《列异传》也有记载:"武昌新县北山上有望夫石,状若人立者。传云:昔有贞妇,其夫从役,远赴国难;妇携幼子饯送此山,立望而形化为石。"望夫石传说契合了中华文化中天人合一的审美意境,而山石的坚硬持久品质比喻妇人之坚贞执着精神是为人、石"比德",其凄美、悲壮的故事情节又给人以无比诗意的遐想。因而,千百年来望夫石被许多文人墨客吟咏赞颂。可见,望夫石意象成为中国文学意象群中最具艺术魅力的意象之一。[1]

---

① 孙董霞:《望夫石意象的诗性诠释》,《现代妇女》2010 年第 7 期,第 38—40 页。

第二节　劈石开窟:绵延千年的石窟石雕艺术

一、石窟和摩崖石雕艺术概述

(一)什么是石窟和摩崖石雕艺术

自然界的岩石,不仅为人类的生存与发展提供了无尽的物质资源,同时也成为人类精神财富的无限源泉。石窟就是山岩上的石洞。石窟和摩崖石雕艺术是指古代在岩石崖壁上开凿的寺院建筑,多为洞窟形式,并在其内绘画或雕刻图像。

石窟和摩崖石雕艺术的兴盛和宗教发展有很大的关系,或者说,石窟和摩崖石雕艺术的实质就是一种宗教文化的反映。中国石窟和摩崖石雕艺术源于印度,始于汉末,兴于魏晋南北朝,盛于隋唐,一直延续至宋元明清各时代。这些石窟和摩崖石雕造像主要反映了佛教思想及其发生、发展过程,它所创造的佛祖、菩萨、罗汉、护法,以及佛本行、佛本生的各种故事形象,都是通过具体人的生活形象而创造出来的。有些石窟和摩崖石雕也反映中国本土的道教思想及其故事。由于它的建造与当时人们的日常生活相联系,因而也是各历史时期、各阶层人物的生活景象的实物体现。

(二)我国石窟和摩崖石雕艺术发展脉络

自两汉、魏晋南北朝至明清,中国社会的各个不同阶级、阶层出于政治、思想意识、现实需要,将本土原有的道教和儒家文化与外来的佛教互相接触、交流、碰撞、包容、吸收、融合,成为中国传统文化的一个重要组成部分。作为宗教流传的各种具体形象如寺庙、佛像、佛塔、石窟大量出现在各地,山石、岩石作为我国自然界广泛存在的具有永恒性的材料,成为古代人们借以进行大型石窟、石洞与摩崖造像艺术的最佳选择对象,石佛、石像以及与宗教有关联的象形石等凿窟造像活动遍及我国各地。

具体来说,大约自 3 世纪起,佛教以及佛像雕刻艺术沿着丝绸之路来到西域龟兹地区(现新疆区域),开始开凿石窟造像,4 世纪至 5 世纪,西域风格石窟造像活动又在我国甘肃西部(古代河西走廊)沿线生根发芽,并与汉文化逐渐融合,形成技艺精湛、宏大靓丽的河西石窟艺术,后又向中原地区发展,5 世纪至 9 世纪,中国石窟艺术登上了顶峰,并最终在洛阳龙门完成中国化的全过程,使佛教成为中华文明的一部分,留下了以甘肃敦煌莫高窟、山西大同云冈石窟、河南洛阳龙门石窟、甘肃天水麦积山石窟这“四大石窟”为代表的中国乃至世界佛教石窟艺术宝库。唐朝安史之乱逃亡巴蜀地区的石刻石雕艺人,最后在巴蜀地区完成了石窟艺术世俗化的过程,形成了四川大足石窟、乐山大佛、安岳石窟、荣县大佛石窟等精彩的石窟。自唐代以后,石窟演变为以摩崖造像为主,石窟建造逐渐减少。

二、河西石窟艺术

(一)河西石窟艺术概况

河西石窟是甘肃河西走廊沿线上各石窟群的总称。主要有榆林石窟、马蹄寺石窟、西千佛洞、酒泉文殊山石窟、昌马石窟、天梯山石窟等,敦煌莫高窟亦属河西石窟分支。

榆林石窟位于甘肃省瓜州县(原名安西县)西南约70公里的山峡内,是我国著名的石窟之一,从洞窟形式、表现内容和艺术风格看,与莫高窟十分相似,是莫高窟艺术的一个分支,现存东崖30窟,西崖11窟。马蹄寺石窟位于甘肃省肃南裕固族自治县的马蹄山,创建年代无定论,现存洞窟以金塔寺、千佛洞及北寺诸窟保存较好。酒泉文殊山石窟位于甘肃省肃南裕固族自治县西北部的文殊山山谷中,是一处规模较大的佛教石窟群,现洞窟大多分布在前后两山崖壁上,共有十余窟,多已残破,仅千佛洞与万佛洞两窟较完整。昌马石窟位于甘肃省玉门市玉门镇东南的祁连山境内,是莫高窟和榆林窟的姊妹窟,原窟群包括大坝及下窖等处,现大坝石窟仅留窟龛,造像与壁画已荡然无存,下窖石窟开凿在下窖村西的崖壁上,共有窟龛11个。这些早期的河西石窟,承袭新疆龟兹高昌等地的造像传统,带着鲜明的西域和印度色彩,并最早开始融合汉地艺术,汲取吸收新的元素,形成了独具特色的属于河西走廊特有的石窟模式,进而更深远地影响着中原地区的造像。

(二)武威天梯山石窟

河西石窟中的武威天梯山石窟,建于东晋十六国时期(约公元412—公元439年),距今约有1600年历史。石窟中大佛依山而坐,脚下碧波荡漾,薄云缠绕其身,构成了一幅山、水、佛、云浑然一体的壮观奇景,是我国早期石窟艺术的代表。天梯山石窟不仅吸收了印度犍陀罗艺术精华,更重要的是进一步融汇了中国绘画和雕塑的传统技法和审美情趣,反映了佛教思想及其汉化过程,更加接近汉文化。北魏灭北凉之后，曾经盛极一时的凉州佛教文化受到了重创，凉州僧人纷纷逃亡，一部分人逃往平城外，另一部分人向西逃往敦煌等地，由此促进敦煌佛教的兴盛，使敦煌成为继凉州之后河西的佛教中心。故天梯山石窟被称为我国“石窟鼻祖”，其艺术风格和建筑风格直接影响到敦煌及河西地区的其他石窟艺术。

三、“四大石窟”艺术

莫高窟、云冈石窟、龙门石窟、麦积山石窟这“四大石窟”在其长期的发展过程中，各石窟及其各个不同时期的石窟艺术都积淀了自己独具特色的模式及内涵，而它们作为代表中国佛教文化特色的巨型石窟艺术景观，记载了古代石雕工匠们的聪明才智和高超的艺术水平，构成了一部完整的中国石窟艺术史，具有相当高的中国社会史、宗教史、艺术史及中外文化交流史研究价值，因而都被列为世界文化遗产。

(一)敦煌莫高窟艺术

敦煌莫高窟位于河西走廊西边的敦煌。汉武帝时期，匈奴在西域作乱，大将军霍去病两次前去平定匈奴，经过敦煌时，发现此处有绿洲，是理想的防御基地，随后成为著名的河西四郡(武威郡、张掖郡、酒泉郡、敦煌郡)之一。据传，公元300多年，有位乐僔和尚经过大泉河谷时突然发现鸣沙山千佛显现，他决定不再继续赶路，留下来开窟造像，由此逐渐造就了享誉世界的敦煌莫高窟。“莫高窟”原为“漠高窟”，意为“沙漠的高处”，因“漠”与“莫”通用，便改称现名，然另一说为：佛家有言，修建佛洞功德无量；莫者，即不可能、没有也；莫高窟之意就是没有比修建佛窟更高的修为了。莫高窟始建于十六国的前秦时期，历经十六国、北朝、隋、唐、五代、西夏、元等历代的兴建形成巨大的规模，现统计有洞窟735个，壁画4.5万平方米，泥质彩塑2415尊，分布于高15—30多米的断崖上，无论在数量上和质量上都居于全国石窟之冠，也是世界上现存规模最大、内容最丰富的佛教艺术宝库，具有极高的历史、艺术、科技研究价值。

(二)云冈石窟艺术

云冈石窟位于山西省大同市西郊武周山南麓，石窟依山开凿，东西绵延1公里，有主要洞窟45个，大小窟龛252个，石雕造像51000余躯，为中国规模最大的古代石窟群之一。云冈石窟按照开凿的时间可分为早、中、晚三期，不同时期的石窟造像风格具有不同的特点，这也是明显能在一个石窟内看出佛教东进过程的经典之作。早期开凿的“昙曜五窟”气势磅礴，这是北魏高僧昙曜为北魏的五位皇帝开凿的,具有质朴单纯的西域风格;中期石窟出现的中国宫殿建筑式样雕刻,以及在此基础上发展出的中国式佛像龛,在后世的石窟寺建造中得到广泛应用;晚期云冈大规模造像停滞,只有小规模的民间造像活动,故窟室规模小,造像失去皇家特色,人物形象转而清瘦俊美、比例适中,成为中国北方民间石窟艺术的榜样和"瘦骨清像""曹衣出水"的源起。

(三)龙门石窟艺术

龙门石窟位于洛阳市南郊伊河两岸的龙门山与香山,开凿于北魏孝文帝年间,之后历经东魏、西魏、北齐、隋、唐、五代、宋等朝代,连续大规模营造达400余年之久,南北长达1公里,今存有窟龛2345个,造像10万余尊,碑刻题记2800余品。早期龙门石窟的建造艺术风格,体现出天梯山石窟和云冈石窟特点,具有强烈的北魏与中原传统汉文化色彩,又有浓厚的北方文化因素。后历经唐代等各朝代开凿,石窟艺术逐渐完成了中国化即汉化的过程。北魏造像在这里失去了云冈石窟造像粗犷、威严的特征,而生活气息逐渐变浓,趋向清秀、温和。北魏时期人们崇尚以瘦为美,所以,佛雕造像也追求秀骨清像式的艺术风格。而唐代人们以胖为美,所以唐代的佛像的脸部浑圆,双肩宽厚,胸部隆起,衣纹的雕刻自然流畅。而同时期在洛阳周围开凿的还有巩义的巩县石窟,由于龙门石窟宾阳洞非常精美的帝后礼佛图已被盗凿流入美国,巩县石窟的帝后礼佛浮雕成为国内现存的重要代表性作品,弥足珍贵。龙门石窟是北魏、唐代皇家贵族发愿造像最集中的地方,是皇家意志和行为的体现,具有浓厚的国家宗教色彩。

(四)麦积山石窟艺术

麦积山石窟位于甘肃省天水市东南方50公里的一座孤峰上,约自十六国后秦时期开始创建,历经西秦、北魏、西魏、北周、隋、唐、宋、元、明、清各代,历经1600余年不断开凿和修缮,形成一个宏伟壮观的立体建筑群,现统计有窟龛194个,其中东崖54窟,西崖140窟,泥塑、石胎泥塑、石雕造像7800余尊,被誉为东方雕塑馆。麦积山石窟保留有大量的宗教、艺术、建筑等方面的实物资料,丰富了中国古代文化史,同时也为后世研究我国佛教文化提供了丰富的资料和史实。

四、吴越石窟艺术

"南朝四百八十寺,多少楼台烟雨中。"从唐朝诗人杜牧《江南春》这首脍炙人口的诗句中,可以窥探当年的南朝吴越大地上,佛教文化是何等昌盛。但因历经千年间无数战乱,迄今所留存的石窟并不多。现著名的南朝石窟主要是:浙江杭州灵隐寺飞来峰造像、新昌石城寺和千佛岩,江苏南京栖霞寺千佛崖石窟等。

(一)灵隐寺飞来峰造像

杭州灵隐寺的飞来峰造像是浙江地区规模较大的五代至元代时期的佛教石刻造像群。飞来峰原是座高约 168 米的石灰岩山峰,山上怪石嶙峋,奇幻多变。自五代至元代的石造像约有 300 多处,造像群中五代时期的石造像至今尚存有 10 多尊,分布在山顶和青林洞的洞口处;北宋的造像最多,有 200 余尊;元代的造像有近 100 尊,其中题记清晰可辨,雕刻精美,保存较为完整的有 19 尊。这些造像多分布在一些石洞周围的悬崖峭壁上。弥勒雕像粗眉大眼,喜笑颜开,袒腹踞坐;十八罗汉的布局依山就势,有静有动,神态各异;佛像高耸螺髻,上呈尖状,斜披衬衣,袒露右胸和手臂;菩萨则佩戴宝冠、薄纱或者裸露上身,面容清秀,身材窈窕。这些造像,刀法洗练,线条流畅,浮雕技法娴熟,结构完整,形象生动。飞来峰造像最大特点:一是元代造像最为集中;二是雕造的对象从过去以佛为主体过渡到以罗汉为主体,是全国同期石窟中雕造罗汉最多的地方;三是在汉族地区当时供奉与西藏喇嘛教有关的佛像最多的地方,既继承了唐宋传统风格又富有藏族、蒙古族造像艺术特色。因而飞来峰造像在中国古代造像艺术史上占有重要的地位。

(二)新昌大石佛及千佛石窟

新昌大佛禅寺位于浙江省新昌县城西南的南明山,古称“石城山”,大佛禅寺最负盛名的是石雕弥勒大佛,开凿于南北朝齐梁年间(公元 486—公元 516 年),前后营造三十多年,佛座高 1.91 米,佛身高 13.74 米,佛头高 4.87 米,耳长 2.7 米,两膝相距 10.6 米,是我国江南第一石佛,可与大同云冈、洛阳龙门石窟中的大佛相媲美。此尊石弥勒像不仅以规模宏大,气势非凡著称于世,而且在造像艺术上也独具特色,石像盘膝而坐,容秀骨清,婉雅俊逸,端庄慈祥,气度娴雅,表达了佛陀沉静、智慧、坚定、超脱的内心世界,南朝著名的文学理论家刘勰为之撰写《梁建安王造剡山石城寺石像碑》记,赞誉其为“不世之宝,无等之业”。

新昌千佛禅院也在新昌城西南南明山中,又称千佛岩,以千佛石窟而得名,与大佛寺弥勒石像所在的宝相寺石窟山头相邻,东西相望。千佛石窟有正、旁两洞,正洞宽 18 米,深 6 米,高 4—5 米,洞口接岩石为阁,有檐角挑出。正面洞壁有小石佛十龛,每龛为 10×11 小格,每格中一小佛高 20 余厘米,中间九格置一尊较大佛像,膝前侍立二小像。每龛实为 104 尊,横列十龛共佛 1040 尊,小佛石质外加泥彩,十龛之外两旁有两护卫神像,石质浮雕,衣带战袍身影俱在,皆为六朝真迹,文物价值很高。

（三）南京千佛崖石窟

千佛崖石窟位于南京市栖霞区栖霞山麓，南朝宋、齐起历代皆有开凿，以唐代续凿和明代妆銮最多，是我国南方现存南北朝时期最早、规模最大的石窟寺遗址。现存250余个窟龛。最大的石窟为南朝时的大佛阁，主像连底座通高9.31米，两边观音、大势至菩萨各高6.81米。相邻的次大龛也属南朝时期。两个大窟附近有许多中小型龛窟，造像以弥勒佛、阿弥陀佛和千佛为主，为现仅见之南朝石刻造像艺术，亦为我国重要之佛教史迹。

五、巴蜀石窟艺术

巴蜀地区在战国以前是分称的："巴"主要指重庆、川东及鄂西地区，涵盖陕南、汉中、黔中和湘西等地；"蜀"主要指四川盆地中西部平原地区。故巴蜀的核心区域即为如今的四川省和重庆市。

南北朝时期，佛教由南北交错传入巴蜀盆地，摩岩石刻造像逐渐遍布巴蜀，现保留较完整的主要有乐山大佛，安岳石窟，荣县大佛石窟等精彩的石窟，在蜀道广元地区还有皇泽寺石窟和千佛崖造像等一些重要石窟。众多的巴蜀石窟艺术中，重庆大足县大足石窟是中国晚期石窟艺术的优秀代表作品。它创建于唐末至南宋间，历时250多年，石刻摩岩造像达五万多尊。它以题材广泛、内容丰富、技艺精湛而著称。除佛教造像窟龛，还有经幢、塔龛、官吏纪念像、线刻画等共40余处，以宝顶山、北山的规模最大、刻像最集中、造型最精美，是唐宋时期石刻艺术的代表作。大足石刻题材多样，并且保存非常完整，它以众多的现实生活景象和当时的文字信息为基础，从各个侧面展示了9世纪末至13世纪中叶中国石窟石刻艺术的风格样式和民间宗教信仰的发展变化状况，具有以前皇家石窟不可替代的历史和艺术价值。例如，石刻中有"儒、释、道"三教分别造像者，有"佛道合一"和"三教合一"造像者，表明至13世纪之时，"孔、老、释迦皆至圣"，"惩恶助善，同归于治"的三教合流社会思潮在我国已经巩固。

拓展学习 ▶

1. 除以上所介绍的石窟艺术外，我国还有哪些较知名的石窟艺术？
2. 为何中华民族能从石头中发掘出审美价值继而发展出文化价值？
3. 我国古代有一种"戒石"是起什么作用的？

第五章　金石同寿:文明传承中的石文化

人类在社会的进步与发展中,产生了各种类型的文化、艺术。但没有哪类文化、艺术离开过石头这一根本因素。比如最早的画是"岩画",最早的文字符号是"石刻文",最早的雕塑是"石雕",最早的音乐是以石为器材的"石磬、石笛"……可以说,借助石头创造的文化艺术,是最古老、最有魅力、最为喜闻乐见,也最能留芳千万年的文化艺术。"宣物莫大于言,存形莫善于画。"绘画是最能直接表达自然风貌和人类精神信念的艺术方式。岩画作为古代先民创造的、镌刻于石崖上的一种原始造型艺术,被誉为是人类艺术史上最为辉煌的刻在石头上的象形性史书和史诗,为后人研究远古时期人们的社会生活、宗教信仰、图腾崇拜等情况提供了宝贵资料。

第一节　磐石凿字:千古不灭的石刻史书

一、石鼓文

(一)石鼓文的身世经历

自从有了文字和艺术,岩石便是记录文字、传承文化、传递信息、保存艺术的当仁不让的最佳载体。中国早期的文化、文明传播方式之一就是通过石刻文字加以记录、保存和传播的。

这里所谓的石鼓文,是指大致于秦朝前后在石上所刻的文字,因其刻石外形似鼓而得名"石鼓文"。石鼓为花岗岩材质,共有 10 个,每只重约一吨,高三尺,直径二尺多,形象鼓而上细下粗顶微圆(实为碣状),每只上面分别刻有大篆四言诗一首,共 10 首,计 718 字。石鼓于唐代初出土于今陕西省宝鸡市凤翔三畤原,之后被迁入凤翔孔庙。五代战乱,石鼓散于民间,至宋代几经周折,终又收齐,放置于凤翔学府。宋徽宗素有金石之癖,尤其喜欢石鼓,于大观二年(公元 1108 年),将其迁到汴京国学,用金符字嵌起来。后因宋金战争,复迁石鼓于临安(今杭州),金兵进入汴京后,见到石鼓以为是"奇物",将其运回燕京(今北京)。此后,石鼓又经历了数百年的风雨沧桑。抗日战争爆发,为防止国宝被日寇掠走,由当时故宫博物院院长马衡主持,将石鼓迁到江南,抗战胜利后又运回北京,现保存在北京故宫博物院石鼓馆。

(二)石鼓文的重要价值

虽然石鼓拙朴平实,其貌不扬,但因每个石鼓上面凿刻的文字十分珍贵,是中国现存最早的刻石文字,故世称"石刻之祖",为中国第一古物,被后来历代人们重视。但石鼓上无年代款识、作者姓名,加之诗文缺文少字,以及文字古奥难识,诗意含蓄隐晦等诸多原因,人们对石鼓产生年代和鼓序排列的时代,记述事件以及石鼓文字字体、字形,诗歌字义、词义等的分析和研究一直延续至今,唐朝韦应物和韩愈等许多诗人还以《石鼓歌》赞颂和评价石鼓文,后世的众多学者也撰写了大量研究文章。一般认为其铭文是记叙周宣王出猎之事(故亦称之为"猎碣"),或记述了秦始皇统一中国前一段为后人所不知的历史。后人们根据每只鼓身上的文字分别命名为:乍原鼓、而师鼓、马荐鼓、吾水鼓、吴人鼓、吾车鼓、汧沔鼓、田车鼓、銮车鼓、霝雨鼓。石鼓文石与形、诗与字浑然一体,充满古朴雄浑之美，其书法字体多取长方形，体势整肃，端庄凝重，笔力稳健，是集大篆之成，开小篆之先河，由大篆向小篆演变而又尚未定型的过渡性字体，在书法史上起着承前启后的作用，为书家第一法则，被历代书家视为学习篆书的重要范本，不仅具有很高的文史价值，也具有重要的艺术收藏价值。

二、石刻经

（一）石刻经起源

在印刷术发明之前，佛经主要以写本流传，自北魏以后又出现石刻佛经，北齐时期，山西、河北、山东等地在石窟和山崖间刻经的风气很盛，如著名的泰山经石峪刻金刚经、山西风峪华严经、河北邯郸北响堂寺涅般经、山东邹县四山刻经、山东东平县大洪山北齐刻经等。石刻经是佛教石刻中数量最大的。现在能见到最早的石刻佛经有北魏熙平二年(公元 517 年)法润等造的《不增不减经》。而佛教石经中规模最大、历史最久的是现存于北京市房山县云居寺石经山，从隋代(公元 605—公元 617 年)开始由静琬法师倡导，持续近 1000 年，至明代才基本完工的房山云居寺石刻佛教大藏经，它一共刻写有 14620 件石刻经版，还有 420 件残经版和各种碑铭 82 件。总共刻写佛经 1100 多种，3500 余卷，是我国从隋代至明末绵历千年不断雕制的石刻宝库，也是研究我国古代文化、艺术、佛教历史和典籍的重要文物和宝贵的世界文化遗产。

知识链接 ▶ **中国石刻之最**

中国最早的官定石刻经本是《熹平石经》(也称《汉石经》或《一字石经》)，是东汉时期尊崇儒学、古文经学发达、碑刻盛行等历史因素的结晶。它作为中国历史上最早的儒家经典石刻本，对校对版本、规范文字起到了重要的作用，它也拉开了历史上以多部经典文献为内容的大规模刻石的序幕。汉琅琊界碑是中国迄今发现最早的界域石刻，位于连云港市连云区东连岛北面。苏州石刻天文图是中国和世界上现存最早的星数最多的石刻天文图。它是北宋时期天文学家们认识和记录星象的智慧结晶，在一定程度上反映了当时天文学的发展水平，故该图为当代的人们了解古代星区划分和论证现代恒星，提供了极为宝贵的资料。中国最早的石刻连环画是《圣迹图》，作者是明代大石刻家章草，他苦心钻研石刻艺术，独出心裁，在 120 块石头上刻绘出孔子一生的事迹。《圣迹图》叙述故事严谨，刻石刀锋刚健，堪称艺术珍品。

(二)现存著名的古代石经

自汉代到清代,人们把儒家与佛教经典著作书写并刻于天然大理石石碑上,形成了石碑经系列。从汉代的《嘉平石碑经》到清代《乾隆十三石碑经》等七部石碑经以及北京房山石刻大藏经、山东泰山天然花岗石石刻金刚经等,都是罕见的庞大的石质经文书库。《熹平石碑经》《正始石碑经》《开成石碑经》为我国古代著名的三大石经。

《熹平石碑经》刻于东汉灵帝熹平四年(公元 175 年)至东汉光和六年(公元 183 年),历时九年,由议郎蔡邕主持的一次石经刻制工程,将儒学经典《周易》《尚书》《鲁诗》《仪礼》《公羊传》《论语》《春秋》刻石建于太学,隶书体,世称《熹平石经》,是中国历史上最早的官定儒家经典刻石,也是中国历史上刊刻最早的一部石经。据记载,石经刻于 46 块高一丈、宽四尺的长方形石碑之上,共 20 多万字,因仅用隶书一种书体刻成,所以又称《一体石经》,后因战乱毁坏,自宋代以来偶尔有石经残石出土,历代总共发掘和收集了 8800 多字。其主要残留碑块现藏于西安碑林博物馆。

《正始石碑经》是三国魏正始二年(公元 241 年)间刻建,因碑文每字皆用古文、小篆和汉隶三种字体刻写,故又名《三体石经》。石经刻有《尚书》《春秋》和部分《左传》,是继东汉《熹平石经》后刻立的第二部石经。《三体石经》在中国书法史和汉字的演进发展史上具有非常重要的意义。

《开成石碑经》为唐代的十二经刻石,又称《唐石经》,始刻于唐文宗大和七年(公元 833 年),开成二年(公元 837 年)完成。原碑立于唐长安城的国子监内,宋时移至府学北墉,即今西安碑林。中国清代以前所刻石经很多,唯《开成石碑经》保存最为完好,是研究中国经书历史的重要资料。

三、石刻碑、碣

(一)什么是碑、碣

古时,“碑”在《说文解字》中解释为“竖石”,即指人为竖立的刻有文字的长方形石块;“碣”的本义是“齐胸高的石块”,后人们把圆首形的或形在方圆之间,上小下大的刻石,叫碣。两者都是刻石的一类形制。碑的种类有纪念碑、记事碑、功德碑、寺庙碑、殿宇碑、陵墓碑等多种。除极少数为无字碑外,一般都是文字碑,碑体上除刻以文字外,有的伴刻纹饰,而碑座、碑盖多雕刻纹饰、鸟兽、花草、吉祥物,帝王家的碑盖上通常还雕刻有龙凤等。制作碑的石料以大理石居多,砂岩、花岗石也常用。石碑有的个体巨大,有的成为群体碑林。

(二)碑、碣的发展历史

大约在周代,碑便在宫廷和宗庙中出现。但根据东周春秋战国时代礼制汇编《仪礼》第八《聘礼》记载:“宫必有碑,所以识日景,引阴阳也。”可知当时的“碑”在宫廷是用以根据阳光下的影子推算时间之用,而在宗庙中的“碑”则是作为拴系祭祀用的牲畜的石柱子。

我国最古老的石碑文当属“秦七碑”。“秦七碑”是秦始皇统一六国后出巡各地时群臣为歌颂其功德、昭示万代而刻之石,因共有七处,故被称为“秦七刻石”。它们记载着秦代社会政治、经济、文化、军事等基本政策制度以及民风民俗道德观等方面的内容,具有丰富的史料价值。“秦七碑”现仅存“泰山刻石”和“琅邪刻石”残石。其中“泰山刻石”仅存二世诏书 10 个字,又称“泰山十字”,现存于泰山脚下的岱庙内。“琅邪刻石”也已大部分剥落,仅存十二行半八十四字,现存于中国历史博物馆。“秦七碑”传为秦丞相李斯以秦统一全国后通行的秦文(秦篆体)篆写,用笔劲秀圆健,结构严谨,为秦篆的代表作,不仅是秦统一文字的标准和历史见证,也是被鲁迅誉之为“汉晋碑铭所从出”的传世书法篆刻艺术瑰宝。

汉代以前的刻石没有固定形制,大抵刻于山崖的平整面或独立的自然石块上,后人将刻有文字的独立天然石块称作“碣”,如上文所说的石鼓文因其所述游猎之事被称为“猎碣”。《后汉书·窦宪传》中对“碑”与“碣”的区别注释为:“方者谓之碑,圆者谓之碣。”但后来碑与碣被混和使用。

(三)碑、碣的类型

东汉以后碑碣盛行,无论是官或民,都常常在石头上面刻上文字和图像,或用以纪念,或用以标记,或镌刻经典,或记录诗词歌赋,或摹刻佛像图画,或记载某些重大事件,或歌颂某人的丰功伟业,或记述某人的高尚品德,等等。内容涉及政治、军事、文化教育、宗教信仰、民间记事等诸多方面。因而就有山川之碑、城池之碑、宫室之碑、桥道之碑、坛井之碑、家庙之碑、风土之碑、灾祥之碑、功德之碑、墓道之碑、寺观之碑、托物之碑等等,从此竟形成独特的“碑石林立”的民族特色,碑文的体裁各具特色。这些碑碣历经千百年风雨遗存下来,不仅成为展示中华民族文字书法体形演变和传承的特有符号和重要物质载体之一,更是具有传播文化、教育的功能,彰显民族精神,助力社会教化的实物。如晏宝子碑、晏龙颜碑、药王山石刻、西夏碑和孔陵孔府庙碑等诸多石碑刻,都属国家重要文物遗迹。而新中国建立后树立的人民英雄纪念碑更是宏大辉煌的现代碑刻艺术的杰作,是中国第一座最高大、最精美的花岗石纪念碑。

(四)现存的著名碑林

1. 中国四大碑林

西安碑林博物馆现藏碑石近三千方,是我国收藏古代碑石墓志时间最早、名碑最多的研究碑石墓志及其他古代石刻艺术的博物馆。西安碑林的历史可以追溯到唐末五代时期,长安城务本坊的国子监内原来立有《石台孝经碑》和《开成石经碑》。唐末天祐元年(公元 904 年)为了保护重要的碑石不散失,开始将石碑集中于文庙内。北宋哲宗元祐二年(公元 1087 年)为保存《开成石经碑》而建立专门陈列石碑的场所,元祐五年(1090 年)又增建碑廊、碑亭。后来历经各代的广泛收集,规模逐渐扩大,至清初始称为"碑林"。1992 年正式定名为西安碑林博物馆。保存有汉代《曹全碑》、唐代的《颜勤礼碑》《颜家庙碑》《多宝塔感应碑》《玄秘塔碑》《大唐三藏圣教序碑》等,皆是享誉海内外的我国古代书法名家脍炙人口的代表之作,为世所珍;另早期石刻有宋代摹刻秦国丞相李斯所书原碑的秦峰山刻石;保存的唐代《开成石经》内容包括《周易》《尚书》《诗经》等 12 种书籍。除书法外,在北魏、唐、宋等碑志上,还保存了大量具有艺术价值的精美图案花纹。正是因为西安碑林博物馆拥有如此浩瀚的藏品,这些碑碣为研究中国的历史、文字、书法提供了宝贵的资料,具有丰富的文化内涵,所以被誉为"东方文化的宝库""书法艺术的渊薮""汉唐石刻精品的殿堂""世界最古的石刻书库"。

与陕西西安碑林齐名的还有山东曲阜的孔庙碑林、台湾高雄的南门碑林、四川西昌的地震碑林,四者并称中国四大碑林。山东曲阜的孔庙碑林收藏 2000 多块碑碣,是收藏汉代石碑最多的碑林,其中汉代《史晨碑》《乙瑛碑》《礼器碑》等是闻名中外的珍品。台湾高雄的南门碑林收藏有 1000 多块碑石,碑刻着的书法具有很高的艺术水准,皆是碑石精品。四川西昌的地震碑林拥有 100 多块碑石,记载了西昌、甘泉、宁南等地历史上发生地震的情况,特别是详细记载了明清时期西昌发生的三次大地震的情况,弥补了历史资料的缺失,是研究地震史的宝贵资料。

知识链接 ▶ **四川西昌的地震碑林**

四川省西昌地区位于安宁河、则木河断裂带，是我国西南部地震多发区之一，历史上发生过多次强烈地震。现西昌市南泸山光福寺内，共有石碑100余件。石碑上记有西昌、冕宁、甘洛、宁南等历史上发生几次大地震的情况，详细记载了明嘉靖十五年(公元536年)、清雍正十年(公元1732年)、道光三十年(公元1850年)西昌地区三次大地震发生的时间和前震、主震、余震、受震范围以及人畜伤亡、建筑物破坏的情况。这些地震碑林为我们研究地震是否在同一地点重复、发震周期、地震内在规律等问题提供了实物资料，不仅可与历史文献相对照，并可补其不足，实为我国罕见。

2. 杭州孔庙碑林

杭州孔庙碑林为浙江省最大的石刻博物馆，被称为是杭州的一座融历史、科学、艺术为一体的“石质书库”。现收藏有唐至清代各类碑刻500多件，包括帝王御笔、地方史料、名家法帖、人物画像、天文星图、水利图刻等内容，其中以宋高宗的《南宋太学石经》、贯休的《十六罗汉像刻石》、李公鳞的《孔子及其七十二弟子像刻石》以及五代的《五代石刻星象图》等最为名贵。此外，还有王羲之、王献之、苏东坡、米芾、祝允明等历代书法名家的手笔刻石和南宋及清代的帝王御碑。

其实除上述之外，我国各地都有大量历代遗留的碑碣，许多碑文都包含了当时当地社会、历史等多种信息，是研究当时历史文化发展的重要实物，具有珍贵的史料价值、艺术价值、文化价值。

第二节　借石成画:无与伦比的岩画石刻

一、远古岩画

(一)什么是岩画

岩画是史前先民在坚固的岩穴、石崖壁面和独立岩石上以最简约的线条磨砺、敲凿、刻画、涂绘出来的图案,包括线刻、浮雕、彩画等,描绘了史前人类生活劳作的场景,以及他们的想象和愿望。

岩画既是人类最早的绘画艺术创作,也被称为是"文字发明以前原始人类最早的'文献'","是描绘在崖石上的史书",是人类艺术史上最早的开篇之作。岩画作为一种远古时期的文化遗存,是史前先民生活的真实记录,比较真实全面地反映了当时社会面貌,是今天人们认识、了解远古社会的一个重要途径。迄今为止,人们在全世界各大洲150多个国家和地区都发现了远古时期先人留下的岩画,但主要集中分布于欧洲、非洲、亚洲的印度和中国。

(二)我国遗存的远古岩画

中国是世界上岩画分布最丰富的国家之一,北起黑龙江大兴安岭,南至云南沧源,东起东海之滨的连云港,西至新疆昆仑山脉,发现的岩画有100多处。不过绝大部分处于边远地区,尤以北方临近沙漠或半沙漠地带为最多。这些岩画表现形式多种多样,有的敲凿,有的磨刻,有的颜料涂绘,应有尽有。题材内容丰富多彩,有人物、动物、日月星辰、房屋、武器、神祇、符号、手足印迹、人面、兽蹄印迹,车辆、帐篷等,真实记录了先民们当时狩猎、放牧、种植等生产方式,描绘了村落日常生活舞蹈、祭祀仪式、祈求占卜、战争等等场景,时间跨度从4至3万年前,一直延续到明清时期。其中最著名的有宁夏贺兰山岩画、广西左江花山岩画、四川凉山州博什瓦黑岩画等。最早的贺兰山岩画早期年代可能距今4至3万年到1.7万年前,是中国早期岩画的重要代表;江苏省连云港市将军崖岩画、内蒙古阴山岩画大约始于新石器时代早期或更早,距今约一万年左右;云南沧源岩画、福建华安仙字潭岩画,亦可能是新石器时代的遗物。这些岩画为我们了解先人的经济社会和生活环境演变、人口迁移提供了依据,是先民们给我们的珍贵文化遗产。[①]

中国古典文献中早已有关于岩画的记载,战国时期的《韩非子》中就有凿刻脚印岩画的记录,《史记》及此后的一些历史著作、地方志中,也有过一些记载。例如北魏地理学家郦道元的《水经注》对岩画的详细描述是:"河水又东,北历石崖山西,去北地五百里,山石之上,自然有文,尽若虎马之状,粲然成著,类似图焉,故亦谓之画石山也。"其中记载的宁夏贺兰山和内蒙古阴山西段狼山地区的动物岩刻和蹄印岩刻,为现代人们在这一地区发现大量的岩画提供了宝贵的资料线索。

二、古代陵墓画像石

(一)画像石概述

画像石,是指以刀代笔,在坚硬的石面上雕刻着不同的画面,用以作为建筑构件,构筑和装饰墓室、墓地祠堂、墓阙和庙阙的建筑构石。画像石萌发于西汉昭宣时期,新莽时有所发展,东汉时兴盛,分布极为广泛,后逐渐衰落。故通常称之为"汉画像石"。目前,发现数量最多、内容最丰富的就是汉画像石。

汉画像石实质上是一种祭祀性丧葬艺术。现考古发现其主要分布区域是山东和苏北地区、河南地区、四川地区、陕北晋西地区等,但各地的艺术风格各不相同。

画像石的最大艺术特点是:雕刻技法多样化,主要分为平面阴线刻、凹面阴线刻、平面剔底浅浮雕、横竖纹衬底浅浮雕以及局部的高浮雕等,以横竖纹衬底和平面剔底浅浮雕为最多。大多为一石一主题的构图,画像线条流畅,画面布局疏朗,在写实的基础上恰当地运用了夸张和变形手法,主题鲜明突出,动感强烈,如行云流水,又似轻歌曼舞,充盈着浪漫、洒脱的美学情趣,又迸发出一种震撼人心的力量和气势。

(二)汉画像石的主要内容

考古资料显示,现已发现的一万多块汉画像石,表现题材多种多样,包涵极为丰富的内容,从各个不同角度反映了汉代的社会状况、风土民俗、典章制度、宗教信仰、征战比武等,不仅是精美的古代石刻艺术品,也是研究汉代政治经济、社会生活、文化艺术、宗教信仰等的重要资料。我国著名历史学家翦伯赞先生盛赞汉代画像石的历史资料价值是:"除了古代的遗物以外,再没有一种史料比绘画、雕刻更能反映出历史上社会之具体的形象。同时,在中国历史上,也再没有一个时代

① 欲了解岩画,可登录中国岩画网,网址:http://www.zhongguoyanhuawang.com。

比汉代更好地在石板上刻出当时的现实生活的形式和流行的故事来。""这些石刻画像,假如把它们有系统地搜集起来,几乎可以成为一部绣像的汉代史。"

总体看,汉画像石以社会现实为依据,以神话与历史故事为题材,用洗练的刀笔,通过提炼、概括、夸张的艺术手法,生动形象地向我们展示了汉代社会概况。

(1)讲述从远古留传下来的各种创世纪的神话和历史故事,反映当时人们的宗教信仰。如伏羲、女娲、祝融、神农、炎帝、黄帝等的画像石,反映出对原始始祖的崇敬,对古代圣帝贤王的歌颂,对先人智慧的肯定和敬仰。

(2)表现追求长生不老、得道成仙的人生愿望。如在画像石中大量出现西王母、东王公、玉兔、蟾蜍、仙人、日月星辰、珍草异木、奇禽异兽等神妙的仙界,以及羽化登仙的画像石题材,一方面反映了汉人所崇信的"死人有知,与生人无异"的观念,另一方面厚葬之风盛行是因为在不能抵御自然规律的情况下转而幻想死后在神界享受喜悦和欢乐,说明汉代人从先秦时期对神的敬畏、对高邈的道德理想的精神追求,转变为追求"天人感应""神人合一"的自然观念和道家思想。

(3)再现儒家教义和历史故事,体现了当时汉代人的儒家思想和谶纬思想。如周公辅成王、二桃杀三士、秦始皇泗水取鼎、邢渠哺父、董永卖身、孔子见老子、孔子问师、孔门弟子、梁高行拒聘、曾母投杼、秋胡戏妻、鲁义姑姊等画像石,反映了儒家思想中的忠、孝、仁、义、礼、智、信、节等思想,阐述封建伦理大义,天授之理,具有教导人们重道德、尚名节,讲究修身、齐家、治国、平天下,督教人们以古为鉴,以善为师,以恶为戒的意义。

(4)描绘繁荣而具体的世俗生活的现实图景,高度概括和体现了汉代人的生活百态、风俗习惯以及生活态度。如庭院起居、宴飨投壶、车骑出行、弋射田猎、乐舞百戏、斗鸡走狗、达官小吏、奴仆侍女等主题的画像石,描写豪强贵族富贵安逸的生活场面,反映墓主人身份、经历和生活享乐。又如播种、收割、捕鱼、狩猎、舂米、酿酒、盐井、桑园、冶铁、纺织、造车、市井、作坊等为主题的画像石,从一定的角度反映汉代农业、牧业、手工业和商业的状况,以及汉代建筑、民俗风情等实际情况。再如描绘楼台亭阁、禽兽鱼虫、日月星辰、山川草木等自然景物的画像石,表达了汉时人们安然、和悦的生活态度,安邦乐居、其乐融融的社会生活场景也说明汉人极重视人与周围环境之间的和谐共生。还如讲学、授经等画像石,让后人从中对汉代教育可得其梗概。而演奏、舞蹈、杂技、角抵、斗兽、六博等画像石,说明汉代的乐舞百戏等各种娱乐活动已经渗入社会生活的各个方面,内容丰富多彩,千姿百态。招魂、送殡的画像石,描述汉代的丧葬仪式,记录汉代民间送葬情形。

知识链接 ▶ **南阳汉画石馆**

河南省南阳市郊的南阳汉画石馆是中国第一座专门收藏、陈列和研究汉代画像石的专业博物馆，其始建于1935年，是我国建馆历史最早、规模最大、藏品数量最多的一座汉代画像石刻艺术博物馆，也是全国最大的汉画像石研究中心。现藏汉代画像石1500多石，其中一级品150石，从生产劳动、建筑艺术、历史故事、社会生活、天文神话、角抵斗兽、舞乐百戏及祥瑞升仙等不同层面反映汉代的社会生活状态。

(三)汉画像石的艺术价值

1. 纯粹的本土艺术

汉画像石作为一种祭祀性丧葬艺术，既要实现生者和死者精神沟通、情感联系，体现人性的价值和尊严，又要寄托主人或者家属特殊的心理和祈求，展现画匠、工匠的艺术水准。因而当时的创作者不遗余力，倾其所能，在艺术水平上竭力达到尽善尽美之境界。汉代石刻艺术家能够不事细节修饰，不是靠细腻的刻画，而是善于扬长避短，主要靠动作、行动、情节抓大体大貌，突出物象的基本特征和外在动作，用简练概括的手法突出强烈夸张的动势，形神有机地结合，从而构成了汉代画像石艺术的古拙风貌，形成一种质朴简洁而富有气势之美，故汉画像石艺术被当代艺术界称为“纯粹的本土艺术”。

2. 反映出中国第一个艺术热情时代

汉画像石是无数无名的汉代民间艺人以石为地、以刀代笔雕刻在墓室、棺椁、墓祠、墓阙上的石刻艺术品。从已发现的各地汉画像石看，艺术风格各有不同：山东和苏北画像石以质朴厚重见长，古风盎然；河南画像石以雄壮有力取胜，豪放泼辣；四川画像石清新活泼，精巧俊爽；陕北晋西画像石纯朴自然，简练朴素。正是这些创造了画像石的工匠们，为今天的我们展示出大汉民族波澜壮阔、豪放洒脱、精彩生动的真实社会生活的一幅幅缩影，再现了大汉民族真实的历史，故被当代理论界称为“中国第一个艺术热情时代”。

3. 在中国美术史上具有承前启后的巨大作用

汉画像石的工匠以石作为画面的基质，利用石质本身的纹理，以刀代笔，在坚硬的石面上运用平面阴线刻、凹面阴线刻、平面剔底浅浮雕、横竖纹衬底浅浮雕等各种刻制手法,创作出和谐的艺术画面。无论阴与阳、明与暗、粗与细,还是大与小、强与弱、刚与柔,都显得整齐而不呆板,空间环境布局和谐,线条描绘雄劲简练,作为一种雕刻艺术形式,不仅充分显示了中国汉代以前雕刻艺术的成就,而且对汉以后的美术发展也产生了巨大而深远的影响。故被誉为在中国美术史上具有承前启后的巨大作用。

三、天然石画

(一)石画概述

以石为画底作画的种类很多,如石崖画、天然彩石画、石版画、镶嵌石壁画与石屏等。但此处所述的石画,仅指石头本身的天然纹理、色彩形成的变幻无常、气象万千、未经人工雕琢描绘而只是加以切割、打磨、镶嵌即具有艺术观赏性的石制图画。

天然石画犹如中国写意水墨山水画一般,其天然之博大气势,充满形式美、色彩美甚至旋律美,能给人以灵感的启迪和内心的安宁,与传统的"天人合一"思想相一致,因而从古至今受到人们的普遍喜爱。

理论上说,凡有纹理的石头都可能形成石画,但历史上被公认的产生美丽石画的石种主要是产自云南大理的大理石,故称为大理石画。据史料记载,古时人们就选取有花纹图案的大理石来制作画屏或镶嵌画。自唐代开始南诏古国归唐后就曾将大理石画作为贡品进呈唐朝皇帝;宋代的苏东坡曾经把欧阳修所藏的一件大理石画比喻成水墨韵味的山水画;而明代的大旅行家徐霞客来到云南大理,在见到天然大理石画之后感叹道:"从此丹青一家,皆为俗笔,而画苑可废矣。"这些天然自成的大理石画成为宫廷皇室的贡品和人们争相收藏的珍品。近年来,人们又发现台湾花莲的玫瑰石、河南洛阳的梅花玉、广西柳州国画石也能产生天然美丽的画面。

(二)大理石画的形成

天然大理石画是大理石切割后抛光面呈现出的未经人为雕绘的、云山雾绕般的天然水墨图画。大理石画的品类,可以按地质成因、主体色调、地质产出的单层厚度、结晶的粒度、硬度等方式分类,也可以按花纹构成分类。大理石的纹理画面是几亿年前因地质变动导致矿脉中致色元素相互渗透、晕染而自然形成的, 但并非所有有纹理的大理石都能产生大理石画,只有云南大理苍山所产的花纹大理石,才能产生巧夺天工、气韵生动、意境美妙、高雅奇绝的天然图画。这些石画颜色较为丰富,有绿色、褐色、黑色、黄色、灰色、红色诸种,有的白质黑章,有的一方石上即兼备诸色，纯属天然偶成，每一幅都是天赐孤品，世间唯一，不可再生，故具有很高的艺术性、装饰性，并有较高的收藏和投资价值，而细洁有天然光泽者为上品。如今，大理石天然石画多制成屏风、壁画、雕架等用于家庭、酒店、宾馆大厅、会议室、礼堂等场所装饰。

（三）其他石画

1. 玫瑰石

玫瑰石主要产于台湾省花莲地区。其表面是褐色或褐黑色，初看不起眼，但经切割、研磨之后，会呈现许多不同的色彩及线条，不仅颜色艳丽，更有如画般的意境，有的玫瑰石还有独特的山水景色。

2. 梅花玉

梅花玉产于河南洛阳汝阳县，亦被称为汝阳玉，其质地细腻坚硬，结构、韧性几乎与翡翠相同，是我国特有的玉种。因当玉料被抛光后，会呈现天然、奇妙的图画，酷似连枝梅花，蛇曲婉转，栩栩如生，令人拍案叫绝，故称梅花玉。有的还隐约可见千姿百态的人物、鸟兽、虫蝶，可谓凝天地灵气，抒诗情画意，集山海精华，聚大千美景，意象无穷，天成奇韵。

3. 国画石

国画石产于广西柳州，又称太古石画，俗称草花石，因石上画面多呈现单色或多色彩的草花状图案而得名。也有人因其具有浓郁的中国画笔墨意趣而称为中国国画石。其实，草花石的图案并不局限于草花，它可形成人物、花鸟、山水等诸多景象，其审美特征也不局限于中国国画，具有版画、油画风格的草花石也每每可见。

拓展学习 ▶

1. 汉画像石的雕刻手段主要有哪些？
2. 目前我国较著名的汉画像石博物馆有哪些？收藏情况如何？
3. 了解浙江丽水城南南明山摩崖石刻的基本情况。

第六章　雅石造境:传统园林与盆景中的石文化

中国园林与盆景已有数千年的发展历史,它们作为人们长期以来梦寐以求的人间仙境、理想家园的物化品,受到道家、儒家"天人合一""道法自然"哲学理念的深刻影响,有着深厚的人文情怀,不仅体现出中华民族追求与自然和谐共处、宁静致远、寄情于山水的思想,更是高度创造的具有自然美、均衡美、象征美和意境美的综合性艺术,具有显著的民族特色。中国园林与盆景都是以山石、水土和植物等为基本材料制造的自然景观,其中山石运用体现出中华石文化的精髓。

第一节　砌石叠山:传统园林艺术中的石文化

一、中国古典园林的产生与发展

世界园林体系主要分为3大体系,即欧洲园林体系、中国园林体系、伊斯兰园林体系。中国古典园林,亦称中国传统园林或古代园林,是中国园林体系中的核心,它已有3000多年的发展历史,是世界园林体系中个性特征鲜明、文化内涵丰富、表现多姿多彩、极具艺术魅力的独树一帜的风景园林体系,因而被誉为世界三大园林体系之最。中国古典园林的发展,一般认为经历了四个时期。

(一)中国古典园林的产生时期(夏、商、周、秦、汉时期)

1.夏、商、周的宫室池囿

据《史记·夏本纪》中记载夏桀王"宫室无常,池囿广大",说明在公元前1600年以前的夏朝,已出现了池囿,囿应当是我国园林的最早形态。所谓"囿",其本意就是指古代放养禽兽以供帝王狩猎和享乐之用的园林,故也称游囿。至殷商时期,随着生产力和手工业的发展,以及建筑技术的提高,商王与贵族建造宫殿池囿更胜于前朝。周代的经济发展促使各诸侯国的建筑从囿向离宫别馆发展,并逐渐进化出帝王"狩猎""通神""生产"和"游赏"的功能。有资料显示,周文王建灵囿,"方七十里,其间草木茂盛,鸟兽繁衍","天子百里,诸侯四十",说明当时天子、诸侯都有囿,只是范围和规格等级有所差别。春秋战国时期,园林中已有了土山、池沼、楼台等人造风景,如吴王夫差为西施兴建的姑苏台。

2.秦、汉宫苑的"一池三山"

自秦汉以来,供帝王使用的"苑""园""墅""宫"大量出现,园中多聚石为山。如秦始皇的"阿房宫"、汉高祖的"未央宫"、汉文帝的"思贤园"、汉武帝的"上林苑"、梁孝王的"东苑"、汉宣帝的"乐游园"等史料记载的这一时期著名的园林,都大规模地使用奇石异峰来装点皇宫的绝妙美景,并出现了历史上第一座具有完整"一池三山"的皇家园林——建章宫,"一池三山"园林模式对我国园林与以后日本造园产生巨大的影响。

(二)中国古典园林"苑""园""宫"的转折时期(魏、晋、南北朝)

1. 魏、晋的文人山水隐居

曹魏时,不仅文帝曹丕在洛阳建造的"芳林园"曾取白石英、紫石英、五色大石建造景阳山,而且由于一些名人雅士不满于政治礼教束缚,以纵情放荡、玩世不恭的态度来表达反抗礼教的束缚,寻求个性的解放,其行动表现为饮酒、服食、狂狷,崇尚隐逸和寄情山水。此时由于文人知识阶层追求山水隐居,使得隐士集团出现,造园活动从皇宫扩散到了民间,民间私家园林异军突起。对自然山水的认识因此从简单的崇拜转向了成熟的、系统的阶段,从而也完成了中国园林审美的重大转向。

2. 南北朝的园林寺观

南北朝为中国古典园林的转折期,游赏功能成为园林的主导功能,皇家、私家和寺观园林开始并行发展。例如,南朝史学家、文学家萧子显撰写的《南齐书》有记载,南齐武帝长子文惠太子的玄圃内,"起出土山池阁楼观塔宇,穷奇极力,费以千万。多聚奇石,妙极山水"。在以自然美为核心的时代美学思潮直接影响下,佛寺、道观园林从模仿自然山水向抽象表现自然山水发展,初步形成了"源于自然,高于自然"和"建筑美与自然美融揉"的两大特色。

(三)中国古典园林的全盛时期(隋、唐、北宋)

1. 隋、唐宫苑与私家别墅山居的"叠石造山"

隋朝园林发展达到全盛,园林中叠石造山已然成风。隋炀帝辟"西苑"二百里,以天下奇石异木点缀叠造其间,形成空前宏大的天然与人工相结合的山水景观。唐代整个社会上下更形成欣赏奇石的风尚,此时的造园活动和所建宫苑的壮丽,比以前更有过之而无不及。如都城长安建有宫苑结合的"南内苑""东内苑""芙蓉苑"及骊山的"华清宫"等;"华清宫"至今仍保留完整,留有唐代园林艺术风格。中唐以后,泉水和山石在私宅园林中巧妙地融为一体,更成为一种发展趋势。例如,唐代政治家、文学家、唐武宗时任宰相的李德裕曾"置平泉别墅(山庄),清流翠篠,树石幽奇","怪石名晶甚众,有礼星石,狮子石,好事者传玩之",闲暇时李德裕与诗人白居易、刘禹锡等"酣宴终日,高歌放言,以诗酒琴书雅石自乐,当时名士皆人之游。"由于这一时期文人、文官积极参与园林艺术,使山水画、山水诗文和山水园林互相渗透,中国园林的"诗情画趣"特点开始形成。

2. 宋"寿山艮岳"的诗意山水

北宋时的山水宫苑创作达到高峰和极致,造园活动由单纯的山居别墅转而在城市中营造城市山林，由因山就涧转而人造丘壑，大量的人工理水、叠山、置石、植物等再构的园林建筑成为宋代造园活动的重要特点。文人园林大为兴盛，布局更为简洁、疏朗，更具韵意，园林风格从写实与写意相结合，转为以写意为主。宋朝还出现了专门建造假山的“山匠”，这些能“堆垛峰峦，构置涧壑，绝有天巧……”的能工巧匠，为我国园林艺术的营造和发展，做出了极大贡献。《东京梦华录》记载北宋都城的开封“大抵都城左近，皆是园圃，百里之内，并无闲地”，当时有金明池、琼林苑、玉津园、瑞圣苑、宜春苑、艮岳等官私园林100多处，是名副其实的园林城市。其中规模最大、最具特色的园林当属宋徽宗赵佶所建的皇家园林的集大成者——“寿山艮岳”。

艮岳原名万岁山，其园内几乎囊括了中国园林建筑中所能见到的一切景致，不仅建有华丽的宫廷建筑风格的亭、轩、馆、楼、台、堂、阁、厅、斋、庵、庄，甚至还有乡野风格的茅舍村屋。因宋徽宗赵佶酷爱山石且对奇石有独到鉴赏，故在艮岳假山设计上用心良多：一方面突破秦汉以来宫苑“一池三山”的规范，把诗情画趣移入园林，以典型、概括的山水创作为主题，这在中国园林史上是一大转折；另一方面，园中奇石林立，其叠石、掇山的技巧，以及反映出的山石的审美趣味，为园林增添无限诗情画意。著名的峰石就有神运、昭功、敷文、万寿等，为此宋徽宗赵佶特亲自御制《艮岳记》。为建好“艮岳”，当时的宋朝专设应奉局尽搜天下名花奇石，并动用上千艘船只从江南运送山石花木，这些船只每十船为一纲，故被称为花石纲，以致一时间汴河之上舳舻相衔，船帆蔽日。而花石纲载来的太湖石、灵璧石都被宋徽宗一一人格化，他给其中的佼佼者命名并题刻石上，视若众臣，有的赐予金带，有的加封“盘固侯”等爵位。因为大力建造皇家园林，一些权势重臣借机大发花石纲横财，四处索取奇花异石竞相建造私家宅园，一些文人也通过修建园林为读书治学提供良好的环境，并将自己的审美理想、政治情怀寄托于山石、松竹之中。劳民伤财的“花石纲”，搅得民不聊生、家破人亡、民怨沸腾、国力困竭，逼得以方腊为首的农民揭竿起义，并致金兵乘虚而入，汴京失守，赵佶最终成为亡国之君。故元初著名的理学家、重要文臣郝经写诗叹曰：“万岁山来穷九州，汴堤犹有万人愁。中原自古多亡国，亡宋谁知是石头。”随着金兵南下、东京被陷，艮岳中的一批秀石被不远千里地运往燕京，堆叠于现今北京的中山公园、北海等地，未及启运和沿途散失的奇石，则早已流落各处，传说此后江南名石中的瑞云峰、玉玲珑、皱云峰、冠云峰等即为当时遗留的佳石。南宋迁都临安(今杭州)的西湖及近郊一带后，皇戚官僚及富商们又在今天杭州周边建立数百座园林，如今这些南宋皇家宫苑虽然已基本荒芜或消失，但却为杭州留下“人间天堂”

的自然山水园林。

(四)中国古典园林的成熟时期(元、明、清)

1. 元、明、清皇家宫殿的宏大壮丽

元、明、清是中国古典园林的成熟时期。元朝在园林建设方面虽不如唐宋，但其园林大都规模宏大，突出皇家气派，具有宫廷色彩，成为后来紫禁城的基础。明朝朱元璋在南京登基称帝后，除在南京营建了一座宏大壮丽的宫城外，几无园林建设。北京是明清两代都城，但明北京的皇家园林设在皇城之中，且基本是从元代基础上沿用、改造或重建而成，其特点是从布局到造型都尽一切可能体现出皇家的严谨、端正与威严，建筑形式上也进一步强调等级。

北京西郊一带山峦起伏，水道纵横，风景秀美，佛寺禅院园林点缀其间，早就成为贵族文人宴游咏唱的胜地，清朝时期更成为园林建造的最佳之地。清代康熙、乾隆时期社会稳定，经济繁荣，为大规模建造皇家园林提供了有利条件，涌现出颐和园、圆明园等世界著名的大型园林，以及诸如北海、玉泉山、谐趣园等极具中国特色的皇家园林。其中位于北京故宫西北的北海，是我国现存历史悠久、规模宏伟的一处古代帝王宫苑，素有人间“仙山琼阁”之美誉，是辽、金、元、明、清五个朝代的皇家“离宫御苑”。而被“八国联军”焚毁的“圆明园”融揉中国古典园林与西方古典园林的艺术精华，故被称为“万园之园”。清代皇家园林的艺术特点是布局庄严宏大，气势雄伟，多为自然山水相伴，园中有园，装饰富丽堂皇，注重园林建筑的主体作用，也注重景点的题名。现在中南海的瀛岛上，还留有清代造园名家张南垣、张然父子用艮岳遗石精心堆砌的假山。如今保存最完整和规模最大之园林为颐和园。

2. 明、清私家园林的山石风韵

私家园林在明清两代也有极大的发展，一些官僚、士大夫、巨商富户择地叠石造园蔚然成风，他们的深宅大院之中常有精致的园林池榭，风景幽胜处又建有别墅。特别是在经济繁荣发达、文人荟萃之地的苏州、扬州、无锡、松江、杭州、嘉兴一带最为兴盛，前代园林得到修整与改建，新修园林争奇斗胜，私人造园出现前代未有的盛况。私家园林的设计多取用真山的山姿石容、气势风韵，“沧浪亭”“休园”“拙政园”“寄畅园”等都是当时私家园林的佳作。

3. 明、清古典园林艺术理论体系建立

明、清园林艺术的成熟和普及，还得益于出现了许多专事造园叠山的工匠，同时还有一批文人参与园林艺术创造，并且还有人开始将造园工艺付诸文字，出

现了诸如《园冶》《长物志》等这样专门的造园专著。明末著名造园家计成所撰我国最早的造园学巨著《园冶》[①]一书，着重指出园林兴建的特性是因地制宜，灵活布置，在设计和建造过程中要始终贯穿“巧于因借，精在体宜”的总体指导思想，把中国古代园林艺术的特征概括为“虽由人作，宛自天开”；在“掇山”一节中列举了园山、厅山、楼山、阁山、书房山、池山、内室山、峭壁山、山石池、金鱼缸、峰、峦、岩、洞、涧、曲水、瀑布等 17 种假山形式，总结了明代的叠石造山技术，使之在造园中占有突出重要地位。清代造山技术更为发展和普及，并创造出了穹形洞壑的叠砌方法，对叠石要求依地势高下创造丘壑，妙在开合变化取境自然，或雄奇，或浑厚，或玲珑，或奇巧，或峭拔，或平淡，或依墙而叠，或临水而筑……因不少叠石名家都有一定程度的诗画修养，从园林叠石中可看到与绘画的相互影响。

二、中国古典园林山石审美内涵形成的理论根源

中国古典园林山石审美，深受儒家、道家及佛家禅学三者思想的影响，由此形成中国古典园林有别于西方园林丰富而浓厚的文化内涵，即透过有限山石景物的表象，去反映意象内涵的无限深意又让人从中领悟人生哲理。

（一）儒家思想的影响

儒家思想作为中国传统文化的主干，对各种文化艺术都产生了深远的影响。孔子突破自然美学观念，从厚重不移的山和周流不滞的水中引发出无限的哲理情思与深沉的哲学感慨，进而赋予自然山水以“仁”和“智”的精神内涵，故《论语・雍也篇》中曰：“智者乐水，仁者乐山；智者动，仁者静；智者乐，仁者寿。”即有智慧的人通达事理，所以喜欢流动之水；有仁德的人安于义理，所以喜欢稳重之山。这种以山水来比喻人的仁德功绩的哲学思想对后世产生了深刻影响，并浸透在中国传统文化的诸多领域，特别是对游赏山水、建构园林、创作和欣赏绘画都产生了巨大的影响。山水各有千秋，仁、智都是我们的追求，即使力不能及，也要心向往之。由此，中华民族对自然山川的敬畏开始向审美转化，逐渐形成“仁者乐山，智者乐水”“山以仁静，水以智流”的审美文化心理积淀，为中国古典园林设计提供了一个理论基础，从而也使得山石这一造园要素成为中国古典园林中

---

① 《园冶》是一部有关园林建筑的系统性、总结性的专门著作。全书共三卷，一卷为造园总论（《兴造论》《园说》）、选地（《相地》）、立基和各种单体建筑（屋宇堂轩）的形象范例，二卷讲各式栏杆及其式样，三卷讲窗、墙垣、铺地、造山、选石、借景等，全书计三万多字，并有插图二百余幅。它反映了当时的园林面貌和造园艺术水平，而且一直对中国造园有指导意义，甚至可以说曹雪芹在《红楼梦》中创造的大观园也是根据这些理论来构建的。

必不可缺少的重要组成部分。

(二)道家思想的影响

老子“人法地,地法天,天法道,道法自然”的自然观,以及庄子“天地与我并生,万物与我为一”的逍遥观对中国古代的美学思考和艺术设计产生了深远的影响。在“道法自然”这一思想的指导下,中国古典园林的设计与建造往往以神仙和仙境传说作为蓝本,一方面赋予假山、置石、湖水这些无生命的天然材料和景观以生命的象征,使其表现出丰富的情感;另一方面又要达到“宛若天成”的境界。在道家“清静无为”“返璞归真”“顺应自然”的思想影响下,中国古典园林文化表现为“外静而内动,主于静”的一种超然世外的精神品格。在道家“有无相生,难易相成,长短相形,高下相倾,音声相和,前后相随”的思想影响下,中国古典园林的空间组织、布局形式、景观节点、园林植物配置等都讲求有无、虚实、内外、大小、高低、抑扬、疏密、藏露等对比,突出了“境生象外”的中国古典园林艺术核心内涵与意境,使中国园林更具有含蓄性、趣味性和特有的审美性。

(三)佛家禅学思想的影响

佛家禅学思想追求“梵我合一”“法界相一”的境界,主张个体的自觉经验和沉思冥想的思维方式,这对中国古典园林美学也产生了巨大的影响。特别是中唐以后,“禅”的不立文字直指佛性的简洁,很快就被世人们所接受,山石成为中国文人雅士们独特的审美对象,崇尚山石也从此更成风尚。但是,他们不在意是否亲身登临或畅游名山大川,而是更看重在恬淡自适中独享闲静,因而即使是一块奇石也可单独列置于阶庭之中作为欣赏对象,简单地在片山勺水、一花一木间进行内在心性的舒展。这种借山石以喻心寓意的倾向,为后来中国山水写意画的成熟开创了先路,也成就了明清时期古典园林艺术的成熟。在这个转折过程中,山石文化也日益成熟。并达到了古典园林山石艺术的高峰。明清两代的叠山名家更是频出,为后人遗留了大量宝贵的园林文化遗产。而且这一时期相关的艺术理论也逐渐成熟,并出现了以明末计成的《园冶》为代表的造园艺术理论,形成了中国古典园林完整成熟的独特体系。

三、中国古典园林的山石文化意境

在儒家、道家及佛家禅学这三个重要的思想文化影响下,叠山(筑山)、理水、植物、建筑、匾额(楹联)与刻石等成为构成中国古典园林不可或缺的六大要素,其中山石成为中国园林中最具特色的要素。

(一)掇山置石,虽由人做,宛若天开

石是真正的天工造化之物,它凝之于熔岩,侵蚀于流水,深藏于大山,沉沙于江底,亿万年岁月流痕,沧桑巨变,全凭自然天工雕饰而成。所以,它包含着最强烈的自然特征,是“天开”的代表,“神工鬼斧”的佐证,是宇宙精神的自然体现。所以中国古典园林中的石头就是宇宙精神抽象的浓缩,是“天人合一”观念中象征“天”的元素。古人通过把“石”引入园林,使得自然造化的石头,在园林中成为天的代表、宇宙的化身、自然的“道”的体现。古人正是通过与园林中有形的石相伴,把自然的精神引入人造园林当中,把人的审美视线引向浩茫无尽的宇宙深处,以达到“虽由人做,宛若天开”的境界。

(二)石令人古,人和其天,物我两忘

石本是自然创造的杰作,它身上之所有形、纹、质、色都是岁月沧桑之流痕,因而,中国园林中的“石”具有“咫尺万里”的写意时空,有聚合时空的意象特性,它抽象地表征不可挽留的时间,构建起中国园林的时空概念。将“石”置于园中,既能使游览者从有限的时空进到无限的时空,从而对整个人生、历史、宇宙获得一种哲理性感受和领悟,又能使观赏者在赞叹自然造化的同时也不由感慨时间的力量,不由生发出思古之幽情。正所谓“石令人古,水令人远”,这在众多的造园元素中是绝无仅有的。在这样的中国古典园林中,园境中的时空转换特征得到极大的丰富,人们在游园时除视觉与听觉获得愉悦外,更能超越这种感官享受,在心灵上感受对茫茫苍苍、浩浩渺渺的宇宙的领悟,达到天人合一的境界。

(三)动静结合,含蓄幽深,寄情于石

石头在中国古典园林中,作为一种立体的构景要素,起到向上引导视线,丰富园林中光影变化和视觉效果的作用,同时又具有分离空间的屏障功能,因而被视为是“立体的画”“无声的诗”。首先,石是“阳”的象征,水是“阴”的隐喻,中国园林中有石处大多配之以水,“水石结合”的设置原则,在阴阳互动之中透视出宇宙的动力构成及其内在节奏“水随山转,山因水活”。有水处,就水点石;叠石处,傍石理水。石自身的沉稳、厚重,与园林中流水的环绕,透露出的是自然之理,是中国文化中阴阳调和的生命宇宙观。一阴一阳,一动一静,相映成趣,相得益彰,筑含着“虚静”的哲理,使中国传统美学辩证法和道教的宇宙观在此得到极好的展现。其次,石成为人与自然沟通的桥梁,使园林完美地从有秩序的建筑 空间向自由的自然空间进行转变。从抽象和象征意义上讲,它成功地完成了天、地、人、石、自然的和谐统一。再次,中国古典园林常借石抒发情趣,以委婉含蓄的方

式表达丰富细腻的情感,给人以回味无穷的想象空间。如江南园林中常见用石象征春夏秋冬的做法:春石,粉墙漏窗前一峰突兀于疏竹丛中,犹如雨后春笋,象征春回大地,有万物竞春之意趣;夏石,是以峰岩耸立,盘根深厚,碧波穿流其间,苍翠葱茏,显示出勃勃生机;秋石,则倚立于亭之一侧,色泽暗褐,寓意万物萧索,叶枯翠残;冬石,衰草枯树旁边,孤寒独立,冷凌中傲视苍穹,不屈不折。

(四)移步借景,诗情画意,小中见大

中国古典园林艺术中最独特的艺术风格之一就是:集诗、字、画与文学为一体,艺术表现形式具有多面性、综合性,造园手法追求“诗情画意”。受中国山水诗画的影响,古典园林在表现山水格局时,要尊崇“巧于因借,精在体宜”的设计原则,采取以简寓繁,充分运用遮隔艺术,通过借景、分景、隔景、对景等手法,追求“意贵乎远,境贵乎深”之立意。根据“一拳代山,一勺代水”的中国园林典型的象征手法,“假自然之景,创山水真趣,得园林意境”,形成“片山有致,寸石生情”的意境美,强调“小中见大”的设计手法,“以有限面积,营无限空间”,在狭小的空间中表现恢宏的自然山水之势,营造出幽邃、含蓄、深远、空灵的视觉感受,达到连绵延伸而不可穷尽之艺术效果。

探索发现

1. 江南三大名峰今坐落于何处?各有何故事?
2. 杭州著名的寺庙园林和私家园林在哪里?各有何特色?
3. “沈园”在哪里?它有何特色?
4. 杭州市内“艮山门”“艮山路”名称有何历史渊源?

四、山石在中国古典园林中的作用及其艺术表现

(一)掇山叠石:中国古典园林不可或缺的部分

古人有云:“园可无山,不可无石。”可见山石在中国古典园林中的重要作用。中国古典园林构园要素中的“山”与“石”是不可或缺的组成部分,任何一处中国园林如果没有“山”“石”,绝对不能称为中国古典园林。但中国古典园林中的“山”“石”又是“有真为假,作假成真”,换言之,这些园林之中的“山”“石”来源于自然山石,又高于自然山石,即是人们对自然山石的艺术摹写,是一种“掇山叠石”(或称“叠石堆山”)的工程技术与艺术设计结合的产物。为表现自然,掇山叠石是造园的最重要的因素之一。掇山叠石手法在古代造园中有着悠久的历史,

经过长期的演变,成为中国古典园林造景的最重要手段和独特技艺,所以中国造园艺术的历史发展进程,也可以用人工掇山叠石的发展过程为代表。秦汉的上林苑,用太液池所挖之土堆成岛,象征东海神山,开创了人为造山的先例。而现存的苏州拙政园、常熟的燕园、上海的豫园,都是明清时代园林叠石堆山的佳作。

(二)掇山叠石的艺术表现

如果仅将石头视为一种建筑材料,中国古典园林中的用石十分广泛,如固岸、建桥、围池、作栏、当阶、为坐、立壁、引泉、作瀑、成景,等等。如果仅将石头作为构造中国古典园林意境的文化艺术要素,主要运用是“掇山叠石”。

掇山,又称作堆山、筑山、叠山,是中国园林艺术的一种特有的假山艺术。掇山模仿天然山体的峰峦、岭岗、悬崖、峭壁、岫洞、谷壑、山麓、山脚等,以土、石堆掇叠起,使假山具有真山的意味,达到咫尺山林的效果。如果主要以石堆叠,则为叠石。叠石所用的石材非常讲究,通常只能是来自天然的素石,也称景观石、品石,主要石种有太湖石、灵璧石、房山石、青石、英石、宣石等。

堆山叠石往往根据园林的大小,以及山石在园林中的不同位置,分为以下几类:(1)庭山。是园林建筑前庭院内的叠石,以姿态较好的树木配以玲珑的山石,多以观石为主,一般不宜太高。(2)壁山。依墙壁叠石或就墙中嵌山石。(3)楼山。即叠石以楼阁为基础,或叠石成石洞、石屋建楼阁于高处,便于眺望,丰富主体构图的变化;也可叠石成自然的踏跺,作为楼阁的室外楼梯。(4)池山。水中叠石为池山。

在规模较大的园林中,堆山叠石应当表现出以下艺术特征:(1)宾主分明。要突出群山的主山和主峰,主、次、配分明,宾主的关系不仅表现在一个视线方向上,而且要在视线的范围内。(2)层次深远。中国传统山水画认为,“山不在高,贵有层次”,即群山要有层次。何谓山的层次?北宋画家、绘画理论家郭熙在其论山水画创作的专著《临泉高致集》中总结为:“山有三远,自山下而仰山巅,谓之高远;自山前而窥山后,谓之深远;自近山而望远山,谓之平远。”(3)呼应顾盼。即园林设景讲求山体脉络、岩层走向、峰峦向背俯仰等均要相互关联,气脉相通;山的起角要有弯环曲折,形成山回路转之势。(4)起伏曲折。即山体要有波浪似的起伏,山与山之间要有宾主层次,形成全局的大起伏,且宾主之间要有顾盼,层次之间相衬托。(5)疏密虚实。疏是分散,密是集中,虚是无,实是有。中国古典园林不论群山还是孤峰,都应有疏密虚实布置;山水结合的园林,山为实,水为虚;庭院中的靠山壁,则有山之壁为实,无山之壁为虚。

对于较小的庭院,通常以稀疏散落的石块加之玲珑俊秀的石峰来点缀空间。这种在园林中零星布置的石,称为置石。置石可分为特置、群置和散置三种形式。(1)特置。即园林中特置的山石,也称孤赏石。是以姿态秀丽、古拙或奇特的山石、峰石作为单独欣赏,常置于园林建筑前、墙角、路边、树下、水畔、草坪等处作为园林的山石小品以点缀局部景点。体积高大的峰石多以瘦、透、漏、皱者为佳。特置山石往往半埋半藏以显露自然,成自然之趣,与树木花草组合,亦能别生风趣,更多的时候是设基座,置于庭院中摆设。(2)群置。即用多数山石互相搭配成群布置。由于山石的大小不等体形各异,布置时高低交错,疏密有致,前后错落,左右呼应,形成丰富多样的石景,点缀园林。(3)散置。以山野间自然散置的山石为蓝本,将山石零星布置在庭院和园林的方式。自然界的散置山石分散在各处,有单块、三四块、五六块甚至数十块,大小远近适宜,高低错落,星罗棋布,粗看零乱不已,细看则颇有规律。明初著名山水画家龚贤在其所著《画诀》中言及:“石必一丛数块,大石间小石,然须联络。面宜一向,即便不一向,宜大小顾盼。石小宜平,或在水中,或从土出,要有着落。”此外,古来还有“石配树而华,树配石而坚”之说。除较大体形的堆山叠石外,中国古典园林中的点睛之笔在于孤峰垒石景观,这种单块石头做庭园的点缀、陪衬,被称为品石。品石的运用是根据园林具体环境、具体素材,借状天然,取其形,立其意,故往往能起到“片山有致,寸石生情”的艺术效果,而其更深层的含义在于隐喻园林主人内心的孤傲不屈。

知识链接 ▶

苏州狮子林

苏州狮子林始建于元代,现建筑大都保留了元代风格,因园内“林有竹万,竹下多怪石,状如狻猊(狮子)者”,又因该园林原为菩提正宗寺的后花园,是公元1341年高僧天如禅师来苏州讲经受到弟子们拥戴,弟子们买地置屋为天如禅师建的禅林,天如禅师因师傅中峰和尚得道于浙江西天目山狮子岩而为纪念佛徒衣钵、师承关系,亦因佛书上有“狮子吼”一语,故将其取名“狮子林”。狮子林园林面积约10000平方米,内有亭、台、楼、阁、厅、堂、轩、廊等古典人文景观,更因尚存最大的古代假山群,且叠山全部用兼具透、皱、漏、瘦四大特点的太湖石堆砌,并以佛经狮子座为拟态造型,进行抽象与夸张,构成群峰起伏之景象,气势雄浑,怪石林立,玲珑剔透,有含晖、吐月、玄玉、昂霞等名峰,洞壑盘旋,嵌空奇绝,其中以狮子峰为诸峰之首,有假山王国之美誉。现为苏州四大名园之一,同时也是世界文化遗产、全国重点文物保护单位。

第二节　巧石妙景:传统盆景艺术中的石文化

一、中国传统盆景艺术的产生[①]

(一)盆景艺术是什么

盆景,是以花草、树木、山、石、水、土等为素材,经过园艺师的构思设计,加工浓缩于花盆之中,并精心护养而成的微型园林美景。换言之,盆景是由栽培观赏植物,以及模仿自然山林堆砌假山造园发展演变逐渐形成的。

盆景是我国独特的传统园林艺术的表现形式之一,有悠久的发展历史。因浙江余姚河姆渡新石器时期(距今7000余年)遗址中发现绘有盆栽植物的陶片,因而有人认为这可能是盆景起源最早的证据,中国盆景发源可能是原始崇拜从娱神到娱人的转变形成的。而中国传统汉字“園”中呈现出的盆景意象,也最符合其象形意义。甲骨文的“园”字就是一个方圈中的四方都是树木,突出了园林的主题,以林木花草代表中国古人建造园林美化生活的愿望。

(二)中国传统盆景艺术的起源

东汉至隋朝时期,采用“掇山理木”技术方法的盆栽兴起。东晋著名隐士陶渊明辞官归隐故里后,在所作赞美野菊文章中已使用了“盆栽”一词,据考证这是“盆栽”一词出现最早的记载。而通过研究古代绘画与文献史料发现,现代意义上的盆景始于唐代。例如,1972年在陕西出土的唐代章怀太子李贤墓甬道壁画上,有一侍女手捧盆景的画像,其所绘的盆景和现代盆景非常近似,证明当时盆景已成为宫苑御用观赏珍品。又如,在故宫博物院内保存一幅唐代画家阎立本绘的《职贡图》中,也有这样一个画面:在进贡的行列中,有一个人手托浅盆,盆中立着造型优美的山石,这和现代山水盆景十分相似;在进贡的行列中,还有人手托山石和肩扛山石,这一画面证实在唐代盆景已经形成了,而当时的文人雅士也以制作盆景为时尚的逸兴韵事。另据唐代诗人遗留有多首颂咏“盆池”的诗句中可知,唐代时一种与盆景类似的“盆池”十分盛行,即当时在庭园中埋盆于地,盆

① 李树华:《中国盆景文化史》,中国林业出版社2005年版;苏朝安等:《盆景制作与养护300例》,中国林业出版社2008年版。

中盛水，或种水生植物，或放养小型水生动物而形成的庭园摆饰品。

(三)宋元时期的盆景制作

至宋代，植物盆景、盆栽除了继续使用唐代时已有的盆池外，还开始使用盆花、盆草、盘松、盆窠以及“盆＋植物名”的命名法。宋盆景分为“树木盆景”与“山水盆景”，在宋代著名鉴赏家赵希鹄所撰写的《洞天清录》一书中对“怪石”备叙详尽，从中可知当时宋代制作盆景时对树木山石的构图、设计要求都十分讲究，画意诗情的灌注发展到相当水平。当时的著名文人如苏东坡、王十朋、陆游等都留下描述和赞美盆景的诗句。例如，苏东坡在《格物粗谈》中谈道：“芭蕉初发分种，以油簪横穿其根二眼，则不长大，可作盆景。”一般认为这是“盆景”一词最早的使用。苏东坡另有二首诗中写道：“试观烟雨三峰外，都在灵仙一掌间”，“五岭莫愁千嶂外，九华今在一壶中”，都是对盆景的描述。又如陆游在《菖蒲诗》云：“雁山菖蒲昆山石，陈叟持来慰幽寂。寸根蹙密九节瘦，一拳突兀千金直。清泉碧缶相发挥，高僧野人动颜色。盆山苍然日在眼，此物一来俱扫迹。盘根叶茂看愈好，向来恨不相从早。所嗟我亦饱风霜，养气无功日衰槁。”南宋著名的理学家、思想家朱熹亦为玩景高手，他曾在一个山水盆景后面放上一只熏炉，让轻烟袅袅而起，似江山万里云雾之态，为此还吟诗赞道：“清窗出寸碧，倒影媚中川。云气一吞吐，湖江心渺然。”别出心裁地表达了掩门自处的怡然心境。元代时，“些子景”成为盆景的代名词。由于在元朝统治者残暴统治下，汉族文人士大夫的社会地位低下，仕途暗淡，促使相当一部分人隐居于山野乡村，隐居生活为他们提供了玩赏花木、盆景的条件，松石盆景即为元代盆景的代表作。

(三)明清时期盆景理论研究繁荣

明代盆景盛行，一些盆景爱好者还将其经验立著记载。如明代文人王象晋在其编撰的巨著《群芳谱》中专门有关于“盆景”的描述和记载。明末画家文震亨所著《长物志》共 12 卷，内容涉及室庐、花木、水石、禽鱼、书画、几塌、器具、衣饰、舟车、位置、蔬果、香茗等，依现代学科划分，可分为建筑、动物、植物、矿物、艺术、园艺、历史、造园等方面，所述相当详尽。清代盆景之风更盛，盆景成为园林必不可少的装饰，艺术形式更为广泛，盆景材料丰富多彩。例如，明末清初的学者刘銮著《五石瓠 · 盆景》中描述：“今人以盆盎闲树石为玩，长者屈而短之，大者削而约之，或肤寸而结果实，或咫尺而蓄虫鱼，概称盆景，想亦始自平泉艮岳矣。”即是对盆景艺术的感叹及来源的追溯。清代园艺学家陈淏子所撰的园艺名著《花镜》中的《种盆取景法》论述了盆景的构图、取材和配置等方面的知识。康熙皇帝也留下一首《咏御制盆景榴花》诗：“小树枝头一点红，嫣然六月杂荷风。攒青叶里珊瑚朵，疑是移根金碧丛。”想来其必定也亲手制作过盆景。清嘉庆年间的园艺家苏灵著有《盆景偶录》二卷，书中以叙述树桩盆景为多，把盆景植物分成四大家、七贤、十八学士和花草四雅，不仅反映出当时研究盆景的学术氛围相当浓厚，也足可见当时盆景已成为文人雅士们普遍托情寄志的雅玩，以至于慷慨赋予盆景诸多拟人化的桂冠和头衔。

二、中国传统盆景艺术构成与表现

（一）中国传统盆景艺术构成要素

中国传统盆景的艺术构成要素是：植物（树、花草）、石、盆、几架，配品（建筑、人物、动物），这五者在盆景中的设置构思与运用包含了深厚的中国传统文化特质。[①] 其中，植物、石、配品形成盆景之核心，即“景物”，在盆景中为主体部分，植物、山石在大则可数尺、小则寸余的盆盎内，作用都是为了概括、凝练大地自然的风姿神采，而盆、几（架）则为人性部分。植物、石、配品在一个盆景中的造型章法，与中国书画审美原理一脉相承，讲求呼应、曲直、疏密、聚散、形势、刚柔、巧拙、粗细、轻重、增减、反复、争让、穿插、掩映、离合、变形，以及写实与留白、光洁与残损等关系的处理。景物布局须运用近大远小、低大高小、近实远虚的透视原理，做到主次分明，层次丰富，变化而不杂乱；故植物、石、配品的取舍、简繁不能逐一而论，有的植物、山石单项独立成景，有的树、花与山石搭配，有的还点缀有房舍、小桥、人物等，最终目的就是以寓大于小的手法，表现一种大自然的意境，并可从中看到四季的变化，能在咫尺空间集中展现千里山川神貌，四季变化之姿态、色彩和意境，成为富有诗情画意的案头清供和园林装饰。尤其是盆景中山石植物的配置，要产生出北宋著名画家郭熙在其山水画论著《林泉高致集》所述“春山淡冶而如笑，夏山苍翠而欲滴，秋山明净而如妆，冬山惨淡而如睡”的自然效果。

一般来说，盆盎的质地、形状不限，但树桩盆景多用紫砂盆和彩陶盆，形状不拘；山水盆景多用大理石、汉白玉、矾石或陶制的浅口盆，以长方形和椭圆形为多。几架多用红木、楠木、柚木、紫檀、黄杨等名贵硬质木材制成，也可用竹或天然树根加工。几架的传统形式主要有明式和清式两类：明式造型古雅，结构简洁，线条刚劲；清式雕镂刻花，结构精致，线条复杂多变，各具特色。

---

① 人工盆景不属于此。所谓人工盆景，是指清代宫廷中以珠宝、玉石、翡翠、珊瑚、金银和玛瑙等贵重材料制作的点景，配以金银、珐琅、玉石、雕漆和镶嵌等工艺制作的盆，二者合为一体，也称为盆景。

盆景中石头选取，有严格讲究：从整体上说，要因材制宜，按形分类，山水盆景以砂片石、钟乳石、英德石、砂积石、龟纹石等品种为制作石材。盆景中有关石头传统造型方法有：(1)峰状石：主要讲求高耸雄劲，山势环抱，参差错落，平中求奇；(2)岩状石：主要讲求险峻幽深，钟乳悬垂，藏露有法，动静结合；(3)岭状石：主要讲求平远清逸，去来自然，奔驰有势，聚散合理；(4)石状石：主要讲求体态玲珑，瘦、漏、透、皱，奇而不陋，险稳相依；(5)组合石：主要讲求多景广设，多式组合，三景一体，三远并用，以峰为主，乱中求整，组合多变。

(二)中国传统盆景的艺术表现

中国传统盆景艺术在漫长的发展过程中，形成了不同地方不同艺术风格的众多流派。依历史习俗来分，世人称为苏、杭、沪、宁、徽、榕、穗、扬八大派，其中著名的有扬派、苏派、川派、岭南派和海派五大流派。

根据盆景造景主要材料及其他基本要素的不同，可将盆景划分为树桩盆景和山水盆景两大类。树桩盆景根据主要材料不同又可分为观枝、观叶、观果和观花 4 类。树桩盆景所用树桩可通过人工繁殖或从山林野地掘取，形态可为直干、斜干、曲干、卧干、悬崖、枯干、连根、附石、丛林等，一般应当选用枝叶细小、盆栽易成活、生长缓慢、寿命长、根干奇特的树种，若兼有艳丽花果者则更佳。山水盆景较多地应用于山石、水、土作为材料，以水为主的为水盆景，以土、石为主的为旱盆景，水、土兼有的为水旱盆景。山水盆景是自然山水景色的缩影，要达到“取山川来掌上，携天地入壶中”“移天缩地，小中见大”的艺术效果，须事先选定主题精心设计，寓情于景，根据主题选石、加工，也可因石制宜，随类敷采，并根据以上这些造型方法和设计意图进行造型的设计，以达到小中见大、咫尺千里的艺术效果。

知识链接 ▶ **胡雪岩及其故居**

胡雪岩是中国近代非常著名的红顶商人。他自小天资聪颖，勤奋好学，胆大心细，诚实守信，很快从一个小伙计一跃而成为阜康钱庄的老板。1861 年太平军攻打杭州时，胡雪岩从上海、宁波购运军火、粮食接济清军，获得时任浙江巡抚的左宗棠的信赖，被委任为总管，主持浙江全省的钱粮、军饷，由此走上官商之路。之后他协助左宗棠创办福州船政局，又主持上海采运局局务，为左宗棠筹供军饷和订购军火，还依仗湘军权势在各省设立阜康银号 20 余处，并经营中药、丝、茶业务，操纵江浙商业，资金最高时达二千万两以上。但后因经营丝业受到外商排挤，而被迫贱卖资产，旋即又受各地官僚竞相提款、敲诈勒索而引发资金周转失灵，最终被革职查抄家产，郁郁而终。胡雪岩故居坐落在现杭州市元宝街，建于1872年胡雪岩事业的巅峰时期，豪宅工程历时3年，整个建筑南北长东西宽，占地面积10.8亩，建筑面积5815平方米，是一座富有中国传统建筑特色又颇具西方建筑风格的美轮美奂的宅第。建好后，高墙之外虽藏富不露，但宅院内却是穷尽奢华，无论是建筑物本身还是室内家具陈设，用料极为考究，足以堪称清末中国巨商第一豪宅。其花园中的芝园怪石嶙峋、巧夺天工，其中的假山为国内现存最大的人工溶洞。

三、中国古典园林与传统盆景的艺术特征

总体上说，园林、盆景都是经济发展的产物，是人与自然出现分离的结果，也是人类追求舒适环境和美好精神生活的必然，其产生、发展受到不同自然环境以及不同社会的哲学、经济、文化、信仰、价值观等多种因素的影响，因而不同时期、不同地区的中国园林、盆景有着不同的艺术特征。

(一)中国园林、盆景艺术的同异

中国传统盆景与中国古典园林是一对孪生艺术，两者相同之处在于：都是模仿和超越自然的艺术表现形式，它们的组合要素、设置理念基本一致，表现手段都是将植物栽培、山石设置与文学、绘画、园林、美学等相互结合、融为一体的综合性造型艺术，最终的表象都是大自然山水景物的缩影。不同之处在于：第一，盆景是以聚焦静观赏景为主，而园林是行进中的散点赏景与静观结合；第二，盆景是人可举其在手而观之，园林是人可游历其中而观之。

(二)与西方园林艺术的区别

中国古典园林与盆景艺术，与西方园林艺术表现有很大不同。

西方古典园林表现的是人类作为自然的征服者，遵循一定的科学技术手段改造自然的结果，所以在西方园林中，山石、水流、植物都被当作园林中的附属物，没有情感与生命，只是人类征服、改造、观赏的对象，它们被贴在墙上、地上或是被几何化地堆砌着，完全按照人的意图与愿望进行安排。故我们看到西方园林中是：水应当遵行人的意愿喷指向苍天，或有规律地在人为的水槽里流动；树木花草被人为地打破原来的生长方式而变成对称的、有比例的、规矩的几何体；石头是没有内涵的，只是作为造园材料被整体划一地叠起，或被作为艺术载体加

以写实雕刻。而观中国园林、盆景，其中的一树一木、一花一草、一山一石，已非单纯的自然物质，而被赋予深刻、多元的含义，蕴含着丰富的精神意境和深刻的哲理，是一种体现了中国人独特的思维观念和文化修养，象征着主人“天人合一”的处世之道，寄托着设计者委婉含蓄的情感与愿望的，具备“取于自然而高于自然”的诗情画意之美、品德情操之美的文化艺术品。

拓展学习 ▶

1. 领悟“要适林中趣，应存物外情”的禅理。
2. 阅读明朝末年计成所著的《园冶》一书。
3. 阅读林语堂的散文《论树与石》。
4. 阅读梁实秋的散文《盆景》。

第七章　诗书画印:传统诗书画及文房中的石文化

中国传统文化在很大程度上是由古代知识阶层即文人雅士的积极参与创造的。中华石文化的形成与发展亦与中国古代文人士大夫密切相关。在严酷的封建专制压制下,为保全性命、坚守气节并与权贵相抗争,奉行"清静自然""无住""无执"的儒释道修身原则的大多数中国古代文人雅士,非常渴望能在超越现实的、符合自己理想的审美境界之中小憩片刻,以获得心灵的抚慰、净化与解脱。因而,在他们眼中,自然界"瘦、皱、漏、透、丑"的山石,无论独处幽谷深山,还是置身海滩荒野,皆能傲然屹立,逍遥自在,沉静面对世间炎凉,具有坚贞、质朴、博大、豁达、高雅的精神品质,而这正与他们维护个体精神自由,追求"天人合一"、超越现实的意识相契合。于是他们借石以喻德明志,进而爱石弥深,出现了悟石性、崇石德、拜石师、迷石趣、成石痴等各种有趣故事。不仅如此,文人雅士们还讲求"风雅文化",即所谓休闲时填诗作词、焚香点茶、挂画插花、寻幽问泉、酌酒候月、刻石拓碑、听雨赏石等。这类文化活动的内容,时常包括石文化内容,或者活动本身丰富和成就了中华石文化的内容。所以说,中华石文化是在漫长的历史中由那些痴爱石头的文人雅士、收藏鉴赏家和理论家,以及诗人、画家、文学家、书法家和园艺家们总结、概括、创新、发展、推广、保存并传承下来的。而文人雅士玩石多是注重文化内涵,他们或以形象思维赋诗填词,或以逻辑思维著文立说,或以美为尊作画传情,或以石悟德修身明志,或以石交友石缘情深……这使中华石文化无不浸透清爽脱俗的"风雅"之气。

第一节　赏石铭志:文人与赏石理论

一、中国传统文人的定义与特点

(一)中国传统文人的定义

文人,现一般理解为“有文化的人”。在古代,朝廷里的官员有武官、文官之称,所以最初的“文”是相对“武”而言,“文人”则是指“武”之外的所有文职官员及能写诗作赋之人。这里所谓的“中国传统文人”,即指知书能文,且具有中国传统思想中的文德和品德之人。在中国历史上,出现过一大批推动中国传统文化建立与发展的文人,他们具有人文情怀和创造性思想,严谨地从事哲学、文学、艺术以及政治活动,追求独立人格与独立价值,满怀社会责任感和历史使命感,他们都是“中国传统文人”的典范。

(二)中国传统文人的特点

第一,在思想上,深受儒家《礼记·大学》中“古之欲明德于天下者,先治其国;欲治其国者,先齐其家;欲齐其家者,先修其身;欲修其身者,先正其心……”的思想影响,以“修身正心”为最基本内在规范,具有温、良、恭、俭、让之内在儒雅气质的人。

第二,在人生理想上,认为自己担负“为天地立心,为生民立命,为往圣继绝学,为万世开太平”的责任与使命,时刻抱有强烈的“忧国忧民之心”,且通常认为唯有出仕做官才能实现其“仁民爱物”“博施济众”的圣贤理想和“大同”“小康”的社会抱负。

第三,在处世方式上,往往是“天下有道则见,无道则隐”,以“达则兼济天下,穷则独善其身”为终身恪守的人生准则。在社会安定、有序,君主礼贤下士时,多出仕做官;遇社会动荡、君主昏聩、人命危浅、朝不保夕时则选择逃离官场,退隐村野,或“高卧东山”,或“躬耕田园”,或醉心山水,以“隐”表达内心的抗争与不从。

第四,在日常生活上,谨遵《论语·里仁》所曰“士志于道,而耻恶衣恶食者,未足与议也”,自觉安贫乐道,淡泊明志,静以修身,俭以养德,而不“摧眉折腰事权贵”,以保持文士之节操与风骨。

二、中国传统文人审美哲理的思想渊源

在中国传统文化中，儒、释、道思想学说中的“清静”“自然”“虚空”“幽远”“意韵”等互相渗透，共同引导古代文人雅士阶层建立起了一种将出世与入世、建功立业与心灵自由、博施济众与人格提升融为一体的新型文化人格，成为文人雅士们主导的中国古代文学、艺术审美哲理的思想渊源。

（一）清静自由思想

自魏晋以后，由于战争频繁、政权更迭、权贵斗争的加剧、各种势力集团的利益冲突，导致社会动荡、儒学崩坏、善恶是非纷争不断，文人士大夫终日生活在惶恐不安之中，他们对传统儒学信仰产生了动摇，重新寻求精神依托，而能胜此重任的唯有道家清静思想。老庄主张“致虚极，守静笃”[①]，认为精神清静才能体悟人生的“至道”，才能获得人格的升华，故应以虚静的心灵对待生活，来提高自己的精神境界。庄子也倡导清虚宁静的生活，把人生最大快乐称为“天乐”，并解释说“以虚静推于天地，通于万物，此之谓天乐”[②]。认为人生的乐趣不能在人欲横流、是非混乱的社会中寻找，而应直接面对宇宙自然以达到自由逍遥的“天乐”。这里所谓的“天”即指与人世社会对应的宇宙自然。文人雅士们试图用老庄的清静思想在严酷惨烈的岁月里得到一些精神慰藉，希望用一种恬静旷达的信念对待人生，让被压抑扭曲的人格精神得到些许的舒展放松，并对权势者保持着傲然蔑视的态度。这种崇尚清静的态度，对后世文人精神及中华赏石文化产生深远影响。

（二）自然虚空思想

老庄之道家常说“道法自然”，崇尚自然无为，而佛释之学以“四大皆空”为人生至上境界。在这些精神风尚熏陶下，当时的文人士大夫们极为欣赏自然山水，否定一切人为的文化建构，形成以自然为上、雕琢为下的审美价值观；然而他们并不能总是生活或真正回归自然之中，反而是在现实生活中被名利等“实”所困，无法真正做到“空”。于是描绘静谧、空灵、清幽、质朴的自然山水与田园生活的诗文、书画、园林、盆景、山石就成了满足人们对自然、对“空”的精神向往的现实载体。

---

① 选自《老子》十六章。

② 选自《天道》。

(三)淡远含蓄思想

老子《道德经》所谓“道可道,非常道;名可名,非常名”,认为能够用通常言辞说出的东西不是那个真正有意义的东西,故又有“大白若辱”“大方无隅”“大器晚成”“大音希声”“大象无形”五种现象来说明“道”的无为境界,由此建立起中国传统文人的美学观念,即推崇自然的、而非人为的美,重视不可以用通常的感官把握的、没有说出的东西;同时,老庄又用“远”来指“道”循环往复的运行过程中的一个环节,即《道德经》所谓“大曰逝,逝曰远,远曰返”,说明精神对物质、灵魂对肉体、无对有、无为对有为、超验之物对经验之物的超越与背离。文人士大夫们秉承了老庄这种精神,在诗文书画、自然山石等鉴赏、评价上崇尚“气韵生动”与“传神”的内涵与风骨,将“远”这个概念引入审美境界,并形成“淡远”“清远”“高远”“玄远”“深远”“意远”“心远”等精神意象,讲究“格调”与“言不尽意”,主张含蓄意蕴而反对浅陋直白,由此形成中国山水画、山水园林和盆景以及赏石的独特审美情趣。

三、文人雅士与石之故事

中华石文化形成于先秦,兴盛于唐、宋,成熟于明、清,至今发展兴盛。在不同的历史背景下,众多文人墨客、雅士清贤甚至官宦贵族等赋予了中华石文化高度的精神内涵、理论基奠以及人文情趣,留下了许多与石头有关的故事。[①]

(一)东晋

1.葛洪以玉(石)喻理

魏晋之际是道教理论渐趋成熟的关键时期,东晋医学家、道教学者、炼丹家葛洪所著《抱朴子》一书是杂糅道、儒、墨、法各家思想的神仙道教理论体系的名著。该书分《抱朴子内篇》与《抱朴子外篇》。《抱朴子内篇》主要是讲述神仙方药、鬼怪变化、养生延年、禳灾却病等内容,属于道家养生范围。《抱朴子外篇》则论时政得失,托古讽今,讥评世俗,述治民之道,主张任贤举能,爱民节欲。其中就有以玉石作为喻义说明其思想理论的。例如《抱朴子·博喻》:“锐锋产乎钝石,明火炽乎暗木,贵珠出乎贱蚌,美玉出乎丑璞。”意是锐利的刀剑来源于粗钝的石头,明亮的火光来源于燃烧的暗木,珍贵的明珠出自轻贱的河蚌,华美的宝玉出自丑陋的璞石。自来人人都喜爱锐锋、明火、贵珠、美玉,却每每忘了它们来

① 《回归宁静——中国古代文人追求宁静的心路历程》,http://blog.sina.com.cn/s/blog_4797afbd0100e9bg.html。

源于不起眼的钝石、暗木、贱蚌、丑璞，论述了伟大往往孕育于平凡之中的道理。《抱朴子·擢才》："以玉为石者，亦将以石为玉矣；以贤为愚者，亦将以愚为贤矣。"意为把宝玉当作石头的人，也会把石头当作宝玉；把贤人当作愚人的人，也会把愚人当作贤人，即比喻一些人知识浅薄，目光短浅，贤愚不分，能把贤人当作愚人，也能把愚人当作贤人，而以贤为愚会埋没人才，以愚为贤又会重用蠢才，这对国家对事业都是极其危险的。

2. 陶渊明卧石寻梦

东晋末至南朝宋初，伟大的诗人、辞赋家、散文家陶渊明因厌恶仕途而归隐田园。相传他的宅第边菊丛中，有一方纵横丈余的天然大岩石，他经常坐卧其上赏菊、饮酒、赋诗，每当喝醉酒就在石头上睡一觉，渐渐称此石有醒脑提神之独特功效，遂给它取名"醒石"。仅此举动，引得后人羡慕不已，尊他为赏石祖师。宋人程师孟作诗曰："万仞峰前一水傍，晨光翠色助清凉。谁知片石多情甚，曾送渊明入醉乡。"即是对陶渊明卧石寻梦故事的描述。

(二)唐代

1. 白居易为石立著

唐代著名现实主义诗人、文学家白居易，一生中不仅写下多篇咏赞奇石的诗文，且对赏石的鉴赏方法立著，其中包括《盘石铭》《太湖石记》《太湖石》等，表达了自己对奇石的喜好和鉴赏的独特见解，为我国石文化的形成奠定了理论基础。他的石头收藏立论重在欣赏，所作《太湖石记》中说："百仞一拳，千里一瞬，坐而得之""三山五岳，百洞千壑……尽在其中"，深刻地阐述了小中见大，不出屋门便见青山的缩景艺术赏石理念。

2. 柳宗元评石标准

唐代文学家、哲学家、散文家、思想家和唐宋八大家之一的柳宗元一生留下大量文学作品，其中脍炙人口的山水游记，如《小石潭记》《石渠记》《石涧记》《小石城山记》等皆与石有关。他在任柳州刺史期间，对当地的秀石、石砚多有留心，后在他的《与卫淮南石琴荐启》中第一次明确认知并提出了岩石的基本物理属性，提炼总结出"稍以珍奇，特表殊形，自然古色"，石质弥坚，颜色自然，声音铿锵，即"形、质、色、声"四大要素，至今被人们引为重要的评石标准。

3. 牛僧孺与石为伍

唐代晚期宰相牛僧孺为唐穆宗、唐文宗时宰相，其从政之余，唯嗜爱藏石赏石，对奇石来者不拒，尤以拥有太湖石之富而自豪。他的府第和别墅中藏石极多,常“置墅营第,与石为伍”,且“待石如宾友,亲之如贤哲,重之如宝玉,爱之如儿孙”。一次,苏州太守赠他一块奇状绝伦的太湖石,他欣喜异常,特邀白居易、刘禹锡共赏,并为此石酬唱往返,留下了数首咏石诗篇。

(三)宋代

1. 苏东坡易石求童

北宋著名文学家、书画家、诗人及唐宋八大家之一的苏轼,号东坡居士,嗜石成癖,是中国赏石史上除米芾以外最富传奇色彩的艺术家。他收藏许多奇石,并留下众多咏石诗文,如《雪浪石诗》《雪浪斋铭》《双石诗》《壶中九华》等。他在定州所得的黑色雪浪石,图像早已刻入《素园石谱》,原石亦保存下来,在乾隆时被重新发现,遂置于定县众春园内。他在湖北黄州任职时,发现“齐安江上往往得美石”,“温润如玉,红黄白色,其文如人指上螺,精明可爱”,但得之甚难,只有在江边嬉戏的孩子们常可摸到,苏东坡遂用糖块和小孩交易,以此先后得二百九十八枚,“大者经寸,小者如枣栗菱芡”,还特意用古铜盆注水供养,时常玩赏,怡然自得,为此传为佳话。

2. 米芾拜石为兄

北宋书法家、画家、书画理论家米芾,与蔡襄、苏轼、黄庭坚合称“宋四家”,其性格狂放,爱石近痴,常将奇石藏在袖中与人共赏,与石称兄道弟,人称“石痴”“米癫”。他任无为州监军时,一次看见衙署内有一立石“状奇丑”,以为其石憨然无邪,有君子之气,即命仆从取过官袍、官笏,设席整冠更袍、执笏下拜道:“吾欲见石兄二十年矣!”他曾觅得研山奇石,竟爱不释手到“抱之眠三日”,为此他还特作《研山铭》以赞美其灵性,几近如痴如醉的程度。至晚年时,他因失去研山奇石而终日神情恍惚,最后竟郁郁而终。

3. 赵佶痴石误国

北宋皇帝徽宗赵佶能书善画,尤其喜爱翰墨、花、石,可谓史上最大的藏石家。由于皇帝的倡导,达官贵族、绅商士子争相效尤,搜求奇石以供其赏玩一度成为宋代国人的时尚。当时,成批运送的货物被称为“纲”。动用大批船只向汴京运送花、石,每十艘船编为一“纲”,于是就有了“花石纲”之称。他大兴土木,征用民间的庭苑花石,在皇城东北处隅筑万寿艮岳,《艮岳记》云:“石以土地之殊,风气之异,悉生长成,养于雕栏曲槛。”此外还广征天下奇珍异石,选得六十五块,亲自一一予以封爵并题写铭文刻于石背,定名为“宣和六十五石”。据史书记载,起初,这种花石贡品的品种并不是很多,数量也很有限,征集区域也只是在东南地区。后来，皇帝对这些贡品大为赞赏，进贡者纷纷被赵佶加官晋爵，恩宠有加。于是进贡花石如同一道无声的号令，迅速演变成举国为之的骚动，最后发展为灾难性的、遍及全国的“花石纲”大劫难。

4. 叶梦得抱石病愈

南宋文学家、词人叶梦得也是位石痴。晚年隐居湖州弁山玲珑山石林，故号石林居士，所著诗文多以石林为名，如《石林燕语》《石林词》《石林诗话》等。他在《石林记》里写道：“余绍兴间春官下第归，道灵璧县，世以为出奇石。余时卧病舟中，闻茶市多而求售，亟得其一，价八百，取之以归。探所有七百金，假之同舍，而不觉病顿愈，夜抱之以眠。知余之好石，不特其言。自行其壑，刳剔岩涧，与藏于土中者，愈得愈奇，今岩洞殆十余处，而奇石林立左右，不可以数计，心犹爱之不已。”从中可见，他对灵璧石的喜爱达到痴迷程度，得一石，高兴地抱着睡觉，最后竟然连病也好了。他的“每见于诗咏者未必真好也”“其好者，正自不能解”和“心犹爱之不已”的感慨，正说明了他痴迷到石人合一，人石相融，能与石沟通，视石非石，如梦如幻的境界。

(四)明清

1. 米万钟逐石败家

明代书画家、著名藏石家米万钟，据称为米芾后裔，因爱石，故自号研山山长、石隐庵居士，又称友石先生。米万钟嗜石成癖，所收藏的灵璧石、英石、仇池石等名石，无不奇巧殊绝、各具形胜。据传他在北京房山发现一块巨大青芝岫奇石，“昂首而俯，足跋而敛，濯之色而青，叩之声而悦”，遂痴心大发，不惜花费重金雇数百人马，欲将石拉下山来。可是正当此石运回他的勺园的时候，米万钟自己却不幸遭诬告而罢官，巨石被弃在路旁，被后人称为“败家石”而一直无人问津，直至清朝乾隆皇帝派人将“败家石”运至清漪园，才成为今天立在颐和园内的“青芝岫”。米万钟还曾对其所收藏的每一块奇形怪石都细心观察，认真研究，画貌题赞，整理成《绢本画石长卷》，该卷现被收藏在北京大学图书馆。他在明崇祯元年(公元1628年)作《竹石菊花图》轴，现藏于故宫博物院。

2. 蒲松龄借石叙情

清代著名的小说家蒲松龄，别号柳泉居士，著有文言文短篇小说集《聊斋志异》。蒲松龄早年热衷功名，后终日伴石教书，寄情于他的石隐园中的奇石，以石娱目，悟德修性，藉石韵而增神志。他还专门精选了10块形神夺目的奇石称为“十友”，依石之形象赋以“凤翔”“双鹰”“九象”“豚豕”“太仆”“垂云”“菡萏”“月窟”“魁星”“灵璧”等雅名。为咏天斧之奇工,扬神镂之绝技,蒲松龄还特为“十友”石挥毫题诗:“石隐园中远心亭,门对青山四五层。凤翔双鹰飞禽样,九象豚豕走兽形。太仆垂云生得好,菡萏月窟最朦胧。宋朝魁星石灵璧,万世名传十友名。”不仅如此,奇石还成了他描鬼写妖,讽贪刺虐,惩恶扬善,奋笔嫉世的创作素材。如在《石清虚》一文中他借石叙情,写邢云飞在河中获一“四面玲珑,峰峦叠秀”奇石,喜极,如获珍宝,可屡被豪强达官夺走,他矢志不移,终于觅石归家的故事,以此赞颂邢氏人品之高尚,鞭挞封建恶势力之残暴,抒发对人生遭遇的满腔孤愤。

3. 郑板桥画石誉德

清代著名书画家、“扬州八怪”之代表人物郑板桥原名郑燮,号板桥,人称板桥先生。他的一生早年家道中落,生活拮据,三十岁后至扬州卖画为生,诗、书、画世称“三绝”,但他一生只画兰、竹、石,自称“四时不谢之兰,百节长青之竹,万古不败之石,千秋不变之人”,将兰、竹、石、人并列喻为有德者之“四美”,将石比作君子、雅朋,因而常画石明心。他的画中,千姿百态的山石,几乎是他墨画题材中不可缺少的组成部分。同时,他的藏石鉴石理论完善了宋人的赏石观。

4. 曹雪芹以石喻世

清朝最伟大的文学家曹雪芹所著《石头记》又名《红楼梦》,为中国古典四大名著之一。他在书中以“真事隐去,假语村言”的特殊笔法,以贾、史、王、薛四大家族的兴衰为背景,通过家族悲剧揭示出封建社会的末世危机。书中有许多关于“通灵宝玉”的传奇描写:女娲炼三万六千五百零一块石补天,只用了三万六千五百块,剩余一块未用,弃在青埂峰下;石自怨自愧,日夜悲哀,一僧一道见它形体可爱,便给它镌上数字,携带下凡;不知过了几世几劫,空空道人路过,见石上刻录了一段故事,便受石之托,抄写下来传世;辗转传到曹雪芹手中,经他批阅十载、增删五次写成《石头记》一书;“通灵宝玉”“大如雀卵,灿若明霞,莹润如酥,五色花纹缠护”。书中的主人翁贾宝玉即是“通灵宝玉”幻化而成。

(五)近现代

1. 沈钧儒藏石世家

沈钧儒先生为清光绪时进士、著名爱国民主人士,历任中央人民政府委员、最高人民法院院长、全国人民代表大会常务委员会副委员长、政协副主席等职,1956 年当选为民盟中央主席。沈钧儒先生一族从曾祖父到曾孙,上下绵延七代人都爱石藏石,堪称世界收藏史上罕见的藏石世家。沈钧儒先生的藏石品种十分丰富,不但“拥有百域,囊括四海”,而且还有天上的陨石、地下的化石,仅各种矿石标本就有 200 多枚。他的书斋因除了书柜,就是石柜石架,故题名“与石居”。于右任、冯玉祥、李济深、黄炎培、茅盾、郭沫若、梁寒操等知名人士皆曾为“与石居”题额跋识,其中特别值得提起的是抗日名将冯玉祥的题词:“南方石,北方石,东方石,西方石,各处之石,咸集于此。都是经过风吹日晒,雪侵雨蚀,可是个个顽强,无亏其质。今得先生与石为友,点头相视,如旧相识,且互相祝告,为求国家之独立自由,我们要硬到底,方能赶走日本强盗。”以石喻人,赏石励志,使“与石居”成了民国时期东南西北爱国志士的聚会之所。

2. 张大千以石伴居

20 世纪中国画坛最具传奇色彩的国画大师张大千绘画、书法、篆刻、诗词无所不通,早期专心研习古人书画,特别在山水画方面卓有成就,后旅居海外,画风工写结合,重彩、水墨融为一体,尤其是泼墨与泼彩,开创了新的艺术风格。张大千还爱石成癖,搜集的奇石之丰,可谓“富甲天下”。他以石伴居,观石入画,石头对其绘画的意象、意境、意趣产生极大启发。早年客居美国时在洛杉矶海滩发现巨石,形似台湾省地图,爱不释目,题名为“梅丘”。1975 年定居台湾,将寓所命名为“摩崖精舍”,精舍内陈列着许多珍奇异石,友人还将梅丘运往台湾相赠。晚年,几经周折又得了一件四川泸州的空石,令其喜之不尽,去世后即葬于梅丘之下,以示永远怀念故土。

拓展学习

1. 阅读《道德经》。
2. 《水浒传》中谁因押运花石纲而获罪?
3. 阅读《聊斋志异》中《真生》一文,并体会其意义。

第二节　咏石抒情:古代诗文中的石文化

一、吟咏山石形态的诗文

自古以来文人墨客、达官贵人、逸士高人嗜好奇石者甚多,因而吟咏奇石美玉的诗词不胜枚举。有些纯粹描述石头的形态,有些表达自己寻石、得石的欣喜,有些以石喻志,有些借石抒怀。

(一)白居易

唐代著名诗人白居易对太湖石情有独钟,在其《太湖石》中道:“远望老嵯峨,近观怪嵚崟。才高八九尺,势若千万寻。嵌空华阳洞,重叠匡山岑。邈矣仙掌迥,呀然剑门深。形质冠今古,气色通晴阴。未秋已瑟瑟,欲雨先沉沉。天姿信为异,时用非所任。磨刀不如砺,捣帛不如砧。何乃主人意,重之如万金。岂伊造物者,独能知我心。”在此,白居易生动地描写了他面对奇石时兴奋愉悦的心态和才情横溢的诗兴,即使今日读来也令人心旷神怡。白居易还在其《双石》诗中写道:“苍然两片石,厥状怪且丑。俗用无所堪,时人嫌不取。结从胚浑始,得自洞庭口。万古遗水滨,一朝入吾手。担舁来郡内,洗刷去泥垢。孔黑烟痕深,罅青苔色厚。老蛟蟠作足,古剑插为首。忽疑天上落,不似人间有。一可支吾琴,一可贮吾酒。峭绝高数尺,坳泓容一斗。五弦倚其左,一杯置其右。洼樽酌未空,玉山颓已久。人皆有所好,物各求其偶。渐恐少年场,不容垂白叟。回头问双石,能伴老夫否。石虽不能言,许我为三友。”此处,白居易不仅赋予了两片形状又怪又丑、被人嫌弃的石头以生命,竟然还视其为自己的伙伴和朋友。

(二)苏东坡

北宋著名的思想家、政治家、文学家苏东坡一生好石,自称得石二百九十有八,“以净水注石为供”,并写有《雪浪石》《双石》等著名咏石诗篇。例如,苏轼被贬到定州任知州时在中山得一石,黑质白脉,白脉似游动的水纹,犹如当时著名蜀地画家孙知微所绘《山涧奔涌图》的形貌,便命名为“雪浪石”;又从曲阳运来汉白玉石琢成芙蓉盆,将“雪浪石”放入盆中,将其室命名为“雪浪斋”,还作诗《雪浪石》详细述该石之奇特及自己获取该石的喜悦之心:“太行西来万马屯,势与岱岳争雄尊。飞狐上党天下脊,半掩落日先黄昏。削成山东二百郡,气压代北三家村。千峰石卷矗牙帐，崩崖凿断开土门。揭来城下作飞石，一炮惊落天骄魂。承平百年烽燧冷，此物僵卧枯榆根。画师争摹雪浪势，天工不见雷斧痕。离堆四面绕江水，坐无蜀士谁与论。老翁儿戏作飞雨，把酒坐看珠跳盆。此身自幻孰非梦，故园山水聊心存。”又如，苏轼在六十高龄之时被贬赴惠州，其中愁苦不言而喻，但他却将置放于盆盂中的一枚小小拳石视为天下九华，一往情深，并作《壶中九华》诗曰：“清溪电转失云峰，梦里犹惊翠扫空。五岭莫愁千嶂外，九华今在一壶中，天池水落层层见，玉女窗明处处通。念我仇池太孤绝，百金归买碧玲珑。”此处所谓“壶中九华”只不过是一块石山，属于文人清供的案头小品之类。诗人不惜重金买回此石，作为其心中的空虚、孤苦的安慰，因而对于内心痛苦，只是轻轻用“莫愁”二字带过。可见诗人是借一块小小石头在记述自己南迁途中的感情经历。

（三）陆游

江苏昆山玉峰山出产昆石，已有一千多年历史。昆石洁白无瑕，峰峦窍空，漏、透、瘦、皱皆备，极具观赏性，因产出少而甚是珍稀，早在宋代便十分名贵，为四大名石之一。陆游老师南宋诗人曾几痴迷怪石，别处的石头他基本都拥有了，唯独难求昆山石，因而写下《寄昆山李宰觅石》（又称《乞昆山石》）一诗：“昆山定飞来，美玉山所有。山祇用功深，剜划岁时久。峥嵘出峰峦，空洞闭户牖。几书烦置邮，一片未入手。即今制锦人，在昔伐木友。尝蒙委绣段，尚阙报琼玖。奈何不厚颜，尤物更乞取。但怀相知心，岂惮一开口。指挥为幽寻，包裹付下走。散帙列岫窗，摩挲慰衰朽。”从中可见曾几对玲珑奇巧的昆石的痴迷，以及未能获石的遗憾心情。而陆游的一首《题昆山石》：“雁山菖蒲昆山石，陈叟持来慰幽寂。寸根蹙密九节瘦，一拳突兀千金值。”是指朋友陈叟送来一昆山石与菖蒲相配做的盆景聊以寂寞，而一拳大小的昆山石竟然就可值千金。

（四）杨万里

英石与灵璧石、太湖石、昆石列为四大传统名石，早在宋朝就列为朝廷贡品，文人雅士亦争相追逐搜集，且相继出现一批赏石、评石、收藏等方面的文章和诗词。因为英石的产地都是贫瘠的石灰岩地区，过去都是穷山恶水的不毛之地，因而南宋杰出爱国诗人，被誉为一代诗宗的杨万里就留下感叹英石的两首绝句。一首是《英石铺道中》：“一路石山春更绿，见骨也无斤许肉。一峰过了一峰来，病眼将迎看不足。先生尽日行石间，恰如蚁子缘假山。穿云渡水千万曲，此身元不离岩峦。莫嫌宿处破茅屋，四方八面森冰玉。孤峰高绝连峰低，冈者如廪尖如锥。苍然秀色借不得，春风领入玉东西。英州那得许多石，误入天公假山国。”另一首是《小泊英州》："未必阳山天下穷，英州穷到骨中空。郡官见怨无供给，支与浈阳数石峰。"

(五)彭辂

明朝文人彭辂对英石也十分钟爱，并作《英石峰次坡公仇池韵》一诗："补天余深青，得宝凝结绿。一卷奇无穷，十日看不足。谁施斫山手，镂此吞云腹。峰连雁齿排，岫叠鱼鳞蹙。鸿荒几风雨，物色购樵牧。陨星收光芒，缩地括岳渎。千寻瀑布水，三洗玲珑玉。尚疑嵌空间，隐有灵怪伏。冷官闲无事，山县居久卜。缅思牛李辈，大力枉徵逐。更怜花石纲，未觑此岩谷。卧游实天假，探袖得吾欲。盘盂涌仇池，几案环句曲。何烦秦皇驱，且视愚公速。"该诗之句中，"仇池"是指甘肃陇南一座山势玲珑名为秋池的山；"坡公"是指苏东坡；"仇池韵"是指因苏东坡曾得到过一块似仇池山的奇石非常珍惜，并专门写了一首诗《仇池石》，因而彭辂自述自己步苏东坡《仇池石》原韵而就一块英石专作该诗。该诗意思是：女娲补天剩下此深青色石头，它得天地灵宝之气又凝结成绿色。像一卷奇幻无穷宝书，连看十日看不够。是谁施展开山劈石的圣手，在上面镂刻出似吞云吐雾的孔穴。石上连绵山峰像雁齿排列，孔穴又像皱缩起的鱼鳞。不知它在荒野间经受几多风雨，我多方物色才从放牧打柴人手中购得。它似陨石收敛起光芒，缩地成寸却包含山岳江河，我用千寻高的瀑布水再三冲洗它，仍觉得里面别有洞天，似有些灵怪隐藏其间。我这个被冷落的闲官无事可做，估计还要久居此山野小县。遥想当年牛李之辈，他们争逐奇石全是枉然，更可怜当年搜集花石纲的人，没看到这块奇石。你我在此欣赏到这块奇石实在是上天恩赐，垂手之间便达到我愿望。将此石放置在盘盂中，在几案上弯曲回环意趣无穷。何必劳烦秦始皇驱驾蓬莱仙山，且看我这个愚公怎样速得这座仙山。是否今人读来，仍觉得十分生动有趣?!

(六)朱彝尊

清代词人、学者、藏书家朱彝尊为"浙西词派"的创始人，博通经史，精于金石文史，其《岭外归舟杂诗》曰："曲江门外趁新墟，采石英州画不如。罗得六峰怀袖里，携归好伴玉蟾蜍。"显然，这首是典型的吟咏象形石的诗，诗句之间说的是朱彝尊自己获得一块可置袖中的山子状小奇石，带回来与他的另一只石蛙相伴的趣事。

(七)蒲松龄

清代著名的小说家、文学家，《聊斋志异》的作者蒲松龄亦以石为友，钟情奇石，一生创作了40余首赏石诗稿，他的《石隐园》诗云："老藤绕屋龙蛇出，怪石当道虎豹眠，我以蛙鸣兼鱼跃，俨然鼓吹小山边。"他还为最喜爱的"凤翔""双鹰""太仆""垂云""九象""魁星"等被称为"十友"的10方奇石撰诗。其中有一方至今仍置于蒲翁故居的"海岳石"（灵璧石）被他作《题石》诗赞道："遥望此石惊怪之，插青挺秀最离奇。不知何处曾相见，涧壑群言似武夷。"

二、借山石抒发意志情怀的诗文

（一）欧阳修

北宋大文豪欧阳修早年贬守滁州时，在菱溪得一嶙峋奇石，如获至宝。他不但将石置于佳处洗以清泉，并明坐石旁与朋友抚赏吟和，还特作长诗《菱溪大石》如下："新霜夜落秋水浅，有石露出寒溪垠。苔昏土蚀禽鸟啄，出没溪水秋复春。溪边老翁生长见，疑我来视何殷勤。爱之远徙向幽谷，曳以三犊载两轮。行穿城中罢市看，但惊可怪谁复珍。荒烟野草埋没久，洗以石窦清泠泉。朱栏绿竹相掩映，选致佳处当南轩。南轩旁列千万峰，曾未有此奇嶙峋。乃知异物世所少，万金争买传几人。山河百战变陵谷，何为落彼荒溪濆。山经地志不可究，遂令异说争纷纭。皆云女娲初锻链，融结一气凝精纯。仰视苍苍补其缺，染此绀碧莹且温。或疑古者燧人氏，钻以出火为炮燔。苟非神圣亲手迹，不尔孔窍谁雕剜。又云汉使把汉节，西北万里穷昆仑。行经于阗得宝玉，流入中国随河源。沙磨水激自穿穴，所以镌凿无瑕痕。嗟予有口莫能辩，叹息但以两手扪。卢仝韩愈不在世，弹压百怪无雄文。争奇斗异各取胜，遂至荒诞无根原。天高地厚靡不有，丑好万状奚足论。惟当扫雪席其侧，日与嘉客陈清樽。"诗人感叹此大石空怀高才美质，长埋于荒烟野草之中，没有几人能欣赏和珍惜，于是对一块嶙峋奇石竟然能洋洋洒洒、流畅爽利地写下如此长篇的赞美诗句，不仅描述了自己痴迷于石头，将自己的思想感情、审美情趣全部融入石头之中的情怀，也是对自己磊落胸襟和高风峻骨的写照。

（二）陆游

南宋诗人陆游一生爱石，被后人尊称为石痴，晚年曾在《闲居自述》一诗中精辟描述自己新居的状态："自许山翁懒是真，纷纷外物岂关身。花如解语还多事，石不能言最可人。净扫明窗凭素几，间穿密竹岸乌巾。残年自有青天管，便是无锥也未贫。"其中"石不能言最可人"一句，表达出对石头的最深感悟，即石虽是静态的，它的精神品德、文化内涵无法用言语完整表达，但人们静心意会则更能感受石头的美妙，故而此句成为咏石的千古名言。

(三)辛弃疾

南宋将领、词人辛弃疾的《咏石》诗:“巨石亭亭缺啮多,悬知千古也消磨。人间正觅擎天柱,无奈风吹雨打何!”从中可以体会诗人借石抒发自己心忧国家安危却怀才不遇的心境。

(四)于谦

明代名臣于谦有着忠诚无私的人格与济世为民的抱负,年轻时就以一首《石灰吟》言明心志:“千锤万凿出深山,烈火焚烧若等闲。粉身碎骨浑不怕,要留清白在人间。”以石灰石比喻自己坚毅高洁的人格内蕴。

(五)石涛

清代画家、中国画一代宗师石涛是明宗室靖江王赞仪之十世孙,本姓朱,明朝灭亡时其父被捉杀,自己被迫逃亡削发为僧,终生画画为生,曾题画四首诗,皆与石有关。“云霄回鹤梦,泉石伴人间。不识乾坤老,青青天外山。”“盘礴万古心,块石入危坐。青天一明月,孤唱谁能和。”“水影山谷洗,云林翠绦疏。抚琴坐苔石,试问兴如何。”“空钓石不染,乱竹点青天。茅屋无人到,云生谷口田。”诗句中充满矛盾与凄苦,反映出石涛内心国破家亡之痛楚。

(六)郑板桥

被誉为清代“扬州八怪”之一的郑板桥常以石之高风峻骨寄托自己耿直的个性,他在自己画的一幅《石峰》图中题诗道:“谁与荒斋伴寂寥,一枝柱石上云霄。挺然直是陶元亮,五斗何须折我腰。”借冲天石柱的势态气韵,比喻自己如陶渊明一样不为五斗米折腰的刚直精神。

(七)沈钧儒

沈钧儒先生一生酷爱石头,并将其书斋命名为“与石居”,对此他还赋诗《与石居》曰:“吾生尤爱石,谓是取其坚,掇拾满吾居,安然伴石眠。至小莫能破,至刚塞天渊,深识无苟同,涉迹渐戋戋。”以石头的坚固来砥砺自己的革命操守,表达自己坚定的革命精神。

三、以山石景象比喻精神情感的诗文

有道是“水无石不秀”,故古人在游历山川、吟咏清泉溪流时,必然将石与之相联系。例如,唐朝诗人王维《山居秋暝》:“空山新雨后,天气晚来秋,明月松间照,清泉石上流。竹喧归浣女,莲动下渔舟。随意春芳歇,王孙自可留。”表面上,诗人描绘了空山雨后的秋凉,松间明月的光照,石上清泉的声音,以及浣女归来竹林中的喧笑声，渔船穿过荷花的动态等景致，实质是诗人通过空山、明月、清泉、溪石、松树、翠竹、青莲等作为理想境界的环境烘托，与自己远离官场而洁身自好做对照，于诗情画意之中寄托着自己高洁的情怀和对理想境界的追求。唐朝另一杰出诗人、散文家杜牧《题新定八松院小石》诗曰："雨滴珠玑碎，苔生紫翠重。故关何日到，且看小三峰。"北宋苏轼的《腊日游孤山访惠勤惠思二僧》诗曰："水清石出鱼可数，林深无人鸟相呼。"南宋杨万里在其《过浈阳峡》中有："清远虽佳未足观，浈阳佳绝冠南峦。一泉岭背悬崖出，乱洒江边怪石间。夹岸对排双玉笋，此峰外面万青山。险艰去处多奇景，自古何人爱险艰。"

此外，赋予石头以各种人文性的解释、想象和比喻是中华石文化的最主要特色。例如，仅各地产生的古老而凄美的"望夫石"民间传说，便引得无数诗人留下一首首歌颂坚贞爱情的动人诗句。唐朝伟大的浪漫主义诗人李白的《望夫石》云："髣髴古容仪，含愁带曙辉。露如今日泪，苔似昔年衣。有恨同湘女，无言类楚妃。寂然芳霭内，犹若待夫归。"唐朝诗人王建写《望夫石》云："望夫处，江悠悠。化为石，不回头。上头日日风复雨，行人归来石应语。"唐朝文学家、哲学家刘禹锡的《望夫石》："终日望夫夫不归，化为孤石苦相思。望来已是几千载，只似当时初望时。"北宋著名的思想家、政治家、文学家、改革家王安石的《望夫石》："云鬟烟鬓与谁期，一去天边更不归。还似九疑山下女，千秋长望舜裳衣。"这些诗句无不反映出诗人们对望夫女的无尽同情与赞颂。[①]

拓展学习 ▶

1. 从古人对太湖石与英石的描绘看，这两种石头有什么异同？
2. 古人还留下了哪些咏石诗词？

① 孙董霞：《望夫石意象的诗性诠释》，《现代妇女》2010年第7期，第38—40页。

第三节　绘石为友:中国书画与石文化

一、中国书画概述

(一)书画同源

中国书法,是以汉字为基础,用毛笔书写的、具有四维特征的抽象符号艺术,它的形成、发展与汉文字的产生与演进存在着密不可分的连带关系。

中国画,简称“国画”。它是用中国所独有的毛笔、水墨和颜料,依照长期形成的表现形式及艺术法则而创作出的一种绘画形式和体系。

由于中国书法、中国画创作所采用的工具与材料具有一致性,故唐朝绘画理论家张彦远所著的中国第一部绘画通史著作《历代名画记》中谈论古文字、图画的起源时说“是时也,书、画同体而未分,象制肇创而犹略,无以传其意,故有书,无以见其形,故有画”,即所谓“书画同源”。

(二)中国画的分类

中国画按所画题材不同分为:人物画、山水画、花鸟画等。人物画所表现的是人类社会人与人的关系;山水画将人与自然融为一体,所表现的是人与自然的关系;花鸟画则是表现大自然的各种生命与人和谐相处。中国画之所以分为人物、山水、花鸟这几大类,其实是有艺术升华的哲学思考,三者构成了宇宙的整体,相得益彰,是艺术之为艺术的真谛所在。但无论是山水画、人物画、花鸟画,其选题、笔墨、结构、意境都遵循一个“高、大、上”原则,“高”是高洁、高尚,“大”是大气、正气,“上”是至尊、至雅。如山水画中“搜尽奇峰打草稿”,以“奇”“峻”“伟”“雄”等为美;又如花鸟画中最传统的题材“梅、兰、竹、菊”被人称为“四君子”,分别代表了傲、幽、坚、淡的品质,成为中国人感物喻志的文化象征。

此外,中国画按作画之人身份不同分为文人画、宫廷画、院体画、民间画;按使用材料和表现方法不同又分为水墨画、重彩画、浅绛画、工笔画、写意画、白描等。

(三)中国画的特色

中国画由诗、书、画、印几个元素组成。“诗”“书”就是题款,内容包括诗词、跋、年月日、姓名等。但“诗”并非一定要在画面上题上诗句,“书”也不一定要在画面上写上书法,而是指画面造景要有诗意,要崇高,美妙动人。“画”是画面形体,物景造型要求有书法的笔意,要求变化无穷又恰到好处、浑然天成,要求在似与不似之间;“印”也非独立于落款,而是在于均衡画面,起补白、添彩的作用,故“印”的大小、形状、刀刻风范须同画家气质、画面风貌吻合天成。印章包括姓名、堂名、斋号、闲章等。通过画上这些题款和印章,可以了解作者、作品的内涵、创作时间和地点。

中国画不苛求于绘画的造型,而更讲求通过笔墨变化对绘画造型进行一种合理把握,追求“天人合一”,其题材、笔墨、结构、意境,无不承载着中华民族社会意识形态和审美理念。可以说,中国画不是一门纯粹的绘画艺术,它不以描绘物象本身为第一目的,更多的是要通过描述物象的笔墨表达一种社会理念、智慧思考、道德伦理以及对世界的认知和把握。故一幅中国画可以体现出书法、绘画、文学、哲学、伦理学以及自然、社会等多方面的综合功力。

二、文人画

(一)何谓文人画

文人画,亦称“士夫画”,是中国绘画史上的专有名词,泛指由文人雅士和士大夫等知书能文之人所作之画。

文人画的鼻祖为唐朝诗人书画家王维。从唐宋到明清,文人画成为中国美术史上的一个重要的文化现象。在传统绘画里,文人画以其特有的“文”与“雅”独树一帜,与民间画工和宫廷画院职业画家的绘画相区别,独树一帜。特别是宋朝的宫廷画影响力衰弱之后,明清文人画占据了画坛的绝对统治地位。

何谓文人画之“文”与“雅”?郑板桥解释文人画是“不在画里考究艺术上功夫,必须在画外看出许多文人之感想”。近代陈衡恪则指出“文人画有四个要素:人品、学问、才情和思想。具此四者,乃能完善”。而文人画的形成和发展,与中国封建社会中在多种因素条件下形成的文人雅士和士大夫群体及其文化密切相关。

(二)文人画之特征

古往今来,文人画的特征主要表现为:

第一,画者学养深厚。文人画往往是由胸中垒起万卷诗书,心怀人文情愫和创造性激情,追求独立人格与独立价值,心系社会责任感和历史使命感的人,根据自己的审美情趣与价值观念自由创作的,画中体现的不仅是描绘的物象,更多的是画家思想理念的本身。

第二，画风格调高雅。由于文人士大夫追求人生心灵的高尚，标榜“士气”“逸品”，排斥功名利禄，讲求笔墨情趣，脱略形似，强调神韵，重视文学、书法修养和画中意境的缔造，因而他们画出来的画集文学、书法、绘画以及篆刻艺术为一体，文化之气十足，充满文学性、哲理性、抒情性。

第三，画意充满情趣。文人画讲求“以思入画、以心入画、以情入画、以理入画、以趣入画、以意入画、以文入画、以诗入画、以书入画，以情造文，笔墨简约，笔不妄下”；故总是画中有诗，诗中有画，诗、书、画、印珠联璧合，每一处既流露出书画者强烈的主观意识，又无不体现其特有的灵性和匠心独运，令人玩味无穷。

第四，画题隐喻深刻。文人画题材虽然涵盖山水、人物、花鸟，但题材多为梅、兰、竹、菊、山水、高士、渔翁之类，所画内容往往隐喻个人理想抱负、志向情操、艺术观念和审美标准。例如，画中的“梅”冲寒斗雪，玉骨冰肌，孤高自赏，是为高洁志士；“兰”空谷幽放，孤芳自赏，洁身自好，是为世上贤达；“竹”虚心劲节，高风亮节，清雅淡泊，是为谦谦君子；“菊”凌霜飘逸，特立独行，不趋炎势，是为世外隐士。画中的湖光山色、茂林修竹、流水飞瀑、栈道盘曲，或空灵，或幽深，或平淡，是理想、自由、令人神往之桃源仙境。山村水廓、渔舟亭台中的高士、渔翁、樵夫不问世事，淡泊名利，是文人自身清高文雅的化身；高士们纵情山水，飘逸若仙，则是文人厌世和逃世心理的流露。

三、山水画中表现的石文化

（一）山水画的形成与发展

中国山水画是以山川自然景观为主要描写对象的中国画中特有的三大画科之一，不仅表现了丰富多彩的自然风光，还体现了文人雅士对自然山水的审美感知，是中国传统文人情思中最为厚重的沉淀。

以描写自然山川景色为主体的山水画，有着源远流长的历史。山水画的形成和确立，源至魏晋南北朝时期。当时中国社会已形成了隐士阶层，隐士们厌烦世事纷繁，追求“回归自然”，深入山水聊逸谴兴，又通过游山玩水、赏月玩石达到咫尺天涯的视觉意识，因而通过描绘自然山水以达到其所追求的“畅神”“澄怀观道”“天人合一”的精神境界。但当时山水画附属于人物画，多作为画面的背景，以晋代顾恺之创作的《庐山图》为标志，中国山水画开始形成和确立，并成为“山水文化”重要的、独特的表现形式。隋唐以后，还出现了展子虔的设色山水，李思训的金碧山水，王维的水墨山水，王洽的泼墨山水等多种山水画艺术表现手法。五代、北宋山水画发展更加盛行,如荆浩、米芾、米友仁的水墨山水,王希孟、赵伯驹的青绿山水,达到山水画的高峰,从此成为中国画领域的一大画科,山水画法达到了几乎完美的境界。元代山水画趋向写意,以虚代实,侧重笔墨神韵,开创新风。明清及近代更加发展,董其昌及清初"四王"为山水画走向绘画理论及绘画手法的程式化完备做出了重大贡献。其后在20世纪,中国传统山水画在西方绘画的冲击下,发生了新的变革,代表画家主要有李可染、傅抱石等。

(二)山水画中山石的艺术表现方式

可以说,中国山水画就是为描绘自然精华、天地灵秀而产生的艺术形式,它以山、水、石、树、房、屋、楼台、舟车、桥梁、风、雨、阴、晴,雪、日、月、云、雾及春、夏、秋、冬气候等为作画对象,四季、阴阳、晦暝、晴雨、寒暑、朝昏、昼夜在画中往往能够表现出无穷的妙趣。山水画从画法上可以分为大写意、小写意以及工笔画;从颜色上可分为:青绿山水(金碧山水)、水墨山水(墨笔山水)、浅绛山水(淡着色山水)、小青绿山水等。山石是任何一幅山水画中都必有的要素,甚至于一幅山水画作品的好坏在很大程度上都是取决于山石的表现是否成功。山水画中的"山",在画中的外形可分为丘、壑、峰、峦、岗、岭、巅等,是整个画面的重心、气势所在。在传统画法中,画山石的技法很多,根据画家的个性和风格,形成了不同山水画流派。山石的基本表现方法主要有勾、皴、擦、点、染五大类技法。历朝历代以来具有代表性的山水画都具有不同的山石艺术效果,或空灵中危峰兀立、孤傲峥嵘,或高远中雄健逼人、气势非凡,或幽深中千岩万壑、层峦叠嶂,或平淡中山重水复、山丘连绵……不仅反映出画家各自独特的艺术风格,而且也反映出当时的社会背景和画家自身的精神思想对山石表现的影响。

四、花鸟画中表现的石文化

(一)花鸟画的形成与发展

花鸟画是主要以花鸟(包括花草、蔬果、翎毛、草虫、禽兽等类)为描绘对象的中国画中三大画科之一。根据技法不同分为工笔花鸟画和写意花鸟画(又可分为大写意花鸟画和小写意花鸟画);根据使用水墨色彩上的差异,分为水墨花鸟画、泼墨花鸟画、设色花鸟画、白描花鸟画与没骨花鸟画。

花鸟画自唐、五代形成,到宋代工笔花鸟画发展成熟并达到至臻完美的境界。北宋中期开始,一股水墨写意而以枯木、竹石、梅兰等为题材的文人画兴起,文人士大夫成为花鸟画创作主体,写意花鸟画开始兴盛。明清以后的花鸟画创作随着文人画的兴起,更加强调花鸟画笔墨的娱乐性、随意性。

(二)花鸟画中石文化的艺术表现

在中国画的创作中,石头是不可或缺的题材。石头以它朴实、坚定、禅意与力量并存的独特魅力,深受历代画家的喜爱。而且石头没有固定的形状,就像苏东坡所说的“山石竹木,虽无常形而有常理”,所以石头创作表现起来相对比较自由,最有利于表现画家的笔墨和意境。花鸟画中的石头,是对近景物象的描绘,与山水画还是大不相同的。在山水画中,山石是重要的主体结构之一,而画花鸟画中的石头与花鸟的关系犹如红花和绿叶一样,可谓互相依存,相辅相成,相得益彰。山水画和花鸟画是两个不同的画种,画石头的方法也就千差万别,有着各自的艺术手法。

由于“玩石”是文人雅士们的大嗜好,他们寄情于石,甚至把石头当成生命主体的一部分,达到迷恋程度。而石头造型的无确定性,又符合文人画家“戏墨”心理,以及寄乐于画,追求灵感,重神韵的笔墨表达需求,创作不会有受到造型制约的担忧,可以全身心地投入笔墨意趣的表达,实现与文人的玩石重视言表于志等同的艺术追求。此外,花与鸟是有确定形态的造型,需要用理性的笔墨形态表现,要达到超以象外、得其环中、迁想妙得的艺术境界,石头是最佳的配景,因为其无具体标准可以脱形而意形,由此石头成了文人画家直抒胸臆、气质表达的载体,愈来愈受到重视,从补景位置上升到重要的具有独立审美特征的花鸟画主体,在画面上占的分量越来越重,甚至于以单独的形式出现于花鸟画中,显示了石头在花鸟画中艺术表现中的重要性。如苏东坡的《枯木怪石图》中的石头,用书法之笔法勾勒,笔法沉稳、含蓄,透出一股静妙之气,是其即兴而成的逸品。

明清以后的花鸟画创作中,石头的表现更加超然奇特,笔法变化、造型也千姿百态,如明代晚期杰出的文学艺术家徐渭作品中的石头,多以淋漓的水墨来表达,形态千疮百孔,造型奇特,是“纯精神”的再现,令人望而生叹。明末清初中国画一代宗师——八大山人朱耷的作品中石头多为虚实、浓淡交错的一团墨块,用笔轻松、飘逸,不同凡响,他的《松石图》《猫石图》《怪石双禽》等作品,都是以怪石作为整个画面中心,此时花鸟成了石头的补缀。由此,石头从作品表现的次要位置上升到主要位置,具有了独立审美特性的主体,成为画家借此表达对人生的感叹与不屈性格的写照。清朝郑板桥爱石而画石,他爱石之体静、有骨、有德,将石比作君子、雅朋,因而常画石明心。他喜欢用兰、竹与石一起题诗作画,并说“非唯我爱竹石,即竹石亦爱我也”,以挺而坚的石头、高洁的幽兰作为自己清高人品写照。他所画的兰、竹、石,不囿于古人成法,师古又不完全摹古,从而形成自己的画石风格。他自称:“燮画此石,丑石也,丑而雄,丑而秀。”他画石还一反传统写石点苔的常规而极少点苔，原因是他既然将石比作君子友人，所以不忍使其受墨点之污，由此形成自己的画石风格。近现代的花鸟画家们更注重石头在画面中的表现。例如，齐白石先生笔下石头既有古典笔墨意趣又具现代审美的韵味意识，其所绘《中流砥柱》中以高耸的石头表达生命的旺盛；而潘天寿先生笔下的石头，多以沉静稳健的形式出现，用笔中锋，以力透纸背的线条勾勒，辅以浓淡墨块，圆点排列，形式感强，石头在其中体现出静穆、崇高、博大之美，又为作品的章法起到重要作用，具有极大的艺术感染力。总之，花鸟画中的石头，不仅是抒发情感的水墨符号，更是画家高深的悟性和学识修养的体现，并具有一定的美学意义，是中华石文化的重要组成部分。①

五、中国画中山石的主要画法

(一)山石的笔墨表现手法

石是山的局部，画石就是画山的局部。中国画中有所谓“石分三面”之说，就是要表现出山石的凹凸、阴阳，画出石块的立体感。为求石头的阴阳向背形式感，可分三面、两面、一面，上白下黑，上疏下密，疏白为阳，黑密为阴。根据画面需要可大可小，可高可低，可纵可横，可直可斜，可方可圆，可繁可简。毛笔中、侧锋互用，讲求笔墨灵活多变，浓淡干湿，勾皴点擦，虚实松紧，做到一气呵成，浑然一体。

勾、皴、擦、染、点是表现石头的基本手法，这是历代画家从实践中总结的经验，是传统中国画技法的精髓。对我国山水画、花鸟画的发展起到了非常重要的作用。

(二)画山石的步骤

画石的步骤，大致可分成勾、皴(擦)、染、点，或再增加“提”的程序。“勾”是用笔的中峰或侧峰画石块的轮廓，确定其形状，勾的线条可依石的特征灵活运用。“皴”是依山石的纹理以各种线条(或点)画出石头的质感或立体感，也可酌情用偏锋(笔腹)干笔“擦”以加强其凹凸或质感。“皴”的方法很多，有披麻皴、斧劈皴、解索皴、折带皴、荷叶皴、乱柴皴等，其中最主要、最常用的就是斧劈皴和披麻皴。“染”是以淡墨大笔湿画石之暗面，待淡墨干后再做第二次、第三次的渲染，直到感觉满意为止。“点”是用浓墨或焦墨加苔点，若墨色的浓度够了就算完成，若嫌不足，可用浓墨或焦墨依原有的勾、皴再“提”一次，提的线条并非依样重

① 梁丹雯：《中国花鸟画中的“石头”情结》，《美术报》2012年3月10日第20版。

描,而要有所区别,先以较淡的墨勾或皴,后以浓墨提,使之提后较为浑厚,富有变化。

(三)山石的具体画法

中国画中石头主要画法就是勾、皴(擦)、染、点配合使用。

勾皴法画石:这是斧劈皴中一种比较概括、明快的方法,发挥线条的张力和审美趣味,虚实相生,顿挫转折,中侧聚散,顺逆拖拉,随形就势。皴擦为石之纹理,增强石头的立体感,边勾边皴,外形线实,内皴线虚,气韵贯通,生动活化。

勾填法画石:斧劈皴中另一种画法是勾好石头后填加色墨,以丰富石头的表现形态。因为石分三面,填色墨须要区分出石头的立体效果。

泼墨法画石:这是写意山水画法,即用色墨泼出石形,墨色浑化生动,但注重用笔,笔是筋骨,墨是肌肤,笔得形似,墨得神韵。巧妙用水,使之浓淡相宜,干湿得当,浓不凝滞,淡不浮薄,妙留空白,以体现石头苍润之气。

破墨法画石:这是写意山水画法,即色墨泼后,趁湿用干重墨破。可勾,可皴,可擦,可点,笔墨变化莫测,趣味无穷;可一次破,也可多次破,目的是为了达到最好画面效果。

石上点苔:自然界中的石头上多生长苔点,变化丰富。中国画中山石点苔时,可用各种笔法去点,形态各异,攒三聚五,若即若离,含蓄而且生动。点苔有时具有传神点睛之妙,可点于败笔之处以遮丑破败,笔弱乏力之处以强笔助势,破除呆滞之感以增加活力。

六、中国书画中的印章艺术

(一)中国书画中印章的重要作用

印章是中国书法及中国画艺术中特有的表现样式,中国书画讲究印章艺术,印章是画面的有机组成部分,在中国画中起着均衡画面构图,丰富画面效果的功能。一幅完整的中国画,除了题跋之外,还要钤印,起到画龙点睛的作用。

就印章而言,可分阳文(朱纹)印章和阴文(白纹)印章两类。就印章在画面上的位置而论,又有引首印、具名印和压角印之分。在一处连盖两印或两印以上者,一般上边的印略大,下边的印略小,上边是阳文,下边是阴文。

(二)印章在中国书画中的使用

中国书画常见印章有:画家的私印、题字者私印、闲章、收藏印章、欣赏印章、鉴证印章等。

钤印，即盖印章，是完成一幅中国书画的最后一道工序。我国传统习惯常用钤盖印章来表示明守信约与郑重负责。画上钤印，除了表示这一件作品为某人所作的标志以外，还具有审美价值。在白底的纸书上，黑色的画迹中，盖上一方红色的精美印章，能够使画面相映生辉。所以中国画家常拥有各种印章。让它们在画面上产生不同的艺术效果。书画作者大多根据自己的追求、作品出处、内容、品位等选钤印章，如“江山多娇”“清雅斋”“幽谷居士”等印文的印章。因而，一些著名书画家往往刻制、收藏许多印章，例如齐白石先生常自称“三百石富翁”，就是指他拥有许多枚石头印章。

七、中国书画使用的矿石颜料

(一)中国书画颜料的种类

传统的中国书画颜料依其制色原料，一般分成矿物颜料、植物颜料、金属颜料、动物颜料、人工颜料五大类。矿物性颜料从矿石中研磨而成，色彩厚重，覆盖性强，不易褪色。远古时的人们很早就知道使用有色的土和矿石，在岩壁上作画和涂抹身体，这些有着鲜艳色泽的颜料便是矿物颜料。

(二)中国书画常用的矿石颜料

1. 石绿

石绿由孔雀石研制而成。石绿根据细度可分为头绿、二绿、三绿、四绿等，头绿最粗最绿，依次渐细渐淡，制作石绿以干研为主，研到极细时方可加胶。

2. 石青

石青来源于蓝铜矿，我国蓝铜矿主要产于广东阳春，其色相深，硬度小，容易粉碎。石青颗粒从粗到细分为头青、二青、三青、四青、五青。

3. 朱砂

朱砂成分是硫化汞，呈现朱红色，硬度较低，颗粒粗的呈现灰暗色，颗粒细的呈现非常鲜艳的色彩。按照粗细分为头朱、二朱、三朱。

4. 朱膘

朱膘是制作朱砂时经过澄、漂，浮在最上面的一层物质，比朱砂黄，比黄丹更红的就叫作朱膘，质地极其细腻，色泽鲜亮夺目。

5. 赭石

赭石来源于赤铁矿，化学成分主要为氧化铁，含有一定的黏土成分，色相因为产地的不同分为赭黄、赭红、棕红、棕褐等。

6. 云母

天然云母是一种造岩矿物,呈现六方形的片状晶形,主要有四种,白云母(银云母)、绿云母(灰绿色)、金云母(黄金色)、黑云母(深灰色)。

拓展学习

1. 观赏黄公望的《富春山居图》,体会其中对江南山水的描绘。

2. 观赏八大山人所画的《鱼石图》,体会其中的诗、书、画、印艺术。

3. 观赏郑板桥所画的《柱石图》《顽石图》《奇石图》和《竹石图》,体会其中的诗、书、画、印艺术。

第四节　拳石雅玩:文房中的石文化

一、墨香雅韵自文房

文人的咫尺书房是仰俯天地、陶冶性情的心灵家园，故文人们向来是以物映心,对文房之用器及摆设最为讲究,容不得丝毫大意。山石,既是文房不可少的陈设,也是文人精神的重要载体。因而,石文化与中国传统文房文化之间是源与流的关系。

(一)什么是文房

文房就是古代人们对专门用于从事读书、书写和绘画等活动的书房之雅称。

"文房"之词,起于我国历史上南北朝时期,当时专指国家典掌文翰的地方。隋代史学家姚思廉所著史书《梁书·江革传》中有云:"此段雍府妙选英才,文房之职,总卿昆季,可谓驭二龙于长途,骋骐骥于千里。"这里的"文房",类似今天的档案馆。到唐代时,"文房"逐渐演绎为文人的书房。唐代杰出的诗人、散文家杜牧在《奉和门下相公送西川相公兼领相印出镇全蜀诗》中吟道:"彤弓随武库,金印逐文房。"此处的"文房",已经是指文人的书斋。至南唐,"文房"成为文人书房的专用词,例如,南唐后主李煜雅好文学,收藏甚富,所藏书画均押以"建业文房之印"。[①]

(二)文房的功能

自古以来,文房不仅是文人们读书、吟诗、书写作画的地方,也是他们逃避世事纷扰,悠然自得的心灵栖息地,最能代表文人们"达则兼济天下,穷则独善其身"的精神境界。

早在春秋时期,诸子百家大兴私人讲学之风,白天讲课的课堂,晚上就成了读书的地方,这应该是书斋的雏形。据考证,在汉代文房可能就已出现,当时王室贵胄之家,专门设置一处备有低矮的床榻、几案,以及笔、笔筒、墨、研、研石、书刀、空白木牍的器物组合。唐代是书斋发展成熟的时期,成都的杜甫"草堂",就是典型的文人书斋。到了宋代,文人逐渐追求适合自己身份属性的生活方式,乃

---

① 李强:《古代文房清韵赏玩》,湖南美术出版社2008年版。

至追求闲情逸致的生活情调,而文房往往寄托出他们自身的人格涵养和精神气质。明清时期,文房不仅是生活化的空间,还具有了浓厚的艺术气质;文房内的家具和器物陈设,成为体现主人的生活品位和审美意趣的重要表征。同时,作为一种情感的寄予,文人们往往不忘给自己的书房命名,以表明志向,寄托情怀,自勉生命中的一些隐逸的思想情趣与向往,比如南宋诗人陆游的"老学庵",明朝著名文学家张溥的"七录斋",清代诗人舒位的"瓶水斋"等。

(三)文房的环境要求

古代文人深受儒释道思想影响,其理想生活情调和精神境界是臻于"闲、静、幽、雅、逸"之意境,追求离尘脱俗,雅致高远,其文化模式就是以寻访清雅为主。明代文学家、戏曲家高濂在《遵生八笺·起居安乐笺》中较全面地表现了古代文人们对居住环境的各种要求,例如"市声不入耳,俗轨不至门。客至共坐,青山当户,流水在左,辄谈世事,便当以大白浮之",宅门内"门内有径,径欲曲;径转有屏,屏欲小;屏进有阶,阶欲平;阶畔有花,花欲鲜;花外有墙,墙欲低;墙内有松,松欲古;松底有石,石欲怪;石后有亭,亭欲朴;亭后有竹,竹欲疏;竹尽有室,室欲幽"。由此可见在翰墨丹青、写诗绘画之时,中国古代文人十分讲究情趣与环境。

首先,文房外的环境要"天人合一"。受"小隐隐于野,中隐隐于市,大隐隐于朝"的道家思想影响,古人一般将文房设于松竹山野之间,如明代戏曲、散曲作家李日华在《紫桃轩杂缀》中描述书斋的理想环境是:"在溪山纡曲处择书屋,结构只三间,上加层楼,以观云物。四旁修竹百竿,以招清风;南面长松一株,可挂明月。老梅寒蹇,低枝入窗,芳草缛苔,周于砌下。东屋置道、释二家之书,西房置儒家典籍。中横几榻之外,杂置法书名绘。朝夕白饭、鱼羹、名酒、精茗。一健丁守关,拒绝俗客往来。"显然,这种文房非一般文人所能拥有。而高濂在《遵生八笺·起居安乐笺》中这样描述书斋外的环境:"窗外四壁,薜萝满墙,中列松桧盆景,或建兰一二,绕砌种以翠芸草令遍,茂则青葱郁然。旁置洗砚池一,更设盆池,近窗处,蓄金鲫五七头,以观天机活泼。"以此在喧嚣世俗的环境中留得一方世外桃源,让心灵净土独善其身,找到一份宁静。明代文学家、书画家陈继儒《小窗幽记》中所描述:"净几明窗,一轴画,一囊琴,一只鹤,一瓯茶,一炉香,一部法帖;小园幽径,几丛花,几群鸟,几区亭,几拳石,几池水,几片闲云。花前无烛,松叶堪燃;石畔欲眠,琴囊可枕。"可见当时文人们的书房内外是多么怡然自在、雅趣盎然。

其次,文房内装饰要求简洁清雅。中国古代文人无不重视书房的设置,讲究书房的高雅别致,营造一种浓郁的文化氛围。明末清初的剧作家李渔在《闲情偶寄》中专门谈到文房的装饰，其中有很多精妙设计之论述，但总体上崇尚的是宜简不宜繁，宜明静不可敞，力求高雅绝俗之趣方可气定神闲。而文房内物件、家具陈设，最能反映以上要求。现在，我们从古代山水人物画中，还能品味到古人文房的清雅之气。例如，明代文震亨撰《长物志》序中有“几榻有度，器具有式，位置有定，贵其精而便，简而裁，巧而自然也”。这是对文人居室陈设的评价，也表达了当时社会的审美观念。

再次，文房陈设简练概括文人的精神内涵。《遵生八笺·起居安乐笺》里对书斋陈设进行了非常细致的描述：“斋中长桌一，古砚一，旧古铜水注一，旧窑笔格一，斑竹笔筒一，旧窑笔洗一，糊斗一，水中丞一，铜石镇纸一。左置榻床一，榻下滚凳一，床头小几一，上置古铜花尊，或哥窑定瓶一，花时则插花盈瓶，以集香气，闲时置蒲石于上，收朝露以清目。或置鼎炉一，用烧印篆清香。冬置暖砚炉上。壁间挂古琴一，中置几一，如吴中云林几式最佳。壁间悬画一，书室中画惟二品，山水为上，花木次，鸟兽人物不与也。上奉乌斯藏佛一，或倭漆龛，或花梨木龛居之。否则用小石盆一，几置炉一，花瓶一，匙箸瓶一，香盒一。壁间当可处悬壁瓶，四时插花，坐列吴兴笋凳六，禅椅一，拂尘，搔背，棕帚各一。竹铁如意一。右列书格一，上置周易备览书，书室中所当置者：画卷各若干轴，用以充架。”从中我们可以了解古代文人士大夫的书斋陈设的大概。

二、文房用品与“文房四宝”

(一)什么是文房用品

“文房”最初专指文人的书斋或书房，因在中国传统的书写、绘画工具中，笔、墨、纸、砚是最基本的工具，从古至今文人墨客的文房中均离不开这“四宝”，故笔、墨、纸、砚有“文房四宝”之说，后人们借用“文房”二字专指文人用于书写、绘画与读书的各种文房用品。例如南宋钱塘人(今浙江杭州)吴自牧介绍南宋都城临安城市风貌的著作《梦粱录》卷三《士人赴殿试唱名》载当时殿试的规定是：“其士人止许带文房及卷子，余皆不许挟带文集。”这里的“文房”，指的就是笔、墨、纸、砚等文人书写一般必备之品。不过，文房四宝产生发展的历史各有不同。北宋南唐归宗的翰林学士苏易简撰写的《文房四谱》一书中，首次将笔、墨、纸、砚作为文房离不开的四件宝贝而做了专项研究，谓之“文房四宝谱”。

(二)“文房四宝”的发展

古代文房用品主要有两大类：一类是供宫廷皇家和文人雅士文房陈设性、观赏性为主的文房用品；另一类是以实用为主体而兼有工艺性、观赏性的文房用品。民间文房用品主要由一般家庭手工艺生产，生产目的是作为商品进行交易，故体现出了更多实用、审美一体的基本要求，反映出质朴、刚健、明快、率真的总体风格。而宫廷及文人雅士所倡导的文房用品大多在官营或私营手工业作坊之中产生，不但要有实用的功能，而且在造型和装饰上还要迎合贵族和文人雅士阶层的欣赏趣味，所以更多地体现出某种观念意蕴和观赏把玩价值，艺术风格更加精雕细刻、矫饰奇巧。

从春秋战国至秦汉时期，文房用品的制作不仅已经达到非常精致的程度，且包涵儒家和道家仁、智、义、礼、乐、忠、信、天、地、德等深刻思想。比如现藏于安徽省博物馆的汉代蟠龙盖三足石砚，盖上两条盘龙龙首相对、龙体盘绕，四周浅刻有奔马、飞鹿、犬、鱼等，无不宣扬统治阶层至高无上的社会地位，体现出雄强古拙、深沉雄大的美学特征。唐代时，文人雅士们竞相追逐石质名砚，进而对不同石砚的使用效果进行了排序，如唐代著名书法家柳公权在《论砚》中写道："蓄砚以青州为第一，绛州次之，后始重端、歙、临洮，及好事者用未央宫铜雀台瓦，然皆不及端，而歙次之。"说明当时文人雅士们对文房中"砚"的优劣十分重视。

至南唐时出现"文房四宝"说，这与南唐后主李煜的个人爱好密不可分。李煜不仅精书法、工绘画、通音律、善诗词，且对我国文房四宝的发展做出杰出贡献。因他任命奚廷珪为墨务官，并赐他李姓，于是有了"李廷珪墨"，这便是徽墨的起源；他又任命李少微为砚务官，用歙州产的石头制作南唐官砚，即歙州龙尾砚，这也是著名的歙砚的发端；他还力推当时徽州地区所产的一种名纸，并建堂藏之，亲自取名曰"澄心堂纸"。后加上安徽宣城诸葛笔，"文房四宝"特指安徽徽州李廷珪墨、澄心堂纸、婺源（原属安徽徽州府，现属于江西）龙尾砚及安徽宣城诸葛笔。

北宋南唐归宗的翰林学士苏易简在其撰写的《文房四谱》一书中分别探讨和记载了笔、墨、砚、纸产生的根源、制造的工艺、流传的故事以及诗词赋文。北宋书法家、政治家蔡襄撰写《文房四说》开篇有云："新作无池研，龙尾石罗纹、金星如玉者，佳。笔，诸葛高、许頔皆奇物。纸，澄心堂有存者，殊绝品也。墨，有李庭珪、承晏，易水张遇亦为独步。四物文房推先，好事者所宜留意散卓，笔心长，特佳耳。"此后湖笔（产于现浙江湖州）、徽墨（产于现安徽歙县）、宣纸（产于现安徽泾县，泾县古属宁国府）、洮砚（产于现甘肃卓尼县）、端砚（产于现广东肇庆，古称端州）、歙砚（产于现安徽歙县）被认为是"文房四宝"中品质最佳者。但当时流行的文房器物远不止这些。

知识链接▶ **湖笔与蒙公祠**

浙江湖州善琏镇是著名的湖笔故乡。相传秦朝大将军蒙恬"用枯木为管,鹿毛为柱,羊毛为被(外衣)"发明了毛笔。后在蒙恬居于湖州善琏期间,改良毛笔,采用兔羊之毫,"纳颖于管",制成后人所称之"湖笔"。这里所谓的"颖"就是指笔头尖端有一段整齐而透明的锋颖,毛笔的优劣全在于"颖"的好坏以及制作工艺,故白居易曾以"千万毛中拣一毫"和"毫虽轻,功甚重"来形容制笔技艺的精细和复杂,又有"毛颖之技甲天下"之说。蒙恬改制湖笔成功后,还将制笔技艺传给善琏百姓,使当地几乎家家生产湖笔。蒙恬去世后,善琏笔工不忘笔祖恩惠,捐银在永欣寺旁建造"蒙公祠"。千百年来,每当蒙恬和笔娘娘生日(相传为农历三月十六日和九月十六日)当地就要举行盛大的纪念活动,一方面膜拜笔祖,一方面企盼笔业兴旺。这一活动成为善琏镇的民间习俗,每年都会举行。

明代早期的文人雅士沿袭宋代美学理念及宋代文人所倡导端庄、简约的文房四宝的鉴赏标准,同时一些新兴的商人阶层与深宫内苑的帝王权贵也争相参与其中,使得那些曾经为文人雅士视为"文房至友"的文房四宝也逐渐因为主人身份的变化而产生了一些微妙变化,在利用文房清供本身造型、质地、色泽的基础上,如何通过人工技艺完美实现雅致的艺术效果,成为一种审美的发展主流,人工装饰渐渐成为一个不可或缺的部分。特别是明代中晚期至清代,由于经济高度繁荣,科举考试之风兴盛,一方面导致市民、文士阶层迅速扩大,书斋中的文房用品需求日益增强,文人雅士积极参与设计或引导文房用品的造型、质材、工艺以及装饰风格;另一方面随着手工业工匠的身份与地位的提高,也极大提高了工匠的艺术创造能力。为迎合文人雅士阶层的欣赏趣味,大量文房四宝的制作显示出了更多的装饰成分,不仅丰富了文房四宝的范围及品位,同时也提升了艺术水平。

(三)古人对"文房四宝"的雅称

古代文人们在使用"文房四宝"之余,受"万物皆有灵性","善待万物"的道家思想影响,将笔、墨、纸、砚视为知己,给它们取了人性化的"四友""四士"的名字,甚至还用大量华美的诗句加以赞美。例如,唐朝著名浪漫主义诗人李白《殷十一赠栗冈砚》吟道:"隐侯三玄士,赠我栗冈砚。洒染中山毫,光映吴门练。"唐代女诗人薛涛曾作诗《四友赞》歌咏砚、笔、墨、纸:"磨润色先生之腹,濡藏锋都尉之头,引书煤而黯黯,入文亩而休休。"唐朝现实主义诗人白居易的《紫毫笔》描述了紫毫笔选用的是老兔毛:"江南石上有老兔,吃竹饮泉生紫毫。宣城工人采为笔,千万毛中选一毫。"唐代翰林学士李肇在《唐国史补》中说:"天下石砚,以端溪紫石砚,论贵贱。"而北宋著名文学家苏东坡的《龙尾砚歌》则是赞美龙尾砚"君看龙尾岂石材,玉德金声寓于石"。北宋书法家黄庭坚一生酷爱名砚,他甚至对龙尾砚石做过调查,并慷慨作歌《砚山行》赞誉歙砚为"不轻不燥禀天然,重实温润如君子。日辉灿灿飞金星,碧云色夺端州紫"。在他看来,歙砚的品质超过了端砚。与黄庭坚、苏东坡同朝为官,亦为诗人的陈师道所作的《古墨行》长诗则赞誉古墨之好是:"秦郎百好俱第一,乌丸如漆姿如石。巧作松身与镜面,借美于外非良质……"南宋文学家、史学家、爱国诗人陆游《闲居无客所与度日笔砚纸墨而已戏作长句》有"水复山重客到稀,文房四士独相依",感谢自己无论到何处都有文房四宝与自己相依相伴。

而且,出于对"文房四宝"品质的赞赏,古代文人们还将它们拟人化,给它们封了官职:笔因笔杆以竹管做成,使用时要饱蘸墨水,故封之为中书君、管城侯、墨曹都统、墨水郡王;墨因多以松烟制成,品质上乘的还要添加香料,故封之为松滋侯、黑松使者、玄香太守;纸性柔韧可随意裁剪,且以洁白者为佳,故封纸为好畤(侍)侯、文馆书史、白州刺史、统领万字军略道中郎将;砚为储墨之器,质地坚硬,故被封为即墨侯、离石侯、铁面尚书、即墨军事长。

三、文房中的清玩雅物

(一)文房清玩

清玩,指供玩赏的精美雅致的物品。文房清玩,也称文房清供,或"文玩",即指搁置于文房中的清雅玩品。由于文房用品是中国古代文人书房、案头所必备的工具,这些用具与文人雅士"长相厮守",不仅满足文人们使用之需要,而且在他们清灯苦读的闲暇中,又可供他们把玩欣赏,进而让他们宁心静思,产生灵感。久而久之这些用品的质地、造型、色彩等都包含了文人雅士们的用心与品味,反映了淡泊清远的人文气质,由此创造出精致、儒雅的书斋文化。

"清玩"一词早在《宋史·艺文志》所载宋高宗《翰墨志》中便有出现:"平居好事者,并壁画,置坐右,以为清玩。"元代史学家、文学家欧阳玄《题山庄所藏东坡〈古木图〉》诗中有:"山庄刘氏富清玩,家有苏公旧挥翰。"清代文学家、藏书家曹寅在《浮石山歌》中亦有："盆池磊砢不常见，乍来几榻供清玩。"那么"清玩"到底是什么呢？近代文学家、思想家鲁迅在《南腔北调集·小品文的危机》中有述："他们所要的，是珠玉扎成的盆景，五彩绘画的瓷瓶。那只是所谓士大夫的'清玩'"，指出那些"珠玉扎成的盆景，五彩绘画的瓷瓶"是所谓士大夫的"清玩"，也就是现在的年轻人大抵已经不知道的"小摆设"，并且还认为这些"小摆设"是供雅人摩挲的，如果青年摩挲了这"小摆设"，就由粗暴而变为风雅了。可见清玩在鲁迅眼中是一种雅人玩赏的风雅之物。如今互联网时代，虽然许多传统文房用品基本失去实用价值，但因其制作精巧和所承载的文人雅趣，仍然具有观赏与把玩性，因而成为名副其实的"清玩"或"小摆设"，被人们争相收藏欣赏。

(二)小器大雅:文房清玩的发展史

1. 文房用品的出现

考古出土文物证实，汉朝时文房实用器物的种类已十分丰富。如 1975 年湖北省江陵凤凰山的汉墓中就发现了笔、笔筒、墨、研、研石、书刀、空白木牍、玉印等；在河南巩义市汉墓中有墨球、石板研、研石、铜书灯、白膏泥书卷等几乎全套的文房遗物。

2. 文房用品的兴起

三国两晋南北朝时期文房清玩逐渐兴盛起来。由于政治、经济、军事、文化和整个意识形态上的转折，生产中心也逐渐由北方移向南方，各种工艺美术逐渐显示了人文造物的倾向，崇尚空虚、清净、平淡的审美风范，多体现了内在人性的特点。例如，这一时期出现一种青瓷制作文房清玩，如蛙形水丞、镇纸、水注等，因小巧雅致，造型丰富，具有温润洁净、"千峰滴翠"的颜色，给当时的文人们以无限的想象，符合文人们解锢于儒道、崇尚自然的审美心理和实用要求，也满足了当时文人们追求平和、自然的心理需要，因而深受这一时期文人雅士喜爱。考古资料显示，1986 年在山东临朐北齐崔芬墓壁画中发现所绘书案上就绘有纸、砚和笔架。1970 年山西大同城南北魏皇宫遗址中出土了一方石雕方形砚，该砚长宽各 12 厘米，砚面以连珠纹和莲花纹做花边，砚心两侧各有一耳杯形水池和方形笔掭，砚面对角有莲座笔插及连珠纹圆形笔掭，不但造型端庄厚重，纹饰绮丽，而且还将水盂、笔插、笔掭等多种文房功能集中为一体，十分别致。

3. 文房清玩的文人化

隋朝是我国科举制度的起源时期，随着科举的兴盛，促进了隋代文人雅士阶层的出现，于是与笔墨情趣不可分离的文房用器大量出现。至唐代，一些仕途无望的文人墨客退隐山林或闲居都市,开始寻求自己的精神家园,遣兴于笔墨文章成为多数文人一生的心灵寄托。如此,“文房”成为文人书房的专用词,文人雅士们围绕书房、书案衍生出了众多与笔墨情趣不可分离的文房清玩,并在文人的生活中占有十分重要的位置。

4. 文房清玩艺术形成

宋朝的文玩清玩十分流行,不仅门类丰富,用途广泛,而且制作材料非常讲究。这些文房器物,在拓展它们实用价值的同时,也提升了自身价值,并开了文房清玩收藏先河。例如,在北宋后期书法家李昭玘的《乐静集》,南宋著名政治家、文学家周必大的《玉堂杂记》中,分别记载着用玉、石、檀香等材质制作的压尺等。南宋龙大渊在《古玉图谱》中记载了宋高宗时期皇宫中所藏玉器及文房清玩。而第一个将文房清玩整理出书的是南宋的赵希鹄所著《洞天清禄集》一卷共十章,列入古琴、古砚、古钟鼎彝器、怪石、砚屏、笔格、水滴、古翰墨笔迹、古画等十项文房用品,并对辨析鉴别古代笔墨纸砚,翰墨真迹的方法加以明确,被鉴赏家奉为指南。南宋文学家岳珂在《愧郯录》一书中有“御前列金器,如砚匣、压尺、笔格、糊板、水漏之属,计金二百两”的记载,则说明皇宫所用文房清玩制作原料是珍贵黄金。总之,宋代不但开创了“文房清玩”的概念,其文房器物在体现实用价值的同时,也将文人士大夫所坚守的那些风雅清高的气息在这些文房器物中不自觉展现出来,强化了这类器物自身之外的精神价值,使人感到一种清淡的美,也提升了经济价值。此外,宋代还建立了文房器物品评的准则,奠定了文房器物的制作、使用与欣赏的方向,终于成就了举世无双、中国独有的“文房清玩艺术”。

5. 文房清玩巧极匠心

文房清玩艺术经过宋、元的普及、成形、拓展,至明朝进入繁荣时期。其实,城市经济高度繁荣,市民、文士阶层迅速扩大,对书斋中的文房清玩需求也日益增强。同时,随着封建社会人身束缚关系的普遍减弱,手工业者的身份与地位有了相应的提高,这极大提高了工匠的艺术创造能力。而此时的文人阶层理想的生活情调和精神境界是臻于“闲、静、幽、雅、逸”之意境,追求离尘脱俗,雅致高远,其文化模式就是以寻访清雅为主,文房清玩固有的典雅高洁之气质,正好与文人之情趣、书斋之氛围相契合。于是,文人们不仅推崇文房清玩,且纷纷著书立说,以期引导文房清玩的审美趣味。其中,与文房清供相关的最为著名的论述有:元末明初收藏家曹昭所著的《格古要论》,从工艺、产地、考据与鉴赏的角度,论述了文房清玩;明代高濂著《遵生八笺》中的《燕闲清赏笺》将赏鉴清玩作为养生的一个重要方式，并对各类文房清玩专文记述；明末文震亨著《长物志》综合概述了明代文人清居生活的物质环境，在卷七《器具》中，列入众多的文房用具，还编入不少文房清玩的器物，另外在卷三《水石》、卷五《书画》、卷六《几榻》、卷十二《香茗》中，还记载了大量的文房清玩，体现出明代文人的“于世为闲事，于身为长物”的心境。而明末文学家、戏曲家屠隆在《考槃余事》一书中的《文房器具笺》中，一共列举了45种文具，当属明代文人留下关于文房清玩的著作中罗列品种最繁多、最全面，可谓集当时文房清玩之大全，也足见明代文人对文房清玩的见解之深入和倾注的精力之大。

清代以来，古董雅玩盛行，上至皇帝权贵，下至文人雅士无不以获取美器为荣。文人富商们除了精心营造窗明几净、赏心悦目的书斋环境外，书房中使用的文房用器或陈设的古董雅玩亦成为品评文人文采、气质的标准，尤其是清代宫廷用的文房用器不仅达到鼎盛，甚至到了登峰造极的地步。无论是皇帝还是风雅名流已经不满足于使用和观赏，更是纷纷亲自参与设计与自制一些文房用品，在小小文房用品上巧极匠心，寄情言志，其景况令今人叹为观止。至今，北京故宫博物院珍藏历代文房用器约8万件，大部分是清宫旧藏，特别是根据乾隆皇帝个人喜好制作的多种文房器具，如笔架、笔筒、笔洗、笔插、砚滴、砚屏、水丞、文具匣等，极具文化内涵和文人品位，呈现出清代宫廷独特的艺术风格。

拓展学习 ▶

1. 观赏宋代《槐阴消夏图》《西园雅集图》等传世名画，从中了解当时文人雅士闲适的日常生活及其文房清玩。

2. 试读北宋蔡襄所著《文房四说》。

3. 了解南宋龙大渊所著《古玉图谱》一书内容。

4. 了解明末画家文震亨所著《长物志》一书内容。

5. 了解明末屠隆所著《考槃余事》一书内容。

6. 了解明代戏曲作家高濂所作中国古典十大喜剧之一——《玉簪记》的故事内容。

(三)文房清玩的种类

文房清玩的种类及范围不是固定的，也没有特定的规定。一般认为，古代文人书房、案头所需一切工具都可被统称为“文房清玩”或“文房清供”。

汉代开始兴起的文房用器,至唐、宋、元时已根据不同使用需求发展出许多实用品种、器型。至明代文房用器达到鼎盛,并开始分门别类,向清玩发展。例如,《格古要论》对元代文房清玩列有古画、古墨迹、古碑法帖、古铜器、古漆器等13大类。而《长物志》在其卷七《器具》中不仅具体列入了砚、笔、墨、纸、笔格、笔床、笔屏、笔筒、笔船、笔洗、笔掭、水中丞、水注、湖斗、蜡斗、镇纸、压尺、秘阁、贝光、裁刀、剪刀、书灯、印章、文具等众多的文房用具,还收录了香炉、袖炉、手炉、香筒、如意、钟磬、数珠、扇坠、镜、钩、钵、琴、剑等其他器物;在其卷三《水石》、卷五《书画》、卷六《几榻》、卷十二《香茗》中还记载了灵璧石、昆山石、太湖石、粉本、宋刻丝、小画匣、书桌、屏、架、台几、沉香、茶炉、茶盏等,总计有近50余种文房清供。《考槃余事》一书中的《文房器具笺》中,也列举出了包括笔格、研山、笔床、笔屏、笔筒、笔船、笔洗、笔觇、水中丞、水注、砚匣、墨匣、印章、图书匣、印色池、糊斗、蜡斗、镇纸、压尺、秘阁、贝光等在内的近50种文房清玩。而清代皇家御书房内的文房清玩更是琳琅满目,精妙绝伦,极尽奢华,可谓是数千年来中国传统文房用器最集中、最完美、最全面的体现。例如,北京故宫博物院珍藏有一件乾隆御用旅行文具箱:该箱紫檀木制作,箱长74厘米,高14厘米,宽29厘米,箱盖装有铜镀金暗锁;箱打开后可支成文案,案腿设计在箱槽内,用活动薄板支撑,再用暗扣固定;箱内设有两个同样大小的屉盒,每一屉盒都有两层形式不同、大小各异的多宝阁,可以置入白玉洗、松花石古砚、玉臂搁、笔筒、兽镇、石章、描金云龙纹笔,甚至棋子、棋盘、小蜡盏等65件文具与器玩,件件皆为文房精华,反映了当时的最高艺术水平。

总体上看,文房清玩根据不同用途可以分为以下几大类:

笔用类:笔格、笔挂(架)、笔筒、笔插、笔床、笔船、笔屏、笔帘、笔匣、笔海、笔篓。

墨用类:墨床、墨盒、墨缸、墨屏、墨匣。

纸用类:镇纸、压尺、裁刀、剪刀、界尺、毡垫、画缸、书拨、贝光。

砚用类:砚屏、砚匣、笔砚(掭)、研山。

印用类:印章、印匣、印泥盒、调泥笺。

水器类:水滴(水注)、水盂、笔洗、水勺、水丞。

调色类:格碟、调色缸。

辅助类:臂搁、糊斗、蜡斗、帖架、瘿瓢、书灯、诗筒、文具匣、香橼盘、书架。

其他类,香熏、手炉、香炉、数珠、拂尘、冠架、古琴、拜帖匣、宫皮箱、瓶觚、如意、铜镜、宝剑、算盘等。

家具类:案、儿、桌、椅、橱、榻、凳、架、屏等。

四、文房清玩中的玉石制品

古代文人对文房用品的制作十分讲究,制作材料也非常广泛,有金属、玉石、陶瓷、竹木、珐琅、漆器、牙角、翎毛等等,情趣各异,种类繁多,应有尽有。其中许多文房清玩以玉石为原料,在造型、装饰方面极尽工巧,不仅体现出玉石的使用价值,更借玉石材质体现出这些文房用器的观赏性、艺术性。

(一)笔

笔即毛笔,是我国汉民族所独创的书写工具,不但是古代最主要的文房用具,而且在表达中国书法、绘画的特殊韵味上具有与众不同的魅力。笔的历史可以上溯到新石器时代,史前陶器上可觅到用笔的迹象。商周的甲骨文、金文等都是用笔书写的。一般认为毛笔始于蒙恬制作,由笔杆和笔头组成。笔杆通常用竹管制作,如青竹、紫竹、斑竹(湘妃竹)、罗汉竹等,但为显示华贵,也有用玉、翠、瓷、漆、珐琅、象牙、红木、牛角、骨料等做笔杆。如清代名医唐秉钧在《文房肆考图说》卷三《笔说》中考证:“汉制笔,雕以黄金,饰以和璧,缀以隋珠,文以翡翠。管非文犀,必以象牙,极为华丽矣。”显然这样的材质与工艺制作的毛笔不仅是书画工具,更是供人鉴赏观玩的艺术品,非平常文人所用。即使是竹制笔管,工匠们往往也要在宽不及寸的圆周上,巧妙地描绘、镌刻山水人物、山石海水等装饰图案。

(二)笔筒

笔筒是用于插放保护毛笔的必备用具,由笔套、笔床、笔插、笔篓发展而来。笔筒产生的年代已不可考,宋元之前不见有笔筒,明代中晚期以后,作为案头文具中最具装饰性的代表,各种式样精美的笔筒应运而生,瓷、木、竹、牙、玉等材质都被用来制作笔筒。清代笔筒制作工艺更为讲究。乾隆时期著名竹刻家周芷岩制作的黄花梨竹石大笔筒,色泽浓丽,细洁光润,莹美如玉,包浆沉稳明亮,是传世笔筒中的经典之一。此外,竹制笔筒、木制笔筒不仅进入皇家文房,更多的是进入寻常百姓之家。当然,皇家所用木制笔筒以紫檀、乌木、红木、黄花梨木、楠木等珍贵硬木雕刻而成;而金石牙漆,水晶端石铜玉等硬质材料往往也被工匠所利用,显现他们的鬼斧神工之技。

(三)笔架

笔架亦称笔格、笔搁,即架笔之物,为文房常用器具之一,是人们书画时在构思或暂息借以置笔,以免毛上的墨汁污损他物的文具。从样式来看,一般有挂式与搁式两种,分别称笔挂与笔搁。笔架的材质一般是木、瓷、紫砂、铜、铁、玉石、象牙、水晶等。其中实用性的笔架以瓷、铜、铁最为普遍,观赏性的则以玉笔架最为典型,式样繁多。据宋朝无名氏所著《致虚杂俎》载,距今一千多年前的晋代书法家王羲之"有巧石笔架,名扈班",这是迄今为止有关笔架的最早记载,现推测王羲之的"巧石"笔架似未经雕琢的天然石料。1981 年浙江诸暨发现一座南宋夫妻合葬墓,墓内出土了砚台、镇纸、水盂和石雕笔架等文房用具,该笔架为石制,色泽黝黑,石质细腻润滑,高 5.9 厘米,长 26.8 厘米,雕成二十座起伏的山峦,中部山峰突兀,两侧逶迤叠嶂,是一件罕见的石雕艺术品,可证明最晚到宋代时已对石质笔架进行人工雕琢。

(四)笔洗

笔洗是用来盛水洗去毛笔余墨的器皿,多为钵盂形、扁圆形,也做有长方形、荷叶形、葵花形或其他形状。笔洗不但种类繁多、造型丰富,情趣盎然,而且形制乖巧、工艺精湛,作为文案小品,不但实用,更可以怡情养性,陶冶情操。传世的笔洗中,有很多是艺术珍品。笔洗有很多种质地,包括瓷、玉、玛瑙、珐琅、象牙和犀角等。但历代以来各种笔洗中,最常见的笔洗多以瓷器和玉石等制作,例如宋代的汝、官、哥、定、钧等五大名窑中皆有釉面滋润,造型别致,工艺精细的笔洗问世。玉的雕刻技艺要求高,玉器本身又十分珍稀,因而玉笔洗往往经过匠心独运的设计,雕琢精细逼真,其艺术性远远超过实用性。

(五)笔舰

笔觇俗称"笔舐""笔掭",是觇笔之用器,其功能是文人书写、绘画时,专门用来掭试毛笔的一种文房用具。古人使用毛笔时,除了可在砚上掭笔外,更专门备有掭试笔尖之物,谓之笔觇,是古代文人书案上的重要器物。因为自从诞生了毛笔后,毛笔书写必须要掭笔,就有专门掭笔用器的需要。掭笔早先用绢布、纸、砚台,现存世的南宋哥窑荷叶形笔觇说明,作为一个单独的舐笔工具,大约出现在宋代。而"笔觇"的名称发端于明后期,至清代笔觇制作材质由陶瓷、玉石类,改变成更具有应用功能的砚石,尤其追求石中名品,如端石中名贵的鱼脑冻、蕉叶白、天青等石料,歙石中名贵的罗纹、眉子、金星等石料,导致其观赏性和收藏价值往往胜过其实用价值;同时,笔觇的造型由原先的花色浅碟状,演变成不事雕琢,打磨细腻的砚式素面状,其做工又可分为两大类:一种做工厚重、古朴,几何形状,以长方形居多,亦有花状与祥云形等,均为光滑素面,最多在石边略加边款刻字,故又有"砚砖"之名;另一种取天然仔料磨平而为之,留有天然的皮色,纯朴而古雅,又可称“仔砚”。至此,笔觇名称也变成“笔搽”了。

(六)墨

墨是中国绘画、中国书法特有的颜料,主要为黑色,也有朱墨和各种彩色墨。黑色的墨的主要原料是煤烟、松烟、胶等,是碳元素以非晶质形态的存在。砚通过用水研磨可以产生用于毛笔书写的墨汁,在水中以胶体的溶液存在。在人工制墨发明之前,一般利用天然墨或半天然墨来作为书写材料。人们在距今五六千年前的史前遗物中,就发现了不少天然矿物颜料。西周时期有以磨石炭为汁而书写的颜料,称为石墨。早期墨主要成分多为松烟,手工捏制而成小圆块,在砚台上研墨时无须用研石压着研。南唐后主李煜因赏识制墨名匠奚超、奚廷父子制造的好墨而赐其全家“李氏”,从此“李墨”名满天下;宋时因李墨产地歙县改名徽州,“李墨”亦改名为“徽墨”。明代中叶以后制墨中心徽州已墨肆林立,名家辈出,形成制墨业上的歙派和休宁派。清朝时曹素功、胡开文、汪节庵、汪近圣被并称为四大制墨名家。

(七)墨床

墨床又称墨架、墨台,是在研墨稍事停歇时专门用来承搁墨锭的小案架,以防止墨锭磨后随意摆放导致墨汁玷污他物。明清开始墨床才始见于记载,并从乾隆年间开始广泛流行和大量使用。墨床的制作材质,从古铜、玉器,到陶瓷、象牙、红木、漆器、玛瑙、翡翠、景泰蓝等,但多为木、玉、瓷所制,形状或为床式,或为几案式等。从传世的墨床来看,玉质墨床最多,也最为精致。如明朝玉质墨床,多为几案形,线条劲挺,棱角分明,通体不加任何雕饰,朴素浑厚。清朝玉质墨床多为几案形,造型简单,线条圆润,但较明代雕工细腻,床面多有纹饰,雕工的技法纯熟,纹饰层次分明。

(八)宣纸

宣纸,为中国书画特用的一种纸张。它“轻似蝉翼白如雪,抖似细绸不闻声”,具有“韧而能润、光而不滑、洁白稠密、纹理纯净、搓折无损、润墨性强、渗水性强”等特点,且耐老化、不变色、少虫蛀、寿命长,故自古有“纸中之王”的美誉。按纸张洇墨程度,宣纸分为生宣、半熟宣和熟宣。生宣吸水性和沁水性很强,易产生丰富的墨韵变化,且作中国写意山水画、写意花鸟画。熟宣是加工时用明矾等涂过,故纸质较生宣更硬,吸水能力弱,使得使用时墨和色不会洇散开来,宜绘制工笔画。半熟宣也是从生宣加工而成,吸水能力界乎前两者之间。宣纸是拓制碑帖的主要材料。碑帖是自古以来人们学习中国传统书法的范本,“碑”指的是石刻的拓本，“帖”指的是将古人著名的墨迹，刻在木板上或石上汇集而成。碑的拓本和帖的拓本就是将碑石上的字用宣纸、焦墨捶拓下来再经装裱而成的，这些拓本是保存文物资料、提供临写楷模的重要方法。

（九）镇纸

镇纸即指写字作画时用以压纸的东西，常见的多为长方条形，因故也称作镇尺、压尺。镇纸的起源是古代文人时常会把小型的青铜器、玉器放在案头把玩欣赏，因为它们都有一定的分量，所以人们在玩赏时，也会顺手用来压纸或者是压书，久而久之，发展成为一种文房用具——镇纸。玉质镇纸则称为玉镇纸，是古代文房必用之物。如明初小说家李昌祺在《剪灯馀话·贾云华还魂记》中就有这样的场景描述：“壁下二犀皮桌相对，一放笔砚文房具……花笺数番，玉镇纸一枚。”而清纂修官汪懋麟《跋米元章墨迹后》中也记述有：“上大喜，以马脑砚、李廷珪墨、牙管笔、金砚匣、玉镇纸、水滴赐之。”说明古代诸如玉镇纸之类的文房用品常被皇帝用以赏赐大臣。

（十）砚

砚即“研”，是一种石制研磨器，用于研磨墨块和掭笔。砚石即制砚之石，好的砚石发墨好，不伤笔。砚不仅为中国书画不可或缺的使用工具，亦可欣赏。对砚的欣赏除欣赏砚石本身外，更多地集中在对其雕刻、镌画、铭文、钤印和命名等制作上。制砚石材丰富多样，主要有端石、歙石、洮河石、易水石、玉黛石、紫翠石、红丝石、砣矶石、菊花石，以及玉、杂石、瓦、瓷等，共几十种。端石、歙石、鲁石、洮河石因细腻滋润，容易发墨，并且墨汁细匀无渣，为传统的优良造砚材料，被称为四大名砚石。端石产于广东肇庆市的端溪，石质优良、细腻滋润、蓄水持久、涩不留笔、滑不拒墨，是中国传统四大名砚之首，端砚始于唐代，至今已有近1300年的历史，常见品种有鱼脑冻、青花、蕉叶白、天青、翡翠、金星点、水纹、金钱线和石眼等。歙石是江西婺源县龙尾山所产的砚石，婺源自唐初至宋代中叶属歙州，故所产之砚称歙砚。北宋《歙州砚谱》记载，婺源砚开产于唐开元年间，著名品种有龙尾砚、罗纹砚、眉子砚、金星砚等。鲁砚始出现于唐代，山东古称鲁，故得“鲁砚”之名。鲁砚纹理多样，色彩丰富，质地滑润，坚而不顽，细而不滑，易发墨，不损毫，故受历代书家推崇。鲁砚中最为名贵的是红丝砚，红丝砚石有多种瑰丽的彩色线条图案，质润且细，贮水不耗，发墨如油，另淄石砚、田横石砚、金星山砚、尼山石砚等皆为鲁砚之上品。洮河砚因产于洮河，其河源于古洮州（今甘肃藏族自治州临潭县）而得名。洮砚石质细密晶莹，纹理如丝，色气秀润，清丽动人，贮墨久不变质，保湿利笔，十多天不涸。洮砚分为绿洮、红洮两种：绿洮色泽青蓝,其优质者具有天然黑色水纹,古雅优美;红洮呈土红色,纯净甘润,极为罕见,所以赵希鹄在《洞天清禄集》中赞美:"除端、歙二石外,唯洮河绿石,北方最贵重。绿如蓝,润如玉,发墨不减端溪下岩。然石在大河深水之底,非人力所致,得之为无价之宝。"明清之后,砚台的工具属性被削弱,审美观赏性大大增强,它缄默坚方的形象,与文房主人的性情癖好交相辉映、相得益彰,成为文人雅士的精神象征,文房摆设不可或缺的重要器物。

(十一)砚滴

砚滴又称水丞、水盂、水注,是为了给砚池添水、注水的工具。赵希鹄曾写道:"古人无水滴,晨起则磨墨,汁盈砚池,以供一日用,墨尽复磨,故有水盂。"砚滴的形制多种多样,千变万化,例如现出土的东汉熊形玉砚滴,雕工粗犷,为一张口卷舌,背有双翅,右前肢托一灵芝,呈蹲坐式的飞熊。砚滴制作材料广泛,有陶土、瓷器、铜质、玉石、水晶、玳瑁、绿松、玛瑙、玻璃、漆器、竹木、景泰蓝等许多品种。

(十二)砚屏

砚屏是放在砚端以挡风尘的用具,形状如立于案头的小插屏,多为玉石、陶瓷、象牙、澄泥、漆木等原料制成。砚屏首创于宋代,流传至今的砚屏,则以观赏用的居多。赵希鹄的《洞天清禄集》载:"古无砚屏,或铭研,多镌于研之底与侧。自东坡、山谷始作砚屏,既勒铭于研,又刻于屏,以表而出之。"其后砚屏实用性减退,多成为书画铭文雕刻精湛、极富诗情画意的工艺品。

(十三)印材

印材即印坯,是篆刻艺术最基本的材料。宋元以前制印大多使用质地较为坚硬的金、银、铜、玉或水晶、犀角、象牙、竹、木等为材料。元朝著名画家、诗人、篆刻家王冕尝试以花乳石作印。由于花乳石质地细腻温润且容易受刀,此后便成为擅长书画的文人治印的普遍用料。至明朝时,石质印材被文人广泛采用。由于石章质地松脆柔糯,易于人刀,不同刀法会产生出比其他印材更为丰富的艺术效果,故深受历代书法篆刻家青睐。此后印坛即以石章作为刻印的主要材料,并一直延续至今。在历代治印所选用的石材中,最常见的是青田石、寿山石、昌化石和巴林石四大类,近年来也有使用国内和世界各地出产的适合于篆刻的其他石材。各类石章由于产地不同,质地、性能和色泽也各不相同,各有特点。一方名贵的石章,不但有其本身的价值,而且具有很高的艺术审美价值,所以名贵印石是文房清玩中非常重要的雅物之一。关于印材品种,请参见本书第八章。

拓展学习

1. 浙江省宣纸生产地主要在哪里？

2. 湖笔的制作需要什么材料？

3. “包公掷砚成洲”说的是什么故事？

4.《红楼梦》第22回《听曲文宝玉悟禅机　制灯谜贾政悲谶语》中贾政念了个灯谜：“身自端方，体自坚硬。虽不能言，有言必应。——打一用物。”请问是什么用物？

第八章　石藏宇宙:地质学上的石文化知识

石头是宇宙的使者,它先人类出现在地球上,超越时空传递宇宙信息。石头是一种普遍存在的物质,地球上几乎无所不在;石头忠实记录着大自然亿万年的风雨变迁历史,一块块千姿百态、绚丽多彩的石头就是大自然的文字和词汇,记述着大自然留给人类的无数信息。地球上的很多岩石与矿物有密不可分的伴生关系,矿物通常生长在岩石中,大部分情况下岩石围绕着矿体呈不规则地分布,形成矿物的围岩。中国最早记载矿物的典籍——《山海经》中的《五藏山经》对矿物的性质如硬度、颜色、光泽等都有所描述。明代著名医药学家李时珍在《本草纲目》中,对矿物药石的产地、形色、鉴别等也都有所记述。可以看出,古代人们对矿石的认识已经达到了一定程度。近现代以来,随着岩石学研究的不断深入和发展,人们对岩石性能日益了解 ,矿石是人类从3000多种矿物中发掘出来的宝藏,这些矿石品种虽然不如矿物众多,但它们是构成我们现代生活生产的必需品,供我们开采使用,成为矿产资源。人们将它们广泛用于冶炼、建筑、装饰、化工等诸多方面;故矿产资源是国民经济发展的物质基础,是国家科学技术发展和进步的重要后备资源。每一块石头,无论其是软是硬,是小是大,是美是丑,都能在人们需要的不同方面做出贡献。其中那些绚丽多彩、美丽奇妙的珠宝玉石,因具有的独特魅力,更加吸引人们的眼光,受到人们的喜爱,在历史上就一直代表着身份、权力、品德和财富,至今仍是高贵、纯洁、财富的象征。而奇石作为中华文化的表征,能够起到铭志怡情,修身养性的作用;那些亿万年形成的化石、天外到访地球的陨石,则带给人们打开未知世界的无数密码……总之,石头与人类的生存与发展结下了不解之缘,中华石文化也包含地质学上的基础文化知识。

第一节　天开地作:地球与岩石之成因

一、地球的形成

(一)岩石与地球的关系

石头是一种与地质学有关的物质,一般指由大岩体遇外力而脱落下来的小型岩体,多依附于大岩体表面,一般成大小不一的块状,外表有的粗糙,有的光滑,质地大多数坚固、脆硬,可用来制造各种石器或采集矿产资源。

岩石是组成地壳的物质之一,是构成地球岩石圈的主要成分。岩石在地质学上是指在地质作用下自然形成的,由一种或几种矿物及胶结物、火山玻璃、生物遗骸等物质组成,具有一定结构构造(有的成层状、片状,有的成块状、球状、柱状,形状各异,大小不定)的固态、气态(如天然气)、液态(如石油)的集合体,其中海面下的岩石称为礁、暗礁及暗沙。

根据地质科学推断,我们赖以生存的地球已有近46亿岁,但它在形成之初只是一些漂浮在太空里的尘埃,这些尘粒相互结合,形成越来越大的颗粒环状物,并开始吸附周围一些较小的尘粒,从而使体积日益增大,逐渐形成了由岩石组成的地球星胚。地球星胚在一定的空间范围内运动着,并且不断地壮大自己,又形成了原始地球。随着时间的推移,地球表面的温度不断下降,固态的地核逐渐形成,而熔融物质由于凝固和收缩,在地表形成张裂、沟谷、高山。由于宇宙天体撞击,在地表形成大坑洼地。随着温度降低,熔融物质凝固过程中产生的水和俘获的水流动汇聚到张裂沟谷与大坑洼地中,形成地球上最初的水域海洋和湖。密度大的物质向地心移动,密度小的物质(岩石等)浮在地球表面,这就形成了一个表面主要由岩石组成的星球。

(二)地球的结构

地球内部的结构分地壳、地幔、地核三层;地球外部结构分大气圈,水圈、生物圈、岩石圈四层。了解地球的内部和外部结构,对于我们了解地球上岩石的形成、演化、种类、价值等具有重要意义。研究发现,地球的圈层分异在距今44亿年前可能就已经完成了。[①] 地壳的物质组成除了沉积岩外，基本上是花岗岩、玄武岩等。花岗岩的密度较小，分布在密度较大的玄武岩之上，而且大都分布在大陆地壳，特别厚的地方则形成山岳。地壳上层为沉积岩和花岗岩层，主要由硅—铝氧化物构成，因而也叫硅铝层；下层为玄武岩或辉长岩类，主要由硅—镁氧化物构成，称为硅镁层。海洋地壳几乎或完全没有花岗岩，一般在玄武岩的上面覆盖着一层厚约 0.4—0.8 千米的沉积岩。地幔是地壳下面的地球中间层，厚度约 2865 千米，是地球内部体积最大、质量最大的一层，主要由致密的造岩物质构成。地核又称铁镍核心，由以铁、镍为主的物质构成，它包括一个大小与月球相当的直径为 2400 千米的固态内核和直径为 7000 千米的液态外核。地球外部结构中的大气圈包围着地球，是由气体和悬浮物组成的复杂系统，它的主要成分是氮和氧，它们是地球自然环境的重要组成部分。水圈是由地球表层水体构成的连续但不规则的圈层，它包括地表水、地下水、大气水、生物水等；水圈的水处于不间断的循环运动之中。生物圈是地球表层生物及其生存环境的总称，它占有大气圈的底部、水圈的全部和岩石圈的上部，是大气圈、水圈和岩石圈相互渗透、相互影响的结果。

(三)地球的岩石圈

地球最上层为平均约 100 千米厚的强度很大的岩石圈，其下几百千米厚的一层是软流层，岩石圈漂浮在软流圈上，在长期的应力作用下这一层的物质具有可塑性。

岩石圈物质的循环过程就是地球地表形态的塑造过程，而岩石圈三大类岩石——岩浆岩(又称火成岩)、变质岩和沉积岩的变质转化又是岩石圈物质循环过程的基础。在地球内部压力作用下，岩浆沿着岩石圈的薄弱地带侵入岩石圈上部或喷出地表，冷却凝固形成岩浆岩。裸露地表的岩浆岩在风吹、雨打、日晒以及生物作用下，逐渐崩解成为砾石、沙子和泥土。这些碎屑被风、流水等搬运后沉积下来，经过固结成岩作用，形成沉积岩。同时，这些已经生成的岩石，在一定的温度和压力下发生变质作用，形成变质岩。岩石在岩石圈深处或岩石圈以下发生重熔再生作用，又成为新的岩浆。岩浆在一定的条件下再次侵入或喷出地表，形成新的岩浆岩，并与其他岩石一起再次接受外力的风化、侵蚀、搬运和堆积。如此周而复始，使岩石圈的物质处于不断的循环转化之中。我们今天看到

---

① 科学家在澳大利亚西南部发现了一批最古老的岩石，根据其中所含的锆石矿物晶体的同位素分析结果，它们的“年龄”约为 43 亿至 44 亿岁，是迄今发现的地球上最古老的岩石样本，根据这一发现可以推论，这些岩石形成时，地球上已经有了大陆和海洋。

的山系、盆地，以及流水、冰川、风成地貌等，正是岩石圈物质循环在地表留下的痕迹。在地球内部能量(原始热量和发射性热)释放时，地内温度和密度的不均匀分布，引起地幔物质的对流运动，进而致使岩石圈发生一系列的构造运动。地球的岩石圈被一些活动构造带所割裂，分成六大大陆板块：欧亚板块、美洲板块、非洲板块、太平洋板块、澳洲板块和南极板块。板块间的运动、挤压造成了巨大的山系或洋底的深渊，还造成火山和地震。[①] 在地球的最表层为崎岖不平的地面，由各种岩石和土壤组成，低洼部分被水淹没成为海洋、湖泊，高出水面的陆地则为平原、高山。今天地球表面千姿百态，是岩石在漫长的地质年代受到外力(太阳辐射、大气、水和生物作用下出现破碎、裂缝、疏松、剥落现象)和内力(地震和火山的不断破坏、瓦解、搓动、断裂和堆积、侵入、冷凝)的结果。

包括人类在内的百万种生物(植物、动物、微生物)以地球为家园，身处于地球的岩石圈上层部分、大气圈下层部分以及水圈的全部，由此组成了地球的生物圈。[②]

二、地质学上岩石的形成及其种类

(一)岩石的形成

虽然我国自古有“女娲补天遗石”“王母洒酒成石”等传说，然而现代地质学告诉我们，岩石是构成地壳和上地幔的基本物质基础，地球岩石圈板块缓慢的运动，与岩石的形成和演化有非常密切的关系。

岩石具有特定的比重、孔隙度、抗压强度和抗拉强度等物理性质，是各种矿产资源赋存的载体，主要的形态是固态，也有液态(石油)和气态(如天然气)，不同种类和形态的岩石含有不同的矿产。岩石的结构和构造是识别岩石的重要特征之一。岩石的结构是指岩石中矿物的结晶程度、颗粒大小和形状以及颗粒间相互关系的特征；岩石的构造是指岩石中矿物的组合形状、大小和空间上相互关系和配合方式。由于岩石的矿物组合、矿物成分和矿物含量千变万化，使形成的岩石各不相同。比如花岗岩是酸性侵入岩，主要是由石英、酸性斜长石和云母组成的；玄武岩是基性喷出岩，它的主要矿物成分是橄榄石、辉石、角闪石和基性斜长石。两者矿物组合明显不一样，即使都有长石，成分也不同。

---

① 关于板块运动的理论，目前还在不断发展之中，同时也存在许多有争论的问题。

② 据统计，在地质历史上曾生存过的生物约有5亿—10亿种之多，然而，在地球漫长的演化过程中，绝大部分都已经灭绝了。现有生存的植物约有40万种，动物约有110万种，微生物至少有10万种。

(二)岩石的种类

虽然岩石的面貌是千变万化的,但从它们形成的环境也就是从成因上来划分,可以把岩石分为三大类:沉积岩、岩浆岩和变质岩。不过,由于自然界是连续体,因此会存在一些过渡性的岩石,有时很难真正依据上述分类标准来判别岩石,例如凝灰岩(火山灰尘与岩块落入地表水中堆积胶结而成)就可能被归于沉积岩或火成岩。

沉积岩是在地表条件下由风化作用、生物作用和火山作用的产物经水、空气和冰川等外力的搬运、沉积和成岩固结而形成的岩石,其又可分为:(1)碎屑岩,由各种碎屑组成,如砾岩、砂岩、粉砂岩、火山碎屑岩等;(2)黏土岩,由黏土矿物组成,如泥岩、页岩;(3)化学岩,由风化溶解之溶液在正常地表温度下沉淀而形成,如石灰岩、沉积硅质岩等,化学岩中又常含有各种化石或生物碎屑。

岩浆岩是由形成于上地幔或地壳的高温的、黏稠的并含有大量挥发分的硅酸盐熔融体——岩浆,侵入到地下深处或喷发出地表,冷凝结晶而形成。其中侵入到地下深处的,称为侵入岩;喷出地表的,称为喷出岩或火山岩。最常见的玄武岩,即是基性的火山岩,而花岗岩则是酸性的侵入岩。

变质岩是由先成的岩浆岩、沉积岩或变质岩,由于其所处地质环境的改变经变质作用而形成的岩石。如板岩、片岩、片麻岩、大理岩、石英岩、混合岩等。

(三)岩石的风化

经历亿万年山崩地裂、沧海桑田的地壳运动变化后,地质体(岩层、岩体、岩脉)之间产生彼此穿切现象,所有固态的岩石都发生风化,风化使巨大的岩石破碎、裂缝、疏松、剥落,或其成分发生变化,最终使坚硬的岩石变成松散的碎屑、沙子和泥土。而风化的原因包括物理性风化、化学性风化和生物性风化三种。

物理性风化是指地表岩石在原地因太阳辐射、大气、水和生物作用下发生破碎、疏松及矿物成分次生变化发生机械破碎,而不改变其化学成分也不产生新矿物的现象,如矿物岩石的热胀冷缩、冰劈、层裂和盐分结晶等作用,均可使岩石由大块变成小块以至完全碎裂。而由于风、水流及冰川等动力将风化作用的产物搬离原地的作用过程叫作剥蚀。剥蚀与风化作用在大自然中相辅相成,只有当岩石被风化后,才易被剥蚀。而当岩石被剥蚀后,才能露出新鲜的岩石,使之继续风化。风化产物的搬运是剥蚀作用的主要体现。当岩屑随着搬运介质,如风或水等流动时,会对地表、河床及湖岸带产生侵蚀,这样也就产生更多的碎屑,为沉积作用又提供了物质条件。

化学性风化是指地表岩石受到水、氧气和二氧化碳的作用而发生化学成分和矿物成分变化，并产生新矿物的现象，主要通过溶解作用、水化作用、水解作用、碳酸化作用和氧化作用等方式进行。

生物性风化是指被细菌、真菌、藻类甚至人类等生物对岩石的分解作用引起的风化。

岩石风化程度可分为全风化、强风化、弱风化和微风化 4 个级别，正是因为风化、侵蚀、搬运和沉积等作用，形成了地表丰富多彩的地形与地貌。

三、地质年代与石头之形成

（一）"地质"与"地质年代"的概念

地壳是由一层一层的岩石构成的。这种在地壳发展过程中所形成的各种成层岩石（包括松散沉积层）及其间的非成层岩石的系统总称，叫作地层系统。

地质，即地壳的成分和结构。根据生物的发展和地层形成的顺序，按地壳的发展历史划分的若干自然阶段，叫作地质年代，这一概念是用来描述地球历史事件的时间单位，通常在地质学和考古学中使用。越是古老的岩石，地层距今的年数越长，而各类动、植物化石出现的顺序则是越低等出现得越早，越高等出现得越晚。

（二）地质年代的划分

为了便于进行地球及地球上生命演化的表述与研究，人们按地层的年龄将地球的年龄划分成一些单位。常用的划分方式是根据整个 46 亿年地球上生物的情况，将地质年代从古至今依次划分为两大阶段：隐生宙和显生宙。人们看不到或者很难见到生物的时代被称为隐生宙（即寒武纪以前），可看到一定量生命以后的时代称作是显生宙。隐生宙现在已被细分为冥古宙、太古宙、元古宙，隐生宙的上限为地球的起源，其下限却不是一个绝对准确的数字，一般说来可推至 6 亿年前，也有推至 5.7 亿年前的。从 6 亿或 5.7 亿年以后到现在就被称作是显生宙。换言之，寒武纪以前都称为隐生宙。显生宙又分为：古生代、中生代、新生代。与地质时代各单位相对应的地层单位为：宇、界、系、统、阶、带等。

（三）不同地质年代的石头状态

在各个不同地质年代的地层里，石头的状态是不同的。例如，在地质年代分期的太古宙（40 亿—25 亿年前）之前的时期里，地球表面很不稳定，地壳变化剧烈，形成最古老的陆地基础，岩石主要是成分很复杂的片麻岩，沉积岩中没有生物化石。晚期开始有菌类和低等藻类存在。在地质年代分期的元古宙（25 亿—

5.7 亿年前)时期里,地壳继续发生强烈变化,某些部分比较稳定,已有大量含碳的岩石出现,藻类和菌类开始繁盛,晚期无脊椎动物偶有出现。现人们已在这些地层中发现有低等生物的化石存在。在地质年代分期的显生宙,地质学家和古生物学家根据地层自然形成的先后顺序,将地层分为 5 代 12 纪。即早期的太古代和元古代(元古代在中国含有 1 个震旦纪),以后的古生代、中生代和新生代。古生代分为寒武纪、奥陶纪、志留纪、泥盆纪、石炭纪和二叠纪;中生代分为三叠纪、侏罗纪和白垩纪;新生代分为古近纪、新近纪、第四纪。在各个不同时期的地层里,大都保存有古代动植物的标准化石。

四、石头的物理与化学性质

自然界的石头除化石等有机物外,都属于无机物,是天然、有规则的结构,具有各种不同的化学成分及性质的结晶固体。

(一)石头的物理性质

石头物理性质是指没有发生化学反应就表现出来的性质,如颜色、光泽、状态、密度、硬度、韧度、解理、断口、透明度、纯净度、溶解性、导电性、导热性等。

颜色。石头颜色一般分为本色、杂色、其他色、脏色、旺色、俏色等不同概念。通常人们喜爱颜色鲜艳、绚丽、多彩的石头。

光泽。光泽是表示石头表面对光反射的强度,光泽度一般与石头表面的光滑平整程度以及石头本身的折射率有关。一些石头可通过上油、上蜡、打磨等方法增强光泽度。

硬度。硬度是指用外力进行分割石头时的难易程度。硬度与石头分子结构中质点间的结合力有关。1822 年德国矿物学家摩斯收集了 10 种能获得高纯度样品的常见矿物并按此间抵抗刻画能力的大小依次排列制订了摩氏硬度计,其顺序为:滑石 1 度、石膏 2 度、方解石 3 度、萤石 4 度、磷灰石 5 度、正长石 6 度、石英 7 度、黄玉 8 度、刚玉 9 度、金刚石 10 度。

脆性。脆性是指石头受打击是否易碎的特性,脆性与晶体的结构有关。

韧度。韧度是指石头抗磨损、抗拉伸、抗压力等的能力,也可叫作抗分裂的能力。所谓韧度高,即表示石头难以破裂。

密度(比重)。密度指石头单位体积的质量。相对密度是物质的重量与同体积水的重量的比值,其大小等于物体的重量与其同体积(4℃)水的重量之间的比率,也可称之为比重。测量物体比重的方法一般有静水称重和重液法两种。

解理。矿石晶体在受到外力打击时,能沿晶面或结晶的特殊方向发生破裂的性质称为解理。沿解理产生平行的、光滑的破裂面称为解理面。

断口。在外力作用下,矿石不按一定结晶方向发生的断裂面称为断口,断口有别于解理面,它一般是不平整弯曲的面。

透明度。透明度指石头透光的程度,可依次分为透明、亚透明、半透明、微透明和不透明四个等级。

稳定性。稳定性是指石头的抗风化性能,就是造岩矿物在风化带中的稳定性,也就是各种造岩矿物,在风化过程中,风化速度及风化程度之差异性。矿物稳定性决定于两个因素,即矿物的物理性质、化学性质(如化学成分、晶体结构及硬度、解理等物理性质),以及其所处的风化条件(主要是气候条件)。造岩矿物中以铁镁质矿物稳定性差,长英质矿物稳定性强。

溶解性。溶解性是指一种物质能够被溶解的程度。绝大多数石头不溶或仅微溶于水,这也是石头稳定性的体现。

导热性。导热性是石头传导热量的性能,石头导热性较好,通常受热则蓄热,受冷则蓄冷。

(二)石头的化学性质

石头在发生化学变化时才表现出来的性质即是石头的化学性质,如酸碱性、可燃性、稳定性、氧化性、还原性、腐蚀性、脱水性、金属性、非金属性等。沉积岩的代表石头是石灰石,主要包含碳酸钙。变质岩的代表石头是大理石,它是重结晶的石灰岩,菱镁矿(碳酸钙镁)含量不同而已。火成岩的代表石头是花岗岩:主要由石英(二氧化硅)、长石和钾形成。因而,不同的石头种类,其化学性质各不相同,对不同化学物质会产生不同的化学反应,因而在石头抛光时,应当注意:碳酸盐含量高的石头不能接触酸性和碱性的药剂,只可用类似石蜡抛光;富含硅酸盐的石头,不能使用油性、蜡性的药剂抛光;金属矿物石头,不能使用氧化性、还原性强的药剂,否则会破坏色泽。

拓展学习 ▶

1. 地球上有没有比地球年龄还大的石头?
2. 体会“石蕴玉而山辉”的意思。

第二节　矿石溯源:印石、宝石、玉石的矿石成因

一、矿石的种类

(一)有用矿物

矿石是指含有用矿物并有开采价值或其本身具有某种可被利用性能的岩石。矿石一般由矿石矿物和脉石矿物组成。

矿石矿物即指有用矿物,是指矿石中有可被利用的金属矿石或非金属矿石。金属矿石,如铁、铜、铅、锌等矿石,是以其中金属元素含量的重量百分比(克/吨)表示矿石中有用成分(元素或矿物)的单位含量。非金属矿石,即不属于金属类矿石,主要品种有金刚石、石墨、自然硫、水晶、刚玉、蓝晶石、夕线石、红柱石、硅灰石、钠硝石、滑石、石棉、蓝石棉、云母、长石、石榴子石、叶蜡石、透辉石、透闪石、沸石、明矾石、芒硝、石膏、重晶石、毒重石、天然碱、方解石、冰洲石、菱镁矿、萤石、宝石、玉石、玛瑙、石灰岩、白垩、白云岩、石英岩、砂岩、天然石英砂、脉石英、硅藻土、页岩、伊利石、累托石、辉长岩、大理岩、花岗岩、盐矿、钾盐、镁盐、碘、溴、砷、硼矿、磷矿等。

(二)无用矿物

脉石矿石是指那些与矿石矿物相伴生的、暂不能利用的矿物,也称无用矿物。如铬矿石中的橄榄石、辉石,铜矿石中的石英、绢云母、绿泥石,石棉矿石中的白云石和方解石等。脉石矿物主要是非金属矿物,但也包括一些金属矿物,如铜矿石中含极少量方铅矿、闪锌矿,因无综合利用价值,也称脉石矿物。

应当说明的是,这里所谓的有用矿物和无用矿物只是相对的。在人类已发现的地球上 3000 多种矿物中,大约只有 100 种矿物被认为是矿石矿物。[①] 其中的无用矿物今天可能没用,但随着科技发展也可能变成有用矿物,如铜矿石是有用矿物,但所含少量的方铅矿以目前的技术不值得提取,所以就目前而言是无

---

① 据称,根据国际矿物协会 IMA 最近公布的公告,已经发现的矿物 4955 种,除地球之外,陨石中发现 60 多种新矿物。这是因为,随着人类认识自然的能力的不断增强,新的矿物种属不断被发现,每年经国际矿物协会批准的新矿物均达近百种,所以已发现的矿物数量是不断呈增加的状态。

用的。

二、印章石、宝石、玉石的成因

(一)了解矿石成因的意义

印章石、宝石、玉石一般都产自于非金属矿石中,原本皆属于岩石范畴的物质,它们的形成均极其复杂特殊,对于它们地质成因的了解,就应给予精确的岩石学概念,以此限定各种宝石、玉石的含义。因为当前市场上出现的石头种类繁多,而且不断出现新品种,运用岩石学成因的研究方法,就可以尽量避免张冠李戴、鱼目混珠,防止出现命名混乱,可以起到规范市场、维护交易公平的作用。

(二)印章石成因

刻制印章的石头,称为印章石,主要由质地紧密、粒度细腻、软硬均匀的非金属矿物材料制成。从岩石学的角度来说,岩浆岩即火成岩的蚀变岩石是印章石的主要资源。

适合磨制印章石的有叶腊石、地开石、绢云母、水云母、高岭石、石英、方解石等矿物类型。低硬度玉石(如软玉,岫玉等)以及玛瑙、水晶、天河石等高硬度石英质及斜长石质玉石有时也可被制成工艺印章石,而颜色、矿物成分、透明度、纯净度是决定印章石经济价值的主要因素。

(三)宝石成因

宝石的成因主要有三类,即岩浆岩(火成岩)、变质岩与沉积岩在各种不同的环境下经历千百万年,在地表下形成。

火成岩或岩浆岩由熔融的岩浆、熔岩或者气体结晶而成,许多品种的宝石都形成于侵入岩中,如碧玺、橄榄石等。

沉积岩由地表或接近地表的水溶液结晶而成,如澳大利亚的蛋白石大都产于沉积岩中。而变质岩由受压极大、温度较高的现有物质再结晶而成,例如,长期处于高温高压下的石灰石在形成大理岩时可能含有红宝石。

例如,钻石是人们最为喜爱的宝石之一,它是由碳元素组成的,具立方结构的一种天然晶体,是世界上最坚硬的、成分最简单的宝石。稀少的钻石主要出现于两类岩石中,一类是橄榄岩类,一类是榴辉岩类,但仅前者具有经济意义。含钻石的橄榄岩,目前为止发现有两种类型:金伯利岩(名字源于南非的一地名——金伯利)和钾镁煌斑岩。这两种岩石均是由火山爆发作用产生的,是钻石的原生矿。当含钻石的金伯利岩或钾镁煌斑岩出露在地表,经过风吹雨打等地球外营力作用而风化、破碎，在水流冲刷下，破碎的原岩连同钻石被带到河床、海岸等地带沉积下来，形成冲积砂矿床或次生矿床。关于天然钻石的形成，一般认为需要一个漫长的历史过程，这从钻石主要出产于地球上古老的稳定大陆地区可以证实。如南非的一些钻石年龄为45亿年左右，其他钻石矿的钻石也主要形成于33亿年前以及12亿—17亿年这两个时期。换言之，这些钻石在地球诞生后不久便已开始在地球深部结晶。而外星体对地球的撞击，产生瞬间的高温、高压，是钻石形成的另一原因，如1988年苏联科学院报道在陨石中发现了钻石。

有机宝石的形成有别于无机矿物宝石，它们来自动物或植物，如珊瑚是由一种极小的海洋动物——珊瑚虫的骨骸所组成，而琥珀则是树脂石化。

(四)玉石的成因

现代矿物学根据硬度不同，把玉分成硬玉和软玉两大类：硬玉即翡翠；而软玉主要是指新疆的和田玉，其他还包括岫岩玉、南阳玉、绿松石、青金石等传统玉石。不同玉石产地的地质变化存在很大差异，因而玉石形成条件、形成时期都极为复杂，各不相同。

一般来说，软玉来自于地下几十千米处的一些高温熔化的岩浆，这些由于高温熔化过的浆体由火山喷溢从地下沿着其地表裂缝涌到地表，经过冷却以后形成坚硬的石料。例如，我国新疆绵延1500千米的昆仑山脉——阿尔金山脉是最主要的软玉——和田玉的主要产地，和田玉是由中酸性侵入岩侵蚀交代白云石大理岩而形成的。其化学成分是含水的钙镁硅酸盐，矿物成分是由透闪石类组成的特殊的集合体。在距今约十几亿年的中元古代晚期，今天昆仑山脉北缘所在的位置，曾经是一片碳酸盐沉积的大量浅海地带，其中含镁质的白云岩为成玉的主要物质来源之一。在元古代末期震旦纪，该地区强烈的变质褶皱断裂活动最终形成了塔里木大陆，这里原有的白云岩在广泛的区域变质作用中变质为白云石大理岩。在2亿多年前的古生代晚期的石炭纪晚期至二叠纪晚期，在塔里木大陆的南缘发现强烈的断裂活动和岩浆活动，岩浆沿断裂带的中酸性侵入岩侵入白云石大理岩，在海拔3500米至5000米高的山岩间形成以透闪石和阳起石为主并含微量透辉石、蛇纹石、石墨、磁铁等矿物质，这就是和田玉的原生矿石。当夹生在海拔3500米至5000米高的山岩中的矿石经长期风化剥解为大小不等的碎块，崩落在山坡上，这些大小不等的矿石碎块称为“和田玉山料”，其中有些矿石碎块再经雨水冲刷流入玉龙喀什河中，经过河水几百甚至上万年的冲刷，就次生改造成了“和田玉籽料”。我国另一种重要的软玉——岫岩玉所在的辽东地区，在中生代时期由于地壳运动岩层产生褶皱隆起，同时伴有岩浆岩体侵入,大量含氧化镁、二氧化硅、氧化钙、氧化铁等矿物成分的热液沿层间构造渗入,为岫岩玉矿床的形成提供良好的条件。岫岩玉的主要成矿带赋存于白云质大理岩、菱镁矿岩中,属热液蚀变产物。产于河南省南阳市独山的南阳玉(独山玉)矿床位于华北板块和华南板块之间的碰撞造山带一秦岭造山带内,故形成必然与秦岭造山带的构造发展演化密切相关,矿床是在特殊构造背景下地幔岩浆长期分异演化的结果,独山玉石就产于与地幔岩浆作用形成的辉石岩和斜长岩中。

硬玉通常指翡翠,是产生于2000万年前的矿石。翡翠产地主要有缅甸、危地马拉、日本、俄罗斯和哈萨克斯坦等。因为世界上公认质量最好的翡翠产地在缅甸北部密支那勐拱地区,95%以上的商业品级翡翠来自该地区,故翡翠也称为缅甸玉。关于缅甸翡翠是如何形成的,有很多民间传说,但现地质学家根据对亚洲区域地质构造的研究,发现缅甸翡翠原生矿的形成至少经历成岩和成玉两个阶段。大约3500万年前,印度板块沿东北向与欧亚板块相撞,并俯冲到欧亚板块之下,造成青藏地区隆起成高原,并在我国云南及缅甸北部地区形成一条弧形的缝合线(即雅鲁藏布江缝合线)。强烈的地质构造活动,不仅使整个地区形成巨型山脉,而且造成很多的深断裂及沿断裂带侵入的大量超基性岩,缅甸北部翡翠矿区正位于两个板块的碰撞缝合线附近。当洋底滑入大陆边缘,洋底表层的冷的岩石被挤压推回地面时,接触带上的岩石要经受巨大的压力,岩石在压力下发生高压重结晶作用,形成蓝闪石片岩,或者蓝闪石——硬玉片岩,成为有一定商业价值的翡翠。一些暴露在自然界的原矿在风化作用下剥蚀、滚落至山下堆积,长期受水流沙磨、日照风吹的侵蚀、风化等,结构较松散的部分被流水冲刷走,留下外表有特殊皮壳的质地坚硬的翡翠,这一过程是翡翠次生改造过程,由此产生的翡翠叫作水石,往往是翡翠中的精品。尽管日本、哈萨克斯坦、危地马拉、美国加州等地均有硬玉,但这些地区翡翠矿床的成因亦各有不同,其质量与产量远不如缅甸。

三、矿石在我国的开发利用

(一)古代对矿石的开发利用

我国先民早在新石器时代就开始了矿石利用。夏代开始从自然铜的利用向青铜器过渡,并逐渐达到繁荣,战国时期之后铁器普遍使用,对铜、铁、银、锡、铅、汞等矿产也进行了不同程度的开发。秦汉时期,随着国家的统一,经济的发展与管理的加强,矿业因摆脱战国后期的战乱影响而逐步恢复,盐矿和铁、铜、金、银、铅、锡、汞等的开采进入一个兴盛时期。魏晋时期，煤炭已用作生活燃料，人们也已懂得将石油做燃料用于战争中的火攻。隋唐时期是我国古代矿业的繁荣时期。除了金属矿产的开发利用出现了一个高峰外，盐业的生产也有很大的发展。隋唐矿政的一个重要特点是全力发展铜矿并将采矿权全部收归国有。经过五代时期由于战乱而导致矿业的萧条之后，宋元明清几个朝代的矿业继续发展。煤在宋代已成为人们日常生活和手工业较为普遍使用的燃料，山西已有很多人以采煤为生。煤炭已成为国计民生的重要资源。

几千年来，我国人民对矿石的开发、生产和利用，对我国政治、经济、文化的发展和社会的进步及生产力的提高起过很重要的作用。在明代和更早的时期，对矿产资源的利用技术就居当时世界先进地位。直到19世纪后半叶半封建、半殖民地状态下，帝国主义以掠夺方式在中国开办矿山，由于没有及时注意吸收和采用世界上其他国家出现的新的科学技术成就，致使中国近代矿业处于非常落后的状态。

(二)当代对矿石的开发利用

目前，世界上有工业价值的矿产约150种，其中80余种应用极广。我国的矿石资源种类多，通过对矿产资源的大规模勘查，到1990年年底，中国已发现162个矿种，探明储量的矿种有148个，其中已探明储量的金属矿产有54种，钨、锑、钒稀土和钛、钼等金属矿石探明量居世界首位，镍、锌、铜、铅矿产储量居世界前列。但是，我国矿石资源的开发利用存在许多问题：一是矿石资源分布不均，北方多煤、石油，南方多有色金属；二是一些矿石种类虽然储量丰富，但贫矿、伴生矿石比重大，增加了分选、冶炼的难度；三是由于开发利用不科学不经济，一些矿石资源遭受破坏面临枯竭，一些矿业生产地地域和时间分布上不平衡；四是尽管一部分矿石资源的储量名列世界前茅或首位，但人均占有量却低于世界水平，需要从国外大量进口。

拓展学习 ▶

1. 浙江省有哪些矿藏资源？
2. 叶蜡石有什么用途？
3. 浙江省内哪里出产叶蜡石？

第三节　奇石天成:奇石的成因

一、奇石的定义

(一)奇石的定义

奇石是什么?通俗地讲,天然形成的、能够满足人们的好奇心理或审美习性,可供人观赏、把玩、收藏,并能够让观赏者产生内心良好感受的石头就是奇石。

“奇石”的概念在古代的论石著述中应用得最为广泛。例如:唐武宗时著名的嗜石宰相李德裕就写有《题奇石》诗多首,其一云:“蕴玉抱清辉,闲庭日潇洒。块然天地间,自是孤生者。”《宋史・外戚传》记载北宋真宗时驸马李遵勖“所居第,园池冠京城,嗜奇石,募人载送,有自千里至者,构堂引水,环以佳木”。明末清初政治家、收藏家孙承泽所著《春明梦余录》中有曰:“古云山秀,米太仆万钟之居也。太仆好奇石,蓄石其中。”

(二)奇石的分类

奇石的范围非常广泛,无论大小,无论处于何地,都可能成为奇石。如果要划分,则可作以下分类:

首先,根据是否可以移动,分为可移动的奇石与不可移动的奇石。大自然中的奇山异峰是不可移动的奇石;可摆放于园林建筑内、几案上甚至人们手中把玩的则是可移动的奇石。这种可移动的、采自大自然的、独立成块的天然山石,也被称为“独石”。

其次,在“独石”中,那些在形、质、色、纹方面具有个性特色,可以欣赏、收藏、交换并可以艺术再造的岩矿标本,被称为“奇石”。而中华石文化中所谓的“奇石”,通常是指在形态、色泽、质地、纹理等方面因大自然鬼斧神工而给人以美好观感或使人内心产生某种情感、联想的,可供人们欣赏、把玩、陈列、收藏的石头。这类石头具有自然和人文双重意义,经人为发现、创意、鉴评的审美艺术过程,具有装饰、欣赏、收藏、研究、交换、教育等功能和价值。

再次,中华人民共和国国土资源部 2007 年 9 月 14 日发布、当月 20 日实施的中华人民共和国地质矿产行业标准《观赏石鉴评标准》中确定了“观赏石”的概念，并规定“观赏石有广义、狭义之分。本标准指狭义的观赏石，即在自然界形成且可以采集的，具有观赏价值、收藏价值、科学价值和经济价值的石质艺术品。它蕴涵了自然奥秘和人文积淀，并以天然的美观性、奇特性和稀有性为其特点。”

本书中所谓的“奇石”，即指这类狭义的“观赏石”。

(三)奇石的其他称谓[①]

自古以来，奇石又被称为观赏石、灵石、怪石、美石、供石、玩石、艺石、趣石、巧石、摆石、贡石、园林石等，而在那些深受中华传统文化影响的东南亚一些国家，奇石又被称寿石、雅石、水石等。

1. 怪石

“怪石”一词最早出现在战国时期的地理著作《尚书·禹贡》中，根据该著作记载可知，当时怪石是作为进贡物品之一的。什么是“怪石”？后人解释道：“怪，异。好石似玉者。”突出石之怪异状态。它的用途，一是“以为器用之饰。”二是“以为玩好也。”此后，人们对怪石的形容渐趋明确，如南宋赵希鹄的《洞天清禄集·怪石辨》有描述：“怪石，小而起峰，多有岩岫耸秀嵚嵌之状，可登几案观玩，亦奇物也。”

2. 异石

“异石”与怪石同义，最早见之于南朝梁朝史学家、文学家萧子显所撰的《南齐书·文惠太子传》，其中记载其苑囿中“多聚异石，妙极山水”。北宋进士彭乘所写《续墨客挥犀》披露异石藏事说：“朝仪李芬好奇，有异石，高二尺，嵌空可爱，每日在未时即有气出石穴中，若烟云之状，依候俟之，万不差一，因曰之为未石。”南宋赵希鹄撰《洞天清禄集》在“怪石有水自出”一条中介绍：“绍兴士大夫家有异石，起峰，峰之趾有一穴，中有水，应潮自生，以自供砚滴，嘉定间，越师以重价得之。”明代英宗朝尚书王佐撰《新增格古要论》中也专有《异石论》，涉及各地出产之奇石。

3. 采石

“采石”为我国先秦古籍《山海经·西山经》中首创：“凄水出焉，西流注于海，其中多采石”，对此西晋郭璞作注曰：“采石，石有采色者。”我国近现代著名的地质学家、地质教育家、地质科学史专家、中国科学史事业的开拓者章鸿钊在其《石

---

① 有关“奇石”的其他雅称，参见《奇石的界定、雅称和分类》，http://www.gss.org.cn/uf_2016_01_03_html/ZX/JT/2010/01/26/14472016895.html。

雅》一书中评道:“采石以多色著,而异乎文石之以多文著者也。”

4. 文石

所谓“文石”,指有纹理、可赏玩的石块,《山海经》中提到出产文石的名山有八九处之多。与如今所谓的“博山文石”,含意不尽相同。

5. 美石

“美石”一词首见于《山海经》,其中《东山经》云:“独山其下多美石。”唐朝开元初曾为礼部尚书的郑惟忠在其《古石赋》称:“博望侯周游天下,历览山川,寻长河于异域,得美石而献汉武帝。”但至于此“美石”形状色泽如何,均不得其详。北宋大文豪苏东坡亦曾用过此称谓,其《怪石供》云:“今齐安江上往往得美石,与玉无辨,多红黄白色,其文如人指上螺,精明可爱。”此处的美石应当是指江中的雨花石。

6. 巧石

明朝文人林有麟所著《素园石谱》记载唐朝的李德裕因党争倾轧败落后,丹阳郡王李守节得其名园平泉庄,竟从山庄废墟中“发土得巧石,前后几千块,多有骇世者”。北宋大臣陶谷所撰文言琐事小说《清异录》中也有道:“契丹东丹王突,欲买巧石数峰,曰为‘空青府’。”

7. 绮石

“绮石”,乃指有绚丽花纹之石。晚唐五代时期冯贽在《记事珠》中有道:“王维以黄瓷斗贮兰蕙,养以绮石,累年弥盛。”

8. 供石

也称石供,北宋大文豪苏东坡在其赏石名篇《怪石供》《后怪石供》中,首次提出了以石为供的概念,后世遂有“供石、石供”之称。但后人通常称的“供石”,一般有较大体量,安置于座架或瓷盘上,与《怪石供》中的江中小卵石是有所区别的。

9. 贡石

贡石尚未见古籍记载,可能是因为上古时怪石为贡品,或者与北宋末年花石纲事件有关,现极少有人如此称呼。

10. 雅石

雅石这是由我国台湾地区赏石家提出的,认为人们观赏石头不仅是观赏其外表的奇、怪、色彩,更应该共赏诗情画意般优雅的意境,体会石头的奥妙,所以提出“雅石”的概念。

11. 寿石

韩国人认为岩石有永恒的生命，故将奇石称之为“寿石”，它所包含的范围与我国定义的奇石相近。

12. 水石

日本赏石界将室内观赏石分为两类，一类称“装饰石”，包括色彩石、图案石、抽象石等；一类称作“水石”、包括山水景石、形象石等。日本的奇石展览则称为“水石展”。

二、奇石的成因

奇石多由各种岩石形成，是大自然鬼斧神工的杰作。奇石之奇在其自然天成的奇、绝、美、妙，因而具有观赏、玩味、陈列、装饰、收藏等价值。了解奇石的成因，就能掌握不同奇石形、色、质、纹形成的机理，也能为发现新的奇石品种、找寻新的石源提供方向，了解各类奇石的价值，则有助于我们更好地开发、挖掘、发挥奇石的价值，不断丰富石文化内涵。

(一)奇石的基本成因

我们生活的地球，每时每刻都在发生变化：地壳在运动，地貌在演变，岩矿在分化。导致地壳组成物质、地壳构造和地表形态不断改造和变化的作用，我们叫地质作用。

1. 独石的形成

“天地氤氲，万物化醇。”地质学告诉我们：奇石是地质作用的产物。地质作用不断地转移和重新组合地球表层(地壳)的物质(岩矿)。我们认知的宇宙是运动的，星体在“万有引力”作用下时刻在发生难以预测的力能。我们生活的地球是公转和自转同时产生力能，所引发的地壳运动、大陆板块漂移、地质灾变等，使岩矿的形态变化无序，这是形成“独石”的主因。这些暴露于地表或地表附近的地壳岩体，在火山、地震、山崩、洪水等外动力地质作用下剥离母岩，成为“独石”。这些独石根据其来源又分为岩石类奇石、矿物类奇石和古生物化石类奇石。

2. 奇石的形成

所有的奇石都来自于组成地壳的岩石，是地壳上的岩石在各种地质作用下形成的自然产物(除陨石)。故从形成过程和石质的自然属性看，岩浆岩(火成岩)、沉积岩和变质岩是奇石的三大来源。

然而,奇石的诞生和成长是奇妙的,它的成因往往非常复杂。亿万年间的造山运动、火山爆发、地震海啸、冰川流动、彗星撞击、日晒雨淋、水冲浪打、闪电雷击、火烧崩裂、风化浸蚀、风沙磨砺、氧化还原、离子分解、光合作用等物理和化学变化,形成众多单个较小石块,即“独石”,而自然力的物理性和化学性作用会使岩体表层变异,不同矿物组分的岩体会有不同成形。如化学成分不同,稳定性就有差异,风化的难易程度也不同。又如岩体的结构、构造不同,致密度差异导致程度不同的溶蚀、流失等不同的结果。这些地质作用会使“独石”再次慢慢地发生表层剥蚀、位置搬动、形态风化等变化。与构造运动强弱作用下岩体破碎的程度、体量大小、形态各异关系密切,“独石”的初始形态是内外合力作用下形成“奇石”与否的关键因素。其中极少数的石头或因其有趣的形态,或因其动人的颜色和图案,或因其珍贵的质地等具备了给人类美感或情感的承载条件,当被人们发现,被人们喜爱就成为奇石。人们欣赏奇石,实在是欣赏、感叹自然之力对石头本身的神奇造化。

总体来说,地球上几乎所有的岩石都有可能因以下情况而成为奇石:(1)火成。凡石质多为火山及岩浆活动以及各类变质作用为主形成的奇石,皆可称为火成奇石。(2)水成。凡在地下水或地表水为主要作用下形成的各类奇石,皆可称为水成奇石。(3)风成。凡其外部形成为风沙所吹蚀和磨砺的,皆可称为风成奇石。

(二)奇石“形、质、色、纹”形成的原因

科学赏石观要求我们知其然,亦要知其所以然。因而对于奇石美丽的“形、质、色、纹”的成因需要有大致了解。

1. 奇石的“形”

奇石的“形”是天工开物造就的,其千姿百态,神秘莫测,往往令人惊叹。不过“形”产生的原因主要有:一是岩体化学成分不同,结构、构造不同,致密度差异导致程度不同的溶蚀、流失等不同的结果。二是经历外动力地质作用改造,主要是通过流水搬运磨蚀,流水冲蚀和地下水溶蚀,风沙吹蚀和雨打日晒爆裂等。

2. 奇石的“质”

质就是质量、本质和实质。在奇石中“质”的具体内容就是岩石、矿物和化学元素,以及其致密程度、排列方式等等,外在表现就是密度、硬度、光洁度、光泽等等。奇石的“质”主要取决于各石种本身的岩性物质结构。其品质表现在观感或触感时的致密度、滋润度、光泽度、纯净度和厚重度。鉴别奇石质地好坏、优劣的

决定性因素是其内在的岩矿结构和成分比重。但有些化学和物理性质与其无关,如"摩氏"硬度是指岩矿抵抗外力的刻画、压入、研磨的能力,与岩矿的质地有一定关系但不成正相关。

3. 奇石的"色"

奇石的"色"是指岩矿体产生的不同颜色的物理特性。"色"由组成岩石的矿物所含的色素离子、致色元素和带色矿物的不同种类、分布状态和含量多少决定。一般奇石的"色"的成因分原生色和次生色,有的保持了矿物元素的自然本色,有的经过氧化变色,有的互相浸染中和彩色。色素离子致色主要指金属阳离子起成色作用,一般有几种情况:单一金属阳离子各有特殊致色作用,如铁离子致红色或棕黄色、锰离子致黑褐色、铜离子致绿色等;同种金属阳离子以不同的化合价出现,也会发生不同的成色作用;双重阳离子致色,会呈现几种颜色及色晕;多种阳离子致色则呈现五彩斑斓。矿物元素有其固有的色彩,属自然色,可以使岩矿致色;一般黑色元素碳颜色稳定使岩矿呈黑色,如安徽黑灵璧石;又如广西合山彩陶石中的黑珍珠属于黑色硅质岩。碳元素致色不易褪色,而有些粉末状黄铁矿所呈现的黑色,易与水形成亚硫酸起漂白作用故容易褪色。有些岩石上的巧色纹理,是岩体的节理裂隙及毛细孔,遇到亚铁或高铁离子浸入致色,最典型的如广西大化石,是红水河中带有多种矿物元素致石头颜色丰富多彩。

4. 奇石的"纹"

奇石的"纹"是岩矿体表面细部机理特征的总称,也是内外动力地质作用的结果。大自然造就了岩矿表面的奇妙景观,如花纹、文字、线条、斑块、图案等,纹理按成因可分为原岩纹、沉积纹、浸染纹、充填纹、褶皱纹……总之是地质作用的结果。形成纹理的原因大致有:一是由沉积作用形成,即沉积物在沉积过程中,搬运有分选、物质有叠加、成分有粗细、软硬有更替等,呈现不同物质、不同颜色的层理纹。二是由变质作用形成,矿物重结晶不同的成分有不同的纹理和颜色,在变质作用下会形成不同的纹理,也有些置换矿物不同形成的纹理。三是由火成作用形成,如火山喷发造成矿物之间的浸入作用会产生纹理。四是由构造运动引起的岩体褶皱、断裂而造成的波状纹或构造岩的纹理。五是由风化作用,矿物色离子致色形成的纹理。

(三)四大传统奇石的成因

1. 灵璧石成因

四大传统奇石之首——安徽灵璧石形成于古代震旦纪期间(距今约8亿

年—4.4 亿年),最初这里是一片浅海的海滨,藻类植物大量繁殖生长,形成礁体,在海相沉积作用下,发育成今各类石矿体,又在震旦系构造上沉积并形成了震旦系——奥陶系的碳酸盐岩石。从古生代(距今约 4 亿—2.3 亿年) 至中生代(距今约 2 亿年),经过几次构造运动,海水消退,这一带隆为陆地,地层发生了褶皱和断裂。在侏罗纪晚期至白垩纪,有地质构造运动和火山岩喷发活动,出现了岩浆岩地质。进入新生代(距今 1.2 万千年),在石灰岩溶蚀地区沉积了第三纪地层。近 100 万年,形成了第四纪冲积平原地层。几经以上漫长复杂的地理变化后,才形成了今天特殊地质和造型的灵璧石。其中磬石为粉晶石灰岩,呈显微它形等粒镶嵌结构,主要成分为方解石(大于 95%)、白云石(大于 3%)、黄铁矿和铁的氧化物(小于 2%)及微量泥质;而黑色大理石则为微一粉晶石灰岩,呈显微它形粒状镶嵌结构,主要矿物成分为方解石(大于 95%)、泥质(约 5%)及微量硅质。灵璧石不仅仅是观赏名石,也是优质的工艺石材,其中更蕴含着大量的科学信息,对探索地球早期海洋碳酸盐沉淀作用和研究前寒武纪地球大气圈及生物圈的演化具有重要意义。例如:珍珠石是罕见的宏观藻类实体化石,是探索前寒武纪真核生物的起源与演化的宝贵实物。

2. 太湖石的成因

江苏太湖石是中国古代四大名石之一,以“瘦、漏、透、皱”特征著称。太湖石为碳酸盐岩,石质成分主要是石灰岩、白云质灰岩、大理岩、大理石化白云岩等,石性坚实光润,生存于四五亿年前寒武纪和奥陶纪。构成太湖石鲜明特征的“独石”一定是在特定的地质作用下形成的,太湖石与太湖的成因一直是一个地质科学之谜。关于江苏太湖的成因,学术界长期存在着泻湖说、堰塞湖说、构造沉降说和火山说等多种假说。近年来,太湖西南侧的圆弧地貌特征引起国内外学者对“陨石冲击坑成因说”的关注和争议。最终,南京大学地球科学系的专家经过考证,确认太湖沉积淤泥中发现的各种奇石和石棍,保留明显的冲击溅射特征,显示其形成经历冲击震碎、熔融、挖掘抛射、空中飞行等阶段,最终溅落在冲击坑及周围,由此推断太湖冲击坑的形成应该小于 1 万年,而太湖奇石是太湖冲击坑的溅射物。

3. 昆石的成因

昆石产于昆山市玉峰山,即马鞍山中,是距今 5 亿多年前的寒武纪海相环境的产物。大约在几亿年以前,由于地壳运动的挤压,昆山地下深处岩浆中富含的二氧化硅热溶液侵入了岩石裂缝,冷却后形成石英矿脉。在这石英矿脉晶洞中生成的石英结晶晶簇体即白云岩毛坯开采出来后,经过曝晒、碱水反复冲刷、剔除石孔内泥屑石粒、用一定浓度的草酸洗去石上的黄渍并晒干等步骤后，便成为洁白如雪、晶莹似玉，给人以纯洁美感的昆石。

4. 英石的成因

英石因盛产于广东英德的英山而得名。它是一种形成于约3亿年前的石灰岩石山，自然崩落后的石块，有的散布地面，有的埋入土中，经过千百万年或阳光曝晒风化，或雨水冲刷，或流水侵蚀等作用，致使其局部遭受侵蚀溶解，而形成充满沟、缝、孔、洞的奇形怪状，并具有“皱、瘦、透”三个特点，质地细腻、纹理奇特，具有独特的观赏价值，自古至今深受奇石爱好者青睐。

(四)戈壁石成因

戈壁石，又称风棱石、风砺石，因产在内蒙古、新疆、宁夏、甘肃的沙漠戈壁而得名，其品种繁多，但至今还没有系统分类和统一的名称。其中内蒙古戈壁石主要有玉髓、玛瑙、沙漠漆、石英、碧玉、硅化木、蛋白石；新疆戈壁石主要有彩玉、玛瑙、戈壁千层石、泥石、沙漠玫瑰石、泥质结核石等。两地戈壁石色彩斑斓，造型奇特，坚硬凝重，手感滑润，但它们的成因还是有所不同。

1. 内蒙古戈壁石成因

内蒙古戈壁石主要出产于阿拉善，阿拉善戈壁石因产在戈壁滩而得名，但戈壁滩并非形成戈壁石的主要原因。阿拉善在远古时代也是海洋的故乡，元古代晚期的中生代三叠纪时(距今2.5亿—2亿年前)，这里地壳运动剧烈，海底火山爆发，陆地多次沉浮，地下深处的玄武岩浆喷发或溢流出来，到地表后迅速冷凝，岩浆中含有大量二氧化碳、水蒸气等气体被冷凝其中，气体占位使玄武岩形成了大小不等、形状各异的空间(气孔或裂隙)，二氧化硅或含碱性金属阳离子很高的热液呈胶状富集，沿裂隙挤上来，在高温高压作用下，又钻入玄武岩气孔，便被冷凝成玛瑙、碧玉、蛋白石、积骨石等气孔充填物。而玄武岩气孔的形状如同铸造工艺中的模具，硅胶热液如同铸造中的铁水，气孔的千姿百态决定了充填物的千奇百怪。同时，这里常年狂风肆虐，昼夜温差极大，岩石在这种环境下很快被物理风化。当玄武岩被风化后变成沙土，充填于基岩气孔中的硅质充填物便暴露出来，由于其硬度大(摩氏硬度在7左右)，往往残留于原地，经受亿万年风沙的研磨，最后形成今天我们看到的形状各异、质地优良、小巧精美、基本都已经玉化或者半玉化的玛瑙、碧玉、蛋白石、玉髓、沙漠漆等。而且，不同的戈壁石成因也有所不同：风棱石为戈壁风蚀产物，质地多为石英岩；碧玉是由含铁及其他杂质的二氧化硅物质，充填于气孔中，后经淋滤、风化、剥离而成的色彩斑斓的岩石；

硅化木是乔木在地下经过漫长的硅化而成;沙漠漆则是由于戈壁基岩裸露的荒漠区,地下水上升,蒸发后常在石体表面残留一层红棕色氧化铁和黑色氧化锰薄膜,像涂抹了一层油漆而得名。

2. 新疆戈壁石成因

新疆自古就有"金玉之邦"的美称,这片富饶而神秘的大地,占了全国六分之一面积,拥有万山之祖的帕米尔山、巍巍的昆仑山、挺拔俊秀的阿尔泰山、高耸入云的天山、荒无人烟的阿尔金山,准噶尔、塔里木盆地,塔克拉玛干大沙漠等,沙漠、戈壁总面积占全国 55.6%,大小河流 570 条。这里地层齐全,构造复杂,岩浆活动曾经十分频繁,岩石种类丰富,矿物应有尽有,而高山和盆地的落差,昼夜悬殊的温差,冰川大河、大风风沙把岩石不断地搬运、冲刷、研磨,因而孕育、造就了百多种奇石。新疆风棱石主要分布在哈密马蹄山、沙垄、彩霞山和鄯善卧龙岗一带及罗布泊以东。距今 8 亿年前震旦纪灰岩、硅质岩、硅质灰岩、硅质泥沙岩等,在干旱的、狂风肆虐的荒野上,被夹带细沙的风不断地刮磨着,一些构造不均匀的岩石被风沙刮去了局部稍软的部分,剩下了最为坚硬的部分,由此成就犹如骨架一般,骨感风韵、千姿百态的风砺石。风砺石是迄今所开发的硅酸岩石种中造型变化最大的,也是最具中国古典赏石风格的当代石种。新疆戈壁泥石,又称"羊肝石",主要产于哈密南湖戈壁、鄯善南戈壁和罗布泊,形成于距今 1.5 亿年左右的侏罗纪时代,当时湖泊中含大量泥沙,湖水消退后水分被蒸发,湖底的泥质颗粒沉积形成泥石。泥石属于沉积岩中的泥质岩或泥沙岩,摩氏硬度 4—5 度,20 世纪 90 年代末被人们发现,目前资源已枯竭。其质地细腻如紫砂,以棕红、咖啡、绿色、黄色、黑色等单色为主,石面有树枝纹,水波纹、沟槽纹、回字纹及类似阿拉伯文字的字母的肌理,极具现代艺术风格,令赏石者陶醉。新疆玛瑙属火山岩产物,由隐晶质纤维状玉髓组成,主要生成于中基性熔岩的空洞及裂隙中,经历强烈风蚀、风化的新疆玛瑙石,体量不大,色彩艳丽,纹理丰富、造型奇特。

(五)水石的成因

中国河流众多,长江、黄河、红水河、松花江、乌江等河流中盛产的奇石被称为水石。而每条河流经的地质地貌不同,由河水冲带出的奇石的成因亦不同。

1. 长江石成因

长江石是以长江的源头塘沽娜山到出口吴淞口河段产出的石头,其中也包含了很多支流汇集到长江的石头。长江石之所以种类繁多,颜色丰富,水洗度好，是因为青藏高原复杂的地质结构为长江石提供了石质细腻、色彩丰富、图文并茂的天然原材料。金沙江、岷江、大渡河、青衣江都具备流量充沛、落差巨大、河谷狭窄的特点，自然形成了一条理想的“奇石自动加工线”。长江中上游主要分布在四川盆地及其西部地区，该区流域分布着大量沉积岩、火成岩、变质岩。地质构造复杂，地貌崎岖，主干支流发育，从而形成了现在的长江石。江岸，特别是上游高山的山石经过自然风化，河水搬运，水打沙磨，形成了现在色彩丰富、花纹奇特、品种繁多的长江卵石奇石。因而四川境内的长江奇石种类繁多，颜色丰富，皮老质坚，水洗度好，是不可多得的奇石石种。

2. 黄河石成因

黄河流经青海、四川、甘肃、宁夏、内蒙古、陕西、山西、河南、山东等九个省、自治区，途中穿山越峡，切入崇山峻岭，沿途岩石坠入河道中，经河水的搬运、冲击，形成了许多色彩艳丽，形态动人、数量众多的黄河石。黄河的不同河段，流经了火成岩、沉积岩、变质岩等不同地质，由于山石岩质、矿物成分等自然条件各异，因而在各个河段地区形成了不同类型的黄河奇石，有青海黄河源石、兰州黄河石、宁夏黄河石、内蒙古黄河石和洛阳黄河石，分图案石、形状石、色彩石、生物化石等四大类。

3. 广西奇石

广西大化县红水河自西向东贯通广西，流经天峨、都安、大化、来宾、合山等地段，河里奇石资源十分丰富，盛产数以百计种类的奇石。以合山彩釉石、大化彩玉石、来宾黑珍珠、硅墨石、卷纹石、都安瓷胎石、天峨纹理石等奇石名扬全国赏石界。红水河大化石以“形、质、色、纹”俱优的品质，鹤立现代观赏石名望之首。大化石生成于古生界二叠系约 2.6 亿年前，属海洋沉积硅质岩。其原岩为火成岩与沉积岩之蚀变带硅质岩石，石质细腻，石皮光滑，质地接近玉质，呈金黄、褐黄、棕红、深棕、古铜、翠绿、黄绿、灰绿、陶白等多种色泽，这种色泽是岩石受水中溶解的多种矿物元素如铁、锰离子致色素的长期浸染所致。

三、中国奇石的分布[①]

我国目前有 23 个省、5 个自治区、4 个直辖市、2 个特别行政区，如果根据行政区划来看奇石分布，基本上各省、自治区、直辖市都产生不同的奇石，都有在形态、色泽、质地、纹理等方面独具特色、值得我们欣赏、研究、收藏的奇石。

---

① 《全国各地观赏石大全详解》，http://www.wgqsw.com/qishi/3454.shtml。

具体来说，除上海、澳门没有特别的奇石外，其他各省、自治区、直辖市均有奇石分布，根据产地，具体情况如下：

黑龙江主要有：五大连池等地火山蛋、逊克玛瑙石、方正彩石、嫩江玛瑙石、黑龙江木化石等。

辽宁主要有：阜新玛瑙石、锦川石、宽甸石、南票石、山由岩绿冻石、太子河石、玉龙山龙珠石、朝阳化石等。

吉林主要有：松花石、长白石、安绿石(集安岫玉)、四平松风石、长春夫余国火玉、长白山水浮石、柏子玛瑙石等。

北京主要有：金海石、轩辕石、燕山石、房山太湖石、京西菊花石、十渡上水石、京密石、拒马河石、西山石等。

天津主要有：蓟县墨虾石。

河北主要有：唐尧石、模树石、兴隆菊花石、曲阳雪浪石、太行豹皮石、太行山竹叶石、涞水云纹石、唐河彩石、邢石、沧州石、康保肉石、康保风凌石等。

山西主要有：历山梅花石、大寨石、垣曲石、河曲黄河石、临县黄河石、绛州石、石州石、上水石等。

陕西主要有：汉江石、汉江金钱石、嘉陵江石、黑河石、汉中香石、洛河源头石、秦岭石、泾河石、陕西石菊、略阳五花石、梁山石燕、汉中金带石、汉中竹叶石、蓝田玉、平泉石等。

甘肃主要有：黄河石、庞公石、酒泉风砺石、酒泉玉石、甸山太湖石、噶巴石、甘肃黄蜡石、武都阶石、通远石、陇西巩石、洮河石、洮河绿石、祁连玉、酒泉玉、临洮玉、武山玉、酒泉夜光石等。

宁夏主要有：黄河石、贺兰石、宁夏戈壁石、集骨石等。

新疆主要有：哈密、罗布泊等地的大漠石、硅化木、戈壁泥石、玛瑙石，支拉玛依雅丹石、额河石、玛河石、塔格石、乌尔禾卵石(克拉玛依彩玉)，阿勒泰宝石、额河石、锂蓝闪石菊花石。

内蒙古主要有：阿拉善戈壁石、葡萄玛瑙石，巴林石，呼伦贝尔嫩江水冲玛瑙，锡林郭勒盟苏尼特肉石等。

河南主要有：洛阳河洛石、牡丹石、梅花石、灵锢石、天黄石、白玛瑙、雪花石、黄河石，南阳石，嵩山画石，三门虢石。其他还有汝州石、上水石、伊水石、相州石、林虑石、白马寺石、方城石等。

重庆主要有：夔门千层石、巫山龙骨石、重庆花卵石、乌江石、重庆龟纹石、溶洞石、宁河石、海宝玉、长江石等。

四川主要有:南充绿泥石,宜宾长江石,涪江石,岷江石,金沙江石,泸州雨花石、文石、空心石、星辰石、画面石,西蜀石,乐山菩萨石,青衣江卵石,涪陵松林石,三峡石、中江花石,西昌千层石,成都石笋石,川西墨石,雅安大渡河石,都江堰永康石,广汉菜叶石。

贵州主要有:贵州青、乌江石、铜仁紫袍玉带石、盘江石、马场石、清水江绿石、黔太湖石、安顺黔墨石、铜仁朱砂石、安顺红梅石、罗甸奇石、夜郎古铜石、安顺马场石、黔西南贵翠等。

云南主要有:金沙江石、怒江石、澜沧江石、大理石、云南石胆、水富玛瑙石、保山蜡石、锡石、乌蒙山石、绥江卵石、斜长石菊花石等。

青海主要有:河源石、江源石、西宁丹麻石、青海星辰石、青海桃花石、松多石、昆仑风砺石、湟水石、乌金石、昆仑玉石、祁连玉石、彩卵石、黑白彩石、青海石胆。

西藏主要有:拉萨菊石、红玉髓、玛瑙石、象牙玉石,仁布玉石,果日阿玉石。

山东主要有:烟台长岛球石、北海石,青岛崂山绿石,济南竹叶石、木纹石,潍坊木鱼石,临朐紫金石、齐彩石,淄博文石,沂蒙青石,日照婆罗绿石,临沂艾山石、杏山石、徐公石、红花石、彩霞石、冰雪石、龟纹石、金钱石、金星石,济宁天景石,青州红丝石,泰安燕子石。其他还有泰山石、莱州石、青州石、兖州石、峄山石、袭庆石、登州石等。

江苏主要有:苏州太湖石、昆山昆石、南京雨花石、南京栖霞石、南京黄太湖石、溧阳石、吕梁石、徐州菊花石、岘山石、茅山石、宜兴石、龙潭石、青龙山石、宜兴锦川石、湖山石、涟水怪石、常州斧劈石、镇江石等。

浙江主要有:绍兴水冲硅化木、金华黄蜡石、瓯江石、弁山太湖石、金华松石、天竺石、武康石、常山石、仙居木鱼石、常山假山石、永康鱼化石、临安石、奉化石、方华石、琅玕石、杭石、越石、青溪石、开化石、华严石等。

安徽主要有:灵璧石、宣城景文石、淮南紫金石、宿州褚兰石、巢湖石、宣城宣石、霍山蜡石、绩溪菊花石、泗州石等。

江西主要:庐山菊花石、雪花石,安义潦河石,九江雪花石、钟山石、江州石,玉山石笋石,赣州南安石,宜春袁石、芦溪石、蜀潭石,婺源龙尾石,玉山罗纹石、玉山石,修水修口石,平乐洪岩石等。

福建主要有:漳平九龙璧、莆田蜡石、怀安石、将乐石、建州石、南剑石等。

台湾主要有:花莲金瓜石、绿泥石、玫瑰石、竹叶石、云母石,新竹油罗溪口、关西黑石,南投黑胆石、龙纹石、螺溪石,澎湖黑石、文石。其他还有龟甲石、铁丸石、铁钉石、菊化石、神龟纹石等。

湖北主要有:黄石孔雀石、菊花石、鱼眼石、黄玉石,宜昌雨花石、震旦角石、龙马石、丰宝石、雷石、大沱石、香溪石、清江石,恩施菊花石、百鹤石,十堰绿松石、堵河石,其他还有汉江石、汉江水墨石、荆州松滋石、荆山太湖石、神农彩霞石等。

湖南主要有:武陵穿孔石、龙骨石、武陵石,安化彩陶石、黑墨石,永州江华石、道州石、石燕石、杨梅石、永州石、祁阳石,常德桃源石、桃花石、祈阊石,浏阳菊花石,怀化辰州石,耒阳碧彩石、水冲彩硅石,郴州彩硅石、黄蜡石。其他还有钟乳石、墨晶石、澧州石、邵石、衡州石、石鱼石等。

广西主要有:柳州草花石、运江石、大湾石、彩霞石、菊花石、结构石、叠层石、龟纹石、摩尔石、幽兰石、木纹石、类太湖石,来宾水冲石、石胆石、黑珍珠、来宾石,合山彩陶石,贺州八步黄蜡,百色彩玉石,三江彩卵石。其他还有邕江石、浔江石、桂川石、融石、马山石、都安石、石梅、石柏等。

广东主要有:英德石,潮州蜡石,台山蜡石,阳春孔雀石,花都菊花石,河源菊石,肇庆端石,雷州雷公墨,清远彩硅石、石骨石,韶关桃花石、钟乳石、仇池石等。

海南主要有:三亚孔雀石、黄蜡石、陨石,昌化江卷纹石,万州金星石。

香港主要有:千层石。

四、我国奇石的分类

关于奇石的分类,有很多不同方法。下面就介绍四种分类方法。

(一)根据形成的自然环境或人为条件不同分类

根据石头形成的自然环境如河流、湖泊、海洋、山坡、戈壁或其他人们不熟悉的环境等,以及经过人工加工等条件,可将奇石分为:

1. 水石

指产出于有地表水作用的地方,如河流、海洋、湖泊;水石包括流水搬运磨蚀形成的卵石和流水冲蚀(冲蚀时石头原地不动)形成的其他形状石头。又可分为:(1)水冲卵石。广义的水冲卵石应该包括所有因流水冲刷造成滚动、搬运、磨蚀而形成圆润外形特征的石头,如长江石、黄河石等,很多为圆卵形,也有其他形状。而狭义的水冲卵石则需要具有圆卵形的特点。水冲卵石是奇石中最重要的一大类,但其形态只是其被欣赏的原因之一,其所谓“奇”另一原因还在于其表面显示有趣的图案、美丽的色彩,而引人遐思、给人以美感。(2)水冲石。狭义的水冲石的主要的外形特征,是在原地被流水冲蚀形成,而非滚动搬运的磨蚀形成,如水冲花岗岩、摩尔石、大化石等。

2. 山石

产出于常年水流作用环境之外的山上的奇石。又可分为:(1)风化山石,主要经风化作用形成,如部分泰山石。(2)水蚀山石,主要经地下水溶蚀形成,如太湖石、灵璧石。

3. 戈壁石

产出于沙漠、戈壁滩上的石头,主要经风沙吹蚀而形成。如戈壁玛瑙、沙漠漆、风砺石。

4. 切磨石

指石头须经过人工切磨、雕琢、打磨后才能欣赏,包括:(1)打磨卵石,如清江石。(2)切磨石,如草花石。(3)雕琢、打磨石,如湖南浏阳菊花石、北京西山红柱石菊花石、河南洛阳牡丹石。

5. 其他石

指在南极、北极、月球、火星环境下形成的奇石等,具有很大的科学研究价值。

(二)根据欣赏因素不同分类

根据欣赏因素不同,奇石可以分为造型石、图画石、色彩石、质地石、特定成因石等几个大类:

1. 造型石

这类奇石"奇"在造型:有的形似高低起伏的山峰,有的穿孔如洞窟,有的似人物、动物、器物,有的虽不像任何的具体事物但形状富有情趣、耐人寻味,等等。造型石主要有:灵璧石、太湖石、昆石、英石、风砺石、云锦石、武陵石、吕梁石、轩辕石、摩尔石、来宾石、松花石、博山文石、结核石、姜石等。

2. 图画石

也称画面石,这类奇石表面显现画面或图案,有山水、云雾、人物、动物、森林、草地、花草、文字、建筑等,是一种以"图画"来展示自己个性的奇石。有的图案或纹理是特定形式的,有的画面是随意抽象、写意,有的是平面的,有的如同浮雕;表现形式千变万化,色彩丰富多样,神秘莫测,不拘一格,让人捉摸不定,令人赞叹不已。图画石大部分是江河卵石,如长江石,黄河石,清江石,金海石,龟纹石,菊花石,金钱石等。依据画面分类,可划分出山水画(中国画)、油画、朦胧画、生物图形等;依据载体的岩石来分,有板岩、灰岩、花岗岩、火山岩、玛瑙、碧玉、蛋白石等。

3. 色彩石

这类石头具有个性鲜明的颜色,这些颜色形成原因各异,有些是特殊矿物成分造成,有些是氧化作用等造成,有的是地质作用在石头外表的遗迹,大部分色彩石不一定具有特定的色彩和图案。这类石头包括大化石、新疆彩石、崂山绿石、长江红、三江彩卵、长江绿泥石等。

4. 质地石

这类石头具有特定的珍贵质地,同时因为这种特定的质地,往往也具有一些特定的颜色。这种质地珍贵的石头如果具有好的天然形态和颜色,往往更加珍贵。因为这类石头的质地是其最为珍贵的品质,所以经常用来雕刻或切磨成为工艺品或饰品。例如腊石、玛瑙、各种玉石和章料(如和田玉和寿山石)。

5. 特定成因石

除地质作用必然形成的三大岩类岩石之外的奇石都应该属于此类。它们之所以被喜爱和收藏,是因为他们特定的成因本身,或者因为特定的成因而具有的特定品质。例如:陨石、火山蛋、闪电熔岩。

6. 特种石

是指与人文或历史有关的石体,具有特殊纪念意义的石体,以及地质成因极为特殊的石体,以及前五类涵盖不了的其他具有收藏、观赏、研究等价值的石体。

(三)根据摆放、玩赏方式不同分类

1. 天然风景石

是一种作为风景来观赏的、置身于大自然中不可移动又千姿百态、妙在天然、极具观赏性的奇石。如黄山“飞来石”、云南“石林”、桂林“骆驼石”、福建平潭县的石海狮礁石等。

2. 庭园景观石

是形体较大,置于室外庭园中堆山叠石、散石点缀、孤石欣赏与造景的自然奇石,如大型泰山石、太湖石、斧劈石、灵璧石、九龙璧等。

3. 盆景石

即制作大、中、小型山水盆景、水旱盆景所用的山石材料。通常为未经雕琢或仅局部雕琢的岩溶石灰岩或燧石灰岩,以层状镂空式或水蚀龛笼式多孔穴盆

景石最具特色，部分火山岩也是理想的盆景石。

4. 供石

是主要的奇石的种类，一般以室内陈列布置或几案摆设为主，独立观赏，包括千姿百态的山水景石、形象生动的象形石、色彩艳丽的图案石和纹理石、剔透晶莹的矿物晶体、精美别致的古生物化石等，以自然形成为要素，形体较小，可以移动，富有观赏、研究和收藏价值。灵璧石、戈壁石、太湖石、昆石、英石、武陵石、雪花石、大化石、彩陶石、龟甲石、木纹石、九龙壁、贵州青、崂山绿石、栖霞石、长江石、黄河石、嘉陵江石等造型石、纹理石、图画石都可以作为供石。

5. 手玩石

古时也称袖石，即可在手中把玩，亦可藏于衣袖、口袋携带之奇石。手玩石的范围不限，凡是意趣生动、质地细腻、体量小巧，适宜于拿在手上观赏、摆弄、把玩而又不易损坏的奇石，皆可称之为“手玩石”。著名赏石大家苏东坡就曾作诗“我持此石归，袖中有东海，试观烟云三峰外，都在灵仙一掌间”，由此表达了对袖石的珍爱。

五、我国主要奇石的特色

(一)四大传统名石的特色

灵璧石、太湖石、英石和昆石为四大传统名石，自古均以天然造型取胜，无论大小，均妙在天工神镂，千姿万态，意境悠远，共同具有“瘦、皱、漏、透、丑”五大奇石审美要素，另又形神有别，内涵各异，各具独特之美：

1. 灵璧石

贵在透、漏、瘦、皱、质、色、音、韵之美，其形往往沟壑交错，粗犷雄浑，气韵苍古，纹理丰富，韵味十足；大者高广数丈，可置于园林庭院，立足为山，峰峦洞壑，岩岫奇巧，如临华岱；中者可作小丘蹬道、河溪步石、池塘波岸缀石、草坪散石点缀；小者可供于厅堂斋馆，或装点盆景，或肖形状物，妙趣横生；轻击微扣，可发出琤琮之声，余韵悠长，故自古有“天下第一石”之美称。

2. 太湖石

贵在以造型取胜，多呈玲珑剔透、重峦叠嶂、曲折圆润、灵秀飘逸之姿；由于长年水浪冲击，产生许多窝孔、穿孔、道孔，形状奇特峻削，千姿百态，异彩纷呈；或浑穆古朴、凝重深沉，或超凡脱俗、赏心悦目，无有重复，是叠置假山，建造园林，美化生态，点缀环境的最佳选择。

3. 英石

贵在自然透漏峭崎,清远幽深。英石又分为阳石和阴石两大类,阳石因裸露地面而长期风化,质地坚硬,色泽青苍,形体瘦削,表面多折皱,是“瘦”和“皱”的典型形态;阴石深埋地下,风化不足,质地松润,色泽青黛,有的间有白纹,形体漏透,造型雄奇,扣之声微,是漏和透的典型形态;总之,英石适宜独立成景,为制作假山盆景之上乘材料,大者可置园圃,小者可置几案,亦可掇盆景。

4. 昆石

贵在自然长成的呈网脉状晶簇体,天然多窍;按其形态特征有鸡骨峰、杨梅峰、胡桃峰、荔枝峰、海蜇峰等 10 多个种类,色泽白如雪、黄似玉,晶莹剔透,形状无一相同,佳者嶙峋冰清,体态飘逸,极尽天斧神镂之巧;若配上红木基座便可使得其格外典雅古朴,置于案几上可使人有“眼见尺壁,如临蒿华”之感觉。

(二)戈壁石的特色

也被称为风砺石、风棱石,是产于我国内蒙古、新疆等气候干旱的戈壁荒漠地区,长期在大自然风蚀作用下形成的特有观赏石品种。戈壁石大小不等,小者如绿豆、黄豆、蚕豆;大者直径可达 10—20cm 甚至更大,一般似鹅蛋、拳头大小;质地有玛瑙、玛瑙质类、碧玉、碧玉质类、玉髓类、沙漠漆、化石类以及以上石种的共生体等,还有戈壁千层石、沙漠玫瑰石、泥质结核石、鸡骨石、木化石等;大多如玉质般温润、光滑,颜色五彩缤纷;戈壁石的微观结构绝妙,表现奇异多变,形状有的似景,有的似物;似景者有的像雄伟壮观的群山、白雪皑皑的冰峰奇景,有的像古堡、石窟、石花;有的似物体,有的似飞禽走兽,有的似仙似人;等等。

(三)雨花石的特色

雨花石是由石英、玉髓和燧石或蛋白石混合形成的珍贵宝石,也称雨花玛瑙;我国最大的雨花石产地是江苏省南京市六合区,被誉为“天赐国宝,中华一绝”。雨花石分为细石和粗石两类:细石以玛瑙为主具有质地美、形态美、色彩美、纹理美、呈像美、意境美六大特点,石质细腻,颜色艳丽,磨圆度高,晶莹可爱;粗石质地较粗,以石英或变质岩为主,其中亦有可玩可赏的佳石。雨花石纹理、色艳变化万千,常可呈现各种山川云彩、人物神仙、花鸟虫鱼、风景树木等诗情画意的景象,使人遐想联翩,赏心悦目,因而自古受到人们喜爱。人们多爱将雨花石置于水盂中或陈设于书斋、案头上欣赏、收藏,甚至作为馈赠亲友的珍贵礼品。

(四)大化石的特色

大化石也称岩滩彩玉石,产于广西大化县境内的岩滩水电站附近河段,是

20世纪90年代发现、开发的中国奇石新品种。它的出现，打破了传统“皱、瘦、透、漏”的赏石观念，使延续了千年的中华赏石文化理论有了全新的发展方向，形成了以“形、色、质、纹”的当代赏石新标准；大化石石质结构紧密，水洗度、玉化度高，石肤温润如脂，富有光泽，色彩艳丽古朴，呈金黄、褐黄、棕红、深棕、古铜、翠绿、黄绿、灰绿、陶白等多种色泽；色彩艳丽，色韵自然，纹理清晰而具有韵味，图案变化无穷，令人有温馨之感。大化石无论大到一二十吨的巨石，或小到二三十克的小石子，石形多见嵩岳云岗之景或瑶台仙境之奇貌，千姿百态，气质高雅、神韵非凡。

（五）黄蜡石的特色

黄蜡石质坚似玉，有黄蜡、白蜡、红蜡、绿蜡、黑蜡、彩蜡等品种，但以黄色为多见，其中以纯净的明黄为贵，另有蜡黄、土黄、鸡油黄、蛋黄、象牙黄、橘黄等色。由于其二氧化硅的纯度、石英体颗粒的大小、表层熔融的情况不同，可分为冻蜡、晶蜡、油蜡、胶蜡、细蜡、粗蜡等。它不以“透、瘦、漏、皱”著称，而以石表滋润细腻、触感柔和、质地似玉、色泽光彩耀人、形状怪异叠出、淳朴自然者为贵。黄蜡石分布广泛，广东、浙江、云南、江西等许多地区均有质地优良的黄蜡石出产，是传统赏石中质地最为坚硬致密的一种，其大者可侧身于园林名石之列，有很高的欣赏价值，是陈设厅堂、点缀园林的上佳石种；小者堪与田黄石相颉颃，久经把玩，包浆滋润，极富灵气，是手玩佳石；而其中润滑细腻质胜于玉者，还可作为雕刻之优质玉材，广受人们的喜爱。

拓展学习 ▶

1. 浙江省哪些地区出产黄蜡石？
2. 黄蜡石有哪些利用价值和观赏价值？

第四节　石中密码:化石、陨石的成因

一、化石的成因与研究价值

(一)化石的成因

在漫长的地质年代里,地球上曾经生活过无数的生物,化石就是生活在遥远过去的生物的遗体或遗迹变成的石头,有植物(包括根、茎、枝干、叶、种子、果实、花粉、孢子、植石和树脂)、无脊椎动物、脊椎动物等的化石及其遗迹化石。这些生物死亡之后的遗体或是生活时遗留下来的痕迹要形成化石必须具有三个基本条件:(1)有机物一般要拥有坚硬部分,如壳、骨、牙或木质组织。不过在某些非常有利的条件下,即使是非常脆弱的生物,如昆虫或水母也能够变成化石。同样,那些生物生活时留下的痕迹也可以这样保留下来。(2)生物在死后必须立即避免被毁灭。如果一个生物的身体部分被压碎、腐烂或严重风化,这就可能改变或丧失该种生物变成化石的可能性。(3)生物必须被某种能阻碍分解的物质,如泥沙迅速埋藏起来而未因暴露遭受破坏。(4)被埋藏的生物尸体还必须经历亿万年时间的石化作用后才能形成化石。而且,在火成岩、变质岩和沉积岩三大类岩石中,只有沉积岩是能够保存化石的岩石。而沉积岩形成又有碎屑沉积、化学沉积和生物沉积,其中生物沉积岩保存化石的机会大大高于前两类沉积岩,因此人们往往把寻找化石的注意力放在各种生物岩中。例如,琥珀是数千万年前的树脂被埋藏于地下,经过一定的化学变化后形成的一种树脂化石,属于沉积作用的产物,主要产于白垩纪或第三纪的砂砾岩、煤层的沉积岩中。

(二)化石的研究价值

由于地球上的生物如何起源,将来的发展结局如何,至今人类没有终极结论,有的只是无法证实的假设。而不同时期的地层中含有不同类型的化石,相同时期的地层含有相同的化石及化石组合。从化石中可以看到古代动物、植物的样子,从而可以推断出古代动物、植物的生存习性、繁殖方式以及当时的生态环境,可以推断出埋藏化石的地层形成的年代和经历的地质、环境变化,可以看到生物从古到今的进化,等等。所以,化石是古生物学的主要研究对象,它为研究地球演变、地质时期的动植物起源和演变提供了最重要证据,是确定地层时代进而寻找矿产资源的重要线索，是研究古代动植物生活习性、繁殖方式及生态环境的珍贵实物证据，是探索地球演化史上生物绝灭事件、地质灾变事件、中央造山带演化、全球性的地层划分对比、生物及其生态环境的演替、气候变迁、恐龙家族的兴衰及其生活习性和食物链结构等科学问题，提供多方面的科学依据。故化石是宝贵的、不可再生的自然遗产，一些特殊种类、特殊形态的化石本身经加工或还具有极高美学欣赏和经济收藏价值。

知识链接 ▶ 《古生物化石保护条例》

我国的《古生物化石保护条例》由国务院第123次常务会议通过，自2011年1月1日起施行。该《条例》分为总则、古生物化石发掘、收藏、出境、法律责任、附则等六章，共45条。《条例》明确规定：中华人民共和国领域和中华人民共和国管辖的其他海域遗存的古生物化石属于国家所有；凡在中华人民共和国领域和中华人民共和国管辖的其他海域从事古生物化石发掘、收藏等活动以及古生物化石进出境，应当遵守该《条例》；国家对古生物化石实行分类管理、重点保护、科研优先、合理利用的原则，并按照在生物进化以及生物分类上的重要程度，将古生物化石划分为重点保护古生物化石和一般保护古生物化石两大类；对违法发掘古生物化石，不按照规定移交发掘的古生物化石，违法买卖重点保护古生物化石，违法转让、交换、赠予收藏的重点保护古生物化石等行为，规定了罚款、没收违法所得、吊销古生物化石采掘批准文件、治安管理处罚、追究刑事责任等法律责任。

二、中国化石的主要分布情况

中国是古生物化石资源十分丰富的国家之一，古生物化石几乎遍及全国各地。特别是近年来先后发现的云南澄江生物化石群、辽西古生物化石群、河南南阳恐龙蛋化石群、山东山旺动植物等珍稀古生物化石群、湖北郧阳“郧县人”和北京猿人头骨化石等，受到国际上特别是科学界的广泛关注。

云南澄江化石群是距今5.3亿年寒武纪早期海洋中的生物化石群，至今共发现40多个门类、180余种早寒武纪珍稀动物、植物化石，从海绵动物到脊椎动物以及已绝灭门类都有，是迄今世界上所发现最集中、最古老、种类最丰富、保存最完好的一个多门类生物化石群，成为“寒武纪生命大爆发”例证，被国际科学界誉为“古生物圣地”“古生物化石模式标本产地”“世界级的化石宝库”和20世纪最惊人的发现之一。

辽西化石是指出现于中国辽西地区的古生物遗体化石、植物化石和遗迹化石群，被称为“辽西古生物化石宝库”、1.4亿年以前东亚古陆上的“侏罗纪公园”。辽西化石群最为著名的有世界上保存最好的早期哺乳动物张和兽的骨架，有改写被子植物起源史的地球上第一枝“花”——距今1.45亿年(晚侏罗纪)的被子植物“辽宁古果”；有世界上第一批从“恐龙”向“鸟类”过渡的动物化石——中华龙鸟、原始祖鸟和尾羽鸟；有保存最完整早期蛙类化石……辽西中生代古生物化石群的重大发现，使得生物进化理论中存在的一些难题得到解决。

河南南阳恐龙蛋化石群时代大约为中生代白垩纪早期，是目前中国境内面积最大、数量最多、种类最全、发现年代最早的恐龙蛋化石群。此外黑龙江、四川、山东、内蒙古、广东、山西、河南、新疆准以及广西、贵州等地都发现有恐龙化石。2007年9月浙江省东阳市发现的“中国东阳龙”骨骼化石与蛋化石是首次发现的巨龙形类恐龙新种，它表明中国晚白垩世早期巨龙形类恐龙出现了更高程度的分化。

湖北郧县“郧县人”头骨化石被专家确认为距今已100多万前的远古人类化石，它改变了人类仅仅起源非洲的传说，向世界证明中国是早期人类的发祥地之一。1929年冬我国考古学家在北京周口店发掘出距今约60万年前的完整猿人头盖骨，后被正式命名为“中国猿人北京种”，简称“北京人”。“北京人”虽然不是最早的人类，但作为从猿到人的中间环节的代表，被称为“古人类全部历史中最有意义最动人的发现”，因此，“北京人头盖骨”极其珍贵，对研究人类发展史具有极其重大的意义。但不幸的是这块头盖骨化石在日本侵华战争中遗失。1930年中国古生物学家又发掘出生活于2万年前后的古人类化石，并命名为“山顶洞人”。中华人民共和国成立后，恢复了在周口店的发掘工作。至今共发现40个以上个体的猿人化石；1966年一具北京猿人头盖骨再次出土，形态特征较以往发现的北京猿人头盖骨具有更为进步的性质，这些化石都证明北京猿人的身体结构在不断地向现代人方向演变。

山东临朐县城东20公里的山旺村发掘出1800万年前各种动植物，山旺古生物化石现已发现的有10多个门类，40余种。植物化石有苔藓、蕨类、裸子植物和被子植物；动物化石有昆虫、鱼、两栖、爬行、鸟和哺乳动物各类。这些化石种类繁多，精美完好，印痕清晰，栩栩如生，被誉为“化石宝库”、古生物化石天然博物馆。

三、陨石的成因及研究价值

(一)陨石的成因

陨石是来自地球以外太阳系其他天体的未燃尽的碎片,是宇宙流星脱离原有运行轨道变成碎块飞快散落到地球或其他行星表面的石质、铁质或石铁混合的物质。陨石在坠落时,穿越地球大气层期间会因摩擦燃烧而产生明亮的火光,这就是人们所说的流星,故陨石也被称为“陨星”。

人们在观察中发现,在太阳系的火星和木星的轨道之间有一条小行星带,它就是陨石的故乡,这些小行星在自己轨道运行,并不断地发生着碰撞,有时就会被撞出轨道奔向地球,在进入大气层时,与之摩擦发出光热便是流星。流星进入大气层时因产生的高温、高压与内部不平衡导致爆炸,于是就形成陨石雨,未燃尽者落到地球上,就成了陨石。

多数陨石来自于火星和木星间的小行星带,但也有小部分来自月球和火星。大多数流星体在经过地球大气层时,与空气产生强烈摩擦,飞速进入大气层时表面温度达到几千度。在这样的高速高温作用下,绝大多数陨石整个都会瓦解、融化成液体,不会落到地球上,但每年仍有 500 颗左右来到地球。除月亮与火星之外,陨石是目前人类获得的唯一的地球外岩石样品。

目前人类在地球上寻获的陨石,可分为坠落陨石与发现陨石两类。那些经过大气层时被观测到而得以寻获的陨石,称为“坠落陨石”。而那些来到地球上时人们未发现或未记载,多年以后才被人们寻获的陨石,叫作“发现陨石”。据统计,欧洲和亚洲以 355 和 345 颗的坠落陨石数量位居一二位,而在各国的排名中,美国和印度的坠落陨石数量位居前两位,均达到 100 颗以上,而中国以 57 颗的数量居第四位。在中国第 30 次南极科学考察期间,我国科考队员在南极格罗夫山地区共收集南极陨石 583 块,使我国拥有南极陨石的总数达到 12035 块。由于特殊的自然环境和冰雪地貌,南极成为地球上的陨石宝库,人类迄今共在南极发现了近 5 万块陨石。随着人们以登月为标志的行星探测成功,从月球岩石的收集和研究中获得了月球物质组成和演化的资料,由此对陨石的成因和来源有了新的认识。

(二)陨石的价值

陨石价值涉及以下从科学研究、到精神信仰、再到经济文化等多层次。

1. 科研价值

陨石作为天上掉下来的“星星”,不同于地球上的石头。虽然目前人类的航天器已经能够探测月球、火星等,但航天能力及其探测的范围十分有限,而陨石是来自于流星体的各种组成部分,而且代表了宇宙的各个历史时期,这是探测器难以做到的。故陨石被称作宇宙空间的天然“探测器”、太阳系的“考古”标本。陨石在茫茫宇宙空间运行过程中,极可能受到碰撞而破碎,碎片直接暴露在宇宙射线之下会形成许多种宇宙成因,通过对陨石中各种元素的同位素含量测定,可以推算出陨石的年龄,从而推算太阳系开始形成的时期,了解太阳系外恒星演化的信息。对陨石中各种宇宙成因核素的研究,还可以为人们探讨银河系宇宙射线的成分、能谱,认识宇宙线的长期变化规律,弄清高能核反应的特点,反推陨石在通过地球大气层前的大小和形状,了解陨落时的运动状态等各方面,提供极有价值的科学资料。陨石含有的丰富的矿物,以及多种地球无法合成的矿物,对陨石中存在的各种有机化合物的成因研究,为探讨地球成因和早期演化历史,研究外太空以及航天航空都具有很大科学研究价值。

2. 经济价值

每年有多少陨石来到我们的地球?有加拿大科学家经过 10 年观测认为每年降落到地球上的陨石有 20 多吨,有两万多块。但另一说法是:每年撞入地球陨石仅有约 500 颗而能找到的仅 20 颗。还有资料称:体积较小的陨石坠落地球事件每年平均发生 5 至 10 次,规模较大的陨石坠落事件的大约 5 年发生一次。不管如何,大多数来到地球的陨石都坠落在海洋或人迹罕至的森林、山地、荒漠等地区,所以陨石坠落时人们通常难以察觉。陨石不凡的身世和稀有性,以及伴随陨石坠落所发生的一些重大事件或奇异故事,使得陨石又成为人们想象和构思奇妙、神秘自然世界的载体,尤其是那些经过世界陨石学会命名的陨石,或是经过鉴定含有稀有矿物的陨石,已成为财富的象征,一些陨石在国际陨石市场的价格超过黄金数十倍,因而收藏陨石往往是一种身份的象征,西方国家甚至将陨石称为“富人石”。不过,并非所有的陨石都有很大的经济价值。如普通的铁陨石在地球本身的矿藏中时有出现,算不上稀缺产品,外观也不靓丽奇特,无论是科研价值还是经济价值都不高。

3. 文化价值

在古代,因为人们对于陨石坠落原因不了解,由此产生了许多的想象与传说,并逐渐集聚成灿烂的陨石文化。例如我国数千年来人们对陨石的认识主要停留在“观天象”测君王祸福、国运兴衰方面，据其衍生出许多著名民间传说和历史典故。又如沙特麦加城穆斯林大清真寺内有一块 30 厘米长的带微红的褐色陨石，即有名的黑石，穆斯林视其为圣物，相传当年穆罕默德曾亲吻过它。朝觐者经过此石时，都要争先与之亲吻或举双手以示敬意。再如“安拉之泪”是 2011 年在新疆阿勒泰市红墩镇克兰大峡谷发现的一枚陨铁，其成分为铁陨石，呈不规则的圆锥体，高 2.3 米，底部直径为 1.5 米，重量为 17.8 吨，与藏于新疆地质矿产博物馆的“银骆驼”为同一来源的成对陨石。在当地穆斯林的信仰中，谁要是生活有困难，就会从这块陨石上面割下一点“银子”去换钱，但同时也会在石前宰杀一只羊，感谢上天的恩赐。后人们根据这一当地习俗，而将该陨铁命名为真主“安拉的眼泪”。一些历史上发现的传世陨石，饱含一代代人们的辛劳追寻、精心保护、虔诚膜拜……今山西省灵石县城有一块满身孔洞，似铁非铁，似石非石，颜色苍苍，扣声铮铮的石头，旧时附近乡民视为“神石”，前来焚香膜拜，祈求平安，后据考察系古代降落的一块陨石，灵石县名即因此物而得。

4. 开发价值

迄今为止，世界上已发现 176 个陨石撞击坑，而我国也有些地方疑似陨石坑，如内蒙古多伦、无锡太湖、贵州息烽、海南白沙等，但都还有待进一步证实。我国自 20 世纪 80 年代开始，就投入大量人力物力寻找、论证境内可能存在的陨石坑，但一直没有找到陨石撞击的关键证据。例如，据辽宁省地质科学研究者考察，19 亿年前有一颗 45 亿年前形成的“星星”撞向地球，在接近地面的时候发生剧烈爆炸，“星星”解体后形成的碎块化作陨石雨，主要散布在今天的沈阳市东陵区李相镇。成为迄今为止世界上发现的陨落时间最长、陨落规模最大的陨石雨，现在此地已建立起全国第一家陨石山公园。又如，白沙陨石坑是海南省一大地质奇观，海南省组织有关专家对白沙陨石坑及周边地质特征及地质资源进行野外调查，对陨石撞击资源进行科学研究，重点深入追索研究及论证锁定陨石撞击证据链，查明陨石坑地质资源的宏观形态、微观特征等天体撞击证据，以及相关自然条件、生态环境、分布范围，不同陨石撞击特征的空间分布等，目的就是为了更好地进行科学研究与经济开发。[①]

① 《我省启动调查白沙陨石坑地质特征与资源》，《海南日报》2016 年 01 月 05 日。

知识链接 ▶ **中国最大的铁陨石**

中国最大的铁陨石是发现于新疆阿尔泰青河县西北,名称为“银骆驼”的铁陨石。该陨石长 242 厘米、宽 185 厘米、高 137 厘米,体积 3.5 立方米,重约 30 吨,居世界第三。依据断裂面分析,其成分为黑白色铁镍金属。含铁量 88.7%,含镍 9.27%。特别是其中含有的锥纹石、镍纹石、变镍纹石、合纹石、陨硫铁和磷铁镍等是地球上没有的宇宙矿物。历史上,清河县曾经发生过陨石雨大坠落。无论是陨石的散落面积、规模和数量,都堪称世界之最。该陨石目前存放在新疆地质矿产博物馆。

四、中国发生的陨石事件

(一)有关陨石的历史记载

陨石源头可能是来自行星、小行星、月球、火星或现存于太阳系的其他天体,或是过去某一段时间在宇宙中漂浮、流浪与粉碎的一些小行星。这些陨石坠落地球各地的概率应当是大致相同的。但因为地形地貌、地质变化、人类活动等原因,地球上有些地方即使有陨石,也不容易发现。一般来说,生态环境自然原始、地面相对平坦、无人或少人活动的地区陨石会多一些。因为在这样的地方,陨石不会因地形和地质变化的原因被覆盖,也不会因为人类活动的原因被破坏或混杂。例如在中国广袤的大地上,人烟稀少的新疆、内蒙古和青藏高原地区,往往更容易发现陨石。而人类活动地区坠落的陨石往往会被人们看到,这类陨石多留下传说或记载。中国是世界上记录陨石陨落现象较早的国家,研究古代与陨石有关的记载,对于古代社会研究和今天的天文学研究,都有重要的意义。

“女娲补天”故事就可能是史前以神话形态流传下来的一次较为严重的陨石坠落事件。世界上有关铁陨石雨的第一次可靠记载,是在公元前 368 年。明末小说家董说编撰的《七国考》卷十三上记载有“秦献公十七年,栎阳雨金”,就是指这次铁陨石雨事件。根据 20 世纪 80 年代出版的《中国古代天象记录总表·陨石分册》所列举的陨石线索,从公元前 22 世纪到公元 20 世纪 40 年代,中国史籍所记载的陨石陨落共 581 次。《春秋》记载:鲁僖公“十有六年春壬正月戊申朔,陨石于宋五”,即公元前 645 年 12 月 24 日有 5 块陨石落在宋(今河南省商丘县城北)。这是世界上第一次有关陨石雨的详细记载。后战国初期所编中国第一部叙事详细的编年史著作《左传》关于这次陨落解释说,“十六年春,陨石于宋五,陨星也”。对于陨石的最佳描述是宋代沈括所著《梦溪笔谈》中的一段记载:“治平元年(公元 1064 年),常州日禺时,天有大声如雷,乃一大星,几如月,见于东南。少时而又震一声,移著西南。又一震而坠在宜兴县民许氏园中,远近皆见,火光赫然照天,许氏藩篱皆为所焚。是时火息,视地中只有一窍,如杯大,极深。下视之,星在其中,荧荧然。良久渐暗,尚热不可近。又久之,发其窍,深三尺余,乃得一圆石,犹热,其大如拳,一头微锐,色如铁,重亦如之。州守郑伸得之,送润州金山寺,至今匣藏,游人到则发视。王无咎为之传甚详。”这段记录中,详细记述了陨石降落时的飞行方向、亮度、声音等信息。对于触地的地点、触地时的种种现象甚至造成的火灾都有详尽的记叙,因而全世界的陨石学著作都时常引用这段记载,并给予高度评价。

历史上最为严重的陨石雨成灾的记录是明代发生于陕西庆阳的陨石雨。《明史》《明通鉴》《二申野录》《万历野获编》《国榷》《奇闻类纪摘抄》等多部史书都有相关记载。如明代作家王锜所写的《寓圃杂记》曰:“陕西庆阳县陨石如雨,大者四五斤、小者二三斤,击死人以万数,一城之人皆窜他所。”不过这次陨石雨发生时间,有些史书记为明英宗天顺四年(公元 1460 年)二月,有些则记于明孝宗弘治三年(公元 1490 年)二月或三月。而现代的地质调查资料显示在当地也没有发现大量陨石,故这一记载的真实性仍须考证。明清以后留下的陨石记录更为丰富,所记载的陨石降落地域几乎分布全国各个省份,其中的一些记载仍然有着相当高的科学价值。例如,清道光年编辑的《庆远府志》中有其陨落的记载,时间为“正德丙子夏五月”,即公元 1516 年。但当时人们并未收集陨石,直到 1964 年才科学家们才确认了这次事件陨落的是铁陨石,1973 年才确认这是中国境内最大的一次铁陨石雨,并为我国古代丰富的陨石记载寻获了迄今唯一一批实物证据。显然,史籍中关于陨石的记载非全部记载,也非都是客观事实。可惜的是,到 20 世纪初为止,历史上陨落下来的石陨石几乎荡然无存,而遗留下来的铁陨石也是寥寥无几。

(二)20 世纪后我国发生的重大陨石事件

进入 20 世纪以来,在世界范围内影响较大的小行星撞击地球的事件发生了多次,仅在我国境内近四十年来就发生过以下重大的陨石事件:

1. 1976 年 3 月 18 日我国吉林省吉林市郊陨石

1976 年 3 月 18 日我国吉林省曾经坠落过几颗大型的陨石,同时伴随有陨石雨,陨石雨以辐射状向四面撒下,大量碎小的陨石散落在吉林市郊大屯乡李家村、永吉县江密峰乡一带;稍大块的直落在金珠乡九座、南兰一带;当时共收集到陨石标本 138 块,碎块 3000 余块,总重 2616 公斤。其中一块最大的陨石重达 1770 公斤,被称为“大陆一神”,并被载入《吉尼斯世界大全》,同时被国家列为一级藏品,该场陨石雨的规模也是新中国成立以来最大的。

2. 1983 年 6 月 25 日陕西省宁强县陨石

1983 年 6 月 25 日约 19 时许,陕西省宁强县的燕子砭乡坠落陨石雨,这次的陨石是珍贵的碳质球粒陨石,是自 1969 年以来世界上坠落的唯一一次碳质球粒陨石,与最著名的墨西哥阿连德·碳质球粒陨石同属一个群,是迄今为止人类掌握的最古老的太阳系“考古”样品。为此 1984 年 3 月 31 日《人民日报》载文称:“中国科学院南京紫金山天文台等单位的科学工作者认为,在陕西省宁强县降落的陨石是碳质球粒陨石,比我国以往收集到的近 80 次天体样品更为原始。”

3. 1986 年 4 月 15 日湖北随州陨石

1986 年 4 月 15 日下午 6 时 42 分,湖北随州大堰坡上空突降大面积陨石雨,散落于 25 平方公里的范围内。陨石最大的 55 公斤,最小的 2.3 公斤。随州陨石中发现了一种未知矿物,故具有很高科研价值。

4. 1997 年 2 月 15 日山东省荷泽鄄城县陨石

1997 年 2 月 15 日 23 时 30 分山东省荷泽地区鄄城县降落了一场继吉林陨石雨和湖北随州陨石雨之后的大陨石雨。鄄城陨石普遍个体偏小,一般在十几克到几十克之间,最小的如花生米粒,最大的有 2 公斤多。

5. 2012 年 2 月 11 日青海省西宁市湟中县陨石雨

2012 年 2 月 11 日中午 13 时 40 分,青海省西宁市湟中县发生陨石雨,这是新中国成立以来我国境内出现的第二大的陨石雨。这场陨石雨降落地点涉及 6 个村庄以上,范围达方圆 100 公里以上,其中最大的陨石重 12.5 千克。

拓展学习 ▶

1. 了解浙江省古生物化石保护宣传手册。
2. 了解浙江省的古生物化石发现情况。
3. 了解虫珀的科学研究价值。
4. 了解 2013 年 2 月 15 日俄罗斯陨石坠落事件。

第九章　良石为信:印章石鉴赏收藏文化

中国印章文化博大精深,源远流长,是我国文化艺术的特殊载体。自古以来,印章在我国有两大功能:一是象征功能,二是证明功能。前者用于象征权力和等级,后者则用来证明身份和行为。随着时代的进步,印章的象征功能逐渐弱化,证明功能则成为其主要功能。印章还与中国书法、绘画、诗歌并称中国四大传统艺术而声名远扬,是中华文化的特征标志与时代发展的见证。其中,“玺印”更是王权乃至王公贵族权利、身份的象征;而历代文人墨客、画师笔匠、商贾官吏,无不以各自特制的印章留下印记来表达或证明物之所属或认可的意愿。

我国的篆刻艺术兴起于先秦,盛于汉,衰于晋,败于唐、宋;但隋、唐、宋、元时代,随着中国书画艺术的发展,书画家或鉴藏者开始在作品上钤盖印章作为印信,以致姓名印、收藏印、斋馆印和闲文印盛行,成为实用的玺印向篆刻艺术发展的重要环节。此后印章与诗、文、书、画交相辉映,成为具有文学含义的欣赏艺术。明清两代,印学兴盛,印人辈出,印派林立,篆刻成为以篆书为基础,利用雕刻方法,在印面上以刀代笔表现金石之味的一门独特艺术形式。篆刻艺术讲究章法、刀法风格,往往是“方寸之间,气象万千”,不仅具有实用价值,更具有艺术价值和收藏价值。近年来,随着中国社会经济文化的繁荣,篆刻艺术空前兴旺,2009年中国篆刻被联合国教科文组织列入世界级非物质文化遗产名录。如今,印章的使用功能日渐衰微,然而仍是文人雅士们喜爱收藏品鉴的物品之一。

自印章出现以来,制作印章的材料极为广泛,金、银、铜、玉、石、瓷、竹、木、角皆可作为印材使用。但自元末画家王冕首以花乳石作印之后,石质印材质地细润、易于受刀,为文人雅士竞相采用,篆刻艺术迅速发展,印章不仅依附于中国书画成为文房用器的重要组成部分,又成为具有相对独立性的一门传统艺术形式。篆刻艺术发展推动印石生产、加工、销售的繁荣,进而促进印钮雕刻艺术的迅速发展,印章石文化兴起,并成为中国石文化的重要组成部分。

第一节　古玺汉印：印章文化的形成与发展

一、印(章)与印章石概述

(一)“玺”的起源

“玺”是印章最早的名称。

“玺”的产生渊源，最早可以追溯到蛮荒时代附会灵异的传说。汉代编写有纬书《春秋运斗枢》和《春秋合诚图》。[①]《春秋运斗枢》中说：“黄帝时，黄龙负图，中有玺者，文曰：‘天王符玺’。”《春秋合诚图》的描绘更是详细：“尧坐舟中与太尉舜临观，凤凰负图授尧，图以赤玉为匣，长三尺八寸，厚三寸，黄玉检，白玉绳，封两端，其章曰：‘天赤帝符玺’。”可见最初古人将“玺”的起源归之于神灵的创造与赐予。[②]

早期的玺印发现于商周之际，其形成和功用与器物的制作及铭记有关，是私有制出现以后的产物。《后汉书・祭祀志》中指出：“三皇无文，结绳以治，自五帝始有书契。至于三王，俗化雕文，诈伪渐兴，始有印玺以检奸萌，然犹未有金玉银铜之器也。”“三王”指夏禹、商汤、周文王，“诈伪”“奸萌”是指私有制出现后的诈骗、冒认、偷盗、侵夺等不正当的行为，因此当时在器物上戳压记号以证明物归谁主的印玺便应运而生。《周礼・地官・掌节》也称：“货贿用玺节。”东汉末年儒家学者、经学大师郑玄对此注释为：“玺节者，今之印章也。”《周礼・地官・司市》：“凡通货贿，以玺节出入之。”郑玄又注释为“玺节，印章，如今斗检封矣”。此处“斗检封”是指官方发给的盖印封签的文书，是作凭证使用的。

(二)“印(章)”的基本含义

汉语中“印(章)”在三千年的历史发展的不同阶段，有不同的名称，概括起来，包括玺、印、章、宝、印记、戳记、朱记、图书、画押、关防、印把子、图章等历代公私印鉴。

---

① 纬书是上古谶纬思想学说的辑录，谶纬出于神学，谶是方士化儒家造作的图录隐语，纬是相对于经学而言，即以神学附会和解释儒家经书的。

② 《中国印章文化》，http://www.360doc.com/content/14/0906/12/2198695_407412762.shtml。

“印”字在古代最基本的字义为“信用”意思。故《说文解字》中曰：“印，执政所持信也。”东汉刘熙作《释名》解释为：“玺，徙也，封物使可转徙而不可发也。”“印，信也。所以封物为信验也。亦言因也，封物相因付。”说明“玺”“印”最初是国家行政机构施行职权的工具，也是在货物转徙、存放和文书、简牍及物品的封存过程中，起安全、保密和防伪杜假作用的工具。

秦以前，无论官私、无论尊卑，所用之印皆称“玺”。但秦统一六国后，制定一系列等级制度，不仅设置了专门掌管印章制度的“符节令丞”，为了加强皇权，还规定皇帝专用玉质印章，称玺，其他人用铜质印章，称印，由此有了“玺”“印”之分。南宋末元初著名学者马端临编撰的记述历代典章制度的著作《文献通考》卷一百十五《王礼考十·圭璧符节玺印》中还记载：“天子之所佩曰玺，臣下之所佩曰印。无玺书，则九重之号令不能达之于四海；无印章，则有司之文移不能行之于所属。”《说文解字》亦释义“玺，王者印也。所以主土。从土，尔声。籀文从玉。”自汉代起明确约定除帝王印仍称“玺”外其余都称“印”，官印中有的称“章”或“印章”，私印中有的称“信印”或“印信”。

知识链接 ▶ **秦朝始皇的传国玺**

秦朝始皇之玺为传国玺，又称为“传国宝”，是秦始皇命使用和氏璧所镌刻而成，正面刻有李斯所书八个篆字：“受命于天，既寿永昌”，以作为“皇权神授、正统合法”之信物。后来历代皇帝，都希望用它来证明自己“皇权神授”的正统统治地位。秦灭亡后，为争夺象征皇权的这枚传国玺发生无数战争，直到五代十国时期的后唐末帝李从珂因契丹军攻至洛阳而怀抱传国玺登玄武楼自焚后，传国玉玺就此不见了踪影。此后一千多年来关于该枚传国玉玺的下落众说纷纭，莫衷一是，至今仍然让人不禁产生许多遐想。

二、我国印章文化的历史发展

(一)质朴多样的春秋战国时期印章

春秋战国时期，印章发展进入了繁荣时期，印章的用途、品种、风格都出现了多元化的发展趋势。这一时期，铁器开始使用，农业生产力的逐步提高，促进了手工业与商业在列国间的广泛发展，于是为保证货物安全转徙或存放的信用凭证的玺印极为盛行。这一时期的社会风气是百家齐放、百家争鸣,因而战国玺印呈现出一种无序之美,变化之美,艺术价值极高。

先秦以前的玺印被称为古玺印。今天遗存的大量古玺印中,相当部分是春秋战国时代的,印文有三晋、齐、楚等国古文,布局疏朗,错落有致,文字奇诡难辨、章法参差错落;官玺的印文内容有"司马""司徒"等名称外,还有各种不规则的形状,内容还刻有吉语和图案、肖形;材质有金、银、铜、玛瑙、牛角等,印体有大有小,有方有圆,有的有内外几层之分,尺寸、形状均无特殊定制,以顶端作小鼻纽者最多。反映出这个时期的印人不受某些条框的束缚,自由随意地将自己的审美情趣注入印章制作之中,使印章呈现出一种自然、率真、质朴的艺术风格。

(二)严谨雄浑的秦汉时期印章

秦统一六国和文字后,规定皇帝专用玉质,称玺;臣民用铜,称印;印有官印和私印,作为官府书信往来和私人交往的凭证。印文形式为秦书八体中的"摹印篆"①,多为白文凿印,印面常有"田"字格,以正方为多,低级职官使用的官印大小约为一般正方官印的一半,呈长方形,作"日"字格,称"半通印"。私印一般也喜作长方形,此外还有圆和椭圆的形式,内容除官名、姓名、吉语外还有"敬事""长乐""和众"等格言成语入印,印章风格趋于古朴平整。

汉代也有将诸侯王、王太后用印称为"玺",其他的汉代印又称"章"和"印信"。汉代以后,印章发展很快。官印方面,为了体现统治者的权威及公私间交往的便利,当时专门创造了一种用于印章的文字——缪篆②,这是一种界于小篆与汉隶之间的一种字体,字体简便、易识,笔画横平竖直,方中带圆,印章章法中体现出伸缩挪让、顾盼呼应的艺术效果,迎合了儒家谦和恭让、端庄典雅的中庸哲理。私印方面,用玉制作的私印数量开始增多,无论是材料还是工艺都达到了相当高的水平,印章有大小方圆、长方等等形式,印体日渐厚重,以鼻纽、龟钮、覆斗钮居多,并出现多面印、套印(子母印)、带钩印等,充分显示了汉代工匠的匠心巧思;印文除了姓名之外,往往还加上吉语、籍贯、表字以及"之印""私印""信印"等辅助文字,以白文为多;西汉以凿印为主,东汉则有铸有凿。汉代玉印制作精良、章法严谨、笔势圆转,粗看笔画平方正直,然全无板滞之意。由于玉质坚硬,

---

① 秦代通行八种书法体:大篆、小篆、刻符、虫书、摹印、署书、殳书、隶书。即摹印篆为"秦八体"之一,属秦小篆的一种,略异于周时的金文和石刻文字,是秦朝时在小篆的基础上稍加变化而用于玺印上的文字,它在田字格或日字格之内,让字的形体适应具体的需要,有时采取挪移的方法加以安排,如把小篆垂足很长的笔画截短,圆转的笔画变为方折,把小篆的纵势、变成方形,目的是为了适应玺印的形状。

② 缪篆,是汉代摹制印章用的一种篆书体,也是汉王莽时期所定六书"古文、奇字、小篆、佐书、缪篆、鸟虫"之一。

不易受刀,也就产生了特殊的篆刻技法,即所谓的“平刀直下”的“切刀法”。又由于玉质的不易腐蚀受损,使传世玉印得以比较好地保留了它的本来面目;这些汉印的美学思想及艺术风格,奠定了其在中国印学史上不可替代的地位,被后世奉为正统印章之圭臬,至今为人们学习篆刻的典范。

(三)秉承汉风的魏晋南北朝时期印章

魏晋南北朝的官私印形式和钮制都沿袭汉代,但这时的篆刻趋于瘦挺方直、率意为之,铸造上不及汉代印章精整严谨,沉穆雄浑。这与书法的发展一样,魏晋隶书与汉隶不同,是时代使然。其时印文书体也与《三体石经》接近。魏晋南北朝官印各朝均有定制,印材仍为金、银、铜、玉,印钮除龟纽、驼纽、鼻纽、瓦纽外,又出现了辟邪纽。其时玉印呈正方、长方形,多似汉代玉印。最具特点的印章有四种:多字印、多面印、悬针篆印和朱文印。南北朝印章继承魏晋之作,官印尺寸稍大,文字凿款比较草率。

(四)气韵衰微的隋唐时期印章

隋唐处于由玺印转化为篆刻的过渡时期,而且也发生了不少对于印章艺术发展具有重大意义的事件。唐以后又将“印”称“记”或“朱记”, 据说唐武则天时因觉得“玺”与“死”近音(也有说法是与“息”同音),遂改称为“宝”。这一时期虽然书法、绘画艺术空前发展,然与书画艺术比较印章艺术则显气韵衰微。官印方面,隋唐官印印面开始加大,通常在 5—10 厘米左右,印章风格也由汉代的白文印变为边宽厚重的细朱文印,钤于官防文告上的大红印章,彰显出森严威猛的官府气派,许多官印印背上开始有年号凿款。私印方面,唐代印章开始应用于书画上,从此明确地在书画的审美体系中印章逐渐占据了重要的地位。

(五)印学渐成的宋元时期印章

宋代出现的七叠篆、九叠篆被官印广泛使用,九叠篆文本身就是一种文化标记。叠而用九,有指为约数,旨在形容折叠之多的形象,故而取九为数之终的含义。但也有指“乾元用九”,以形容皇权至高无上之意。作为一种伦理纲常的寓示,它反映出明显的封建社会的文化心态。元代玉印受到宋金时期铜官印的影响,玉印大多高钮薄身,与汉代全然不同。宋元的一些押印采用楷书入印,有稚拙、凝重的效果。此外,宋元时期的文人书画家如米芾、赵孟頫参与印章的创作,印章的使用范围扩大到与凭信关系并不密切甚至完全无关的书斋印、鉴赏印和闲章方面,这是促使艺术印章从传统的实用功能中分裂出来的重要因素,也是中国印章发展史进入艺术印章新阶段的转折。随着文人画的兴盛,由文人篆写、印工镌刻的印章与诗、书、画合为一体，在整个书画作品中起到了鲜艳的“点睛”作用；由于书法上受唐朝文学家、书法家李阳冰篆书的影响，元代时期的印文笔势流畅，圆转流丽，产生了一种风格独特的“圆朱文”的印体，为后世的篆刻家所取法。同时元代以后盛行石章，赵孟頫、钱选、王冕的治印实践以及元代金石学家、印学奠基人吾丘衍所著中国第一部研究印学的专著《学古编 · 三十五举》中叙述篆、隶书体的演变及篆刻知识，有着上承秦、汉玺印，下启明、清流派印章的枢纽作用，对后来的印章文化艺术理论和实践的发展奠定了基础。

(六)流派纷呈的明清时期印章

明清的官印又称“关防”，但通称仍称印。明清时期由于私印使用更加普遍，同时当时文人追求绘画、书法、篆刻三种艺术融为一体的艺术风尚，石质印材大量使用，使得文人直接参与治印的现象日益增多，印章脱离了印信的传统意义，成为一种文化象征，并广为流传。而由古玺印转化而来的篆刻艺术，其独立性越来越强，逐渐形成为印学，涌现出不少风格不同的流派。文人打破前人印章模式化的束缚，引入“印从书出”的理论，达到刀笔互见的艺术效果；将古玺、汉印的残缺美(即古代金属印章因风剥雨蚀出现的笔画残缺而形成的天人合一的自然朴实之美)引入创作之中，增强了印章的艺术感染力；这些篆刻艺术反过来影响书画艺术，使越来越多的书画家开始追求金石趣味；这一时期印章的造型有方形、长方形、圆形、双连形等，钮的式样则更加丰富多样，不仅成为文房用具中的重要门类，也成为文人雅士收藏赏玩的一种艺术品，并提升了石质印材的经济价值和收藏价值。

此外，明末摹刻秦、汉印成谱之风极盛，众多文人不仅加入篆刻艺术实践，还从不同的角度对印章、篆刻艺术进行考察、研究，相关印学新论迭出不穷。例如，明代万历年间著名篆刻家甘旸以书刻自娱，精于篆刻，尤嗜秦、汉玺印，为“辨邪正法”，乃依秦、汉原印为范本，用铜玉摹刻，尽数载之功，得印 1700 余方，于万历丙申(公元 1596 年)成《集古印谱》五卷，[①]并撰写《印章集说》。另外，明朝还出现了徐上达的《印法参同》、沈野的《印谈》、杨士修的《印母》、朱简的《印品》、潘茂弘的《印章法》、程远的《印旨》等等，这种空前繁荣的研究热潮直接影响和推动了篆刻艺术的发展。清初，许多印学学者倡导“回到先秦去”，重视文字的训诂、金石考据，至乾隆年间考据之学发展到高峰，如篆刻名家鞠履厚撰著的《印文考略》、书法家及文字训诂学家桂馥著写的《读三十五举》等印学著作，以实论为主，一反

---

① (明)甘旸辑、徐敦德校订：《甘氏集古印正》，西泠印社出版社 2000 年版。

明代盲目模仿汉印的流弊,更加明确了“印宗秦汉”的观念,由此带动了清代后期的印论思想发展,以及篆刻界追求实论的学风。

自明代以来,产生众多印学流派,主要有八大流派:一是皖派,以明代文彭为代表;二是徽派,为何震所创;三是泗水派,为明代苏宣所创;四是娄东派,因明末著名篆刻家汪关居于娄东而得名;五是如皋派,为清代黄经所创;六是林派,为清代林泉所创;七是邓派,为清代邓石如所创;八是西泠八家,指杭州人丁敬、蒋仁、奚冈、黄易、陈鸿寿、陈豫仲、赵之琛、钱松八人。这些流派的印章篆刻艺术,都在当时达到了登峰造极的境界。值得一说的是,1904 年杭州的金石家丁仁、王福庵、叶为铭、吴隐等人,以保护金石、研究印学为宗旨,发起组织成立一个研究金石书画的艺术团体的倡议,得到许多学者、书画家的赞同,经过数十年的集资规划和苦心经营,于 1913 年在杭州西湖孤山成立西泠印社,并推荐当时名扬海内外的书画家、篆刻家吴昌硕为首任社长。从此中国印学发展揭开了重要一页,它标志着中国的印学文化不再是个体的盲目探索,而开始进入有组织、有计划地对两千多年的中国印学史进行系统的整理、研究的时期。

三、中国印章的种类

印章是刻制材质和篆刻艺术的结合体。在三千年的中华印章文化发展中,印章的种类多种多样,内容、形式千变万化,但从不同角度可以进行不同分类。

(一)按印材材质分类

1. 金属类印

金属类印指用金、银、铜、铅、铁诸金属凿刻而成的印章。从春秋战国时期直至秦汉时期的公私印玺基本都是金属印,唐、宋、明、清时期金属印多为官印。其中金银质地太软,不易上刀,笔锋更难显现,因此一般铸印时都掺以铜,不但易于成形,也易于镌刻。故通常纯金印、纯银印比较少见,且古代官印中的金银印有严格等级之分,私印中少有金银印章。铜印具有硬度大,不变形,保存时间长的特点,故古代遗存的铜印较多,从印文内容上可分为官印、人名印、闲章、吉祥语、图案印、斋室印,印面多为方形,极少数为棱形和圆形铜印;印纽的形状有瓦纽、兔纽、兽纽、柄纽、瓦纽等。铅印、铁印一般不多见;明朝时期御史大夫用铁印,取其刚直无私之意,但铁容易生锈腐蚀,故流传的绝少。

2. 玉石类印

玉石类印材包括玉、玛瑙、水晶、翡翠、蜜蜡、田黄、叶蜡石等。玉印章是指用玉材雕刻而成的印章,因玉料的不同也可细分为很多种,有白玉印章、碧玉印章、墨玉印章、青玉印章、黄玉印章等很多种。秦汉时期的玉印,只有帝王才能享用,以后历代帝王也多用玉印,是权利和身份的象征。水晶、玛瑙、翡翠等印材质地坚硬,不易镌刻,用这类材料制作印章,多用碾印(也叫磋印)的方法,与琢刻玉器的方法近似,由于在磋制的过程中碾砣不能转动自如,磋出来的字缺少笔意,刻成之文字缺乏温雅之气,金石韵味很难表现出来,因而作印章实为事倍功半,收藏家、鉴赏家、文人雅士只将此印材作为点缀来把玩。元代著名画家王冕开石料制印之先河,当时他所用的是青田花乳石,由于石料的质地软硬适度,易于刀刻,最能表现文字及刀法的神韵,从此便被人们广泛地接受了。明、清以来至今寿山石、青田石、昌化石和巴林石等石材成为主要的印材,故如今大量名家篆刻作品都是用石料刻制的。

3. 竹木类印

竹木类印包括竹根、梅根、黄杨木、南瓜蒂、果核等质地坚韧、纹理美观,可用来篆雕成各种形状印章,这类印集工艺品与印章为一身,颇具玩赏性,因而也是收藏家、鉴赏家或文人雅士们喜爱的印章种类之一。

4. 牙、角、骨类印

牙、角、骨类印包括象牙、犀角、牛角、兽骨等。唐宋时期的官印就有用象牙制作的,经元明清至今,仍有人喜欢用象牙治印,象牙质轻,便于携带,但其质柔韧腻,难中刀法;犀角印以黑犀角为印,但材质名贵,其质地又粗又软,时间一久则会变形,故一般少有用于治印。牛羊等骨角为印在民间较为流传,但官印未见使用。兽骨类印材因不易入刀,篆刻家多不用之。

5. 陶瓷类印

陶瓷类印包括陶、瓷、瓦、泥。唐宋时期的私印有陶瓷的。瓷印质地类似玉而较松粗,但印文效果别有情趣,有一种浑厚古朴的感觉,颇可玩味,故如今仍有一些篆刻家喜做陶瓷类印。

(二)按印章的使用者分类

1. 御玺

又称为“宝玺”“御宝”“国宝”,专属于皇帝执掌政权过程中发布诏书、文告时所用。自秦始皇统一天下,命李斯书小篆体刻制“受命于天,既寿永昌”的传国玺之后,“传国玺”即成为真命天子的标志和拥有国家最高权力的象征,进而也成为以后各朝各代野心家争夺的目标。汉代时传国玺只作为镇国之宝藏于内府,不曾实际使用过,皇帝常用的是另外刻制的六方印章,即“皇帝行玺”“皇帝之玺”“皇帝信玺”“天子行玺”“天子之玺”“天子信玺”等,俗称“六玺”。“六玺”的职能和使用范围各有严格的规定。魏晋及南朝刘宋“六玺”的使用范围和形制完全沿用汉制,北朝和隋的玺宝制度有一些变化,例如隋朝刻制两方传国玺,定名为“神玺”和“受命玺”。唐朝武则天时起皇帝的印章改称为“宝”,仍用六枚,用白玉制造,雕蟠龙纽,仿汉六玺加“镇国宝”和“受命宝”。至宋徽宗时期,又增 16 字宝,印文为:“范围天地、幽赞神明、保合太和、万寿无疆”,名为“定名宝”,与原有八宝组合为九宝。南宋时皇帝用宝新增“皇帝钦崇国祀之宝”“天下合同之宝”“书诏之宝”三方金印,和“大宋受命中兴之宝”、“承天福延万亿永无极”(护国神宝)、“受命于天、既寿永昌”(受命宝)。至南宋高宗建炎初总计为 14 枚宝印。元朝仿隋唐用印制度,只有“传国宝”和“皇帝之宝”等六宝印,印文为八思巴文。明代前期,皇帝御印定为 17 方,到明世宗嘉靖皇帝时又增加七印共 24 方。清代承袭明制,后乾隆取《易传》中“天数五,地数五,五位相得而各有合。天数二十有五,地数三十,凡天地之数五十有五,此所以成变化而行鬼神也”之说,取“天数二十有五”的吉数,钦定为 25 印,其中 20 方袭用明代印,又增“大清受命之宝”、“大清嗣天子宝”、“皇帝之宝”(满文)、“制驭六师之宝”、“敕正万邦之宝”五方,均用满文及汉篆书两种文字镌文,各印使用范围皆有明确规定。

2. 官印

官印是表征当权者权力的凭证,是君王授予臣下权力的凭证,是行使职权的依据。职官印即指印文为职官名称的古鉩或印章。较完备的官印制度,形成于秦朝,自丞相太尉到郡守县令,都由皇帝在任命时授予官印,同时配发穿在印纽上的丝带,叫作“绶”,以便须臾不离地佩带在身上。汉朝继承秦朝印绶制度,同时以铸印材料和绶带颜色区别官阶;如丞相太尉一级高官,金印紫绶;御史大夫及两千石以上,银印青绶;六百石以上,铜印黑绶;二百石以上,铜印黄绶。从晋代起,印绶制又改为印囊制,绶囊用皮革制成,盛入官印后佩在腰间,以绣缕区别官阶。南朝宋时开始建立官印移交制度,唐代起,印制规格也趋向周密。诸司之印一律用铜铸,印体为正方形。此外,官印上有把柄以方便钤印的形制,即所谓“印把子”,也是从此时开始推行的。唐宋起,官印的设置和保管成为典章制度的重中之重,官印的使用程式及责任者也有严格规定;明代,各衙门印信俱由礼部铸印局统一刻制,且有详细的铸、换、辨、验条例,从中央到地方间往来的公文等,都要钤加官印才能生效,而凡在外的公文移到京都,要悉送铸印局辨其印信真伪。

3. 私印

私印是个人的信物凭证,内容除姓名、字号外,还有斋馆、鉴藏、闲文、吉语、花押等等,所用印材有铜、玉、木、石、银等,以铜为主,其次是玉印。形状主要有正方、长方、圆形几种。我国古代私印发展情况是:(1)先秦习俗有鉨印作为证、信之物,主要用于封缄文书、简牍和封泥,行使私人权责。(2)战国私鉨比官鉨小,少受官印形制限制,比官印多式样,装饰灵活。(3)秦私印比官印灵活多样,状有圆、方、腰子,纽刻多为鼻、复斗、龟、辟邪纽;印文多有框格,字体成"摹印体",比战国私鉨规范、严整,凿刻精工,成为备受后人赞誉的"秦小篆"篆刻精品。(4)汉私印在西汉初年仍持秦印之风,后汉私印不受典章限制,印形、印文、装饰较自由,印文在人名后加有"之印""私印""之私印"的文字;汉私印多为铸造印,较同时期官印小,印文多为缪篆,还有装饰感极强的虫鸟书;汉代私印重视印面布局的构思变化,白文印中有满白文,总体效果雄浑疏朗;细白文印文笔画平直匀称,具有朴素典雅之美;更有朱白相间者,在一方印中设计半朱半白,或三朱一白、一朱三白等富有扑朔迷离的视觉效果和跳跃的动感,为历代印章中的艺术佳作。(5)魏晋两朝的私印章形袭汉,朱文私印沿用"汉缪篆体"或"悬针篆"入印;隋唐私印仍效仿汉私印,以缪篆、隶书入印,印面放大,印文横排,形成上紧下松,疏密对比强烈的布局效果。(6)唐宋以后,私印的应用功能由单纯的姓名章发展为斋馆印、别号印、鉴赏印等印章,远远超越了作为凭信证物的原始职能,成为一门独立的艺术品种,篆刻也成为一个与书法、绘画艺术相关的艺术门类。

(三)按印章形制分类

1. 单面印

即印章只有一面刻有印文;一般带纽的印章,大都是一面印,一面印多是姓名印,呈方形,印文的字体比较规范。

2. 两面印

即印章的两面都有印文,称为两面印。两面印多是私印,始于秦,盛于汉。印文有一面刻姓,一面刻名,或一面刻姓名,另一面刻表字、臣某、妾某、吉语、鸟、兽、鱼、虫等。也有两面吉语印、两面肖形印、两面图案印等。两面印大都是铜质,个别也有玉质,印身中间有长方形穿孔,可以穿绳,便于携带,因此两面印又称为穿带印。

3. 多面印

这是在一枚印章上兼备几方印的使用功能,印体五面或六面都刻有文字,故称为多面印。这种形制的印章,质地都是铜质或玉质。五面印是在印章的正面和四周都刻有文字,一面是纽。五面印多见于秦代私印,印文大都是吉祥文字。六面印盛行于魏晋六朝时期,这种呈“凸”字形的中国印,上面的印鼻有孔,可以穿带而佩,鼻端作一小印,连同其余五个印面故称六面印。传世六面印的一种典型风格为带边白文,每字为一行,密上疏下,印文竖笔多引长下垂,末端尖细,犹如悬针,所以有“悬针篆”的俗名;这种风格有笔意舒展、疏密相映的艺术特点,但很容易流于庸俗,远不及汉印的大气庄重,故后世少有仿效。

4. 套印

起于东汉,盛行于魏晋六朝,是将两枚或数枚大小不等的印章互相巧妙地套合起来,使之融为一体的印。套印有两种,一种是带兽纽的,一般总是把动物的首和身分别铸在两颗印上,大印的印纽作母兽,小印的印纽作子兽,套合在一起,成为一个完整的兽形,如同母抱子的形状,有一母一子的双套印,也有一母二子的三套印,分别称为“子母套印”或“子母孙套印”;另一种是无纽的方形套印,有三套的、四套的,甚至五套、六套的不等,最小的方印是实心,上面也有刻五面或六面文字的,从中可见古代印匠高超的工艺水平。

5. 杂形印

战国以来的中国印中,杂形印也是甚为别致的一类。其式样没有定例,大小从数寸至数分不等,变化极为丰富,除了方圆长宽形外,更有凹凸形印,方、圆、三角形印,二圆三圆联珠以及三叶分展形印等,朱白都有,不胜枚举。杂形印因其独特的谐趣与官印的庄重、严谨的要求不同,只用于私印。

(四)按其所篆刻的内容分类

1. 名章印

名章印也叫姓名章,通常是书画题款或书信署名用印。姓名章可以是一枚,既包括姓又包括名,也可以是两枚,一枚为姓一枚为名,或一枚为姓一枚为字,亦可以是别号。题款用印非常考究:如果题款是名,在钤印时应用字或姓;如果题款是字,钤印时则用姓名印,以利辨识作者;名章印多采用正方形,但也有的是姓圆名方,也有字圆名方,其他如腰圆天然形等都不可用;一幅书画作品题款如用两枚名章印,最好一朱一白。书信用印章礼仪是:凡卑幼致书尊长,当用名章;平辈间用字章;尊长给卑幼致书,则用别号章。

2. 闲章印

闲章印亦称布局章。包括引首章(也叫启首章、起首章)、拦边章、压角章和拦腰章。闲章印源出古代吉语印,通常以诗文、成语、名言、俗谚作为印文,在字数上可多可少,可以是两个字,可以是一名句,可以是一段诗,甚至是整首诗。其作用:有勉人学习的,如"艺无涯""无极""业精于勤";有表达友情的,如"高山流水""海内存知己"等;有表达笔墨情趣的,如"墨香""墨舞""墨趣"等;有寄志的,如"老骥伏枥""孺子牛""玉洁冰清""有志者事竟成""苦中乐"等;有记年的,如"壬午""乙卯""癸未";等等。闲章的形制随意、活泼,可方、可扁、可长、可圆,可自然形、葫芦形等等;闲章的使用主要是考虑如何与诗文书画的布局相映生辉。

3. 收藏印、鉴赏印、校定印、斋馆印

收藏印是用以收藏、鉴赏、校订的专用印记,通常钤之于书画藏品之上,种类繁多。收藏印是在姓名或斋馆、别号下面加收藏、考藏、珍藏、鉴藏、藏书、藏画、藏碑、珍玩、秘籍、秘玩、珍秘、图书、察书、藏书、读书、读画、读帖等印文字样。鉴赏印是在姓名或斋馆、别号下面加鉴赏、清赏、珍赏、心赏、欣赏、阅过、曾阅、读过、曾读、过目、过眼、经眼、眼福等印文字样。校定印也属收藏鉴赏印类,此类印是在姓名下面加校订、考订、审定、审释、鉴定等印文字样。斋馆印是以文人书房、住处的雅称刻制的印章,如"楼、阁、馆、院、斋、轩、堂"等不胜枚举。

4. 吉语印

吉语印自战国开始就有之,其用途多为表示吉祥之用,使用的吉语字数不等,自一二字始,多达二十字,内容达百余种,如"正行""敬事""日利""日入千万""出入大吉"等。

5. 花押印

花押印又称"押字",兴于宋,盛于元,故又称"元押",多为长方形,一般上刻楷书姓氏,下刻八思巴文或花押。"押字"实际上有些并非一种文字,而只作为个人任意书写出的个人专用记号,实用意义是为了使别人难以模仿而达到防伪的效果,这种押字在商号中多见,且一直沿用到明清时期。

除以上分类外,若按篆刻方法分类,还有白(阴)文印、朱(阳)文印、朱白(阴阳)文之印。印章上文字或图像有凹凸两种形体,凹体称阴文(又称雌字),反之称阳文(又称雄文)。但古代的称法和现在正相反,因为古人是按照印章印在封泥上的印记来称阴阳文的,在封泥上呈现的阴文,在印章上却是阳文;在封泥上是阳文的,在印章上却是阴文。因此,为了避免误会,就把阴文称为白文,阳文称为朱文。有的印章中杂有白文朱文,便称"朱白间文印"。而按其印章形状分类,可分为方形、圆形、扁形、腰圆、半圆、椭圆、葫芦形、肖形、自然形等。

四、印章的实用功能及用法

(一)实用功能

最初的印章有两大用处，一是御玺和官印，是权力的象征和行使权力的信物；二是私印，是个人的信物凭证，起印证作用。宋、元以后，因开始注重书画题跋和署款，书画家们逐渐认识到印章的艺术作用并注意在书画作品中发挥这一作用，使书、画、印合璧的艺术得以形成。书画与印章相映成趣，不但使书画作品增添活跃气氛，起到"锦上添花"的效果，而且能调整重心，补救书画作品布局上的不足，对作品构图起到稳定平衡的作用。故现代书画大师潘天寿先生曾说："中国印章的朱红色，沉着，鲜明，热闹而有刺激力，在画面题款下用一方名号章，往往能使全幅的精神提起。起首章、压角章也与名号章一样，可以起到使画面上色彩变化响应、破除平板，以及稳正平衡等等效用。""印章在画面布局上发挥着极大的作用。"[①]此外，在书法、绘画作品上署名盖章，亦可防止伪作、仿作；而盖上富有雅趣、寓意的闲章，还可寄托书画者的抱负和情趣。因此印章篆刻本身不仅是我国特有的、独立的一门艺术形式，其与诗、书、画结合又成为中国书画艺术的重要组成部分和表现形式；而有些书画作品被人欣赏过后，欣赏者亦通过留下他们的章印，作为表示自己鉴赏、收藏过这部作品的信印，或证明这些书画作品流转有序的证据。

(二)书画印章的用法

书画上的印章用法主要分为三类：一是书画作者本人的印章及题跋人的印章，包括姓名、字号、斋馆、堂号印，姓名、字号一般盖在作者名字的下方或左、右，斋馆、堂号印一般盖在款字的四周或款字的下方，也有用作迎首。二是闲文、吉语、警句印，一般盖在书画的左或右下角，作为押角，也有用作迎首。三是收藏、鉴赏印，一般盖在书画作品的左或右下角空处，或无碍书画作品本身的空白处，也可以盖在书画以外的装裱上。

---

① 施永奇：《中国书画钤印的艺术性》，《美术报》2012年05月05日第8版。

拓展学习

1. 你能从秦始皇创制的“传国玺”流转的历史事件中提炼出中国古代政治中哪些值得关注的主题?

2.《三体石经》的重要意义在什么方面,该石经目前的状况?

3. 了解中国印石博物馆的馆藏情况。

4. 了解杭州西泠印社建立与发展历史。

第二节　寸石有致:篆刻文化艺术

一、篆刻艺术概述

(一)什么是篆刻艺术

篆刻,就是以刀代笔,在印材上按照已经写好的书法,或画好的图像,用刻刀进行刻写。篆刻艺术又称印章艺术,它将中国书法和镌刻艺术相结合,融汉字书写之美与篆刻章法表现之美、刀法展现之美以及印石材质自然之美合为一体,是一门中国独特的传统文化艺术。

中国三千年的印章发展历史,可分两个阶段,一是宋元之前的印信史阶段,一是明清之后的艺术史阶段。宋元之前的古代印章以独特的风貌和实用艺术的表现性,为篆刻文化艺术奠定了深厚的基础。自从元代画家王冕以青田花乳石刻印起,继而明代中后期篆刻家文彭用灯光冻石刻印,何震等文人书画家以柔而易刻的青田石为载体,自篆自刻,为文人和艺术家用刀刻印开辟了新的天地,也为篆刻艺术发展提供了极好的物质条件,由此拉开了流派篆刻的序幕,使印章发展成为一门独立的篆刻文化艺术。

(二)篆刻艺术的要素

篆刻艺术虽只展现在方寸之间,却有着丰富的内涵和渊源。它集中表现了中国书法、印学学理、特殊的印材材质等诸多内容,尤其是得到那些有着较高的传统艺术修养以及印学修养的文人雅士的积极参与推动,使这种形式变成了一种纯粹的艺术形式。透过印章的表面,体现出篆刻家们博大精深的审美精神与审美情感。因而,篆刻艺术有四大要素构成:印材、印面、边款、印石雕刻。

篆刻的印材有玉、金属、象牙、兽角、竹、木、石等材料,明清之后使用最广泛的是石材。印石雕刻就是以印材为对象而施以雕刻的另一门独立的艺术(详见本章第三节)。

印面是篆刻艺术的主要内容与表现,篆法、章法和刀法是构成篆刻艺术的主要条件。明代杰出的篆刻家朱简在《印章要论》中说:印先字,字先章;章则具意,字则具笔;刀法者,所以传笔法者也。故对印面篆刻艺术的鉴赏重于篆法、章法和刀法,三者密切关联,方才形成一件篆刻艺术作品的整体。

篆法,即写篆书和进行篆刻所采取之方法。篆刻最常用也最讲究用篆书,篆书广义上包括隶书以前的所有书体以及延属,如甲骨文、金文、石鼓文、六国古文、小篆、缪篆、鸟虫篆、叠篆、草篆等20多种"变篆";狭义上主要指大篆、小篆。广义大篆指"小篆"以前的文字和书体,包括甲骨文、钟鼎文、籀文和六国文字等;狭义专指周宣王时期太史籀厘定的文字——"籀文";大篆保存着古代象形文字的明显特点。小篆也称"秦篆",是秦国的通用文字,大篆的简化字体,其特点是形体匀逼齐整、字体较籀文容易书写,在汉文字发展史上,它是大篆由隶、楷之间的过渡。明清之后逐渐出现将隶书、草书、楷书入印。篆刻是以刀代笔进行篆书书写,对其刻写讲究方法,如何使入印文字既符合篆书结构规范,又能够适应印面的表现形式,使印章文字富有较高的艺术意蕴,即是篆刻家所要研究的篆法;朱简在《印章要论》中对篆法优劣有精辟见解:"刀笔浑融,无迹可寻,神品也;有笔无刀,妙品也;有刀无笔,能品也;刀笔之外而有别趣者,逸品也;有刀锋而似锯牙燕尾者,外道也;无刀锋而似铁线墨猪者,庸工也。"

章法,指印章文字的安排和布局,即所谓"分朱布白"。印章是方寸大小的范围内,表现出篆刻文字的艺术魅力,因此要求字与字间、笔画与笔画间,往往要采取增减、屈伸、挪让、呼应等艺术处理方法,最终使每个文字的布局要灵动而有艺术性,整体布局要做到虚实疏密、欹侧均衡。

刀法,是篆刻艺术形式美的表现手段,它通常是在硬度约2—3度左右的石质印章材料上经手工篆刻时人们有意识追求的执刀、运刀、修整与击残等的技法。在完成章法步骤之后,接下来就是要依靠刀法来完成篆刻作品的艺术创造,故刀法是最后决定作品成败的关键因素。熟练的刀法技巧是能够运转自如并能根据篆刻者意愿自如地使用刻刀和调整入刀的深浅度,运刀稳健、流畅,起止凝重、转折灵活,能准确地表现印文线条的韵律美和造型美的效果。而成功的刀法是刀中见笔意,笔中寓刀韵,刀笔整合,韵吐隽永、和谐统一,并自然地显现流动、毛涩、斑驳、冶铸痕等金石韵味,使印面具有不矫揉造作的形式美感。一般运刀的方法有冲刀法、切刀法以及冲切混合法。刻印文主要采取双刀法和单刀法;修整可用复刀或补刀法进行。击残则是出于构图和印面艺术效果而作的艺术处理,目的是借鉴古玺印流传久远形成的斑驳残缺美意趣以增加印面形式美感,因而应当根据不同情况决定是否进行;例如白文的印文块面较大容易显得呆板,于是可用刀角戳残若干处以求灵动;而一些朱文的笔画如何过于繁复又会显拥挤,于是可将某一线条敲断或减弱以求疏松;一些过于方正严实的外框会让整个印面显得过于紧迫、压抑,不透气,于是可将某一印角击残以求增加自然趣味。

边款,泛指刻于印石各侧面的文字、题记。边款起源于隋唐,最早是制印工匠在官印印背刻有铸造年号、编号和释文等内容;明清以后,篆刻家们刻印也开始在印侧面刻题记、年月和作者姓名等,由此风格各异的边款艺术才得以发展起来。边款在形式上有阳款与阴款之分,在刀法上有单刀、冲刀、切刀及冲切兼用之别,在书体上有真、草、隶、篆之分,在风格上雄强与婉约并存,在内容上则由作者单刻印的年月和署名,发展为或有感而发,或叙事抒情、考辨,涉及面极其广泛。所以边款成为集书法章法、绘画及文学、史学于一体的综合艺术,成为整个篆刻艺术不可分割的重要组成部分。

二、篆刻艺术流派

中国印章篆刻发展的高峰,一是秦汉古玺印,一是明清流派印。自明代中叶起到晚清近 500 年间,是篆刻艺术繁荣时期,出现众多篆刻名家及流派,而这些篆刻流派一般是以篆刻家的籍贯、姓氏、师承关系及活动区域来命名的。

(一)吴门派及其代表人物

吴门派是指兴起于明代早中期以文彭等篆刻家为代表的江苏苏州、扬州等地的印人群体。明代篆刻家文彭是明朝大书画家文徵明的长子,尤以篆刻擅长。史料记载他在南京任职时偶遇一位卖青田石的老汉,便买下了四筐石头,回家锯开一看在灯光下成了一方方晶莹夺目的印章,从此他以此类冻石治印,并被世人纷纷效仿,给明清文人篆刻的发展提供了条件。文彭还继承了秦、汉玺印艺术所长,以“六书为准则”,改变了元代以来刻板、滞弱的弊病,又创新篆刻手法,并首创印章边款,使印面秀丽典雅、刀法明快自如、章法安排匠心独运;这些特点我们在现存的代表作《琴罢倚松玩鹤》中可见一斑。故后人称文彭为文人流派印章之“开山鼻祖”,因其是江苏苏州人,故其创造之流派又被称为吴门派。该派的其他代表性人物还有陈万言、李流芳、归昌世等。

(二)徽派及其代表人物

徽派是指兴起于明代中后期、以何震等篆刻家为代表的徽州印人群体。何震虽是文彭的学生,但他“法古而不泥古”,他认为作篆治印的关键在于用笔运刀,笔有尖齐圆健,刀宜坚利平锋,执刀有力,运刀迅速,刀随意动,意指刀达,刀中有笔,相得益彰,又创单刀边款,实现了刀法与书法的一致,内容与风格的统一;后人认为他的作品不拘一格,顿挫跌宕,欹斜错落,蕴意深邃,充分表现出自己的个性,具有气势磅礴,淋漓雄浑的独特风格。属于这一派的篆刻家以明末清初的篆刻家、书画家程邃最为出色,他的篆刻能“力变文(彭)、何(震)旧习”,富有创造性,他的白文印师法汉印,厚重凝练;朱文印喜用大篆,离奇错落,奠定了皖派的基础。其他代表人物还有王声、董涧、沈风等人。

(三)娄东派及其代表人物

娄东派是指明末的篆刻家汪关所创立的篆刻流派,因汪关居于娄东,后人将汪关一类风格篆刻称为“娄东派”。他篆刻宗法古典,借鉴秦汉印及宋元朱文印,以冲刀法开创一种风格清新工致,刀法沉稳洁净,布局取汉印匀称、平实、严谨的印面风格,印款喜用双刀法为之,行楷、隶书无不隽秀,为明代印坛中“和平”派代表人物,名重一时。后清代林皋、沈世和、巴慰祖以及现代陈巨来等篆刻名家等均传其风格。

(四)东皋派与其代表人物

如皋派是指明末在江苏如皋一带,受明末南通著名文学家、书法篆刻家邵潜影响形成的篆刻流派。邵潜寓居江苏如皋,精研六书金石篆刻,当地文人学士爱好篆刻者皆投其门下,邵潜凭学术界名望,会聚大江南北数十位印人,往来扬州、南通、如皋,许多印人因而长期旅居如皋,从事书画篆刻实践,由此形成书法、篆刻史上著名的“东皋印派”(也称“如皋印派”),他们的印学活动推动了明后叶至清代乾嘉年间如皋地区篆刻的繁荣,影响波及苏南、沪、浙等地。其中邵潜三大高徒黄经、许容、童昌龄受他培养熏陶,后来成为声誉卓著的早期“东皋印派”三大家。黄经为明末清初如皋市黄市乡人,是东皋印学代表人物之一,他博学多艺,隶篆皆擅长,篆印之学甚至被誉称“开山第一手”“直跨文何之上”。“东皋印派”上承汉印遗韵、旁及江南文、何诸家和徽、浙、杨派之长,创造了“结构紧密,构思巧妙,刀法细腻,一丝不苟,注重形式调和匀称”的东皋治印风格,该印派在清代印坛上延绵二百余年。

(五)浙派(西泠八家)及其代表人物

浙派篆刻又称“浙江印派”,是近现代著名篆刻流派之一。该派于清代乾隆年间由钱塘(今杭州)人丁敬在钱塘(今杭州)开创,后继承者有蒋仁、黄易、奚冈、陈豫钟、陈鸿寿、赵之琛、钱松等,由于他们均系杭州人,印章篆刻技术都在当时达到了登峰造极的境界,又称“西泠八家”。1904 年西泠印社成立更与这“西泠八家”文脉相连。后人就把他们及效仿这一路艺术风格治印家们,统称为“浙派”。浙派最主要的代表人物,是清代书法家、篆刻家丁敬,他博采众长,不主一家,治印宗秦汉,常参以隶意;擅长以切刀法刻印,方中有圆,苍劲质朴,古拙浑厚,独树一帜,别具风格,开“浙派篆刻”之先河,世称“浙派”鼻祖,他的印谱效法研摩者众多，至今在海内奉为印学圭臬。整体上浙派篆刻师法汉印及宋元印风，力意创变，印文书法简洁，创用切刀法刻印，苍劲古朴，在篆刻史上绵延二百多年，至今影响深远。晚清著名的书画家、篆刻家赵之谦系浙江绍兴人，他精于书画，尤擅篆刻，篆刻初摹西泠八家，后追皖派，参以诏版、汉镜文、钱币文、瓦当文、封泥等，形成章法多变，意境清新的独特风貌，并创阳文边款，其艺术将诗、书、画印有机结合，在清末艺坛上影响很大，人称为“新浙派”。

（六）邓派及其代表人物

邓派是指以邓石如为代表的篆刻流派。清代篆刻家、书法家邓石如系安徽怀宁人，本属于皖派篆刻领军人物，后因人们推崇其在篆刻史上的杰出贡献，而将其篆刻风格尊称为“邓派”。邓石如所处时代，正值皖、浙两派称霸印坛之时，但其不满足于前人印家所取得的成果，而是打破汉印中隶化篆刻的传统程式，首创在篆刻中采用小篆和碑额的文字，拓宽了篆刻取资范围，做到“书从印出，印从书出”，以其独具新面的篆书入印，形成了自己刚健婀娜的风格，又开创出“邓派”篆刻的新风貌，形成与皖、浙两派鼎足之势，并一直影响到同时期的包世臣、吴让之、赵之谦、吴咨、徐三庚等人。

（七）粤派（黟山派）及其代表人物黄士陵

粤派是指清末广东地区形成和发展的篆刻流派，开山鼻祖为黄士陵。清著名篆刻家、书画家黄士陵，字牧甫，安徽黟县人。他刻印初法丁敬，继学邓石如“皖派”印风，又于皖浙两派之外另辟蹊径；取法于秦玺汉印，取材于钟鼎、钱币、诏版、碑额、砖瓦等文字，兼收并蓄，熔于一炉；章法于峻峭中求平衡，平实中追超逸，刀法圆腴浑厚，光洁挺拔，具有雍容华贵的大家之气。因其两度由皖入粤，先后在粤18年，不仅将他的印风带入广东，而且在此纳徒授业，对岭南一带篆刻发展起了很大影响，号称“粤派”。又因其原籍安徽黟县，故也被称之为“黟山派”。

（八）吴派及其代表人物

吴派指以吴昌硕为代表的篆刻流派。吴昌硕原名俊卿，字仓石，浙江安吉人，西泠印社首任社长，诗书画印造诣极高，是近代最有影响力的篆刻大师之一；他长期研习《石鼓》，且弃形取神，独树一帜，使《石鼓文》书法走入了空前绝后的境地。他的篆刻突破陈规、自立门户，采取冲切刀结合法推动了“印从书出”的篆刻刀法审美的新发展，使他的篆刻显示出古朴、苍劲、浑厚的天趣，被誉为印石上的写意，独创一派，世称“吴派”或“汉印派”，又因晚年寓居上海，故又谓之“海派”。

(九)京派及其代表人物

指以齐白石为代表的篆刻流派。齐白石原名齐璜,号白石、寄萍老人等,湖南湘潭人;他 12 岁学木工,后做雕花木匠,兼习画,亦习诗文、书法、篆刻,是现代杰出画家、书法家、篆刻家。他的篆刻初学浙派的丁敬、黄易,后学赵之谦、吴昌硕,又从秦权量诏版刻铸的文字、《祀三公山碑》、《天发神谶碑》[①]的书法艺术中得到启发,改圆笔的篆书为方笔;再从汉将军印、魏晋多字官印等得到启发,形成纵横平直,不加修饰的印风;因此其篆刻之法强调疏密,空间分割大起大落,单刀切石,大刀阔斧,横冲斜插,猛利狂悍,痛快淋漓,创造出一种"写意篆刻"的独特风格。由于其 60 岁后定居北京,故时人亦将以齐白石为代表的北京地区的印人称之"京派"。

三、篆刻工具与方法

(一)工具

初学篆刻者通常应当准备以下篆刻工具:

1. 印刀

篆刻印刀是篆刻主要的工具,两边开刃,通体为钢,因而也称为"铁笔"。印刀的型号有大、中、小号三种,材质有白钢、锋钢、高碳夹钢和合金钢等,后两种质量较好。篆刻用的刀必须是双面夹角平口刀,刀刃的锐钝、平斜,夹角的大小,甚至刀体的粗细、长短、轻重都能直接影响线条的质感和篆刻风格。

2. 笔、墨、砚

三者是用于临摹、起稿或拓款时所用。

(1)笔:小狼毫、兼毫小楷或叶筋笔用于起稿写印;羊毫笔数支用于拓边款刷清水和初学刻边款时在印侧刷墨。

(2)墨:墨分松烟墨和油烟墨。篆刻用墨应当用油烟墨,或用市场上所售的质量上乘的"曹素功""一得阁""中华"墨汁等。墨的使用要稠稀适中,过浓运笔不畅,过稀印稿水印上石渗晕或不清晰。拓边款用墨则以稍浓为好。

(3)纸:需要两种纸。写印稿使用的应为半生半熟的宣纸,线条既好控制,又能吸墨;毛边纸、元书纸和蜡坯纸也能使用;生宣和熟宣效果均不佳。钤盖印蜕和拓边款用的应为连史纸(连四纸),连史纸薄而洁白细润,用于钤印,印不走样,

---

① 《天发神谶碑》又名《天玺纪功碑》《纪功颂》,因断为三段,俗名《三段碑》《三击碑》。

印泥具厚度而且色泽鲜活;用于拓边款,由于具薄和韧的特点,经刷拓,字口清晰,不易失真。如连史纸不易购到,较薄的龟纹宣也能替代。

(4)砚:只要用质地细腻、易发墨的石砚即可。

3. 砂纸、小镜、白瓷碟、白芨

(1)砂纸:因为一般情况下购来的章料表面会封蜡,底面也不一定平整,这就需要用砂纸来平磨。砂纸可备粗细两种,根据章料情况,如印底面不平,先用粗砂纸平磨,再用细砂纸光面;印底面较平,直接用细砂纸磨去蜡层即可使用。

(2)小镜:因文字在印面上是反字,通过镜的反射即成正字,便于检验上石的印稿和刻成的印面效果,以便进行修改。

(3)白瓷碟:拓边款时用来调和拓包蘸墨使其均匀。

(4)白芨:白芨是中药店出售的药材,此处用于拓边款时黏结拓纸。使用时把白芨用清水研磨,直至水稍有黏性,能把纸粘贴在印侧即可。白芨水的特点是水分干后拓纸易揭,不损纸。

4. 印床

印床是用来固定印章以便镌刻时不费力气,尤其是篆刻较坚硬质地的或较小的印材时更为有效;不过如果篆刻者能习惯以左手持印章篆刻,亦可不用印床。印床有木制和金属制二种,一般以木制者为好,既适用,又容易买到。

5. 刷子

刷子是用于刷涤印面,目的一是刷去篆刻时印面的石屑粉末,二是在钤印时刷净印面以免石屑粉末污染印泥。故刷子无须讲究,不会造成印面损伤的小毛刷或旧牙刷均可。

6. 棕帚

也称“棕老虎”,用以拓制边款时用。买时应挑选棕毛较细较软且均匀者,以防软硬不一而在拓时损坏纸张。

7. 拓包

拓包在拓边款时使用,通常可以自制。拓包制法:以一小团脱脂棉花捏成结实而有弹性的包心,用塑料薄膜包扎好,然后在桌面或玻璃板上研压成扁平平整的底面,再剪一小块圆形直径与包心相仿的呢子放置在包心的下面,最后包一层软缎子,上面扎好口即能使用。

8. 印规

印规一般是以木材或金属制成的有九十度直角、两边各长约三至四厘米、厚约五至十毫米的钤印工具,功能是钤印时框正印章位置,防止印迹偏移不正,或是复印时所用,即第一次钤印显得不够清晰厚重,可以重复钤二遍、三遍,使之印文更加厚重,鲜艳。如果对钤印已十分熟练,也可不用印规。

9. 印泥

印泥是钤盖印章必备材料,是表达印章艺术的媒介物。通常印泥分为书画印泥与办公印泥。书画印泥按传统方法制作,原料是以艾叶纤维、朱砂(或朱镖等)、艾绒、蓖麻油、麝香、冰片等原料经精细加工而成,特点是色泽沉着、稳定细腻、干湿适宜、落纸沾而不渗,钤盖的印迹富有立体感。印泥品种很多,其中红色使用最广泛,又分朱砂、朱膘、广膘等;其他还有仿古印泥(深褐色)和黑色、蓝色、绿色等印泥,一般在特殊情况下使用。印泥质量优劣,直接影响到印章艺术表达的效果,因而办公印泥不可用于书画作品;书画印泥以杭州西泠印社的潜泉印泥、北平荣宝斋印泥、漳州八宝印泥厂的八宝印泥最为知名。

(二)篆刻步骤

篆刻一枚印章的步骤如下:

1. 选石

首先根据需要找到大小适合的石料,比如青田石、寿山石等;初学者可选择价格低廉的练习章,但印面有裂痕的印章应当不用,以免造成篆刻线条大面积断裂,另印石硬度在2—3之间为宜;若请篆刻家篆刻则应选择品质较高的印石;若自己篆刻送人或是较重要的内容可以选择有雕纽的印石;若是临摹则要选择与印拓大小相当的印石。其次是修整石料,即通过目数不同的砂纸打磨加工选好的石材印面,一是为了磨去印面蜡质,二是为了印面平整;一般情况下是先以500—800目砂纸粗磨,再以1000—2000目不等的砂纸抛光。

2. 打稿

首先,根据印面的布局需要确定采用哪一种篆书,这就要求篆刻者应该有很好的篆书功底,并熟悉书法的章法。对初学者来说,或者是直接临摹古印或名家之印,或是通过篆刻字典或从历代印谱中去对比挑选需要篆刻的字,然后按统一的风格在草稿纸上设计。印章虽小,但其章法可在方寸之间千变万化,这也正是篆刻艺术的魅力所在。不过,从古往今来的篆刻作品中可以发现章法布局的基本方法主要有:平均法、疏密法、轻重法、呼应法、借边法、增损法、收放法、挪让法、方圆法、避同法、穿插法、开合法、欹侧法、界画法、边栏变化法等多种方法。

设计时应当根据所要刻的文字的多少，按照先上后下，先右后左顺序排列于印章之中，使其各得其位，再结合整体虚实相间，疏密得当，对线条布白加以调整，最后定稿。其次是打稿。打稿使用的纸张，最好是连史纸或质量较好的宣纸；先在稿纸上按出石章印面大小的痕迹，并在痕迹之内的部分进行打稿。写印稿所用之墨应当使用胶性稍大的墨汁或用烟墨在砚中磨出墨汁，用小楷笔写好印稿。摹印的方法则是用几近透明但又不透水的描图纸蒙于印拓上，用手轻轻压住纸不使移动，然后用小号毛笔蘸墨（或碳墨水、绘图墨水），依原印线条摹写；注意要将每个字中笔画的起笔、收笔、转折等最微妙又最能反映原印精神的细节体现出来，最大限度地接近原作；同时细心体会，发现其中的规律，以便学习掌握后创作时用上。再次是复印印稿。即将打好的印稿或者摹印的印稿倒扣在石章底面，并用毛笔将印稿微湿，再用干净的毛边纸吸干多余的水分、再复二三毛边纸于印稿上，用手握紧，并用指甲或其他物品在毛边纸上反复压刮，目的是让墨汁写的印文能够复到石章表面。如复过来的印文不够清晰，可用笔稍加勾描。

3. 刻写

刻写即以刻刀为笔将书法与篆刻艺术的结合。刻写时的运刀方法主要有冲刀和切刀两种：冲刀，即以刀角须要刻之线条推刀向前，并用无名指紧抵石章边缘，以控制运速度，一刀一刀地冲，以免一刀直冲产生不够凝重之弊。切刀，即执刀角度较冲刀直，切刀所切线条较短，依靠刀角一起一伏，将长线条分段，以若干重复动作完成。因纯用切刀缺乏气势，一般宜冲切兼用，依靠全身之虚劲，通过肘腕运力到指间，而不是靠手臂大动作来完成。无论刻朱文或白文，宜一次完成，即尽可能刻得周到，要刻出写意的效果；应当根据印文具体情况随时调整运刀速度，转换刀刃方向和角度也很重要。大印要重而沉着，小印宜轻而流畅。切忌不掌握轻重使笔画断裂，或刮削重复致全印死板。对于初学者，篆刻的线条的软硬，一般与刻章时候用刀的坚决有一定的关系，越是果断一刀刻成，线条的张力越好。这当然需要经过长期练习才能达到这样的水平。临刻印章时，要与原印对比，这时可用墨汁轻拍印面（注意别将墨汁拍到刻去的部分），然后用小镜对照原印，发现有不似之处加以修改以接近原印，并可用敲击、研磨等手段模仿原印的残破效果。

4. 钤印

钤盖印章是完成一幅完整的书画作品不可缺少的环节；所谓“刻六钤四”，正说明了钤印起着审美特效和完善章法的作用。钤印技术一要熟练，二要讲究，不能马虎草率。完美的钤印效果是指印迹清晰、端正、恰到好处。在钤印时，要将印文面与印泥充分接触,然后在作品钤印处的下面垫上平整的玻璃面,再仔细盖出印文。初学者可在一张白净纸上用浓色铅笔画好等边直角三角空格,下放垫物,上放钤印纸张,利用透过来的空格审定钤印位置,进行定位,然后将印章平稳钤下,先垂直均匀用力,后向上下、左右(大印还要将四角)略微倾斜,用力钤压;然后揭印,用左手按住纸,右肘在桌上作支点不动,便于右手指执印轻轻地揭下来;如欠清晰,仍另外重新钤盖,直至满意为止。钤印完成后印泥应阴干,未干时不能触及印迹,以免沾污模糊印记,走失原貌。

(三)钤印艺术准则

中国书画作品的用印十分讲究,自有一定的法度。如若不按其法度而钤盖,非但不能"锦上添花"、增强艺术效果,反而会弄巧成拙,故书画家在钤印时总免不了要精心斟酌。以下就是一般钤印应当讲究的准则:

1. 印章选择适当

印章选择适当包括:(1)名章要稳正。由于名章是作者的署名用章,是作者对自己作品的肯定。因此必须体现严肃、严谨,在形状上最好是方方正正。给人以庄重、稳正、大方之感。(2)钤印数量宜少不宜多。即如清代陈克恕撰写的印学论著《篆刻鍼度》中所云:"用一不用二,用三不用四,盖取奇数,其扶阳抑阴之意"。[①] (3)大小要适宜。这反映的是印章与整幅作品的统一、协调问题。印章要与幅式大小相匹配。如果是巨幅作品。就要钤盖较大的印章,如果是小件作品则只需加盖一枚小印。反之,不是让人感到小气,没有平衡感,便是让人觉得拥挤,不成比例;另题款与名章的关系、大小要相一致。(4)风格要协调。通常单刀直入的急就章,不宜钤在工细精微的工笔画上,奔放雄健的书法,亦不宜盖用娟秀的印章,否则就会显得格格不入。(5)轻重要权衡。就直观感觉上看,白文印分量较重,朱文印分量较轻。故墨色浓重之作,宜盖白文印,印泥贵饱满均匀,以使红彤彤的朱色与乌黑的墨彩有强烈对比,相映成趣。而工楷之作,往往多用朱文印,印正勿歪,和谐一致;若花卉画须着意烘托出"一点红"时,宜在较远处钤盖朱文印,以免喧宾夺主,本末易位。若一幅作品钤印数枚,应有主次,即多朱配少白,多白配少朱,使之既有变化,又协调一致。(6)形式应多样。印章除正方形朱、白文外,还有长方、瓦当、圆形、半圆形、椭圆形、葫芦形、自然形、肖形、花押印等各种印面形式;凡一件作品,同时钤用二方或二方以上印章时,需要选择不同的印面形式,为避雷同;如二枚正方形姓名印连用,宜以一朱(朱文)一白(白文)

① (清)陈克恕:《篆刻鍼度》,上海书店出版社1994年影印本。

为佳(古人也有二白连用的,此乃秦汉印多为白文之故);押脚若已拟钤长方白文印,起首当用圆形、椭圆形、葫芦形等朱文印,或肖形印更好;印式变化有姿,可与整体作品的艺术美感相得益彰。

2. 内容选择适当

印章内容选择适当包括:(1)闲章要别致。闲章虽非必不可少,却是为了整个画面的布局而使用,因此要有轻灵活泼之感。在形状上要求别致,不应太过规矩,否则会有呆板、压抑之感;在数量上要适可而止,并非每幅都需要盖闲章,更不是闲章越多越好,否则会让人感到杂乱,有画蛇添足之嫌。(2)印文应与书画主题寓意协调。正如清朝指画的开山祖高兼在其所著《指头画说》中指出用闲章"必与书、画中意相结合,如临古帖,用'不敢有已见''非我所得为者''顾于所遇''玩味古人'等章。画钟馗用'神来'、画虎用'满纸腥风'印,画树石用'得树皮石面之真'",皆显得自然切题,饶添情趣。又如清初画家石涛在其名画《黄山图》上钤"搜尽奇峰打草稿"印,意蕴深刻,形象准确地反映了艺术创作与生活的辩证关系;再如清朝黄易画梅爱钤盖"画梅乞米",清李方膺也常用"梅花手段""换米糊口"章,即用自嘲口吻反映心境,令人玩味;齐白石则常在其书画中钤盖"鲁班门下""木匠之门"以示其独特经历;张大千曾用"乞食人间尚未归"和"苦瓜滋味"两方闲章,亦表达了自己曾出身贫寒的经历和处境;李可染常用"废画三千""千难一易"等闲章,说明艺途甘苦;傅抱石在其山水画上常用"换了人间""山河美"流露出画家对祖国山川的赞美之情;总之,这类闲章拓展了题意,抒发作者内心思想,深化作品的意境,给人以无穷的遐想,从而极大地提高作品的艺术感染力。(3)篆刻风格与闲章内容协调。即就词句章来说,词意与刻印的风格应该相对应。例如,刻文是"皆大欢喜"印面处理不应板滞僵硬无生气,刻"花好月圆"印面不可处理得支离破碎;刻"自强不息"线条不能显得纤弱无力,否则都有背于词意,若钤之于书、画之上,甚至会成为作品之败笔。

3. 位置要适当

位置要适当包括:(1)要符合礼仪。同一书画有多人钤印,应当分清长幼尊卑,尊长在前,卑幼在后,卑幼当用名印,平辈用字印,尊长用道号即可;名印当在上,字号、印当在下,道号又次之。(2)虚实、疏密要慎视。一幅书画,密处不够紧凑,可以印章填补;疏处如觉空泛,可借印章充实;上下左右或有不平衡,天头地角几块空间或嫌平板少变化,亦可选择一、二处加盖印章。(3)整体要平稳。两枚印章一大一小时,应上小下大,以求平稳,避免头重脚轻。引首章不得高于或平于第一个字,以低于第一个字的空白处最佳;一幅作品同时适用于引首章与押角章时，押角章宜放在左下角，以与引首章成对角之势；名章要高于正文的最下一排。但不得过高，高于四字之上，或低于最后一排，都会失去平衡。

拓展学习 ▶

1. 了解《祀三公山碑》的书法艺术。
2. 了解《天发神谶碑》。
3. 了解吴昌硕与齐白石两位篆刻大师的不同篆刻风格。

第三节　人石辉印:印章石文化

一、印章石概述

(一)印章石的种类

在中国三千年的印章文化发展中,制作印章的材料极为广泛,金、银、铜、玉、石、瓷、竹、木、角皆可作为印材使用。然而,金、银、铜、玉之类的印材,硬度高,镌刻不易,每每一印都需由文人与工匠合作而成。元末画家王冕率先以花乳石作印之后,文人雅士们发现花乳石质地细润、易于受刀,自己可以直接在印石上书写、刻制,石质材料容易表现出金石之味,因而竞相采用,并在印章上讲究起书法、章法与刀法,篆刻艺术由此迅速发展起来。

当年王冕首用的花乳石,据说就是产于浙江丽水青田县的青田石。后来人们发现,但凡是细腻滋润、柔而易攻、适于刀刻的石头都可以作为印章石使用。这类印材石质多为叶蜡石、高岭石、地开石、绢云母、绿泥石等黏土矿物组成。应当说自然界中这类石质细腻滋润、柔而易攻、适于刻印的石材十分丰富,细分起来约有数百大类:除四大著名印石——寿山石、青田石、昌化石和巴林石以外,还有墨晶石、大洪石、宝华石、东坑石、龟伏石、寿宁石、广东绿、莆田石、大松石、丹东石、萧山石、青海石、伊犁石等;近来开发的有西安绿、雅安石、高洲石以及一些从国外进口的石头如印度石、老挝石等,也都是治印的优质材料。

(二)印章石质地的评价标准

从篆刻角度说,材质优良的印石起码应当具有“细、结”的特征:“细”,是指印石的颗粒细微,内部结构单一,无杂质或少杂质。“结”,是指石的固压结晶情况好,比重比较大,入手有沉甸甸的感觉,不易碎裂。只有这样的石材才适合篆刻创作。

从欣赏、把玩的角度说,优良的印石不仅要“细、结”,还须具有“温、润、凝、腻”的特征:“温”,是指印石的手感温度,无一般石材清凉之感。“润”,是指印石的手感湿度,摸起来很滑,有含水的感觉,表面反射光泽不浮,向内收敛。“凝”,是指印石的透明度高,冻化程度好,如同液体凝结一样。“腻”,是指印石表面有油质感,而且油质感是从石头里面沁出来的。总之,好的印材,要具备如同好玉一样的“六德”:“温、润、结、细、凝、腻”,以相对应于君子的“六德”:“仁、厚、礼、义、智、信”。由此可见,中国印石文化是受中国传统玉文化思想影响的。

从收藏的角度说,具有收藏、增值潜质的优良印石,还须有“正、高、大”的特点:“正”,是指印材本身的形状以正方形为上;正方形或长方形最适合做印材,扁材次之,条材更次之,随形为最次。“高”,是指印材要有一定的高度,至少可以手抓握,且高档石材一般要雕刻印纽,太低不宜加工。“大”,是指印材印面越大相对也越稀有。高档石材的价格与体积重量的比例是呈几何级数的,越是“方、高、大”的印章,取材越加浪费和奢侈,因而越加稀有,价格也越高;而印面呈正方形,四面章身为方柱形,被称为“六方平章”,有着“天地四方六合”的吉祥寓意。

相反,印材如果“粗、松、脆”,则是材质低劣的表现:“粗”,是指印石内部颗粒构成粗糙,肌理内混杂异物,这种印石不仅毫无光泽,入手感觉涩滞,更无细、结、凝、腻可言。“松”,是指印石的结构松散,结构不致密,轻碰即伤,绵软如干硬的泥土,始终像缺油的样子,蚀变、固压程度较差,难以篆刻。“脆”,是指刻之即剥落、崩渣,或软硬不一,篆刻时刀不易入,或出现石质坚滑的拒刀等现象,难以表现刀痕效果。

(三)如何品鉴印章石的优劣

自然界中虽然石材十分丰富,但大多是劣石,不宜作印石使用,更不适合收藏把玩。那么,如何品鉴印石的优劣呢?可从以下着手:

1. 质地

印石之质体现为具有“温、润、结、细、凝、腻”六德。印石天然的品质决定了其印石经济价值和使用价值。印石界传统“以寿山田黄为帝,昌化鸡血为后”,以及评选出的“四大印石”就是因为它们的质地优良。当然,自然界能够具备六德的石材少之又少,往往能够其有六德中之四五德,亦属难得之佳石。

2. 净度

指印石应当“以净为佳”,石头色彩越纯洁越干净为好。一般是底子里外纯净,色彩均匀,饱和度浓艳,整体一色,材质透爽,最为珍贵。故石雕界历来有“先赏石,后赏雕”的说法,除非不同色彩做成巧雕则又另当别论。总之,石头的质地讲求视之有泽,手抚生温,触之滑爽,加上石质纯净度,则为上上品。

3. 少杂

指石材上的砂钉、杂质少。印石一般取自于岩石夹缝之中,通常都会夹裹杂岩、砂钉、硬结或硬质夹层等缺陷,在篆刻时若碰上用手工极难对付,或在篆刻时线条崩裂,影响艺术效果,因而当砂钉、杂质特别硬时,要将其全部除去,否则难以奏刀。所以在收藏、篆刻印石时,凡有杂质的印石应当弃之不用。除了排除砂钉外,最好用刀试试,以软硬适中,略有脆性,用中等力度可以刻得动为宜。有些石材硬度较大,质地较粗,虽勉强可刻,但是在印面处有层理结构,比较难刻,故也不足以取之。

4. 无裂

指印石整体都不得有裂隙。印面有裂隙篆刻时会出现较大的崩裂,印身有裂隙则影响其价值。印石的裂隙可能源于两种情况:一是原石本身存在裂隙,二是印石因处于干燥环境而致裂。对此,印石销售者往往会想方设法弥补裂隙,如用油、用蜡、用胶隐蔽之,故在购买时要认真辨别。上油的石头都要擦干表面的油阴干晾一段时间,一般该有的裂就可看到;或用手挤压怀疑有裂之处,若出现油线证明就有裂;对于内部爆裂亦只需把油分挥发 2—3 天,原有内爆即可看到;对于用蜡、用胶隐去之裂隙,采用手电光照射方法,亦可发现。

二、印章石的主要品种

(一)传统四大著名印章石

中国的印章石品种繁多,但最著名的印章石莫过于所谓“中国四大印石”,即福建寿山石、浙江青田石、浙江昌化石和内蒙古巴林石。有关这四大名石以及印章石的分类研究,对于人们了解印章石的发展有着重要的作用。

1. 寿山石

寿山石因产地得名,出产于以福州市北郊寿山村为中心的“百里连亘”“万山村立”的群山之中,矿床分布于北起墩洋、南至月洋、西至汶洋、冬至连江隔岸,近 50 平方公里的范围内。据考古发现,寿山石最早开采始于唐宋时期,后人们根据明朝著名藏书家、文学家、目录学家徐火勃留下的《游寿山寺》诗句“草侵故址抛残础,雨洗空山拾断珉”推断,明朝初年当地僧侣已开始收藏寿山石原石;自明末著名史学家、藏书家曹学铨发现并开始收藏田黄石,至清代上到帝王下到普通文人都热衷于寿山石收藏,由此衍生出的寿山石文化艺术至今热潮不减。

寿山石是次生矿石,主要矿物为地开石、叶腊石、高岭石、伊利石、珍珠陶土,次要矿物有石英、黄铁矿、硬水铝石、红柱石、绿帘石、绢云母等;晶体特征:呈隐晶质结构、细粒结构、纤维鳞片变晶结构;光泽:原石为土状光泽,抛光面为蜡状光泽,若含有一定量的微晶石英时其抛光呈玻璃光泽;透明度:多呈不透明到微透明;颜色:颜色丰富,可为白、红、黄、绿、褐、灰、紫和无色等;密度:2.57—2.84g/cm^3;硬度:2.5—3.5;韧度:较高;折射率:地开石类寿山石点测1.56;发光性:寿山石在长波紫外光照射下,发弱的乳白色荧光或无荧光。

寿山石共有100多个品种,品种的划分并无科学依据,主要由其质地、颜色、所产地点、矿洞等因素决定。按当地的传统习惯,寿山石被分为以下三大类:

(1)田坑石:亦称田石,产于环绕寿山村的一条溪流两旁一两米深的水田底层,因石头多现黄色,故被称为田坑石或田黄,田坑石以色泽分类一般分为田黄、红田、白田、灰田、黑田和花田等;按产地不同可分上坂、中坂、下坂和碓下坂。田黄石是田石中最主要的品种,也是寿山石中最具代表性的石种。田黄石的特点是:无根无脉,呈自然形态,无明显棱角;质地细腻,温润若脂;外表多有破,石皮多呈微透明;肌理玲珑剔透,且有细密清晰的萝卜纹;颜色以黄金黄、橘皮黄为上佳,枇杷黄、桂花黄等稍次,桐油黄是田黄中的下品。田黄石中最好的是田黄冻,其通灵澄澈,色如碎蛋黄,有"石中之王"的称号,清朝时就有"一两田黄十两金"之说。

(2)水坑石:产自寿山村东南2公里的寿山乡溪坑头支流之源的矿床中。由于这里地下水丰富,矿石受其浸蚀,多呈透明状,质地晶莹通透,色柔纯净,是寿山石中各种冻石中的佼佻者,寿山石中各种名为"晶""冻"的印石,多出产于这里。主要品种有水晶冻、黄冻、天蓝冻、鱼脑冻、牛角冻、鳝鱼冻、环冻、坑头冻及掘性坑头等,色泽多有黄、白、灰、蓝诸色;其中,水晶冻石质透明莹澈如水晶;鱼脑冻肌理形状像煮熟的鱼脑;天蓝冻色蔚蓝若雨后晴空……由于水坑石出石量少,一般块度较小,佳质者尤罕,因此其身价不亚于田坑石;今日市场上所见水坑石佳品,多系百千年前开采出来的旧物,故有"百年稀珍水坑冻"之说。

(3)山坑石:是指山地岩石中的寿山石原生矿,主要分布于寿山、月洋两乡方圆十几公里的岩石中,呈脉状产出;由于所处地势较高,没有太多地下水浸灌,石质稍逊于水坑石。山坑石分布范围广,产量很大,品种有高山石、都成坑石、善伯洞石等,其中:①高山石产量最多,石质优劣各异,多以色、以相、以产地、以始掘者命名,因而品种繁多且名称较为混乱;以色分类,有红高山、白高山、黄高山、虾背青、巧色高山等;以相分类,有高山冻、高山环冻、高山晶、掘性高山、高山桃花冻、高山牛角冻、高山鱼脑冻、高山鱼鳞冻等;以出产的矿洞命名,有和尚洞高山、大洞高山、玛瑙洞高山、油白洞高山、大健洞高山等等。②都成坑石,又名杜陵石、都灵石,清道光年间开始大量开采;以石色、以开采人名和开采方式来区别命名的石种如白杜陵、红杜陵、黄杜陵、杜陵晶、棋源洞杜陵等。③善伯洞石,源于杜陵坑山临溪处的矿洞中。此石温腻脂润、半透明、性微坚，肌理多含金砂点和粉白点，色多鲜艳，品种有红善伯洞、黄善伯洞、白善伯洞、善伯晶、银裹金善伯洞、善伯尾等。④月洋系石，产于寿山村东南8公里处的月洋山，有十余品种，其中最为名贵者为芙蓉石，芙蓉石被称为中国“印石三宝”(田黄、芙蓉、鸡血)之一，石质极为温润，凝脂，细腻，虽呈半透明状，然雍雅尽在其中；芙蓉石是寿山石中一大石族，以色划分，有红芙蓉、白芙蓉、黄芙蓉、芙蓉青、红花冻芙蓉等，其中“白芙蓉”又有白玉白、猪油白、藕尖白之分；以矿洞分类，有将军洞芙蓉、上洞芙蓉等，而将军洞芙蓉的质地最纯。⑤旗山系寿山石，是仅次于高山系的第二大系，矿藏丰富，品种繁多，其石质结实、温润、坚细、凝腻，微透明或不透明，色彩丰富，以红、黄、紫、白等两色及多色相间者常见，有黄旗降、红旗降等品种。⑥连江黄石，产自高山东北接近连江县的金山顶，石色多为藤黄，故称“连江黄”；这种石质硬脆，有裂纹，肌理有隐条纹，似萝卜纹，因此往往被用以冒充“田黄石”出售。

2. 青田石

青田石产自浙江省青田县南10多公里的方山、山口一带。有图书山、白羊山、风门山、麻坑山等矿，所产石头统称“青田石”。青田石成就青田石雕艺术，又因青田石雕而闻名于世。

早在六朝时期青田石已作为雕刻用石材，唐朝时青田石雕技艺开始发展，到五代吴越时期青田石雕技艺已达到一定的水平，此后青田石雕制品以实用品、宗教用品及文房用具、装饰摆件为主，不仅广受国人喜爱，而且远销海外。自元末画家王冕创以花乳石刻印，明代画家、篆刻家文彭受此启发选用青田产灯光冻石刻印，因感觉是所有印石中最宜受刀之石，便在其《印章集说・石印》中称赞：“石有数种，灯光冻石为最”，从此青田石冻石风行印坛，被文人墨客作为篆刻最佳印材之一。青田石颜色多清淡、雅逸，以清新见长，象征中国古代文人隐逸淡泊的品性，因此被誉为“石中之君子”。

青田石是一种变质的中酸性火成岩，又称为流纹岩质凝灰岩，主要矿物成分为叶蜡石、石英、绢云母、硅线石、绿帘石等；晶体特征：具显微鳞片变晶结构、团粒结构、放射球粒状结构、不规则的放射纤维状结构；光泽：有蜡状光泽、玻璃光泽、油脂光泽；透明度：有不透明、微透明至半透明，极少数透明；颜色：以青色为主，又有黄色、红色、蓝色、白色、黑色、绿色、紫色、褐色、棕色和花色等；硬度：2—2.5度；密度：2.65—2.9g/cm^3；韧度：较高；折射率：1.53—1.60；发光性：紫外荧光不特征。

青田石按产地可分为封门石、旦洪石、尧士石、白垟石、老鼠坪石(这前五者又统归为山口石)、塘古石、周村石、山炮石、北山石、方山石、季山石、岭头石和武池石等;据当代高级工艺美术师、青田石鉴赏名家夏法起先生研究,青田石共分有 10 大类 108 种。著名的品种为:

(1)灯光冻。产于山口封门、旦洪和方山白垟,颜色微黄,纯净,晶莹如玉,半透明,光照之璨如灯辉,质地细密,明初已用于刻印,名扬四海,为青田石之极品,并被认为"高出寿山诸石之上",数量极少,难得大方,故价胜黄金。

(2)封门青。因产于青田县封门山而得名,质地细腻,杂质少,肌理常隐现有白色、浅黄色线纹,呈半透明状,多数色淡青如春天萌发的嫩叶,有的偏黄或偏白,明润如淡色碧玉;篆刻印章最宜走刀,可尽显笔意,是制作印章和精雕品的上等石材。

(4)黄金耀。黄色艳丽妩媚,质地纯净、细洁、温润、脆软,为黄色青田石中最佳石种。

(5)金玉冻。产于山口,颜色多为中黄、淡青两色相间,色间过度自然,石质细腻纯净,温润爽脆,是青田佳石之一。

(6)青田蓝星。产于山口,石质细腻,石内有点状或片状宝蓝色冻点隐现分布于封门青质地的石料中,因产量稀少价较高。

(7)紫檀冻。产于山口,颜色一般为紫檀色,细腻,不透,易受刀,石料中夹生淡青或浅黄色囊状、层状冻石,石材多方大,是雕刻及篆刻的理想石材。

(8)封门三彩。有五彩者称为封门五彩,产于山口等地,常以黑色为主色调,夹有酱油冻以及封门青薄层;有时也有黑、青、黄、棕、蓝多色或仅有两种颜色;色彩鲜明,质地细润,是选作俏色印章和精雕的名贵石料。

(9)龙蛋,俗称岩卵,产于周村一带,外壳包裹有一层深褐色之岩石,内藏青、黄色冻石,细腻如玉,故被称为龙蛋,因稀少而名贵。

(10)白果。因颜色为乳白或灰白色,似白果而得此名,石质细腻、结实、不透,刀感爽利,为上等印材。

3. 昌化石

昌化石主要产于浙江省临安市昌化镇西 50 公里的浙西大峡谷源头——海拔 1300 余米的玉岩山。昌化石基本的化学成分:是以黏土矿物地开石为主,常含有高岭石等黏土矿物;鸡血石成分是硫化汞,石质则为地开石或高岭石。晶体特征:有变余结构、变晶结构、隐晶质结构等。颜色:主要有白、黑、红、黄、灰等各种颜色。光泽:原石一般无光泽或呈土状光泽,抛光后一般呈蜡状光泽或油脂光泽,个别可呈玻璃光泽;其中呈现如鸡血般红色的辰砂可呈金刚光泽;透明度:鸡血石呈不透明至近于透明,冻石多呈半透明至微透明,个别冻地鸡血石近于透明;密度:高岭石为2.60—2.63g/m³,迪开石为2.62g/cm³,珍珠陶土为2.5g/m³,辰砂为8.0—8.2g/m³,含血较少的鸡血石为2.53—2.68g/m³,不同产地不同品种鸡血石的密度因血所占的比例大小不同而变化较大;比重:2.66—2.9;硬度:一般为2—3度,玉地鸡血石硬度为冻地为2—3度,软刚地鸡血石为3—5.5度,硬刚地鸡血石硬度大于5.5度;韧性:多数韧性好,少数石头有绵性软;光性特征:非均质集合体;折射率:一般昌化石约1.56(点测法);辰砂为1.81;多色性:无;紫外荧光:常不特征;吸收光谱:不特征。

昌化石分为鸡血石、冻彩石、软彩石三大类和从属的70多个品种,品种多以颜色划分,主要三种如下:

(1)昌化鸡血石。昌化鸡血石主要形成于7500万年前的火山活动,是辰砂与高岭石、地开石、叶腊石等多种矿物共生的集合体。辰砂是“血”的主要成分,“血”色有鲜红、大红、紫红、淡红等,“血”分布的形状有团块状、条带状、星点状,以“血”色鲜艳、凝厚、深透石中、有集结或斑布均衡为佳;“血”量少于10%者为一般,少于30%为中档,大于30%者为高档,大于50%者为珍品,70%以上者珍贵难得;全红或六面“血”为极品。红而通灵的鸡血石称为“大红袍”,黑白地与鸡血三色的称为“刘关张”。按其色泽、透明度、光泽度和硬度,昌化鸡血石分为冻地、软地、刚地、硬地四大类品种。昌化鸡血石是中国特有的珍贵雕刻材料,因其中的辰砂色泽艳丽红似鸡血而得名,深受文人雅士、商贾富豪、达官贵人,甚至帝王将相珍爱与收藏。据考证,鸡血石的开采始于明代,而盛名于清代,康熙、乾隆、嘉庆等皇帝都十分赏识昌化鸡血石,并将其作为制作宝玺的章料。20世纪70年代初,日本前首相田中角荣、前外相大平正芳来中国访问,周恩来总理将由篆刻家沈受觉、刘友石先生篆刻的昌化鸡血石对章作为国礼馈赠两位贵宾,于是鸡血石在日本名声大噪,掀起了一股收藏鸡血石热潮。大批日本游客来华时,必将鸡血石作为首选礼品带回国内。而随着中国经济发展和人民收入水平的提高,国人对鸡血石的收藏投资热情也逐年上升。

(2)昌化冻彩石。昌化冻彩石是以叶蜡石为主要矿物成分的一种半透明的石料,是色彩最丰富、最富于变化的石材之一。按颜色分为白冻(或称鱼脑冻)、田黄冻、桃花冻、牛角冻、朱砂冻、藕粉冻、金玉冻等,色纯无杂、质地细密者为优良品种,稀有珍贵;一般品种与寿山石、青田石、巴林石比较相对多砂、多杂,质地坚硬且硬度变化较大,石质不尽细腻,韧而涩刀。

(3)昌化软彩石。昌化软彩石是昌化石中以叶蜡石为主要矿物成分的一种不透明、色彩最丰富的一类石材，产量约占昌化石的50%左右。昌化软彩石的特征是色相绚丽多姿，变幻无穷，通常有蜡状光泽，不透明，石质细绵，没有砂丁，易受刀，其中一部分质地温润，富有独特色彩的品种，甚至比冻彩石略胜一筹，往往成为人们收藏的目标。

4. 巴林石

巴林石产于内蒙古自治区赤峰市的巴林右旗大板镇西北部，与寿山石、青田石、昌化石并称为“中国四大印石”。巴林石的色泽斑斓，纹理奇特，质地温润。早在800多年前巴林石就被成吉思汗称为“天赐之石”，但当时只是用于生活用品，如石碗、石臼，清朝时巴林石雕作为贡品进贡给皇家。20世纪日伪统治时期，伪巴林右旗公署曾雇佣当地群众探矿采石，并将采得的石料加工成图章、墨盒之类流入日本国。巴林石大面积开采是从1973年开始，1978年国家轻工业部将巴林石矿列为我国三大彩石基地之一，并正式命名为中国巴林石。巴林石化学成分：多种矿物集合，主要化学成分为辰砂、石英、方解石、辉锑矿、地开石、高岭石、白云石等矿物，且大部分含硫化汞等多种成分的硫化物以及硅酸盐矿物；其中“鸡血”为辰砂；结晶特征：晶质矿物集合体，致密块状，矿物颗粒非常细小，肉眼很难看出单矿物的晶体形态；光泽：有土状光泽、油脂光泽、蜡状光泽或无光泽；颜色：有朱红、橙、黄、紫、白、灰、黑色等各种颜色；透明度：有透明、亚透明、半透明、微透明和不透明；硬度：2—4度；密度：$2.4g/cm^3$—$2.7g/cm^3$；光性特征：非均质集合体；多色性：无；折射率：1.30—1.70；双折射率：无；紫外荧光：常不特征；吸收光谱：不特征。

巴林石细腻润滑，晶莹如玉，是名贵的石雕材料和印石材料，主要有鸡血石、福黄石、彩石(图案石)、冻石几大类品种：

(1)巴林鸡血石。巴林鸡血石之“血”以辰砂为主要成分，巴林鸡血石品质高低，以质地、“血色”区分；质地以冻石最佳，以白如玉的羊脂冻地为上，乌冻次之，绿地最下；“血色”与“血形”与昌化鸡血石一样，根据鲜艳度而分为鲜红、正红、深红、紫红等，鲜红为上品，大红次之，暗红最差；根据形状依次分为块血、条血、云雾血及点血等，一般以“血”多、色鲜、形美者为佳；而“血质”浮薄飘散者则往往是易退色之下品；巴林鸡血石由于软硬适中，宜于镌刻，是印石中收藏、篆刻之妙品，有“草原瑰宝”之美誉。

(2)巴林福黄石。巴林石中凡呈黄色且透明或半透明者均可称为福黄石；福黄石按色调及纹理又分为金橘黄、鸡油黄、密蜡黄、流沙黄等；其石质地透明而柔和、坚而不脆、色泽纯黄无瑕，集细、洁、润、腻、温、凝“六德”于一身，其中金橘黄与寿山田黄石不分伯仲，且产量极少，珍贵至极，因而金石界素有“一寸福黄三寸金”之说。

(3)巴林彩石。巴林彩石彩色绚丽多彩，一些天然纹理形成的千姿百态天然画面、图案似植物、动物、山水、人物等，惟妙惟肖，栩栩如生，体现出大自然鬼斧神工的美丽奇妙，在印材中独一无二，有极高的观赏、收藏价值。

(4)巴林冻石。巴林石中凡无血又透明或半透明质地的均为冻石，特点是石质细润似婴儿肌肤般娇嫩，通灵晶莹清亮，颜色妩媚温柔，根据质地、色彩等因素命名的品种有水晶冻、芙蓉冻、羊脂冻等；例如彩霞冻石肌中似渗入云霞状红色纹理，有的犹如旭日喷薄，有的犹如红霞漫天，艳丽无比，极为珍稀。

(二)其他著名印石品种

在篆刻用材中，除寿山石、青田石、昌化石、巴林石四大名石外，还有众多硬度与四大印石相似，石质细润无杂，便于奏刀斫印的石材，其中通灵滋润、色彩绚丽者亦为篆刻家、收藏家所青睐。

1. 辽石

分为宽甸石和绿冻石两大类。宽甸石产于辽东宽甸，属单斜晶系绿泥石滑石岩，硬度为 2.5 度；呈淡绿、碧绿、墨绿等色；半透明至全透明，肌理隐有灰白色花纹；宽甸石多质地燥烈，不易受刀，用力镌凿则有鳞状石片剥落，呈崩碎状，刻痕斑驳；但其中有些石质细润通透，硬度与叶蜡石相近者，篆刻刀感似青田石，亦可用作刻制印章。绿冻石产于辽宁岫岩，色有淡绿、碧绿、墨绿，半透明至全透明。硬度为 2.5 度；纯净细腻，基本无砂丁，刀感好，很适合刻细朱纹，可称印石上品。

2. 长白石

也称长白五彩石，产于吉林省长白朝鲜族自治县马鹿沟村一带，主要矿物成分为高岭石、地开石。该石石质细腻致密，温润洁净，坚而不顽；颜色有绿、黄、青、蓝、深褐、紫红、灰白等；纹理自然流畅，各色混生形成卷纹、流纹、蟒纹、龟纹、流霞纹等；光泽度好，多为微透明至半透明，少数透明；折射率约 1.56—1.60；硬度约 2—2.5 度，密度约为 2.0 g/cm^3—2.8 g/cm^3；长白石的花色品种达 100 种以上，是继四大印章石之后产量较大、品种较多、最适宜作为印章篆刻和工艺雕刻的石料。

3. 广东绿

又称广绿石，广绿玉，产于广东省肇庆市广宁县。广绿石为铝硅酸盐矿物，属云母玉中的一种,除主要含水白云母外,尚含少量磷灰石、金红石、白钛石等;石质致密、细腻;光泽呈油脂光泽或蜡状光泽;半透明、微透明或不透明;硬度2.5—3度;密度2.7 g/cm³—3 .2 g/cm³;是较好的印石材料。广东绿各种颜色色调变化无穷,尤以绿色变化最多,一块石上常有多种颜色共生,按颜色特征划分,主要品种有黄绿、白绿、碧绿、墨绿、金星绿、翡翠绿、鸭屎绿、五花绿、竹叶青、碧海云天、黄白石、黑白石、黄黑石、黑石、白石、白菜冻石、坑底石等等;其中以碧海云天、金星绿、黄绿、白绿、碧绿最为名贵。

4. 青海石

也称昆仑冻石,产于青海省互助县,属石膏石碳酸岩,粒度均匀一致,透明度为微透明到半透明,硬度2度左右,密度1.52 g/cm³。按其颜色和花纹可分为水晶冻、雪花冻、红花冻、茶冻、黄冻和绿冻;其中以雪花冻、红花冻和黄冻较为常见;在这些品种中,黄冻的硬度较高,可作印材使用,而雪花冻硬度较小,不宜用于印材。

5. 上饶石

也叫高洲石,产于距江西省上饶市64公里处的五府山,以高岭石矿物成分为主,伴有叶蜡石、地开石、伊利石,部分则以地开石、叶蜡石、伊利石成分为主。该印石质地细腻、纯净,刀感爽脆,带有瓷感;颜色艳丽,色泽多样,花纹美观;硬度2—3度。主要品种有云水冻(又称花冻)、红花、黄花、荷叶冻、五彩等品种;其中云水冻石质最佳,韧性好,刀感与巴林相似,故早期当巴林石贩卖;另有一些硬度类似寿山石,一些品种硬度介于寿山石和巴林石之间,少数硬度像青田石。

6. 大松石

出产于浙江省宁波市鄞州区一小山中,自古开采作为印石使用。大松石以水铝硅酸盐即叶蜡石为主要矿物成分,少量由地开石、高岭石等黏土类矿物混生而成。石体色浅灰或灰带黄色,肌理多有墨点状的黑斑纹,或猩红色的圆圈状的斑点,并有絮状纹,图纹或疏或密,质地细腻,温润凝结,微透明,富光泽,因其有受刀韧性极佳之特点,故篆刻细朱文线条挺拔而不易断裂,在新中国成立前的上海篆刻界颇负盛名,得到了老一辈篆刻家的赞誉。而品质优异的大松石石性通灵,有似玻璃、似玛瑙、似琥珀、似玳瑁、似古玉,其中一些极为通灵、温润,但出产量甚少,目前几乎无开采,故市场难得一见,是珍贵的印石品种。

三、印石雕刻艺术

一块石头的珍贵价值首先来自石料自然天成的品质。一般而言,晶莹通透、色彩绚丽、肌理纹脉千姿百态的印石,天然去雕琢,如将其人工雕刻反是增添累赘。故印石界历来有“工以素为优”的说法,如青田石中的灯光冻、封门青原本就是天生丽质,不加任何雕琢,反而显得简明精炼、恰到好处。但这也非绝对。一方佳石,若能给予惟妙惟肖、巧夺天工的雕刻,也能起到锦上添花的艺术效果。

(一)印石雕刻技法

中国石雕艺术历史悠久,雕刻技法丰富多样,精湛圆熟。印石雕刻为石雕艺术中的一个门类,其在发展过程中广纳博采,融合了中国画和各种民间工艺的雕刻技艺与石雕艺术精华,形成了圆雕、薄意雕、镂空雕、浅浮雕、高浮雕、链雕、印纽雕等各种雕刻技法。

1. 圆雕

又称立体雕,是指对石材进行全方位雕刻,可以让人上下前后左右多方位、多角度欣赏的雕塑艺术。传统的寿山石雕和青田石雕都有大量圆雕作品,题材可以是人物、动物,花卉等;传统圆雕作品的色彩纹理一般比较单调,而当代石雕艺人们讲求因材施艺,在取色用“巧”方面不断创新,努力发掘和利用石形、石质、石色的天然条件,通过巧妙构图布局,讲求虚实、对比、平衡、空间和掩映等现代绘画知识的运用,使圆雕作品的意境更加生动自然,文化内涵更为丰富;许多优秀的圆雕印石作品巧夺天工,令人爱不释手。

2. 浮雕

浮雕是在石面上雕刻出凹凸起伏形象的一种雕塑,是介于圆雕和绘画之间的艺术表现形式;它用压缩的办法来处理对象,靠透视等因素来表现三维空间,并只供一面或两面观看。中西方从古至今石雕艺术绝大多数采取的都是浮雕雕刻技法。浮雕根据造型手法的不同,可分为写实性、装饰性和抽象性三种;根据造型部分表现形态不同又分为高浮雕和低浮雕:(1)高浮雕。这种雕法起位较高、较厚,形体压缩程度较小,因此其空间构造和塑造特征更接近于圆雕,甚至部分或局部处理完全采用圆雕的处理方式。高浮雕往往利用三维形体的空间起伏或夸张处理,形成浓缩的空间深度感和强烈的视觉冲击力,使浮雕艺术对于形象的塑造具有一种特别的表现力和魅力。(2)浅浮雕。这种雕法起位较低,形体压缩较大,平面感较强,更大程度地接近于绘画形式。它主要不是靠实体性空间来营造空间效果,而更多地利用绘画的描绘手法或透视、错觉等处理方式来造成较抽象的压缩空间,这有利于加强浮雕适合于载体的依附性。浅浮雕技法在印石雕刻方面常用于博古雕印纽。

3. 薄意雕

薄意雕是从浮雕技法中衍化而来的一种寿山石印章雕刻的独特表现技法,它是在印石除印面部分的其他五面的表面刻画出比浅浮雕还要“浅”的画面,因雕刻层薄,若有若无又层次分明而富有中国画意境,故名薄意雕。薄意雕艺术讲究“重典雅、工精微、近画理”,是融书法、篆刻、绘画于一体,介于绘画与雕刻之间的独特艺术,它比浮雕更有画意,又比图画更富有立体感、层次感,最适合质佳而材小的寿山田黄石、水晶冰以及山坑冻石的艺术装饰;特别是自然随形田黄石印章以及有色皮的掘性灵石,或是有薄色层的优质灵石,薄意雕能使其艺术效果发挥得淋漓尽致、超凡脱俗,极富欣赏价值,因而备受金石收藏家及篆刻家欣赏和推崇。

4. 镂空雕

也称镂雕、透雕,即把石材中没有表现物像的部分掏空,把能表现物像的部分留下来。镂雕是圆雕中发展出来的技法,它是表现物像立体空间层次的技法,有的为单面雕,有的为双面雕。中国传统玉雕、石雕、木雕、牙雕和核雕工艺中都有镂空雕技法。石头镂雕工艺难度很大,石料挑选决定雕刻成败,必须选择质细性纯又韧性好的石材,尤其是镂空部分,更不得有裂纹和高密度的砂格,否则容易造成断裂,因而对布局设计、刀具配备、雕刻程序等都与一般的雕刻技法有所不同;我国青田石雕工艺开创了“多层次镂雕”技艺先河,因而在石雕艺术中别具特色。由于印材一般体积较小,镂雕加工难度更大,所以通常不会过多以采取这种技法雕刻,通常只是对印纽做最简单的镂空雕。

5. 链雕

链雕是在一块石材上镂空雕刻出一条可以活动的石链的雕法。链雕法是从圆雕技法中发展出来的,最早见于较大型的玉器雕琢。由于石质不如玉质坚韧,故石链雕刻难度更大,技艺要求更高,稍有不慎,就可能会链断石毁。史上最著名的链雕印石当属今收藏在北京故宫博物院的乾隆皇帝的田黄“三链章”,它为整块寿山田黄石雕成,有 3 条活动的石链,各连接 3 颗印章,石链一环扣着一环,每一环皆活动自如,可谓巧夺天工。

6. 印纽雕

即石章纽头雕刻。专指印章上部的雕刻,起装饰印章的作用,印纽雕有自然台和平台两种。自然台的雕法是多因印石头本身不规整,无法取之四方形而采取的权宜之法,即布局随石而定,追求天然石形之美;平台者则较讲究,刻纽之前先起台，所谓台者，即印章的平台，平台以上刻纽，平台以下则方方正正、完整无缺；平台上或雕鸟兽、人物、瓜果、吉祥物，皆根据印石形状、巧色而设计，作品效果务必古朴、端庄、尊贵。印纽雕刻特点是：(1)根据印章的大小，一般在印石上半部分 2—3cm^3 以内作印纽雕；(2)印石下半部分不雕刻，这是与“圆雕”最大的区别，因为“圆雕”通常从各个方位表现物像；(3)传统纽雕的内容多以动物最主，特别是古兽，显得古雅不凡，如螭、狮、龙、凤、虎、辟邪、饕餮、麒麟、驼、鳌、龟、熊、蝙蝠等，因此称“兽钮”；近代印纽雕内容扩大至花果人物，更见得丰富多彩。

(二)印纽雕刻艺术

印纽雕刻的历史始于周代，当时印章多为铜、铁、金、银等金属所制，制作十分简单、朴实，甚至只制一孔，称为“印纽”“印鼻子”，用以穿绳系结，便于携带。故《说文解字》中解“印”字为：“印，执政所持也；钮，印鼻也。”除鼻钮外还有台钮、覆斗钮，这是印纽艺术的早期雏形。秦汉时期的帝王、诸侯百官、普通百姓的“玺”“印”“章”的名称、材质、使用都有严格等级限制，印纽雕刻也按级别有所不同而丰富多样。如汉代皇帝、皇后用的玉玺，螭虎钮；诸侯王公用的金玺，驼钮；皇太子、列侯、丞相、太尉、三公、左右将军用的金印，龟钮；食二千石的官用银印，龟钮；食二百石以上的官用铜印，象钮。这类印钮不再是为了穿绳系结而佩身携带，更是出于装饰美观需要。此后从魏晋南北朝到宋元，印钮艺术没有得到继承与发展，多是简单、实用，显得粗略，谈不上什么观赏价值。此时官印由于形制大，为了便于盖印，大多上部制成把手状，故有“印把子”之称。

宋元期间民间虽仍有人在私印上刻线条简洁、造型生动的人物钮、动物钮等，但远不及汉钮丰富精美。元代王冕以花乳石作印章石后，文人雅士才开始用石治印，印章篆刻由实用性转向艺术性为主，印钮由实用性向工艺性发展，印钮雕刻也开始重视和讲究可观、可赏性。明末以后尤其清代篆刻艺术成为一门独特的艺术门类迅速发展起来的同时，也促进了印钮艺术的发展，许多雕刻高手在易于受刀的石印上随心所欲地雕镌出精美的印钮，使印钮与印文两者结合相得益彰。清康乾年间印钮艺术发展达到高峰，以至于无石不钮，一些雕钮高手雕刻出许多精美绝伦的钮饰。今日故宫博物院的藏品中可以证实，这些精美的印石受到清朝帝王皇亲的钟爱。明清时期入钮的造型主要有瑞兽或生肖，如螭、猊、獾、獬、麟、凤、狮、鼍、夔龙等；所雕刻的瑞兽姿态或盘、或跪、或蹲、或卧、或立、或坐、或跃、或搏，极富巧思，无不令人赏心悦目，爱不释手。直至当代，印章刻钮之风更甚。一方面，当代人通常认为印章艺术应当由印文、边款、印钮三部分组成，印钮是印章艺术价值和经济价值的重要表现，因而但凡较优质的石章，几乎每章必刻钮，刻钮之后才特别有欣赏和收藏价值。另一方面，由于许多的印石本身存在裂痕、瑕疵等影响美观的问题，通过雕琢镂空，或施以薄意雕、浅浮雕、高浮雕，往往可以隐避罅隙，剔除砂隔，巧取俏色，使之自然浑成，巧夺天工，由此达到"点石成金"的效果。

(三)印纽的形制

传统印纽形制艺术造型包含了传统的祈求吉祥的含义，主要有：(1)古兽类，俗称"兽钮"，如龙、凤、狮、螭、虎等。(2)动物类，即以自然界和人类社会常见的动物为雕刻对象，如龟、蛇、螃蟹、甲虫等爬行类动物，猪、虎、龙、马、羊等十二生肖动物；鸡、鸭、鹅、鹰、鹤、喜鹊等翎毛类动物。(3)人物类，多为弥勒、观音、罗汉、寿星、八仙等佛道人物形象。(4)花果类，如牡丹、玉兰、荷莲、菊花、梅花、桃子、南瓜、佛手、石榴、葡萄等是最为常见的代表富贵吉祥的花果形象。(5)博古图案类，如夔龙、夔凤等博古图案多作为平顶印章的印纽，有些印章的平台下部又有刻边，即是在台下的四周施加阴刻或浮雕的纹饰，如夔龙、蟠龙纹、凤纹、鸟纹、兽纹、云纹、雷纹等，多仿效古代青铜器上的图案，其雕刻技法为浮雕、阴刻、麻花(即"线刻")；又如钟鼎彝器、古钱、瓦当、斗台、甲骨文字等则可为薄意雕，以追求古朴、端庄、尊贵的韵味。

近年来，随着印石文化的发展，越来越多的年轻工艺师加入印石雕刻行业，他们将现代审美理念大胆付之于个人创新创意中，吸收西方写实石雕技艺，甚至把现代美术与前卫艺术运用到传统印钮艺术中，创作出一大批风格各异，或朴拙、或细致、或典雅、或俚俗的印钮作品，使当代印章艺术呈现出多样的文化情趣。这些印钮正在得到越来越多的青年印石收藏爱好者的喜爱。

(四)寿山石印钮雕刻艺术

谈及印钮雕刻艺术，必然要与寿山石雕刻艺术相联系。寿山石印材不仅因其脂润如玉、柔而易攻、色彩斑斓、媲美宝石之特色而备受各方青睐，还得益于寿山石雕独特艺术风格使寿山石更成为不可多得的艺术珍品。

据研究考证，寿山石印钮雕刻始于明代，但是根据历史上第一部对寿山石进行记述和研究的书籍、明末清初"闽中七子"中著名学者高兆所著《观石录》中所记载："潘子和、谢奔，砚工高手，攻石能得其理。"人们认为，此处所谓"攻石"即指雕钮。只是因为当时这些制钮高手多不在印石上留款，故后人无法考查。

前已述，汉印的印钮最早做到了实用性与艺术性的完美结合，其篆刻艺术和印钮艺术至今尚被人们推崇，并作为后学的典范。从魏晋南北朝到宋元，印钮艺术没有得到继承与发展，多是简单、实用、粗略，谈不上什么观赏价值。元末明初起，寿山石与青田石均受到书画家、篆刻家赏识，寿山石印钮雕刻开始兴起，许多雕刻高手雕刻艺人在继承古代玉玺、铜印等钮饰基础上，在易于受刀的寿山石印章上，以高超的技法和深厚的艺术修养雕镌出精美的印钮，寿山石章成了达官贵人、文人墨客们纷纷珍藏之宝物。清朝康乾年间，福建福州地区涌现出诸如杨璇（又名杨玉璇）、周彬（又名周尚均）等一批制钮高手。杨璇钮饰集玉玺、铜印风貌，充分利用寿山石之特性，施以精美的工艺，突出兽钮的神、情、趣，生动毕肖；周彬雕钮则以华茂、清灵称著，并常以夸张手法强化形象，大胆突出，擅长取夔纹图案刻博古平钮，直处平整，拐角圆转流畅形态与众不同，印旁常有博古纹，多取青铜器纹样，并在纹中隐刻双钩篆字“尚均”；他还在印台四周刻浅浮雕锦褥纹和环边不断纹或其他图案，成为薄意艺术的创始人。继杨璇、周彬之后，福州又有董沧门、奕天、妙巷等人继承“钮雕”技艺。清朝同治、光绪年间林谦培、潘玉茂二人继承发扬杨璇、周彬的寿山石雕传统工艺，并各自收徒传艺，各扬其长，以后又经世代相袭和发展，形成了两个不同风格的寿山石雕艺术流派，即“东门派”和“西门派”。东门派鼻祖林谦培精于印钮与博古图案，兽头形态生动，兽毛均作开丝，能达到连续不缀、细腻传神的效果；与林谦培同期的潘玉茂继承杨、周遗风，深刀精刻，对印钮的博古、薄意及开丝均有很高造诣。此后东门派刻钮传人有林元水、林友情、郑仁蛟以及当代的林寿煁、周宝庭等，他们都既能继承师法，又入古出新，各有个性。西门派有清末林清卿，他专攻薄意艺术，成为誉满古今的薄意雕法大师；继林清卿之后，有王炎铨、王雷霆、江依霖、林文举等人，是寿山石雕“西门薄意”派雕刻的主要代表人物；此派主要的作品，有清代林清卿的《柳鹅》《秋山行旅》，王炎铨的《夜游赤壁》，现代王雷霆的《寒江垂钓》、林文举的《大观园》等。

拓展学习

1. 了解中国浙江青田石雕艺术特色及著名的石雕艺术作品。
2. 目前中国传统印章有哪些用途？
3. 衡量一枚石质印章价值的基本要素有哪些？
4. 闲章的用途与价值？

第十章　枕石漱流:奇石鉴赏收藏文化

奇石作为地球上年代最久远的物质,在经历宇宙混沌时期强烈的造山运动中的褶皱、断裂、辗压和亿万年的风化雨浸、水镌土蚀等内部和外部力量作用,在大自然的雕琢下,扭曲劈裂、去软留坚,成为造型奇特、独一无二、天然成趣、珍罕难求的艺术品。从已知的传世文学、艺术品看,最迟从隋唐开始,无数文人墨客因偏好奇石而以石为赋诗、著文、绘画之对象,不仅在一定程度上反映了当时人们的审美取向和精神情怀,而且大量的石谱著作以及石图手卷和册页,为后人认识传统奇石审美情趣提供了便利的条件。

一方水土养一方佳石,一方佳石需要搭配适合底座,再取一恰到好处的名称。如此,才算是一个完整的艺术品。珠联璧合的底座、高雅且恰到好处的名称,往往会起到"画龙点睛"或"点石成金"的作用。而奇石的意境,通常能通过命名和配座体现、传达出来。

第一节　赏石成章:我国奇石文化理论的兴起与发展

一、唐代:石文化理论研究兴起期

大唐时期社会安定,文化繁荣,文人墨客不仅钟爱奇石,陶醉于收藏、赏玩奇石而修身养性,而且开始研究阐述有关藏石、赏石的标准与方法,这为以后中华赏石文化理论的发展奠定了基础。

最著名的是唐代唐穆宗、唐文宗时期的宰相牛僧孺及其好友、唐代现实主义诗人白居易,两人常常一起品石作文、坐石论道。牛僧孺曾对自己收藏的一块太湖石进行了细致的品赏,在《李苏州遗太湖石奇状绝伦,因题二十韵,奉呈》中描述其"通身鳞甲隐,透穴洞天明。丑凸隆胡准,深凹刻兕觥"之形态。而白居易则为牛僧孺爱石情愫及二人友情,特题写著名的《太湖石记》,坦言与牛僧孺一起:"尝与公迫视熟察,相顾而言,岂造物者有意于其间乎?将胚浑凝结,偶然成功乎?然而自一成不变以来,不知几千万年,或委海隅,或沦湖底,高者仅数仞,重者殆千钧,一旦不鞭而来,无胫而至,争奇骋怪。"详细记述了好友牛僧孺因"嗜石"而"争奇聘怪",以及牛僧孺家太湖石多致数不胜数,而其对石则"待之如宾友,亲之如贤哲,重之如宝玉,爱之如儿孙"的情形,称赞牛僧孺藏石常具"三山五岳、百洞千整……尽缩其中;百仞一拳,千里一瞬,坐而得之"的妙趣,并描述其:"石有大小,其数四等,以甲、乙、丙、丁品之,每品有上、中、下,各刻于石阴。"曰:"牛氏石甲之上,乙之中,丙之下……"这或许是最早介绍古代赏石品级、分等情况的论述了。此外,白居易还常将奇形怪状的供石置于中庭,支琴贮酒,傲啸觞咏,写下了《盘石铭》《太湖石》等多篇赞咏奇石的诗文,并提出了著名的"爱石十德",比较全面地概括了玩石的文化意趣。《太湖石记》中简明而深刻地阐述了有关藏石赏石方面的理论与方法,使之成为我国赏石文化历史上千古名文。此外,唐代画家、绘画理论家张彦远所著《历代名画记》一书中所载树石山水法,对当时制作附石、盆景、石玩起到重要指导作用。

二、宋代:石文化理论研究兴盛期

(一)宋代著名的赏石:"研山"

整个宋代都是中国古代石文化的繁荣鼎盛期。而开痴迷赏石风气之先河的,则是南唐那位极富艺术家气质的后主李煜。李煜置砚务官开发灵璧研山和皖南歙砚,由此使得灵璧供石开始名扬四海。李煜还收藏一方研山[①],视为稀世之宝。北宋蔡京之子蔡绦所作笔记《铁围山丛谈》[②]卷五讲到:“江南李氏后主,宝一研山,径长尺逾咫,前耸三十六峯,皆大如手指,左右则两阜坡陀,而中凿为研。”据明朝画家王守谦所撰《灵璧供石考》记载,李煜收藏的这方研山径逾尺,共36峰,各有其名,峰洞相连,错落有致。下洞三折而通上洞,中有龙池,天雨津润,滴水少许于池内,经久不燥。后人认为这方研山应当是“灵璧研山”。

从史料看,较著名的研山有两件,一件为“灵璧研山”,另一件则为“苍雪堂研山”。这两件石头皆“仅足盈握,窈窕窊隆,盘屈秀微,有君子含德之容”,让人叹为观止。而这两件奇石皆曾为北宋“四大家”之一的米芾所拥有。米芾精通石、书、画、词,一生嗜石到如痴如癫的程度,且蓄石丰富奇特,珍藏的奇石有“36峰”“宝晋名研石”“海岳庵研石”“苍雪堂研石”等。李煜死后,其收藏的“灵璧砚山”流落民间,后在宋代大书画家米芾新婚之夜由其夫人李氏作为传家之宝赠送给米芾,米芾万般喜爱,“抱眠三日”,狂喜之极,即兴挥毫,将研石形状仔细描绘下来,并以南唐澄心堂纸为此研石写传世名帖《研山铭》,与所绘图像合裱后悬壁自赏。由于米芾的书画才能深受“艺术家皇帝”——宋徽宗赵佶的赏识,宋徽宗经常与其写书、观画、赏石,一日米芾酒后与宋徽宗谈论灵璧石,一时兴起便将其妻所赠定情之物“灵璧研山”示于宋徽宗,无奈被宋徽宗看中,最终被宋徽宗索走。米芾心痛不已,郁郁中只得赋诗云:“砚山不可见,我诗徒叹息。唯有玉蟾蜍,向予频泪滴。”因宋徽宗对此研石宠爱有加,便又在《研山铭》帖上题跋加印。然而随着宋朝的灭亡,该石也不知所踪。七百年后,清朝乾隆年间北京郊属昌平县吏陈浩竟得到此石。陈浩爱石不下米芾,他也在《研山铭》帖上题跋用印,陈浩去世后,此帖与石又分别他处不知所踪。直至近年,米芾《研山铭》帖从日本收藏者手中回流回国,2002年12月由国家文物局下属的中国文物信息咨询中心从中贸圣佳拍卖公司以事先议定的2999万元拍得,再藏于北京故宫博物院,因而以拍卖价论,39个字的《研山铭》,已是字字百万金。而据传著名的“灵璧研山”据说近年也在某拍卖行出现。

---

① “研山”即是石中有墨池的奇石,可作砚台。

② 蔡绦《铁围山丛谈》一书记载北宋初年至南宋初年一百几十年间的朝廷掌故和琐闻轶事,有关徽宗朝的记载尤为详尽。所记内容较为广泛,如内库藏宝的形制、朝廷官署的建置、大晟乐的宫律、宣和间谱录书画的缘起等,因皆为作者所亲见,故记录较准确。有关博物方面的内容涉及笔墨纸砚、琴棋书画、奇花异香、乐舞文籍等,记述均十分细致。

(二)宋代的著名赏石名家及其石文化理论

北宋时期,以宋徽宗赵佶为代表的统治阶级,追求享乐,大兴土木,搜取珍玩,日趋腐败。例如,为修艮岳,不惜竭尽人力、财力,把灵璧石、太湖石、慈溪石、武康石、登州石、莱州文石等奇石"皆越海渡江而至",置于艮岳。而当时的文人士大夫,如米芾、苏轼等赏石大家,司马光、欧阳修、王安石、苏舜钦等文坛、政界名流也多有石癖,他们不仅是当时颇有影响的收藏、品评、欣赏奇石的积极参与者,而且还热衷于为奇石著书立说。

1. 米芾的"相石四法"

米芾一生的艺术造诣主要体现在书法、绘画与收藏三个方面。他不仅罗致名砚和各种文房佳器,还收藏、赏玩各种天然奇石,是研究和建立奇石理论的率先实践者。他所著《砚史》记载了当时最著名的20余处砚石产地,同时对石种的形态、光泽、晕眼、石质、声韵、鉴赏、开采等方面均做了详细记载,对后世研究砚石影响很大;他所撰写的《相石法》《园石谱》,描述的奇石有20多种。后人则根据他品石、藏石的风格,将他的"相石法"概括总结为"瘦、皱、漏、透"四字。

2. 苏轼的"以石为供"

苏轼不仅在文、诗、词、书、画方面是宋朝最高成就的代表,在历史上享有巨大的声誉,在赏石方面也达到极高造诣。其在名篇《怪石供》《后怪石供》中,虽然是写其将所得二百九十八枚雨花石用"古铜盆一枚,以盛石,挹水注之粲然",恰巧被来访的庐山归宗佛印禅师看到,误认为是供品而作之感想,但他首次提出了"以石为供"的概念,后世遂才因此出现"供石""石供"之称。只是现人们通常称谓的"供石",一般有较大体量,往往被安置于供桌或座架上,与其《怪石供》《后怪石供》中的江中雨花石有所区别。

3. 杜绾的《云林石谱》

北宋浙江山阴人(今绍兴人)杜绾出生于官僚世家,因所处的北宋时期文人士大夫们好石成风,因而有条件接触到全国各地的奇珍异石,于是撰写出我国古代最完整、最丰富的一部石谱——《云林石谱》,对此后近千年以来中华奇石文化的发展产生重大影响。《云林石谱》全书所载石品分为上、中、下三卷,以名称为目,汇载了116种石品,约一万四千余字,详略不等地叙述各种石品的产地、采掘方法、形状、颜色、质地优劣、敲击时发出的声音、坚硬程度、纹理、光泽、晶形、透明度、吸湿性、用途等。以致清代编纂《四库全书》时,"唯录绾书",其余石谱"悉削而不载"。从此可见,《云林石谱》之权威,名冠古今。

4. 赵希鹄的《洞天清录集》

南宋理宗时期的书画家、鉴赏家赵希鹄著《洞天清录集》一书。该书所论皆为如何鉴别古器之事,内容涉及古琴辨、古砚辨、古钟鼎彝器辨、怪石辨、砚屏辨、笔格辨、水滴辨、古翰墨真迹辨、古今石刻辨、古今纸花印色辨、古画辨等。其中《古砚辨》《怪石辨》《研屏辨》《笔格辨》《古今石刻辨》均涉及石头或石制用品,为中国文化史上最早出现的专门论述古器物(古玩)辨认的书籍之一;其《怪石辨》一文说,"可登几案观玩,亦奇物也,色润者固甚可爱玩,枯燥者不足贵也"。足见当时以"怪石"作为文房清供之风已相当普遍了。《怪石辨》所述"怪石"包括灵璧石、英石、道石、融石、川石、桂川石、邵石、太湖石;《研屏辨》所述研屏包括山谷乌石砚屏、宣和玉屏、永州石屏、蜀中松林石等,《古砚辨》所述古研有端研、歙研、洮河绿石砚、墨玉砚等;其论述对后世石制文玩者和收藏者分辨真赝与断代具有极重要的参考价值。

5. 其他著石理论

北宋名臣苏易简著有《文房四谱》,共 5 卷,是系统地论述纸墨笔砚的源流、制作、轶事的谱录类著作,记载砚石 40 余种,将山东青州红丝砚列为第一。[①] 北宋政治家、文学家欧阳修的《砚谱》、记砚 9 种:端、歙、绛州角石、青州紫金、青州红丝等石砚五种;青潍二州石末、相州古瓦、虢州澄泥等人工陶砚三种;青州铁砚之金属砚一种。论其性状:发墨以石末砚为最,瓦砚发墨均优于石;虢州澄泥,唐人品砚以为第一,这与唐代著名书法家、诗人柳公权撰写《砚论》以及苏易简《文房四谱》将山东青州红丝石列为砚石第一有所不同。后又有南宋名臣、文学家、诗人范成大著《太湖石志》,收入 14 种太湖石名品,并对产地、成因、形状、光泽、色彩、纹理、声韵做了介绍。

(三)《云林石谱》的具体内容[②]

1. 所录石种

《云林石谱》上卷包括灵璧石、青州石、林虑石、太湖石、无为军石、临安石、武康石、昆山石、江华石、常山石、开化石、澧州石、英石、江州石、袁石、平泉石、兖州石、永康石、耒阳石、襄阳石、镇江石、苏氏排衙石、仇池石、清溪石、形石、卢溪石、排牙石、永州石、品石、石笋、何君石、袭庆石、峄山石、卞山石、涵碧石、吉州石、韶

---

① 苏易简:《文房四谱》,中华书局 2011 年版。

② (宋)杜绾:《云林石谱》,陈云轶注译,重庆出版集团、重庆出版社 2009 年版。

石、全州石、修口石、洪岩石、萍乡石、蜀潭石等。中卷包括鱼龙石、莱石、糯石、阶石、登州石、松化石、穿心石、洛河石、零陵石燕、梨园石、西蜀石、玛瑙石、奉化石、吉州石、金华石、黄州石、松滋石、菩萨石、于阗石、华严石、白马寺石、密石、河州石、祈石、绛州石、紫金石、蛮溪石、上犹石、箭镞石、螺子石等。下卷包括柏子玛瑙石、宝华石、巩石、石州石、燕山石、小湘石、端石、桃花石、婺源石、通远石、六合石、兰州石、方山石、鹦鹉石、红丝石、石绿、泗石、礐石、建州石、汝州石、钟乳、饭石、南剑石、墨玉石、石镜、琅玕石、菜叶石、方城石、沧石、登州石、玉山石、雪浪石、杭石、大沱石、分宜石、浮光石、青州石、龙牙石、石棋子等。

2. 所著产地

《云林石谱》详略不等地叙述以上各种奇石产地、采取方法、形状、颜色、质地优劣、敲击时发出的声音、坚硬程度、纹理、光泽、晶形、透明度、吸湿性、用途等。这些石头中，按性质分，有比较纯的石灰岩，有石钟乳，有砂岩，有含锰质或铁质的石灰岩或砂岩，有比较纯的石英岩、玛瑙、水晶，有叶腊石、云母、滑石，有页岩，有比较纯的金属矿物和玉类，还有化石。书中记载的石头产地范围广泛，涉及当时 82 个州、府、郡、县和地区。

3. 所述赏石观

《云林石谱》在上篇所述石种均具有“瘦、漏、透、皱”特点，如灵璧石、太湖石、英石、昆石。以杜绾所见，所谓漏、透者，“透空、通透、宛转相通、嵌空穿眼”也；皱者，“嶙峻，石理笼络隐起，石理扣之隐手”也；瘦者，石形玲珑奇巧而非浑圆一体，自然为瘦也。《云林石谱》的上篇还大幅介绍以质地、色彩、纹理见长的奇石，反映其赏石观已超越“瘦、漏、透、皱”的传统观念。论质地，宋人重坚硬、细腻、透明或半透明之石如莱石“透明斑剥”。论色彩，以华贵、对比明显，颜色丰富者为佳，如修口石“五色斑斓”。论纹理，以成物像者为佳，如玛瑙石“纹理旋绕如刷丝，间有人物为兽云气之状”。

4. 所述石之物理特性

《云林石谱》对石头颜色就有白色、青色、灰色、黑色、紫色、碧色、褐色、黄色、绿色等不同描述。此外还有颜色深浅的描述，如深绿、浅绿、青绿、微紫、稍黑、微青、微灰黑等。《云林石谱》对于石头的坚硬程度描述相当精细，用“甚软”“稍软”“稍坚”“不甚坚”“坚”“颇坚”“甚坚”“不容斧凿”表示 8 个硬度等级，以区别石头硬度，这在 800 多年前能够如此精细划分，无疑是具备科学精神的。《云林石谱》还注意到了石头表面的粗细程度，并分为“粗涩枯燥”“矿燥”“颇粗”“微粗”“稍粗”“甚光润”“清润”“温润”“坚润”“稍润”“细润”等 11 个级别。这种做法和写法,大大提高了《云林石谱》一书的科学价值。

三、元、明:石文化理论研究持续期

(一)林有麟的《素园石谱》

元朝时期经济、文化的发展均处低潮,汉族的文人士大夫因受政治压迫,多游历山野以石铭志,而少有秉承宋人博雅好石之风、钻研石文化理论者,赏石理论更无有建树。唯有大书画家、文学家赵孟頫应属当时赏石名家了。相传他曾对一件“水岱研山”十分倾倒,面对“千岩万壑来几上,中有绝涧横天河”的一拳奇石,留下“人间奇物不易得,一见大呼争摩挲。米公平生好奇者,大书深刻无差讹”的感叹。

明代经济发展带动文化发展,在宋元美学精神的影响下,赏石风气日盛,而日益壮大的文人阶层也以特有的审美情趣,赋予石文化全新的文化内涵和创新意识。例如,明代万历至崇祯年间的书画家林有麟一生爱石,蓄石数百,于是择自家所藏名石 102 种,一一绘图作文,计 249 幅,编目成迄今最早最全的赏石经典《素园石谱》。涉及石种主要有永宁石、壶中九华、小岱岳、风秀丹山、宝晋齐研山、海岳庵研山、苍雪堂研山、星陨石、御题石、玄石、泰山石、雪浪石、菱溪石、昆山石、林虑石、永州山、虢州月石屏、松化石、花石板、灵璧石、玛瑙石、平泉石、涵碧石、怀安石、透月岩、常山石、苍剑石、山玄肤、太湖石等。由于该书图文并茂,人们从书中林有麟所写“小巧足供娱玩”“奇峰怪石有绘于心者,辄写其形,题咏缀后” 等语,足以可见其人藏赏之标准,撰写之原则,是以当时文人所好为标准。该书提出了“石尤近于禅”“莞尔不言,一洗人间肉飞丝雨境界”的赏石理念,从而把赏石意境从以自然景观缩影和直观形象美为主的高度,提升到了具有人生哲理、内涵更为丰富的哲学高度,是中国古代赏石理论的新发展。

此外,由于唐宋以来崇古之风盛行,导致后朝赝品也大量出现,明初的收藏家曹昭撰写的《格古要论》,分别对古铜器、书画、碑刻、法帖、古砚、古琴、陶瓷、漆器、织锦、异石和各种杂件等的优劣、作伪手法和真伪鉴别做了论述,是中国现存最早的文物鉴定的理论与实践相结合的专著。

(二)计成的《园冶》

明代著名造园大师计成所撰的专著《园冶》,是奠定中华园林艺术文化理论基础的重要著作,全书共 3 卷,附图 235 幅,主要内容为《园说》和《兴造论》两部分。该书阐述了作者造园的观点,并绘制了两百余幅造墙、铺地、造门窗等的图案。书中既有实践的总结，也有他对园林艺术独创的见解和精辟的论述。其中《园说》又分为相地、立基、屋宇、装折、门窗、墙垣、铺地、掇山、选石、借景10篇。第八篇《掇山》，以大量篇幅详细陈述了园山、万山等八种假山以及石池、峰、峦、岩、洞、涧、水、瀑布等堆砌方法、工程技术要领和艺术追求。第九篇《选石》，罗列了太湖石、昆山石、宜兴石、青龙山石、灵璧石、岘山石等十六种可供堆掇的山石产地及各种石料的色泽、纹理、品质等。

（三）文震亨的《长物志》

明朝的“明四家”文徵明之曾孙文震亨，虽因避政治斗争而选择隐居，但不失传统士大夫气节，著有《长物志》一书，分室庐、花木、水石、禽鱼、书画、几榻、器具、位置、衣饰、舟车、蔬果、香茗共12卷。书中所谓“长物”，皆是饥不可食、寒不可衣的园林器具、花鸟虫鱼等身外之玩物。《长物志》中的《室庐》《花木》《水石》《禽鱼》《蔬果》等五卷，将中国古代园林艺术的基本构建、选材、构造与布局等造园活动与灵性生活浑然天成，由此也反映出中国古代士大夫沉醉其间的原因所在；而《书画》《几榻》《器具》《衣饰》《舟车》《位置》《香茗》等七卷，则叙述了古代居宅所用器物的制式及极尽考究的摆放品位；《花木》《水石》二卷则对园林堆山叠石的原则做了相当精辟的论述，因而《长物志》与《园冶》一同被誉为我国古代园林艺术理论的双璧，但《长物志》偏重于品物的艺术鉴赏，而《园冶》则侧重于园林的工程技术方面的研究，所以关于花木、水石方面的论述，二者各有侧重，互为补充。

四、清、民国：石文化理论研究再上高峰

（一）赏石理论大量出现

至清代以后，由于有更多文人雅士参与石文化理论研究且产生数十部石文化专著或专论，因而再次把中国传统赏石文化推向了一个新的高峰。

1. 高兆的《观石录》

明末清初的时闽县人高兆著《观石录》，是我国第一部寿山石专著，他在书中对140方寿山石分神品、妙品、逸品三大类极尽铺陈、尽态极妍地进行了评价，在寿山石文化发展史上有重要作用。

2. 毛奇龄的《后观石录》

清初经学家、文学家毛奇龄著《后观石录》，对自己所藏49方寿山石的规格、质地、色泽、钮制、刻工加以评价，并将田坑列为第一，水坑列为第二，山坑列为第三，此观点至今仍在沿用。

3. 吴兰修的《端溪砚史》

清朝藏书家、学者吴兰修喜集砚,尤喜端砚,且精于品鉴,他所著的《端溪砚史》一书,分首、中、下三卷,首卷记端州上岩、中岩、下岩等 60 余处端石产地情况,中卷记端石的石品、石色、石声、砚工、砚式、用砚、藏砚、铭砚等内容,下卷则记载了贡砚、开坑、逸事等内容。

4. 王冶梅的《冶梅石谱》

清末画家王冶梅著有《冶梅石谱》两卷本,书中收石 65 品,石、诗相配,大多为瘦、漏、皱、玲珑、怪顽、奇丑的形态。

5. 陈炬的《天全石录》

清末贵州名士、赏石巨擘陈炬的《天全石录》书中对 30 多拳奇石进引命名,注明时间,采集地点,描述了石种、颜色、光泽、硬度、形状、石脉、尺寸和鉴赏特点,记述了相关的掌故、传说和历代造句,有的还加了铭文或赞语,晶体石则注明单晶还是晶簇,还描述水胆的大小、颜色和变化。

(二)传统赏石标准趋于完善

主要表现在清代著名的小说家、文学家蒲松龄编写的《石谱》一书中记载了 90 多种奇石的产地、形状、质地、纹理、色泽、用途等,其资料虽多为前人已经著述过,但此谱将石头做了分类,表明了作者的见解,仍有一定价值,甚至有人认为此石书堪与宋代杜绾所著《云林石谱》媲美。现《石谱》书稿珍存于辽宁省图书馆。此后,郑板桥进一步完善了宋代米芾的“瘦、漏、透、皱”的四字奇石观及以后苏轼又加入“丑”字的丑石观,并进一步指出:石丑,当“丑巉雄、丑巉秀”方臻佳品,“丑字则石之拮态万状皆从此出”,进一步丰富了这一赏石理论。

(三)传统赏石理念与现代科学思想融合

至民国时期,许多接受了西方科学和民主思想的新知识阶层,在继承传统崇石、赏石文化的基础上将科学理念纳入了传统石文化范畴,并加以著书立说。例如,近代地质学家、地质教育家、地质科学史专家,中国科学史事业的开拓者章鸿钊平生亦好石,并撰写有《古矿录》《石雅》《宝石说》等学术性与趣味性相结合的专著,他耗费六七年时间完成 20 万字的巨著《石雅》,该书“兼采东西著籍,并志其篇什”,是研究中国古代矿物知识史的一部重要著作,它第一次系统地将科学内涵赋予赏石旧文化理念之中,如十分科学准确地阐述了菊花石、松林石(即模树石)等的成因,将知其然的传统感性化玩石转变为知其所以然的理性化赏石……章鸿钊在《石雅》凡例中,将其石头归类原则“略形而言质,同形异质,名虽合而实已非。同质异形，名虽睽而物犹是。”民国著名奇石鉴赏收藏家张轮远著有《万石斋灵严大理石谱》，该书集石文化研究之大成，并引入了地质学、考古学、美学等方面的科学知识，提出所谓内容决定形式的理论，例如在总结灵岩石(即雨花石)的评鉴标准时，认为“形质色文(通纹)之客观上美好特点，为研究灵岩石之权舆”，其中“质为本体，当属最要”。现代著名爱国民主人士沈钧儒对奇石之收藏一反传统标准，认为凡是符合“行旅的采拾，朋友的纪念，意志的确良寄托，地质的研究”四条意旨的，都应兼收并蓄，注重强调了科学理念。

五、当代:石文化理论研究空前繁荣

20世纪七八十年代起，随着海峡两岸交流的加深，台湾地区的赏石活动逐渐影响大陆，之后，大陆石文化活动如火如荼迅速兴起，并进入新的发展时期，石文化价值被越来越多的人所认识，收藏者日众，各种奇石展览、奇石节的举办日益频繁，宣传媒体的介入对石文化热起了推波助澜的作用。各种以石文化为主题的专著、期刊、小报相继出版。专著主要有:1996年桑行之等编撰的《说石》，该书把自元至民国初年的37种石文化相关书辑于一册，分石说、石纪、石考、石图四部分，浩浩数万千言，内容涉及唐、宋、元、明、清乃至民国，包括奇石品种、产地、特点、成因、分布、典故、轶事、鉴赏、诗词、石图等，内容浩繁，叙述精到，品位高雅，文笔优美，显示了中华赏石文化的博大精深，蕴含着赏石文化的独特魅力，是帮助人们了解与学习中华赏石传统文化的优秀著作；贾祥云主编的《中国赏石大典》，内容有中国赏石文化史、赏石的分类与鉴赏、当代赏石荟萃、历史名石名人名著题吟、古籍今译等；谢天宇主编的《中国奇石美石收藏与鉴赏全书》，分上下两册，上册介绍奇石，下册介绍美石。其他还有《中国奇石盆景根艺花卉大观》《中华奇石鉴赏大观》《赏石文化研究》《中国长江奇石精品大典》《新疆大漠奇石》等。期刊、报纸主要有:广西的《赏石文化》《石道》、上海的《上海石报》、北京的《中华石文化》、广东的《雅石共赏》、甘肃的《石友》、山东的《石语》、宁夏的《中华奇石》等。这些出版物为宣传中华石文化做出了积极有益的贡献。

拓展学习

1. 欣赏明朝陈洪绶绘《米颠拜石图》和《米芾拜石图》。
2. 欣赏米芾《研山铭》手卷的高清图片。
3. 欣赏苏东坡的《怪石供》《后怪石供》两篇古文。
4. 欣赏白居易所写《太湖石记》一文。

第二节　品石五德:奇石的评判标准

一、奇石的传统评判标准:“瘦、皱、漏、透、丑”

研究认为,北宋书法家米芾所撰的《相石法》在历史上第一次明确提出“瘦、皱、漏、透”(又一说为“秀、瘦、皱、透”)的品石标准,在此基础上北宋苏东坡、清朝郑板桥又加入“丑”之品石标准,两者合为“品石五德”,最终成为中华石文化中评赏奇石尤其四大传统奇石——灵璧石、太湖石、昆石、英石的基本标准。

(一)奇石之“瘦”

瘦,与胖或肥相对应,是指奇石的整体或至少某一部分应窄小单薄。明末清初文学家、戏剧家、戏剧理论家、美学家李渔提出“壁立当空,孤峙无倚,所谓瘦也”。如同北宋宋徽宗自创的瘦金体书法在纤瘦中显出皇家富贵气象,宁瘦勿肥的原理成为传统文人艺术审美的基调,因而对于奇石形体普遍认为应以婀娜多姿或坚劲挺拔为上,当似一清癯老者拈须而立,闲云野鹤,超然物外;或似一静雅美女纤腰素衣,人淡如菊,不落凡尘;“瘦”之奇石不一定称得上奇绝,然而绝品必定要具有“清瘦”的特征。

(二)奇石之“皱”

皱,即皱纹,是奇石表面自然形成的一层层凹凸纹理变化,纹理主要是在成型初期因岩浆自然收缩生成的,或岩石受矿液浸染而成,或岩石因长期水流、风化形成各种花纹。这些纹理在石肌表面有褶有曲,波浪起伏,变化有致,如同饱经沧桑的面孔,可以让人感受到一种与命运抗衡的嶙峋奇崛之美。中国画中山石的皴法与奇石的褶皱纹理相似,充满一种节奏的律动,贯通着生命力量。

(三)奇石之“漏”

漏,是指奇石有孔或穴,孔穴彼此相通,通透而活络,使水或其他物体能渗入、透出或漏掉。漏的特征是在起伏的曲线中,凹凸明显,似有洞穴,富有深意,故明末清初文学家、戏剧家、戏剧理论家、美学家李渔说:“石上有眼,四面玲珑,所谓漏也。”明朝冶园大家计成则认为:“瘦漏生奇,玲珑生巧”,“漏则通,通则灵”;“通”之奇石具有灵气,可与天地自然之气浑然一体,彼此相因,激扬出一片活泼泼的生命新空间。

(四)奇石之“透”

透,一般是指液体、光线等渗透,穿透;这里特指奇石因有孔或穴,前后贯通,遂成通透、穿透、通空灵巧之势。对此,明末清初文学家、戏剧家、戏剧理论家、美学家李渔解释道:“此通于彼,彼通于此。若有道路可行,所谓透也。”因为石性原本沉重,若有微隙前后贯穿,光影透过,隐约可见,则可打破沉闷之态,顿生灵俏之势,故“透”之石空灵剔透,玲珑可人,是以有否大小不等的穿洞为标志,唯有方能显示出背景的无垠、深邃,令人遐想,才能称为奇石。

(五)奇石之“丑”

丑,即丑陋、难看,在此特指奇石之怪异,与众不同。“丑”是一个比较抽象的概念,庄子在战国时代即提出把美、丑、怪合于一辙的“正美”,以图“道通为一”,故而奇石之“丑”需要赏石者自己领悟。白居易在《太湖石记》中认为太湖石之所以为人所欣赏、珍爱,是因为它具有“如虬如凤”“如鬼如兽”的象形,能使人有峰峦岩壑的精神感受。由于愈怪愈丑的奇石愈见出自然造化的鬼斧神工,愈超凡脱俗,也就愈神奇珍贵,所以苏东坡、郑板桥提出“丑石观”,强调奇石要有不同常形的丑陋。

二、奇石的当代评判标准

随着20世纪八九十年代开始我国奇石文化的迅速蓬勃发展,新的石种不断被发掘,人们对奇石的审美观念也发生变化,在承继传统“皱、瘦、漏、透、丑”的评判标准的同时,又产生了“形、色、质、韵”的新评判标准。

1. 奇石之“形”

形,指形态、形状、结构状态等,这里特指奇石的天然外形和点、线、面组合而呈现的外表,是具象类奇石与抽象类奇石首先要评价的内容。通常对“形”的评判还是以“瘦、皱、漏、透、丑、秀、奇”为标准,凡以上七要素皆备,其造型必美。奇石体形的大小一般不构成奇石优劣高下的因素,只是在作为商品时成为定价的参考。不过,奇石若是太小,就难以体现丛峦叠秀的景观,也不易引人注目,只适于手中把玩;若是太大,又不适宜于一般民居室内清供,只可作厅堂宾馆的陈列、园林的点缀。故奇石的大小形态一般在5—100厘米上下为宜。

2. 奇石之“色”

色,色彩、颜色,指奇石原本具有的天然色彩和光泽。在奇石评判中,对不同石种有不同的色彩要求。如灵璧石、博山文石以玄黑为上,太湖石以青白为上,昆石、钟乳石以晶莹、雪白为上,黄蜡石以纯黄凝冻为上,崂山绿石以墨绿为上,墨湖石以油黑光润为上;卵石类中也有很多属于色彩石,色泽单纯或多重色彩巧妙搭配均可能归入上品,唯色调不清晰、搭配混乱者不入流。一般来说,具象石类与抽象石类的色彩以沉厚古朴的深色系列为佳。尤其是景观石,因受传统山水画、水墨画的影响,一向重视意境的营造,为求景观的悠远深邃,崇尚深色系列,如黝黑、墨绿、褐色、紫色、深红等。最忌颜色的混浊不清和过于刺激感官的"俏"色。

3. 奇石之"质"

质,本意指性质、本质、品质,这里特指奇石的天然质地、结构、密度、硬度、光洁度、质感等因素,也指赏石的质量和大小。其中,硬度是决定石质优劣的关键。硬度适当,凝结度高,就有了一种重量感,且显得细腻坚实,光泽感强。例如自宋末起推崇的灵璧石,摩氏硬度大致在 6 左右,石质致密均匀,具有分量感与温润感;而太湖石质地相对比较疏松,两者石质自然就显出了差异性。石头的"质"还表现为"润""温润", 光泽度要好;没有光泽的石头显得干燥,缺乏美感;故南宋鉴赏家赵希鹄在《洞天清录集》中就指出:石以"色润者可爱,枯燥者不足贵也"。

4. 奇石之"韵"

韵,即意韵,这是中华传统审美理念在奇石艺术鉴赏中的体现。意韵是无形的,是通过人的大脑思维想象、情感领悟等一系列的心理活动,而显现出来的某种情意与事物的意象。奇石的意韵是对形、质、色、纹合成的形象和构图所达到的审美境界及其拥有的美的意境的综合评价。奇石蕴含的意韵是否丰富,是否深厚,是否耐人寻味,是其审美价值与收藏品位高低的关键。虽然奇石蕴含天地灵气、日月精华,无比奥妙神奇,但它沉默无语,它的内涵意蕴只可意会不可言传,这种内涵深邃,韵味悠远的意境,正是奇石独特而无穷魅力所在。一枚奇石所载"形象"和"构图"的意境越深远、越丰富,意味越传神,则越为佳品、精品甚至为绝品。当然,奇石意境的发现,对奇石意韵的解读要用艺术的慧眼进行深入认真的揣摩,筛选出主体美的内容,并对其内涵做进一步认识和具体的理解,才有可能逐渐达到所谓天人合一、人石相通、出神入化、豁然开朗的美妙意境。这就需要欣赏者自身具有一定的文化、艺术底蕴。

三、国家《观赏石鉴评标准》

中华人民共和国国土资源部在 2007 年 9 月 14 日曾发布中华人民共和国地

质矿产行业标准——《观赏石鉴评标准》,并自当年当月20日起实施。该鉴评标准内容分为:范围、术语和定义、观赏石分类、观赏石鉴评要素、观赏石鉴评标准、观赏石划分等级、观赏石等级分类及观赏石鉴评证书的规定等8个条目,并特别标明"本标准适用于各级组织观赏石鉴评活动",对有关石类的鉴评标准、观赏石等级分类等做了清晰的划分。即观赏石的等级分类为:特级:总计评分90—100分;一级:总计评分81—90分;二级:总计评分70—80分;三级:总计评分61—70分。从发布主体及行文性质看,《观赏石鉴评标准》是由国家有关部门规定的行政规章。但是,由于奇石的天然性艺术性特质,决定了实践中是难以根据一个统一规定的赏石鉴评标准做出客观、准确评判的,所以该标准受到不少人质疑。

除以上有关部门规定的鉴证标准外,人们在长期鉴评奇石活动中也逐步形成了一些具体鉴赏标准和分级鉴评标准:按各类石种形成的难易程度,结合瘦、透、漏、皱、丑与形、色、质、韵的鉴赏标准,一般将造型石分为极品、珍品、精品、上等品、等外品五级:(1)极品。与似象物体逼真,造型奇特优美,或婀娜多姿;意韵丰富、深远,含蓄而令人回味;石质硬度在5度以上,石质至密,石形奇异,石色艳丽,石皮完整,观赏面无肉眼看见的裂纹,水洗度高,能给人以美(具象、抽象、意象)的震撼,有广泛社会影响与持久赞誉,能流芳百世的神奇之石。(2)珍品。与极品相比,逼真度在百分之九十五以上,人文内涵凸出,虽观赏面有些微裂纹但不影响观赏效果,极富收藏价值。(3)精品。略次于珍品要求。逼真度在百分之七十以上,神韵、意境较为丰富深远;石质好,观赏面允许少量可见裂纹,基本不影响观赏效果。

拓展学习 ▶

1. 了解杭州曲院风荷内的"皱云峰"的身世及特点。

2. 了解宋代花石纲的遗物——"冠云峰"现在何处,该石有何特色及故事?

3. 了解上海豫园的镇园之宝——"玉玲珑"的特色及故事。

4. 明朝被时人讥为败家石的"青芝岫"和"青云片"最早由谁发现,有何特色,现又在何处?

第三节 玩石求趣:奇石收藏、保养与辨伪技巧

一、奇石的命题与配座技巧

(一)命题的重要性

奇石艺术本身就是一种发现艺术。而这一发现艺术最终集中体现在对奇石的命名上。奇石命题的作用与意义在于点化主题,表达情意,拓宽境界、升华神韵、加深印象。因而,若能给一方奇石取一个贴切的、恰如其分的名称,将使之更具有艺术生命,更能人格化和意象化。同时,每一位奇石爱好者、鉴赏者,都不应当自我封闭,而应当与同道中人经常交流,相互欣赏,才能不断提高收藏、鉴赏水平。因而奇石命题能否得到广泛认同,也是需要深思熟虑、反复推敲的。

(二)命题需考虑的因素

一般来说,奇石命题需要考虑以下因素:

1. 有名与无名

命题的后果存在两面性,一方面有命名且命名得恰当可充分体现奇石的艺术价值,也会提升让其经济价值;命题不好则可能会损坏作品的艺术形象和歪曲其内涵。而无命名可使欣赏者不受作者"先入为主"的限意约束,可自由想象,驰骋遐思,也利于奇石的自然意蕴得到再发现、形象得到再创造;其实此时奇石的主题还是有的,只不过在欣赏者各自脑子里不标出来而已。从这个意义来说,无题即有题。

2. 有限与无限

命题若仅限于奇石外部形象和限于人们对其已发现的内容和意蕴,那么命题的容量是有限的;如果同时能够着意在深入发掘奇石的社会内涵,让其抽象化,让人们产生哲学思考,这样的命题就产生无限的回味。所以,应当顺应奇石本身的内涵及观赏者的审美心理以及奇石艺术创造者整个创作过程的思路去命题,最好不要有什么规定性的框框。

3. 含蓄与晦涩

中华石文化讲求"含蓄"之美,奇石命题也是贵在含蓄,即情在意中,意在言

外,使观赏者通过深思、联想,能够领会到作品所反映的生活本质及作者意图,看后心领神会,莞尔一笑。命题切忌晦涩难懂令人难解其意,也不可故弄玄虚让人捉摸不透,更不可牵强附会为博人眼球而误导欣赏者。

4. 顺时与随俗

这里说的顺时,是指奇石命题要反映时代精神,而不是追求庸俗的时髦。随俗则是指在某种特定情况下要考虑普通民众的欣赏能力和习俗,但不是随和市井陋习。如一些商品化的奇石头,可取一些带吉祥喜庆的名称,而不应题带黄色下流或政治色彩的命题。

5. 字少与字多

奇石命题在能切题达意的前提下,语句应当越凝练越好,既要含蓄,又要简明扼要。因而对字数的提炼也就是对作品意蕴的高度概括。为此,必须要有相当的文学、艺术、历史等方面的积累。当然,具体情况具体分析,当繁则繁,当简则简,不可词不达意,也不可累赘。

6. 共性与个性

奇石艺术作品的命题与其他艺术的命题大都有共同之处。同时也必须刻意追求奇石命题的特殊性即个性。由于奇石艺术作品以自然美、抽象美见长,是高层次艺术,因而提名时要从朴实、概括、古雅上下功夫。

(三)命题的一般方法

奇石命题方法很多,没有统一标准。一般原理是:

1. 根据奇石自身存在的赏石元素、艺术造型、所表达的主题命题

包括:(1)直观具象的命题,如像鹰题鹰,似佛题佛;(2)抽象、蕴含哲理的命名,如曲直、刚柔、圆满、石破天惊、日月如梭、云开日见、立竿见影、回头是岸、曲高和寡等。

2. 根据奇石本身能体现的意境命题

包括:(1)历史事件、神话传说、寓言故事、成语典故命题法,如“老子出关”“庄子梦蝶”“米芾拜石”“嫦娥奔月”“后羿射日”等;(2)吉庆话语命题法,如龙凤呈祥、神龟献寿、麒麟献瑞、观音送子、年年有余(鱼)、金蟾思月、洞天福地、一帆风顺、狮舞太平等;(3)古诗名句的命题法,如春江水暖、寒江独钓、江枫渔火、日暮修竹、香炉紫烟、小桥流水、坐看云起、雪夜归人等。

3. 根据奇石自身形成的造型、形象、纹理、色彩命题

(1)山形石命题法有:雄峙东海、岱岳雄姿、五岳独尊、奇峰呈秀、群峰竞秀、黄山胜境等;(2)玲珑石命题法有:清虚玉宇、琼楼玉宇、玉玲珑、海市蜃楼、玲珑剔透等;(3)色彩命题法有:漫山红遍、山川秋韵、春风十里、冬雪晚晴等。

总之,对于奇石的命题,需要通过较长时间的人石对话,欣赏,体验,乃至建立感情,仔细抓住该奇石的形、质、色、纹、韵的美学(具象、抽象、意象)特征,并结合鉴赏者自己的知识与美学素养,采用"直述""反衬""寓意"等多种形式,用最简明或辩证的文字命名,使其他鉴赏者感觉切题又切意,并且还妙趣天成,起到形式美和意象美共同升华的效果。这样才能体现玩赏奇石的真正意义及乐趣所在。

(四)奇石配座

"人要衣装。佛要金装",底座,是一件奇石艺术品的有机组成部分;一枚奇石若没有一件合体的底座,犹如美人无衣着,难登大雅之堂。可见奇石底座与奇石的关系之重大。因此,怎样拥有与奇石相配的底座,是每一位资深奇石爱好者及收藏家都非常重视的问题。为了更好地将藏石装扮美丽,赏石者应掌握一定的奇石配座知识与技能。

奇石配座的作用在于:一是托立主体,烘衬主题,美饰装点。最佳的奇石应该是在展示其自身的美感的同时,即使无座也能安立于天地之间不偏不倚,如此便为上佳。但大多数奇石往往是树立不稳的,而出于保护其自然造型的完整性又不便对其加以刻、凿、锯、磨,为此就需用木座或其他材质做座,按其最佳角度将之托立起来。二是平衡重心,协调色彩,补缺藏拙。但绝大多数的奇石总是存在遗缺部分,于是需要在通过配座的方法加以弥补。不过一般来说石形自身天然的遗憾应尽可能埋在座臼里隐藏起来,避免底座产生画蛇添足之弊。三是突出奇石意境,而不是强加意思为其配座,底座的尺寸要适合,让整个奇石突出醒目,防止底座喧宾夺主。配座的材料一般是木材,且是木质较为致密的木材,如红木、小叶紫檀等。

二、奇石的养护技巧

(一)养护原则

1. 完整第一

奇石贵在天然形成,什么样的奇形怪状,不仅不是奇石的缺陷,相反的还会增加它的美感和收藏价值。而完整性是奇石具备收藏价值的基本要素之一。但是在奇石的采挖、装卸、运输、清洗、把玩、收藏过程中,都可能发生碰撞,导致石头的后天损坏。一般情况下,后天的损坏对奇石收藏价值可能是一种毁灭。所以,为保证奇石在任何状况下都不受碰撞,不受损坏,在采挖、装卸、运输、清洗、把玩、收藏、保养过程中特别要加以注意。采挖石头一定不能急躁,装卸、运输前要仔细包装;使用钢刷对附着物进行清除时一定要有耐心,边刷边看,适可而止,千万不要破坏石相影响观赏收藏价值。

2. 适当清理

野外采集、拾得的奇石往往比较肮脏或有杂质、污渍,因而清洗有时不可免。但应当注意以下问题:

(1)清洗前应该分辨石种,不同石种、不同石质应当采取不同清洗方式。奇石中的石灰岩多埋于泥土中,从泥土中挖出后多数石面上有碱性附着物,如果碱性附着物薄、面积小时,可用稀盐酸浸泡清洗,盐酸和水的配比在 1∶5 左右,浸泡时间不要超过 10 分钟,再用软刷刷洗,用清水洗净;如果碱性附着物厚、面积大时,可用盐酸和水配比 1∶2 左右的较浓酸浸泡不超过 20 分钟,再用软刷刷洗,用水冲洗干净。有的石面有一些较坚硬的附着物,在酸洗前可用钢丝刷子将其基本磨刷干净后再酸洗。洗净后可直接观赏其洗净后的原色,也可将洗净的石品放在露天风化,使之色调更加自然、协调、统一,浑然天成。

(2)山野中的奇石因在泥土中已埋藏了千百万年,表面难免有一层泥垢,或长期处于空气、烈日中造成石头表皮存在不同程度氧化,这类石头最好只用清水冲洗,而慎用盐酸泡洗。实在需要酸洗,可用稀盐酸泡一到两天,然后放在稀草酸中泡两天,再用清水浸泡一周左右,这样才可避免反酸,不对石皮产生损坏。

(3)河滩产的奇石,表面一般都很干净,最多就是青苔和表面的污染,一般用碱水刷洗即可。如果还不行,可用 1∶2 的草酸和洗衣粉混合,调成糊状涂在石上,用塑料袋封好,放一周后再刷洗。但没有硅化的石头不可用盐酸洗以防伤及石皮。

(4)玛瑙类的石头,它们上面的污垢一般洗不下来,这和它们的形成有关。它们是在液态时就把杂质裹在了里面,在表面形成了一层杂质玛瑙壳(如巴西彩铀玛瑙),清洗它们的办法只能用一种玛瑙的溶解液来泡,但此法多会伤及石质。

(三)保养方法

石头如果长期处于干热干燥的环境中,原有的石肌、石肤可能出现干皴,光泽变暗现象,因而需要保养。保养方法有:

1. 手养

即经常用手去抚摸、把玩石头,石头吸收人体毛孔排出的油脂会变得光润可人,发出成熟的光泽,即形成包浆。包浆越凝重越好,因为它体现了收藏者对奇石的爱护,也为奇石的自身增色、增值。但手养方法仅适用于小件奇石。

2. 水养

也是最常见最易行的方式,适用于大部分的石种,可喷洒、浸润,给石"补水",使其始终保持温润、饱满状态。但一般两三天就应取出晾干存放,否则时间久也会影响石质。

3. 油养与蜡养

油养用油有婴儿护肤油、白茶油、橄榄油、凡士林等;蜡养用蜡有石蜡、蜂蜡。一般情况是能够不上油和蜡的最好不上;对于石质细腻的应当采用橄榄油、护肤油等涂抹;对于石质较粗的砂质岩、石英岩、硅质岩,泥岩类奇石适用凡士林或液体石蜡保养,能保持奇石的油性、水性,使奇石润泽靓丽,而不显人为做作。但属白色石英石、硅质岩类奇石不宜用油或液体石蜡保养,否则会使白色发污或变黄,影响其石色的纯度,只能用洗干净的抹布蘸水擦拭;有些石头石质疏松吸蜡后颜色易变深变黑,有的会反蜡,即不涂蜡后石头表皮会出现白斑,也不适合蜡养。

三、奇石鉴赏、收藏技巧

自20世纪80年代起,随着经济高速发展,人民生活水平的提高,奇石经营、收藏在我国进入新的发展时期。欣赏、把玩、收藏奇石不再只是名人雅士、达官富商的雅好,也成为寻常百姓喜闻乐见的一项文化活动。然而在需求增加的同时,传统石资源已面临枯竭,精品珍品奇石越来越少见,于是为求一时经济利益,一些人采取人为打磨、钻洞、涂色、拼接、压模等手段,弄虚作假,以假充真,欺诈蒙骗,极大损害了奇石收藏爱好者的利益。因而,对于奇石收藏爱者来说,应当掌握必要的辨别、鉴赏方法,学会并提高鉴赏、收藏水平。

(一)鉴赏原则

奇石鉴赏文化是中华石文化现象中的一个重要分支,其基本内容是以狭义的天然石头(非人工所为玉、石制品)为主要观赏对象,以及为观赏天然奇石而总结出来的一套理论、原则与方法。由于观赏对象——自然界的石头种类丰富多彩,而观赏主体——人的感情、心理、信念、价值观念、文化素养的不同,也会对观赏对象会产生不同的感受。一般而言,奇石鉴赏的指导思想就是追求自然,放松心情,以石怡情,以石喻志,享受美好生活。从这一角度说奇石鉴赏并不存在严格统一的原则，完全可以随心所欲、自由选择。然而，要提升奇石的文化内涵、艺术品位、经济价值，还是应当遵守以下鉴赏原则：

1. 天然

正如《庄子·外篇·知北游》中曰："天地有大美而不言"。石之可赏、称奇、可贵之处，全在石之质、形、色、纹皆出自天然，而未经任何人工雕琢或合成。但凡有人力雕琢，再好的奇石，也会使它价值丧失殆尽。如有裂痕伤迹，尤其是新破损，其价值也会大受影响。正因于此，在鉴赏时必须要认真辨别石头是否存在被一些不法商人采取钻洞、涂刷、上色、喷砂甚至压模等方法增强石头的观赏性、隐瞒破损、以假充真等问题。

2. 神奇

所谓"神"是指石头具有的内在精神、气质、意境、神韵，它是石头的个性体现，有神的石头才能使人勃然心动，给人以艺术的感染力。所谓"奇"，指奇石的质地、造型、色泽、纹理、音质等，包括其是否具有滑如凝脂之肌、瘦漏透皱之秀、五彩缤纷之色、变幻无穷之纹、大小雄奇之体、点线面之协调、悦耳清脆之声，以及人们对其加工、描述、利用情况。一块缺乏精神、平淡无奇的石头不属于奇石文化鉴赏对象。

3. 完整

奇石鉴赏还应当了解与这一块石头身世有关的历史、自然故事，评价烘托这块石头的配座材质、雕工的适合程度，对这块石头点睛命题的精彩恰当与否。因此，鉴赏奇石之道必须要拓宽自己的知识面，既要学习古人的赏石方法和标准，又要学习一些自然科学、社会科学，艺术理论、美学知识，这样才能提高整体鉴赏素质。

（二）收藏原则

1. 精品原则

这是所有爱好收藏的人必须遵循的基本原则：只有精品才具有收藏价值和经济价值。而所谓精品原则，就是要根据传统奇石评判标准或当代奇石评判标准多角度综合评判。

2. 展示交流原则

一是自己收藏的奇石精品应尽可能摆放出来，这样才能体现奇石的观赏性，并以此达到收藏、观赏的双重效果；二是自己收藏的奇石是否符合"奇石"标准，是否具有研究、收藏价值，有时需要多参加大中型石展、与其他奇石收藏爱好者交流，多请行家专家来帮助认定、评判，这样才能不断提高欣赏眼光与鉴赏品味。

3. 与时俱进原则

即应多了解外界包括本地区、其他省份、全国直至国际上对奇石收藏的认识、观点、变化趋势，了解目前各方面的行情，才能不断提高收藏水平。

四、奇石的辨伪技巧

（一）奇石经济价值评判

奇石是具有艺术价值、观赏价值和收藏价值的特殊商品。但奇石到底有多少经济价值？可谓仁者见仁，智者见智。奇石具有“唯一性”，要几亿年的时间来形成，世界上任何一块奇石都是独一无二的，就像其他收藏艺术品一样值得人们去珍藏去投资，因为奇石也是无法复制的东西，是否所有的奇石都很值钱呢？答案是否定的，奇石便宜的可能几十元，顶级极品奇石可能被标以天价，中间似有许多档次区别。那么怎样评判奇石的经济价值呢？

奇石最基本的原则就是要天然形成，不经过任何人为加工，就有奇特造型或色彩，令人产生美好遐想。比如某一奇石拟动物，首先要看跟像的动物是否大小比例相当，石质是否达到玉化程度，颜色是否艳美，是否有一个好的形状，这就是奇石收藏要求强调的“质、色、形、纹”基本要素，这是客观标准。“质”包括完整性、硬度、密度、质感、光泽等因素。“色”包括色彩的纯净、美观、清晰、和谐程度，以及画面石营造意境的艺术性。“形”包括是否符合瘦、皱、漏、透、丑的传统赏石标准，以及石头体形的大小比例。“纹”包括石头表面肌肤的润滑程度，以及表面纹理是否美观、是否耐人回味。“韵”是在“质、色、形、纹”都具备的情况下，还要体察石头是否有韵味、有神态，是否给人以吉祥、喜气、积极、正面的意义。总的来说一块奇石价值的高低就是要结合瘦、透、漏、皱、丑与形、色、质、韵的鉴赏标准来判断。

（二）作伪手法与辨别技巧

由于社会对奇石需求量的激增，具有特色的奇石市场价格惊人，于是出现了作伪，即通过劈、斩、抠、挖、填、挫、雕、磨、烂、摸压、增退色、注胶等一系列的手法，来制造奇石，使其更具观赏性，以欺骗奇石收藏者。具体作伪手法与辨别技巧是：

1. 劈、斩

即用工具对形态不理想的石头进行瘦身减肥，从而使其呈现瘦、皱之状，更具观赏性。不过通过劈、斩，石的表面往往留下较明显、有规律的加工痕迹，形成其特别的棱角和石质差异，这就给鉴识提供了条件。

2. 抠、挖

即用钢凿、钢钻将普通石头挖出洞穴，使之有“透、漏”之感。但抠、挖会使石头上留下不规则的凿痕，细观可发现是与天然石的自然流畅相悖的。

3. 填、挫

即通过充填、镶嵌、挫修、修整等使其加工的伪石更加自然。但是填、挫还是会留下填充物与原石石性不一，填充物与原石的缝隙连接处会留下粘连的规则痕迹，而挫一般也能从平行或整齐交叉的痕迹中找到破绽。

4. 雕、磨

是通过刀刻、喷沙、抛磨等工艺，使其加工石头的观赏性突现。雕、磨常用在葡萄玛瑙石、图案石等造假的加工上，人工痕迹明显。例如，有的可以光滑如镜，粒粒珠玑，这是大自然中很难形成的；还有的是用雕、磨来增加石头的纹理特征和包浆。因而这些都要通过观察赏石整体的纹理结构和包浆的一致性来鉴识和判断。

5. 烂、蚀

是在初步加工成形的石头上，通过用强酸，弱酸的冲刷、浸泡以洗刷人工的制作痕迹，消除加工中出现的棱角和生硬的点、线、面。但是经酸洗泡石头表面原始风化层几乎丧失，石头的内孔或外表往往会形成一层特有的酸洗膜，虽经过后续处理，仍能鉴别出与石头自然石质之间的差异。

6. 模压

就是用模具，选用工业聚酯或可溶性化工材料通过模压加工的方法，把制作的图案粘贴到主体石头上，使之成为具有观赏性的奇石，此法多用于制作工艺石、生物化石中的骨骼化石上。一般用以火烘烤，就会发现问题。

7. 增色

退色是用有色染料浸泡、高温增色和酸洗退色等做法的总称，主要用作图案石作伪。用沸水冲刷、浸泡就可发现其色泽发生变化。

8. 注胶

通常是用在小型高档观赏石如玉石、玛瑙、风砾石、雨花石等的作伪上，通过用聚酯、染料、高浓度胶水等混合物对石头表面或有缺陷的位置进行注胶处理，为伪石增色、亮丽,提升其商业价值。对此类作伪除用火烤测试外,还可以用刀刮、针挖等方法鉴别。

拓展学习 ▶

1. 考证古代天竺石的产地在哪里?
2. 古今人们对奇石优劣的评判标准是什么?
3. 古往今来浙江省内的奇石品种有哪些?

第十一章　日月宝华:宝玉石鉴赏收藏文化

爱美之心,人皆有之。古往今来,很少有人能够不被绚丽夺目、晶莹璀璨或温润素净的珠宝玉石所打动。广义上说的“珠宝玉石”范围广泛,包括天然宝石、天然玉石和有机宝石、人工宝玉石(包括合成宝玉石、人造宝玉石、拼合宝玉石和再造宝玉石);它们的共同特点是美丽,因此成为人们的装饰品。而从经济角度说,只有那些具备美丽、耐久、稀少特征的天然宝玉石才具有经济价值、收藏价值。再从宝玉石学角度说,天然的珠宝玉石分为天然宝石、天然玉石和天然有机宝石三大类;天然宝石取材于天然矿物晶体;天然玉石绝大多数取材于天然矿物集合体,少数取材于非晶质体;天然有机宝石取材于自然界生物生成的部分或全部由有机物质组成的材料。由于天然宝玉石“物以稀为贵”,人工宝玉石充斥市场真假难辨,令人防不胜防,因而需要掌握一些辨别真伪的方法。

第一节　明察玉珉:宝玉石基本知识及其鉴别

一、"珠宝"与"宝玉石"的定义

(一)广义"宝玉石"与狭义"宝玉石"

一般习惯上,人们将金、银等金属之外的由天然矿物、岩石、生物材料等制成的,具有一定价值的首饰、工艺品或其他珍藏品统称为珠宝。经营这些物品的商行被称为"珠宝行"。从这个意义说,"珠宝"与广义的"宝玉石"的概念是相同的。

广义的"宝玉石"是对天然宝玉石(无机宝玉石)、有机宝石、人工宝玉石(包括合成宝玉石、人造宝玉石、拼合宝玉石、再造宝石甚至仿制宝玉石)的统称,简称为宝玉石。

狭义的天然宝玉石指自然界产出的珠宝玉石原石和它们的加工品;按照组成和成因不同可分为:天然(晶体)宝石、天然玉石和天然有机宝石。

无机宝玉石是指具有一定硬度、抛光性、美观、耐久、稀少性和工艺价值的所有矿物晶体、矿物集合体和少部分非晶体矿物(例如玻璃陨石)的总称。

有机宝石指由自然界生物生成的部分或全部由有机物质组成的,可用于制作首饰及装饰品的材料。其中一些品种本身就是生物体的一部分,如贝壳、大象牙齿、玳瑁壳、犀牛角、树脂化石、珊瑚化石等,因其有美丽的颜色、特殊的光泽和柔韧的质地,成为天然宝石家族的成员。人工养殖珍珠由于其养殖过程和产品基本与天然珍珠的自然性及产品特征基本相同,所以也被划归为天然有机宝石。

(二)人工宝玉石

人工宝石,指部分或全部都人工制成的,用于首饰加工的宝玉石材料,它包括了合成宝玉石、人造宝玉石、拼合宝玉石、再造宝玉石。

合成宝玉石是指由人工生产的与天然宝玉石的化学成分、物理性质、结构构造基本相同的材料,如合成刚玉、合成水晶等,也称合成材料。人造宝玉石是指由人工生产的自然界尚无对应物的外观上类似于宝玉石的人造材料,如立方氧化锆、碳化硅、钇铝榴石等。换言之,合成宝玉石与人造宝玉石的区别在于:合成宝玉石具有与天然对应物相同或相近的物理、化学性质,而人造宝玉石在自然界没有天然对应物。

拼合宝玉石，是用两种不同的宝玉石材料拼合到一起。如欧泊二层石和三层石；再造宝玉石，是把自然界的宝玉石，经过人工再处理，如压制琥珀、注胶绿松石。仿制宝玉石是指与某种天然宝玉石的外貌基本相似，但与这种天然宝玉石的化学成分、物理性质、结构构造完全不同的人造材料或某些天然宝玉石，如人造玻璃在外貌上酷似天然水晶，但化学成分、物理性质和晶体结构完全不同于天然水晶，但常用来模仿、替代天然水晶。

本书以下所指"宝玉石"如未加特别注释，皆指狭义上的宝玉石。

二、与宝玉石相关的其他矿物学概念

(一)矿物的概念与特征

1. 矿物的概念

矿物的概念是随着科学的发展和人类认识的不断提高而不断演变的。现代意义的"矿物"是指在各种地质作用中产生和发展着的(也称自然产出)，在一定地质和物理化学条件下处于相对稳定的自然元素或天然化合物。矿物具有相对固定的化学组成，呈固态者还具有确定的内部结构；它是组成岩石和矿石的基本单元。

2. 矿物的特征

矿物的特征是：(1)一般是自然产出的；(2)矿物必须具有特定的化学成分；(3)一般而言矿物必须具有特定的结晶构造(非晶质矿物除外)；(4)矿物都是由无机作用如高温、高压等过程形成的；(5)矿物必须是均匀的固体，气体和液体一般不是矿物(天然气、水、水银例外)；(6)矿物与岩石的根本差别在于人们不可能用物理的办法将矿物变成两种以上不同的物质，但岩石可以。

(二)矿物的分类与命名

1. 分类

矿物的分类方法有很多种，常用的分类法有工业分类、成因分类和化学晶体分类三种。工业分类是根据矿物的不同性质和用途分为金属矿物类和非金属矿物类。成因分类将矿物分为三类：内生成因矿物、外生成因矿物和变质成因矿物。化学成分和晶体结构分类将矿物分为五类：自然元素大类、硫化物及其类似化合物大类、氧化物和氢氧化物大类、含氧盐大类、卤化物大类。

2. 命名

矿物的命名有各种不同的依据，归纳起来主要有：(1)以化学成分命名的，如自然金;(2)以物理性质命名的,如孔雀石;(3)以晶体形态命名的,如石榴石;(4)以成分及物理性质命名的,如铜矿;(5)以晶体形态及物理性质命名的,如绿柱石;(6)以地名命名的,如高岭石;(7)以人名命名的,如章氏硼镁石。[①]

(三)矿物的形态

1. 矿物的形态

矿物的形态包括矿物的单体、连生体及集合体的形态。由于一定成分和内部结构的矿物,具有一定的晶体形态特征,不同的矿物有不同的晶形和形态特征,所以单体形态是人们识别矿物的一个基本标志。天然形成的同一种晶体,彼此一个连接一个地生长在一起,称之为晶体的规则连生;晶体的规则连生可分为平行连生、双晶和浮生。许多矿物的单体聚集在一起叫集合体;矿物的集合体也具有多种形态,如结核状、树枝状、土状等等。研究矿物的形态在鉴定矿物、研究其成因、指导找矿及利用矿物资源方面具有十分重要的意义。

2. 矿物晶体

矿物晶体是矿物溶液在地球地质作用(通常是高温、高压)下形成的晶体,它可以是单质晶体矿物(例如钻石),也可以是化合物,例如水晶 SiO_2,SiO_2 就是二氧化硅,又叫石英,它们的分子排列是规则而固定的,是同一种矿物分子的结晶组合。晶体是具有格子构造的固体。内部质点不作规则排列(不具格子构造),无一定的外观形态,即为非晶质或非晶质体,如玻璃、琥珀等。

3. 矿物晶簇

如果有几种矿物混合形成的矿物溶液,在可变的地质条件下(例如温度和压力的变化),它们会依各自的形成条件(先后或者同时)形成自己的结晶体,在形成晶体的过程中,除了一部分过饱和溶液溢出单晶体(通常有完整的晶形,比如双头水晶)外,有的迅速依附在别的物质上(例如晶洞壁上的岩石,或者晶体间相互依存),并由此向外发育成一端晶体形态完整质量良好的晶簇,通常我们称之为“矿物晶簇”。例如水晶簇就是典型的“矿物晶簇”。所以,人们可以看到一些共生矿物,它们很巧妙地组合、共生在一起,有的不同种矿物互相依存,相互浮生,有的都共同附着生长在其他岩石上。矿物标本就是矿物晶体最完整、最精美的部分,往往也是出类拔萃的矿物晶体,它的价格和价值远远超过其作为宝石的

---

① 章氏硼镁石是国际上第一个以中国人名字命名的矿物资源,其英文名 Hungchsaoite,可译为鸿钊石,是为纪念我国地质事业创始人之一、地质学家章鸿钊而命名的。

价格和价值。

4. 矿物集合体

同类矿物的多个单体聚集在一起的整体称为矿物集合体。根据集合体矿物颗粒大小分为三种集合体形态：(1)显晶集合体形态，即颗粒大小肉眼能识别出：柱状、针状、纤维状集合体(主要由一向等长型矿物颗粒组成)、片状、板状集合体(主要由二向等长型矿物颗粒组成)、粒状集合体(主要由三向等长型矿物颗粒组成)，晶簇状集合体(以岩石孔洞壁或裂隙壁为基底生长的矿物颗粒集合体)。(2)隐晶集合体形态，即颗粒大小肉眼不能识别，但显微镜能识别。(3)胶态集合体形态，即颗粒大小显微镜不能识别。

(四)宝玉石矿物形成的类型

矿物是化学元素在地质作用的过程中形成的。地质作用有多种多样，具体的作用不同，形成的矿物也会不同。某些矿物只能是某种作用的产物，而某些矿物形成后，还可能因继续受到地质作用而变成另一种矿物。宝玉石矿物形成的主要内、外生作用有：

1. 岩浆成矿作用

是指在地壳深处的高温(650—1000℃)、高压下，有用矿物从岩浆直接结晶的作用。它是岩浆冷却结晶的最初阶段，所形成的有用矿物及其晶出顺序、富集条件依据不同的岩浆类型而变化，形成的宝石如钻石。

2. 伟晶成矿作用

其温度在400—700℃，形成深度约3—8km。一般分为岩浆伟晶成矿作用和变质伟晶成矿作用两类。(1)岩浆伟晶成矿作用是在岩浆作用的晚期，在外压大于内压的封闭条件下缓慢结晶，形成晶体粗大、完整的矿物，因而在宝石学方面具有重要意义，主要矿物为长石、石英、云母和稀有及放射性元素，形成的宝石有绿柱石、电气石、黄玉、水晶等。(2)变质伟晶岩与变质作用有关，是混合岩化晚期阶段伟晶岩化作用的产物，其工业价值和宝石学意义都不大。

3. 热液成矿作用

热液来源有岩浆期后热液、火山热液、变质热液及地下水热液。与宝石矿床关系密切的为岩浆期后热液。岩浆期后热液按温度的高低划分：

(1)高温成矿热液：300—500℃，形成的主要宝石种类有石英、黄玉、电气石、绿柱石。

(2)中温成矿热液：200—300℃，形成的主要宝石种类有石英、玛瑙。

(3)低温成矿热液:50—200℃,形成的主要宝石种类有石英、蛋白石、祖母绿。

4. 火山成矿作用

地壳深部的岩浆沿地壳脆弱带上升至地表或直接溢出地表,甚至喷向空中,这种作用称为火山作用。形成的宝石主要有玛瑙、紫晶、烟晶、黄玉。另火山作用可以将早期结晶的宝石带出地表,如金伯利岩中的金刚石,玄武岩中的红宝石、蓝宝石、橄榄石、辉石等。

5. 风化成矿作用

阳光、大气和水可以将一些地表附近的矿物慢慢风化成另一种矿物,这叫作风化作用。风化包括物理风化、化学风化和生物风化。物理风化是指因温差热胀冷缩作用、岩石孔隙中水结冰膨胀撑裂岩石的冰劈作用、盐类结晶而撑裂的作用以及岩石卸荷释重而引起的岩石剥离作用等导致的风化,形成的矿产有磁铁矿、钛铁矿、金、铂、金刚石、刚玉、水晶、蓝晶石及锡石等。化学风化是指岩石在氧、水和溶于水中的各种酸、以及生物的作用下,发生化学分解的风化,形成的主要矿产有铁、锰、铝、钴、镍、高岭土及稀土元素。生物风化是指受动植物生长及活动影响而产生的风化作用,如动植物能够释放出酸性化学物,树的根系穿透岩石导致的风化等;铁细菌使铁的低氧盐氧化为氧化物,形成的主要矿产有铁、锰和黏土。

6. 沉积成矿作用

沉积成矿作用三种:(1)机械沉积是当风化产物被水流冲刷和再沉积时,物理和化学性质稳定、相对密度大的矿物就形成机械沉积和富集,形成的宝石矿床有钻石砂矿、蓝宝石砂矿、红宝石砂矿、水晶砂矿等,几乎所有种类的宝石都可能形成砂矿。(2)化学沉积是由溶液直接结晶的沉积作用,多系在干旱炎热气候条件下,在干涸的内陆湖泊、半封闭的泻湖及海湾中,各种盐类溶液因过饱和而结晶。如石膏、硬石膏、石盐等;其中漂亮的晶体可用作观赏石。(3)生物沉积为生物有机体作用的结果,常由生物的骨骼和遗骸堆积而成。

7. 其他

矿物不仅存在于地球上,在很多天体上也存在;对那些落到地球上的矿物,人们称之为陨石矿物;而人类从月球带回来的就叫作月岩矿物;这两者也可统称为宇宙矿物。

三、宝玉石的物理性质

不同的宝玉石矿物具有不同的物理性质，如硬度、密度、比重、断口、解理、裂理、韧度、脆性、延展性、弹性、挠性等。了解不同宝玉石的物理性质，是鉴别不同宝玉石、辨别真伪的基础。

（一）硬度

不同的矿物对抵抗外来机械作用力（刻画、敲打、研磨等）的程度不同，即硬度不同。矿物学中以1812年由德国矿物学家 Friedrich Mohs 提出的摩氏硬度表列出10个硬度等级作为硬度标准。这10个标准矿物从低硬度到高硬度分别是：滑石1级、石膏2级、方解石3级、萤石4级、磷灰石5级、正长石6级、石英7级、黄玉8级、刚玉9级、金刚石10级；凡排列在后边的矿物均比前面的硬，故均能刻动前面的矿物。硬度以H表示。

常见矿物等的摩氏硬度表

摩氏硬度	代表物	常见用途
1	滑石	滑石为已知最软矿物，常见的有滑石粉
1.5—2	雌黄、雄黄	
2	石膏、硫	用途广泛的工业材料
2—3	冰块	
2.5	指甲、琥珀、象牙	
2.5—3	黄金、银、铝	
3	方解石、阿富汗白玉、大理石	
3.5	贝壳、铅	
4	萤石	
4—4.5	自然铂	
5	磷灰石	
5.5	玻璃、不锈钢、刀刃	
6	长石、水沫子、黑曜石及天然玻璃	
6—6.5	各类透闪石软玉、新疆和田玉、葡萄石	
6.5	黄铁矿	
6.5—7	硬玉、缅甸翡翠、云南黄龙玉	

续 表

摩氏硬度	代表物	常见用途
7	石英、紫水晶、雨花石、玛瑙	石英为玻璃原料以及常见的耐火材料
8	黄玉	
9	刚玉、天然红宝石、天然蓝宝石,人造红宝石、人造蓝宝石	
10	钻石	已知地球上最硬的矿物,常用于饰品

(二)密度与比重

矿物的密度与比重是两个不同概念。密度是某种物质的质量和其体积的比值,即单位体积的某种物质的质量,其标准单位为 g/cm^3;质量相对本身体积而变,环境不一样,体积大小不一样密度也不一样。比重也称相对密度 ,是指矿物(纯净的单矿物)的质量与 4℃时同体积水的质量之比。其数值与密度的数值相同。

(三)断口、解理与裂理

矿物在外力作用下(比如敲打)会发生破裂,这些破裂因不同晶体内部的不同结构而表现出不同的形状和开裂的方向等,这些情况分别被称为断口、解理与裂理。这也是研究、区分宝玉石矿物的标志。断口是矿物晶体、晶质集合体、非晶质体在外力打击下,不依一定结晶方向破裂而成的断开面,如贝壳状断口、参差状断口、锯齿状断口、纤维状断口和平坦状断口。解理是晶体受外力打击时严格沿着一定的结晶学方向破裂成一系列平面的固有性质。裂理是晶体在外力作用下有时沿双晶结合面、定向包裹体分布面或结构缺陷的面裂开成平面的性质。

(四)韧度、脆性

韧度是指宝玉石矿物受外力作用而不易破碎的韧性。相对韧性而言,受外力作用而易破碎的性质称为脆性。硬度高不一定韧度好,例如白色钻石硬度最高,但脆性也大,加工时用力过大很容易碎裂。

四、宝玉石的光学性质

宝玉石的光学性质包括了颜色、光泽、透明度、色散、多色性、折射率、反射率、发光性以及一些特殊的光学效应等,它们是宝玉石对自然光的吸收、反射、透射、折射、干涉、散射和衍射等作用所致,与宝玉石的化学成分、晶体结构、集合体结构等密切相关,故是宝玉石鉴别、评价的重要指标。

(一)颜色

1. 颜色的种类

矿物对可见光选择性吸收是物体呈现颜色的主要原因。矿物学中一般将矿物颜色分为自色、他色和假色三类:自色是矿物固有的颜色;他色是指矿物由混入物引起的颜色;假色则是由于某种物理光学过程所致的呈色现象。另外,一些矿物内部含有定向的细微包体,当转动矿物时可出现颜色变幻的变彩,透明矿物的解理或裂隙有时可引起光的干涉而出现彩虹般的晕色等。为了便于比较和统一,常以标准色谱:红、橙、黄、绿、青、蓝、紫及白、灰、黑等色来说明矿物的颜色。当矿物颜色与标准色谱有差异时,可加上适当的形容词,如淡绿、暗红、灰白色等。另外也可依最常见的实物来描述矿物的颜色,如鸽血红、矢车菊蓝等。

2. 颜色对宝玉石的重要性

对有色宝玉石来说,颜色是影响其质量和价值最主要的因素,影响因子一般占到 50%甚至 85%。宝玉石的颜色描述要素是色彩、色调和饱和度。色彩即标准色红、橙、黄、绿、青、蓝、紫,但宝玉石常常显几种色彩的混合色,因而有时需先确定宝玉石中最主要的色彩,再仔细观察宝玉石,找出宝玉石中次要的色彩及次要色彩所占的比例。色调即色彩的明亮度,又称明度。饱和度又称浓度,指色彩的强度或鲜艳程度。

3. 宝石的颜色

常见的红色宝石有:红宝石、尖晶石、石榴石、电气石、日长石、锆石(天然硅酸锆)。

常见的粉色宝石有:蓝宝石、电气石、尖晶石、红榴石、粉晶、紫锂辉石、摩根石。

常见的蓝色宝石有:蓝宝石、坦桑石、黄玉、锆石、尖晶石、海蓝宝石、磷灰石、青金石、帕拉伊巴碧玺、月光石、堇青石、蓝晶石、玉髓、萤石。

常见的绿色宝石有:祖母绿、帕拉伊巴碧玺、铬电气石、沙弗莱石、翠榴石、铬透辉石、橄榄石、葡萄石。

常见的黄色宝石有:蓝宝石、黄水晶、火欧泊、电气石、锆石、正长石、金绿宝石、绿柱石、锂辉石、石英、钻石。

常见的紫色宝石有:紫水晶、萤石、尖晶石、电气石、蓝宝石。

常见的橙色宝石有:锰铝榴石、锆石、火欧泊、蓝宝石、黄玉、月光石、黄水晶、日光石。

常见的白色宝石有:钻石、蓝宝石、月光石、黄玉、欧泊、翡翠、水晶、托帕石。

常见的褐色宝石有:烟晶、虎睛石、玉髓、电气石、黄玉。

常见的灰色宝石有:尖晶石、电气石、萤石。

常见的黑色宝石有:钻石、电气石、缟玛瑙、蓝宝石、星光蓝宝石。

常见的多色宝石有:电气石、萤石、红柱石、蓝宝石、尖晶石、锆石等。

4. 玉石的颜色

而玉石,无论是软玉还是硬玉,通常都具有多色性。例如,和田玉按颜色分有主色系列、彩色系列和过渡系列;主色系列主要有白玉和青玉;彩色系列有黄玉、墨玉、碧玉和糖玉;过渡系列有糖白玉、糖青玉、翠青玉、烟青玉和青白玉。又如,翡翠通常有纯净无杂质的白色,还有红、绿、紫、黄、粉等,但以绿色品种为贵。

(二)光泽与透明度

宝玉石的光泽由强至弱分为金属光泽、半金属光泽、金刚光泽和玻璃光泽四级。另外,还可出现油脂光泽、树脂光泽、蜡状光泽、丝绢光泽、珍珠光泽和土状光泽等特殊光泽类型。影响光泽强弱的因素是不同宝石矿物的透明度、折射率、反射率、吸收率、表面性质以及集合体形态等不同。与光泽有关的概念是亮度,亮度是指光泽从已切磨成刻面型宝石亭部小面反射而导致的明亮程度。

宝玉石的透明度分透明、亚透明、半透明、微透明、不透明五级。应注意的是:有些矿物是透明的,有些则半透明或不透明。通常我们不能根据一个标本来判断某矿物透明或不透明,因为有些看起来并不透明的标本,其实是属于透明的矿物。一般来说,具玻璃光泽的矿物为透明矿物,具金属或半金属光泽的矿物为不透明矿物,具金刚光泽的则为透明或半透明矿物。

(三)色散、多色性、折射率、反射率

色散即指白光通过透明矿物互不平行的倾斜平面时,分解成组成它的各种波长的光谱色的现象即色散。如钻石在光线的照射下能产生灿烂的火彩就是因为钻石具有较高的色散。

多色性指非均质的宝石晶体因各向异性使晶体的不同方向呈现不同的颜色的特性,有二色性和三色性之分。如蓝宝石晶体顺其柱体延长方向呈蓝绿色,垂直延长方向呈蓝色,故为二色性;多色性强的宝石肉眼便可觉察出,但多数宝石的多色性需用特殊的仪器(如二色镜)方可观察到。

折射率指光在空气中的传播速度与在宝石中传播速度的比值。它是反映宝石成分、晶体结构的主要常数之一,是宝石种属鉴别的重要依据。矿物的折射率愈大,反射光线的能力愈强。

反射力指矿物光面对垂直入射光线的反射能力,即矿物光面在反光显微镜下的明亮程度。物体表面所能反射的光量和它所接受的光量之比叫作反射率,常用百分率或小数表示。

(四)发光性、磷光、荧光

发光性指一些宝玉石矿物能在X射线或紫外线等外界能量照射下发射并呈现出一定颜色的可见光的现象。

磷光指宝玉石矿物在受外界能量激发时发光,激发源撤除后仍能继续发光一段时间的现象。

荧光指宝玉石矿物在受外界能量激发时发光,激发源撤除后发光立即停止的发光现象。

(五)特殊光学效应

特殊光学效应是指在可见光的照射下,珠宝玉石的结构、构造对光的折射、反射、衍射等作用所产生的特殊的光学现象。特殊光学效应有:

1. 猫眼效应

指在平行光线照射下,以弧面型切磨的某些珠宝玉石表面呈现的一条明亮光带,光带随光线的移动的现象。具猫眼效应的宝石有金绿宝石、电气石、磷灰石、绿柱石等。其中以金绿宝石最明显、最像猫眼,故“猫眼石”特指具猫眼效应的金绿宝石。

2. 星光效应

指以弧面型切磨的某些珠宝玉石表面呈现两条或以上交叉亮线的现象;如星光蓝宝石、星光尖晶石等均可呈现星光。

3. 月光效应

是光的一种散射现象,由于内部具格子状双晶构造,引起光线的无规律反射(散射),形成犹如月光般柔和可爱的白色晕,朦胧而带淡蓝色;如月光石。

4. 变彩效应

是指像欧泊一类的宝石,由于内部规则排列的层状微球使自然光发生衍射而造成的五彩齐现的现象,酷似油画家的调色板。

5. 变色效应

是指某些宝石在不同光源照射下能呈现不同颜色的现象,如绿色变种的金绿宝石具红、绿两个透光区,在含红色光波成分较多的白炽光下能够使宝石红色加浓,在含绿色光波成分较多的日光下能够使宝石的绿色加浓,故这种宝石也称为“变石”。

6. 晕色效应

是由于宝石内部物质的特殊排列而造成反射光波的互相干涉所呈现的现象,如珍珠便具有其特有的彩虹般的柔和晕色,即所谓“珠光”。又如拉长石等宝石,转动到一定角度时,可呈现蓝色、绿色及金色、黄色、橘色、紫色、红色等各色晕彩,被称为晕彩效应。

拓展学习 ▶

1. 世界上最大的人工宝石产地和交易地在哪里?
2. 了解珠宝玉石具有的天然养生功效。
3. 了解西方生辰石文化。

第二节　天生丽质:决定宝玉石价值的因素及宝玉石的优化处理

一、宝玉石商业化的基本条件

自然界已发现 3800 多种矿物,其中具有美观、耐用、稀少又适合加工作为珠宝的宝玉石,只有 100 多种,而这百余种宝玉石矿物中,对于珠宝行业(珠宝首饰商)来说,符合上述宝玉石条件的矿物,不过二三十种。因为进入商业流通的宝玉石应具有美观、耐久、稀有三大基本条件。

(一)美观

这是首要条件。所谓宝石首先必须美观,否则就不能成为宝石。这种美观是多方面的:

1. 颜色

凡颜色纯正、浓艳、鲜活、均匀、光泽灿烂为最好;颜色通常对宝石的价值起重要影响,如红宝石必须是红色,“鸽子红”的名贵程度和价值可胜过钻石;而一些俏色雕刻的玉石往往也成为精品。

2. 透明度

对宝石和翡翠而言越透明越好;例如两颗金刚石,一颗透明少瑕可用来琢磨成名贵的钻石而成为宝石;另一颗透明度差、有瑕裂、色黑,那么只能用作工业原料;但和田玉则是以半透明为正宗。

3. 纯净度

由于宝石是在特定的地理环境中生长,很多宝石内部往往含有一些细小的包裹体,这些是宝石与生俱来的印记。由于包裹体的存在使得宝石有通透程度即纯净度之分,而纯净度会影响宝石价值。纯净无瑕疵(瑕疵指裂痕、矿物包裹体等)为优。

4. 特殊的光学效应

特殊的光学效应指猫眼、星光、变彩、变色、月光等现象。

5. 特殊的图案

尽管一般认为宝石内的包裹体是一种缺陷,但包裹体可以揭示宝石生长的地质过程和产地,有些宝石所有的一些特殊形态的包裹体令宝石收藏趣味横生,使宝石学家和收藏爱好者趋之若鹜,比如翠榴石中的马尾状包裹体已成为这种罕见绿色石榴石特有的符号;祖母绿的气液固三相包体揭示了哥伦比亚祖母绿的产地特征;琥珀中的昆虫展示了来自远古的生命;而如发晶、绿幽灵这样的宝石,包裹体的形态如同画卷,让人心旷神怡。

(二)耐久

1. 耐久性

宝玉石耐久性是指宝玉石矿物抵抗物理作用(表现为硬度、韧性、热敏性、熔点等)及化学作用(表现为可溶性、耐酸碱性等)的抵抗力,即宝玉石具备保持色泽的持久,且是能够经得起长久佩戴而不会出现擦痕或损伤,并可保值甚至世袭的物品。

耐久性是以宝石的抗磨损性(抗刻划性)来衡量的。耐久与宝玉石的硬度和韧度密切相关。宝玉石的化学成分和结构又决定其硬度和韧度。

宝玉石化学性必须稳定,通常要求宝石在空气中不氧化,这是最起码的条件。耐酸碱性是指宝玉石对酸或碱液浸泡的耐力。溶解性是指一种宝玉石能够被溶解的程度,溶解性是物理性质,分为难溶或不溶、微溶、可溶、易溶于乙醇、水和苯等;例如蜜蜡的耐久性最差,其不溶于水,但溶于乙醚且溶解度为16%—23%。

2. 耐久性的重要价值

耐久性主要取决于宝玉石的硬度、韧性和化学稳定性。硬度和韧度是关系宝玉石质量的一个重要因素。一般只有硬度大于7的宝玉石才可作为高档宝玉石,如钻石、红宝石、蓝宝石等。4—7度的宝玉石多为中低档宝玉石。韧度与脆性也决定宝玉石的耐久性,例如钻石是自然界中最硬的物质,一般情况下不会磨损,它可以轻易刻划金属,但却受不了钢锤轻轻一击,其韧度仅为7.5,脆性较大,受外力打击后较易破碎。祖母绿韧度更低,仅5.5,也就是说脆性大,受外力冲击极易损坏。所以佩戴时应注意不要掉落地上或受到撞击。决定宝玉石耐久性的最主要因素是宝石化学成分的稳定性,只有在普通酸或碱的液体中,在较高温度或压力条件下均不发生任何变化,长期在自然环境中不被磨蚀或污染的矿物晶体,才有可能作为高档宝玉石。故质软、易受腐蚀的宝玉石如岫玉、南方玉等本身价值较低,多用于制作工艺品,以工取胜;仅有极少数宝玉石如欧泊、珍珠不在此列。又如美丽的黄晶(即托帕石)经不得暴晒和受热,否则日久颜色会变浅,因此很难跻身高级宝玉石行列。

(三)稀有

即又美丽又耐久的宝玉石,必须产量又少,才会让人们稀罕,而越被稀罕才越珍贵。例如,即使是金刚石或刚玉等等,若透明度不好、色泽不美,或含有杂质,或粒度不够,也不能做成钻石或红宝石、蓝宝石。祖母绿宝石因为世上极为稀少,因而上等质量者每克拉(0.2 克)价值上万美元;紫晶虽然美丽又耐"久",但开采较容易且产量较多,其价格一直较低。

二、天然宝玉石的等级划分与价值影响因素

(一)等级划分

在珠宝玉石国家标准中并没有"高档""中低档""常见"和"稀少"宝石种类的划分,也禁止使用这些名称来命名宝玉石。但珠宝业界对狭义上的天然宝玉石按"美观、耐久、稀少"因素可粗略分为高、中、低档。

1. 高档宝玉石

目前国际珠宝界公认的高档宝石品种有钻石、祖母绿、红宝石、蓝宝石、金绿宝石(变石、猫眼)。高档玉石品种有和田玉、翡翠、欧泊。

2. 中低档宝玉石

中低档宝石又称半宝石,是指那些虽具有美丽、耐久等特点,但与高档宝石品种相比硬度在 4—7 度之间,产量较大因而价值较低的宝石。这类宝石品种较多,主要有:海蓝宝石、坦桑石(蓝色黝帘石)、碧玺(电气石)、黄玉、锆石、橄榄石、石榴石、月光石、绿松石、青金石、水晶、锂辉石等。

3. 稀少宝玉石

有些宝石品种,它们往往由于产量低,不足以在市场上广为流通,通常在宝石试验室、陈列室或收藏家手中才能出现,其价值要视具体情况而定,如塔菲石,可有米黄色、淡紫色、淡红色等颜色,最早发现的一块原石仅 1.419ct,据统计,迄今为止能琢磨成刻面宝石的塔菲石极少。

(二)价值影响因素

影响宝玉石经济价值的因素主要是:品种、质量、重量、工艺、产地以及买主

的喜爱等。

1. 品种

天然宝玉石的美观、耐久、稀少三大因素,首先取决于宝玉石的品种,凡高、中档宝玉石品种通常具有优良的颜色、透明度、纯净度或具有特殊光学效应,化学性质稳定,耐酸碱、耐磨损、抗腐蚀。

2. 质量

宝玉石质量优劣对价值的影响很大,同一品种的宝玉石质量不同价格相差悬殊,甚至出现优质的中低档宝玉石的价格可能比劣质高档宝玉石还要高的现象。而质量的主要评价因素同时取决于其物理性质、光学性质、化学性质。具体包括:

(1)颜色艳丽、纯正,令人喜爱;

(2)透明度好,或虽透明度低,却能显示某种特殊光学效应,如猫眼效应、星光效应、变彩效应等;

(3)具有一定的硬度,一般不低于 5,极个别有奇异光学效应的宝玉石(欧泊、珍珠等) 可以有较低的硬度;

(4)光泽较强,或具有特殊的光泽,一般为金刚光泽或玻璃光泽。但软玉的油脂光泽、珍珠的珍珠光泽等使它们具有较高的宝石学价值;

(5)有一定的热稳定性和化学稳定性;

(6)质地纯洁、无瑕疵或只有微量瑕疵,无裂或少裂,这是影响价格主要因素;

(7)具有良好可琢磨性和可抛光性;

(8)在同一品种中产地往往成为品质的决定性因素。

3. 重量

鉴于宝石在绝大多数情况下是作为装饰品,因此必须有一定的粒度和质量,过小则失去加工、利用的价值。宝石重量的国际标准计量单位是“克拉”,英文 carat,通常缩写成 ct。1 克拉=200 毫克=0.2 克。重量在 1 克拉以下的钻石通常也用“分”(point)作为计量单位,1 克拉=100 分。宝石个体的重量越大越珍贵,宝石的价格通常以宝石个体重量的平方向上增长。不过不同宝石,其重量下限不同,如钻石可低于 0.25ct,优质红宝石和蓝宝石可低于 0.3ct。

4. 加工工艺

宝石的原矿晶体通常是貌不惊人的,要变成美观华丽的工艺品、装饰品,中间要经过加工过程。有时还有与金属镶嵌等一系列繁杂的环节。这是宝石加工不可缺少的、极其重要的前期工作,目的是为了更好地体现宝石的颜色、亮度、透明、火彩及闪耀程度。宝石矿物晶体只有经过这一程序,才能真正成为珠宝首饰。而宝石的火彩和美丽往往取决于宝石切磨的形状和角度。自古到今,宝石的款式千变万化,总结、归纳宝石的款式,主要是戒面、链、坠等主要加工款式,琢件的切工式样又可分为弧面型、刻面型、珠型、异型几大类。而宝石加工的艺术造型、加工精细度对其价格有很大影响。

所谓“玉不琢,不成器”。玉石加工分浮雕、透雕、镂雕、线雕、阴雕、圆雕等各种技法,制作的玉器一般分花鸟、人件、器皿、动物、天然瓶五大类。玉石设计的艺术性与加工工艺精细程度同样对其价格产生很大影响。

5. 其他因素

包括设计师设计风格、品牌、买主个人喜好、流行时尚性、季节性、经济环境等。

三、宝玉石的优化处理

(一)什么是宝玉石的优化处理

宝玉石由于其特殊的魅力,一直为人们所喜爱。但是自然界高档宝玉石的产量有限,完美无瑕的天然产品更是供不应求。随着自然科学的重大突破和新技术的发展,人们开始有意识地改变宝玉石的物理性质,特别是对色泽和透明度较差的天然宝玉石的外观进行改善,以满足市场对天然宝玉石的需求。

除切磨和抛光以外,凡用于改善宝玉石的颜色、净度、透明度、光泽或特殊光学效应等外观及耐久性或可用性的所有方法,叫作宝玉石的优化处理。它包括两种情况:

一是“优化”,是指传统的、被人们广泛接受的、能使宝玉石潜在的美显现出来的优化处理方法。“优化”是对人体无害的,它的效果非常稳定,不会随时间发生改变。国际标准规定,对经过“优化”的宝玉石可直接使用宝玉石名称,不用注明经过了“优化”。祖母绿浸无色油等方法,就属于“优化”,经过“优化”的宝玉石是被默认天然的,在鉴定证书里面通常不会特别注明。

二是“处理”,是指非传统的、尚不被人们广泛接受的,使宝玉石更加美丽、耐久的优化处理方法。处理方法有浸有色油、充填(玻璃充填、塑料充填或其他聚合物等硬质材料充填)、浸蜡、染色、辐照、激光钻孔、覆膜、扩散、高温高压处理等。

(二)目前已被认可的优化处理方法

1. 热处理

这是指通过高温条件下改变色素离子的含量和价态,调整晶体内部结构,消除部分内含物等内部缺陷,来改变宝石的颜色和透明度。热处理的宝石主要有红宝石、蓝宝石、海蓝宝石、托帕石、水晶、玛瑙等。

2. 灌注处理

这是把某些物质如无色油、蜡等物质注入宝石的孔隙和裂纹中,一方面提高宝石的透明度、改善颜色,另一方面也可提高宝石的物理稳定性。经常进行灌注处理的宝玉石有祖母绿、翡翠、红宝石、蓝宝石、钻石、绿松石、欧泊等。

(三)目前不被认可的优化处理方法

1. 漂白处理

这是因为有些宝玉石颜色不均匀,内部常见一些“脏点”,使用一些强酸强碱及氧化剂还原剂等化学活性物质对宝石进行浸泡处理,可去除某些杂色和脏点,净化质地,改善颜色。经常进行漂白处理的宝石有翡翠、珍珠、玉髓、珊瑚、虎睛石等。

2. 充填处理

这是把某些物质如有色油、胶、塑料等物质注入宝玉石的孔隙和裂纹中,一方面提高宝玉石的透明度、改善颜色,另一方面也可提高宝玉石的物理稳定性。

3. 辐照处理

这是用原子微粒辐射和放射性物质辐射,使晶体结构产生缺陷,造成着色中心,使宝石产生颜色。辐照处理是最新的宝石改色技术,已广泛应用于水晶、托帕石、钻石、绿柱石、尖晶石、蓝宝石等宝石的改色。

4. 覆膜处理

这是在宝石的表面涂覆一薄层物质来改变宝石颜色和光学效应的方法,最常用的有涂色层、贴箔片、镀层三种类型。涂色层是在宝石的亭部、腰部及弧面型宝石的底部表面涂覆一层透明的有色物质,以改善宝石颜色。如在淡黄色钻石的亭部涂一薄层蓝色物质,以抵消其淡黄色,提高钻石的颜色等级。贴箔片是在宝石的底部贴上一小块金属箔片以加强宝石对光的反射,使宝石更明亮,或者使宝石产生星光等特殊光学效应。镀层是用电镀或离子喷涂的方法在宝石表面产生一金属薄层,以增加宝石反光的能力或因干涉产生光彩,如“七彩水晶”。

5. 染色处理

这是用化学药剂对宝玉石进行处理，使无色或颜色过淡的宝玉石染上鲜艳的颜色。一般有孔隙和裂隙的宝玉石才能进行染色处理。比如常见的有对玉髓、玛瑙、石英岩、大理岩等宝玉石进行染色处理。

拓展学习

1. 了解色彩的象征意义。
2. 不同色彩的珠宝玉石都有什么象征意义？
3. 了解国际上著名的珠宝镶嵌（工艺、款式设计）中心。
4. 了解国际上著名的珠宝贸易中心。

第三节　绚丽璀璨:天然宝石的主要品种

一、天然高档无机宝石

(一)钻石(矿物名称为金刚石)

1. 物理、化学、光学性质

化学成分:99.98%为碳元素(C)。

晶系及结晶习性:等轴晶系,晶体形态多呈八面体、菱形十二面体、四面体及它们的聚形。

光泽:金刚光泽。

光性特征:均质体,偶见异常。

颜色:无色、白、微黄、浅黄、黄等。无色钻越无色越有价值。有色钻红色最珍贵,其次是蓝色和绿色。

色散:强,色散值0.044,可见橙色、蓝色火彩等。

折射率:2.417。

密度:3.52(±0.01)g/cm^3。

硬度:10。

韧度:较小,重击后会顺其解理破碎。

紫外荧光:无至强,可有蓝白、蓝、黄、橙黄、黄绿色荧光。

2. 产地

目前世界上有30个多国家有钻石产出,其中澳大利亚、扎伊尔、博茨瓦纳、俄罗斯、南非五国钻石产量占全世界钻石产量的90%左右,另10%产于刚果(金)、巴西、圭亚那、委内瑞拉、安哥拉、中非、加纳、几内亚、利比里亚、纳米比亚、塞拉利昂、坦桑尼亚、津巴布韦、印度尼西亚、印度、加拿大和中国(辽宁瓦房店、山东蒙阴和湖南沅江流域)等国家。

3. 简单鉴定方法

钻石是天然物质中最坚硬的物质,因而可刻划任何其他宝石,但其他任何宝石却都刻划不动钻石。故凡硬度小于9度,均是假钻石。通过放大镜观察,多数钻石可见包裹体瑕疵,有羽状纹、云状纹、点状物等;切割工艺精湛的钻石的表面有“红、橙、蓝”等色的“火彩”,光芒四射。目前最准确可靠的方法是用“热导仪”测出导热数据来区分真假钻石。

(二)红宝石(矿物名称为刚玉)

1. 物理、化学、光学性质

化学成分:三氧化二铝(Al_2O_3),含致色元素铬、铁、锰、钒等而呈红至粉红色。

晶系及结晶习性:属三方晶系、复三方偏方面体晶类;晶体形态常呈桶状、短柱状、板状等,集合体多为粒状或致密块状。

光泽:玻璃光泽至亚金刚光泽,透明至半透明。

光性特征:非均质体,一轴晶,负光性。

颜色:有深红、玫瑰红、紫红色,棕红,水红、粉红等,其中“鸽血红”为世界上最珍贵的红宝石。

色散:低 0.018。

折光率:1.76—1.779(+0.009,-0.005)。

双折射率:0.008—0.010。

多色性:二色性明显,常表现为:紫红/褐红,深红/红,红色/橙红,玫瑰红/粉红。

特殊光学效应:星光效应,在光线的照射下会反射出迷人的六射星光或十二射星光;猫眼效应,但十分稀少。

密度:3.95—4.05g/cm^3。

硬度:9。

发光性:红宝石在长、短波紫外线照射下发红色及暗红色荧光。

2. 产地

缅甸、泰国、斯里兰卡、越南、坦桑尼亚、澳大利亚、肯尼亚、莫桑比克和中国(新疆、云南)都为红宝石产地,其中公认最美的红宝石产地在缅甸的抹谷地区。

3. 简单鉴定方法

俗话说“十红九裂”,即没有一点瑕疵或裂纹的天然红宝石十分少见,超过3克拉以上的天然红宝石更十分罕见;天然红宝石放大检查,有丝状或针状包裹体,晶体包裹体,负晶,气液包裹体,指纹状包裹体、气液两相包裹体,平直或六边形色带或生长纹、双晶纹、裂理、裂隙等。而人造红宝石则是颜色均匀、洁净,内部瑕疵或结晶质包裹体少甚至没有,块体较大。天然红宝石有较强的“二色性”,即从不同方向看有红色和橙红色二种色调;如只有一种颜色,则可能是红色尖晶石、石榴石或红色玻璃等。红色尖晶石与天然红宝石十分相似,两者最易混淆,但价格差异较大,所以必须慎重鉴别。

(三)蓝宝石(矿物名称为刚玉)

1. 物理、化学、光学性质

化学成分:三氧化二铝(AL_2O_3),主要以铁、钛等元素致色。

晶系及结晶习性:属于三方晶系,具有六方结构,晶体形态常呈筒状、短柱状、板状等,几何体多为粒状或致密块状。

光泽:玻璃光泽至亚金刚光泽。

光性特征:非均质体,一轴晶,负光性。

颜色:主要为蓝色。但实际上自然界中的宝石级刚玉除红色的称红宝石外,其余各种颜色如蓝色、淡蓝色、绿色、黄色、灰色、无色等,均称为蓝宝石。

折射率:1.762—1.770(+0.009,−0.005)。

双折射:0.008—0.010。

多色性:有色蓝宝石具有二色性,一般有:深蓝色/蓝色,蓝色/浅蓝色,蓝绿色/蓝灰色,黄色蓝宝石有金黄色/黄色,橙黄色/浅黄色,浅黄色/无色,等。

密度:4.00(±0.05)g/cm^3。

硬度:9。

特殊光学效应:有些有变色效应、星光效应(六射星光、少见双星光)。

2. 产地

主要产于泰国、斯里兰卡、马达加斯加、老挝、柬埔寨,其中最稀有的产地应属于克什米尔地区的蓝宝石,而缅甸是至今出产上等蓝宝石最多的地方。

3. 简单鉴定方法

天然蓝宝石的颜色往往不均匀,天然蓝宝石放大检查同红宝石相同。人造蓝宝石颜色一致,其生长纹为弧形带,往往可见体内有面包屑状或珠状的气泡。天然蓝宝石具有明显的二色性,即从一个方向看为蓝色,从另一个方向看则为蓝绿色。其他宝石的呈色性与天然蓝宝石不同,据此可以区分。另外可用硬度测定法鉴定,天然蓝宝石硬度为9,可在9度以下的黄玉上刻划出痕迹。

(四)祖母绿(矿物名称为绿柱石)

1. 物理、化学、光学性质

化学成分:铍铝硅酸盐,化学分子式为 $Be_3Al_2Si_6O_{18}$,含致色元素铬或钒。

晶系及结晶习性:主要呈六方晶系,而且柱面上发育有平行晶体长轴的纵纹,并经常见垂直于柱体的解理。

光泽:玻璃光泽。

光性特征:一轴晶,负光性。

颜色:绿色。以绿色带蓝的颜色为佳,绿色带灰者质量较差。

色散:色散低(0.014)。

折射率:1.577—1.583(±0.017)。

双折射率:0.005—0.009。

透明度:透明—半透明。

多色性:二色性,明显。蓝绿/黄绿。

密度:2.72—2.9g/cm^3。

硬度:7.5—8。

韧度:较小,具脆性,重击后会顺其解理破碎。

2. 产地

南美哥伦比亚、俄罗斯或西伯利亚、巴西、津巴布韦、坦桑尼亚、赞比亚都有祖母绿产出,但南美哥伦比亚是当今世界上最重要的祖母绿产区。

3. 简单鉴定方法

天然祖母绿放大检查,有矿物包裹体,气液包裹体、气液两相包裹体,三相气、液、固包裹体,裂隙等。与祖母绿相似的天然绿色宝石有萤石、绿碧玺、磷灰石、翡翠、绿色蓝宝石、含铬钒钙铝榴石。人造祖母绿及仿制品有合成祖母绿、绿柱石三层石、箔衬祖母绿、注油祖母绿等。其区别如下:萤石,微带蓝的绿色,均质体,硬度为 4,密度为 3.18 g/cm^3 大于祖母绿,荧光浅蓝色。深蓝色绿碧玺处理后改为纯正的绿色,二色性明显,双折射率为 0.18,密度大。微带蓝的浅绿磷灰石,有蓝的色调,硬度为 5,折光率为 1.632—1.667,紫外线下发磷光。优质半透明翠绿色翡翠较似祖母绿,但翡翠具有纤维交织结构,有较细的纤维,祖母绿无此结构。此外含铬钒钙铝榴石为翠绿色,均质体,强的亚金刚光泽。合成祖母绿,助熔剂生长法和水热法合成,颜色浓艳,紫外线下有较强的红色荧光,滤色镜下呈鲜明的红色。

(五)变石(也称亚历山大石,矿物名称为金绿宝石)

1. 物理、化学、光学性质

化学成分:铍铝氧化物($BeAl_2O_4$)。

晶系及结晶习性:属斜方晶系,晶体常呈短柱状和板状。

光泽:抛光面呈玻璃光泽至金刚光泽,断口呈玻璃光泽至油脂光泽。

光性特征:二轴晶,正光性。

颜色:可变绿色及红色;变色效果愈明显,如白天呈翠绿色,晚上呈鲜红色,价格愈高;但大多数是白天呈暗绿色,晚上呈红褐色。

透明度:透明、半透明至不透明。

折射率:1.746—1.755(+0.004,-0.006)。

双折射率:0.008—0.010。

多色性:三色性,强,绿/橙黄/紫红。

二色性:二色性强,非均质体。

密度:3.73(±0.02)g/cm^3。

硬度:8—8.5。

韧性:极好。

紫外荧光:在长、短波紫外线照射下都可以出现微弱的红光。

特殊光学效应:变色效应,猫眼效应。

2. 产地

主要产地有斯里兰卡、巴西、俄罗斯乌拉尔山的矿藏,但已几乎枯竭,变色优美、超过一克拉的优质变石珍稀难得,其价格往往超过同等大小的优质红宝石、蓝宝石和祖母绿。

3. 简单鉴定方法

鉴别真伪变石的关键是:变色效应、包裹体、折光率及红外光谱的差异。

变石最大特征是多色性,具三色性;多数情况下,灯光下变石呈深红色到紫红色;日光下呈淡黄绿色和蓝绿色。放大检查具有指纹状和丝状包裹体。

自然界与变石相似的天然变色宝石主要有尖晶石、红柱石、蓝宝石等。变石与尖晶石及石榴石的区别是后两者无偏光性及多色性,而变石除在不同灯光下有颜色变化外,在同一光源下,宝石的不同方向也可呈现不同的颜色。红柱石因有强烈的多色性而与变石相似,变石与变色蓝宝石及红柱宝石的区别是变色效果不同,且折光率也有明显不同。蓝宝石在白天呈蓝紫色而晚上呈红色,折光率最低值也大于变石的最大值。“变色”是在同一光源下出现的，且折光率较低(1.62)。

合成变色宝石主要有合成变石，合成刚玉变石及合成尖晶石。天然变石与合成变石的区别是合成变石内常见弧形生长纹及熔剂包裹体，两者在红外光谱上也有明显的区别。天然变石与合成刚玉变石的区别是变色效果明显不同，合成刚玉变石白天不是呈绿色而是呈蓝色，而晚上灯光下不是呈红色而是呈紫蓝色。在放大条件下，合成刚玉变石有时还可见气、液包裹体和弯曲的生长纹带。天然变石与合成尖晶石的区别是合成尖晶石没有二色性，折光率也稍低于变石，鉴定密度也是区分两者的重要方法。

(六)金绿猫眼(矿物名称为金绿宝石)

1. 物理、化学、光学性质

化学成分：铍铝氧化物($BeAl_2O_4$)。

晶系及结晶习性：属斜方晶系，晶体形态常呈板状、短柱状晶形。

光泽：玻璃光泽。

光性特征：二轴晶，正光性。

颜色：蜜黄、褐黄、酒黄、棕黄、黄绿、黄褐、灰绿色等；其中以蜜黄色最为名贵，其次是绿色、黄绿色、棕黄色，再次是略深的棕色。

折射率：1.746—1.755(+0.004，-0.006)。

双折射率：0.008—0.010。

多色性：三色性，弱，黄/黄绿/橙。

密度：3.73(±0.02)g/cm^3。

硬度：8—8.5。

特殊光学效应：猫眼效应，变色效应。

2. 产地

金绿猫眼主要产于斯里兰卡、巴西和俄罗斯等地。其中斯里兰卡西南部的特拉纳布拉和高尔等地为世界上最著名的金绿猫眼石产地。

3. 简单鉴定方法

在所有宝石中，具有猫眼效应的宝石品种很多，但在国家标准中只有具有猫眼效应的金绿宝石才能直接称为猫眼，其他具有猫眼效应的宝石都不能直接称为猫眼。金绿猫眼是变色效应与猫眼效应集于一身的金绿宝石，属于是金绿宝石中最稀有珍贵的一种，因而价值极高。

石英猫眼、玻璃猫眼、木变石猫眼、月光石猫眼等,与猫眼宝石的鉴别主要从折射率、密度、硬度、包裹体及其他特征等方面来进行。金绿宝石猫眼的折射率是常见猫眼品种中最大的,密度也是最大的,硬度为8.5度,仅次于钻石和红、蓝宝石。天然金绿猫眼放大检查有丝状金红石或管状包裹体,指纹状包裹体,负晶等。在金绿宝石内部含有发达之真空状内含物的金绿宝石施以卡波逊切割之后,出现彩色变化效果的是金绿猫眼。市场上有一种玻璃纤维猫眼,两者的鉴别方法是,转动假猫眼石其弧形顶端可同时出现数条光带,而真金绿猫眼只有一条;假猫眼眼线呆板,而真猫眼眼线张合灵活;真金绿猫眼的颜色大多为褐黄或淡绿色,假猫眼则颜色多样,有红、蓝、绿等色。

二、中档无机宝石

(一)海蓝宝石(矿物学中属于绿柱石族矿物)

1. 物理、化学、光学性质

化学成分:是含铍、铝的硅酸盐,化学分子式为 $Be_3Al_2Si_6O_{18}$。

晶系及结晶习性:六方晶系,六方柱状晶体,属于硅酸盐类物质晶体。

颜色:蓝色,绿蓝色到蓝绿色、黄、粉红、无色等,无灰色、无二色性,色浓鲜艳者价值最高。

光泽:玻璃光泽。

光性特征:非物质体,一轴晶,负光性。

透明度:多数透明,少数透明到半透明。

折射率:1.577—1.583(±0.017)。

多色性:二色性,明显,为蓝到蓝绿色。

密度:2.72(±0.18,−0.05)g/cm^3。

硬度:7.5—8。

韧度:良好。

发光性:无荧光。

特殊光学效应:有些具有定向包体的海蓝宝石可加工成猫眼效应或星光效应,价格比普通海蓝宝石更高。

2. 产地

最著名的海蓝宝石产地在巴西的米纳斯吉拉斯州,其次是俄罗斯、中国新疆等地区。

3. 简单鉴定方法

天然海蓝宝石放大检查有矿物包裹体,液体包裹体,气液两相包裹体,三相包裹体,平行管状包裹体等。

(二)碧玺(矿物名称电气石)

1. 物理、化学、光学性质

化学成分:硼硅酸盐结晶体,化学式为$(Na,K,Ca)(Al,Fe,Li,Mg,Mn)_3(Al,Cr,Fe,V)_6(BO_3)_3(Si_6O_{18})(OH,F)_4$。

晶系及结晶习性:三方晶系。晶体为六方柱状,横截面或是圆滑的三角形,或为三角形;一端为锥体,沿宝石的长轴有明显的晶面条纹。

光泽:玻璃光泽。

光性特征:非均质体,一轴晶,负光性。

颜色:常见各种颜色。以玫瑰红、紫红、绿色和纯蓝色以及俏色西瓜色为最佳,粉红和黄色次之,无色、黑色最次。在同样颜色中根据颜色的浓艳程度不同又分为4等,分别是浓艳,中等,浅色,暗色。

密度:3.06(+0.20,-0.06)g/cm^3。

硬度:7—8。

多色性:二色性,中至强,因体色不同,颜色深浅不同而异。

折射率:1.624—1.644(+0.011,-0.009)。

双折射率:0.018—0.040,通常为0.020。

紫外荧光:一般无;粉红、红色碧玺:长、短波下呈弱红至紫色。

特殊光学效应:当电气石中含有大量平行排列的纤维状、管状包体时,磨制成弧面型宝石时可显示猫眼效应被称为碧玺猫眼;另还有变色明显的碧玺,但十分罕见。

2. 产地

产地有巴西、美国、俄罗斯、马达加斯加、斯里兰卡、缅甸和中国(新疆、云南、内蒙古)。巴西出产碧玺品质最好,其中帕拉依巴碧玺非常稀有,价格昂贵。中国新疆阿勒泰的富蕴县可可托海也盛产宝石级碧玺,色泽鲜艳,有红、绿、蓝、多色等,晶体较大,品质较好。

3. 简单鉴定方法

碧玺放大检查有气液包裹体,平行管状气液包裹体,晶体包裹体,丝状、针状矿物包裹体,棱线双影。无色水晶冒充无色碧玺主要观察包裹体,紫水晶颜色较艳,紫色碧玺颜色一般为粉紫和浅紫。水晶中没有如碧玺一样的红色和绿色,因而可以利用两者颜色不同作大致鉴定;萤石、玻璃冒充碧玺可通过包裹体及硬度辨别。

此外,天然碧玺宝石大多品质量欠佳,现常通过优化处理改善其质量。常用方法有以下几种:(1)热处理使颜色较深的碧玺颜色变浅从而增强透明度,改善宝石档次;(2)辐照处理使无色、色淡或多色的碧玺呈现更美色彩;(3)充填处理使表面空洞裂隙隐去以改善外观和耐久性;(4)镀膜处理使无色或近无色的碧玺处理后色彩鲜艳,光泽增强。

(三)坦桑石(矿物名称黝帘石)

1. 物理、化学、光学性质

化学成分:钙铝硅酸盐矿物,化学分子式为 $Ca_2Al_3Si_3O_{12}(OH)$,可含有钒、铬、锰等元素。

晶系及结晶习性:斜方晶系,晶体呈柱状,常见棒状、粒状集合体。

颜色:蓝色、紫蓝色至蓝紫色,其他有褐色、黄绿、粉色。其中与最高品质的蓝宝石一样的蓝色最为名贵。

光泽:玻璃光泽。

光性特征:非均质体,二轴晶,正光性。

透明度:透明。

多色性:三色性,强,绿色的多色性表现为蓝色、紫红色、绿黄色;褐色的多色性为绿色、紫色和浅蓝色;而黄绿色的多色性为暗蓝色、黄绿色和紫色。

密度:3.35(+0.10,−0.25)g/cm^3。

硬度:6.5—7。

折射率:1.697—1.700(±0.005)。

双折射率:0.008—0.013。

2. 产地

宝石级黝帘石的产地有坦桑尼亚、格陵兰、奥地利、瑞士等。坦桑尼亚是世界上宝石级黝帘石的主要出产国,矿区在东非坦桑尼亚的乞力马扎罗山脚下一块长 4 千米、宽 2 千米的区域内。

3. 简单鉴定方法

坦桑石放大检查有气液包裹体,矿物包裹体。与之相似的宝石主要有蓝宝石、海蓝宝石、蓝色碧玺、堇青石、人造钇铝榴石以及合成蓝色镁橄榄石,通过折射率、双折射率、比重等基本宝石学参数就可以进行区分。由于大部分坦桑石都是棕黄色的,不甚美观,故对坦桑石进行热处理的情况非常常见,经过热处理后变为蓝紫或者紫蓝色,且不影响其价格。

(四)托帕石(矿物名称黄玉、黄晶)

1.物理、化学、光学性质

化学成分:含氟和羟基的铝的硅酸盐矿物,化学分子式为 $Al_2[SiO_4](F,OH)_2$。

晶系及结晶习性:斜方晶系,斜方双锥晶类,常呈短柱状晶形,柱面上常有纵纹,集合体为粒状、块状等。

颜色:有无色、蓝色、黄色、橙色、紫色、粉色、红色及白、灰等色。黄色又有雪莉酒(sherry)色、米黄色等不同的黄色。品质上以色浓的优于色淡的、透明的优于半透明的,价值最高的是红色和雪梨酒色、褐色,其次是蓝色。

光泽:玻璃光泽。

光性特征:非均质体,二轴晶,正光性。

透明度:透明至不透明。

折射率:1.619—1.627(±0.010)。

双折射率 0.008—0.010。

密度:一般为 3.53(±0.04)g/cm^3。

摩氏硬度:8。

多色性:三色性,弱至中。

特殊光学效应:猫眼效应,但极稀少。

2.产地

世界上 95%以上的托帕石产于巴西,品种为无色及各种艳色,曾产有重量达 300 公斤的透明托帕石,堪称世界之最,现藏于美国纽约自然历史博物馆。另墨西哥、苏格兰、日本、斯里兰卡、美国、缅甸、俄罗斯、澳大利亚和中国(内蒙古、江西、新疆、广东、云南)等地也有产出。

3.简单鉴定方法

由于色彩浓艳的天然托帕石产量少,因而目前市场上的托帕石分为天然托帕石和优化改色托帕石两类;天然无改色的大块托帕石市场上并不多见,而优化改色托帕石是由原石无色或褐色的托帕石经辐射和高温优化改色而成,因在优化过程中未添加任何其他物质,故在珠宝鉴定上仍认定为天然宝石,最多见优化改色是蓝色和粉色。是大众化的、最流行的中低档宝石品种,也是蓝宝石、海蓝宝石最好的代用品。由于托帕石价格普遍高于黄色水晶,因而可以被黄水晶冒充,但托帕石比重、硬度大于黄水晶,且托帕石光泽柔和,黄水晶的光泽则比较尖锐;玻璃仿制品亦可从比重、硬度方面辨别。

(五)尖晶石(矿物名称尖晶石)

1. 物理、化学、光学性质

化学成分:镁铝氧化物组成的矿物,因为含有镁、铁、锌、锰等等元素,它们可分为很多种,如铝尖晶石、铁尖晶石、锌尖晶石、锰尖晶石、铬尖晶石等。化学分子式 $MgAl_2O_4$。

晶系及结晶习性:等轴晶系,八面体晶形,有时八面体与菱形十二面体、立方体呈聚形。

光泽:玻璃光泽至亚金刚光泽。

光性特征:均质体。

颜色:含有不同的元素的不同尖晶石有红、橙红、粉红、紫红、无色、黄、橙黄、褐、蓝、绿、紫等不同,其中纯正红色最珍贵。

透明度:透明至不透明。

密度:3.60(+0.10,-0.03)g/cm^3。

硬度:8。

多色性:无。

折射率:1.718(+0.017,-0.008)。

特殊光学效应:星光效应(四射星光、六射星光)稀少,变色效应。

2. 产地

主要产于缅甸、斯里兰卡、肯尼亚、尼日利亚、坦桑尼亚以及塔吉克斯坦、越南、美国和阿富汗等。

3. 简单鉴定方法

天然尖晶石放大检查,呈八面体矿物、负晶,其他晶体包裹体,生长带,双晶纹,气液包裹体等。尖晶石因颜色丰富,与许多宝石品种相似,故容易混淆。红色尖晶石与红宝石十分相似,区别在于:红宝石有二色性,颜色不均匀,有丝绢状包裹体;尖晶石是均质体,无二色性,颜色均匀,固态包体为八面体。蓝色、灰蓝色、蓝紫色、绿色尖晶石与蓝宝石容易相混,区别在于:蓝宝石二色性明显,色带平直,有丝绢状包裹体和双晶面;此外尖晶石与蓝宝石的密度、折光率、偏光性都不同。

合成尖晶石有焰熔法和助熔剂法。尖晶石与合成尖晶石主要鉴别特征为紫外荧光、吸收光普及包裹体特征。红色人造尖晶石多仿造红宝石的红色，蓝色尖晶石多呈艳蓝色。但天然尖晶石内部包裹体与人造尖晶石不同，人造尖晶石颜色浓艳，均一，包裹体少，偶尔有弧形生长纹，合成尖晶石折射率、紫外荧光、吸收光谱等亦与尖晶石不同。

(六)锆石(矿物名称锆石)

1. 物理、化学、光学性质

化学成分：硅酸锆，含有铪、钍、铀等混入物，化学分子式为 $ZrSiO_4$。

晶系及结晶习性：四方晶系。晶体呈短四方柱状，两端成锥体，有时以水磨卵石形式出现，亦有板状。

光泽：玻璃至金刚光泽，断口油脂光泽。

光性特征：非均质体，一轴晶，正光性。

颜色：多色，有无色、紫红、金黄色、淡黄色、橄榄绿，香槟，粉红，紫蓝，苹果绿等。

透明度：透明至半透明。

密度：多数在 3.90—4.73 g/cm^3；高型：4.60—4.80 g/cm^3；中型：4.10—4.60 g/cm^3；低型：3.90—4.10 g/cm^3。

硬度：6—7.5。

折射率：高型 1.925—1.984；中型 1.875—1.905；低型 1.810—1.815。

双折射率：0.001—0.059。

多色性：二色性。

2. 产地

产地有斯里兰卡、泰国、老挝、柬埔寨。我国云南出产的锆石一般需经加热改色处理。

3. 简单鉴定方法

锆石的放大检查，有矿物包裹体，角状色带，平行的生长管，愈合裂隙，棱线双影。由于锆石色彩丰富，而且颜色深浅程度变化较大，因此，锆石可与任何颜色、透明度的宝石相混。最易于相混的宝石有钻石、尖晶石、金绿宝石、蓝宝石、红宝石、石榴石、托帕石等。锆石主要鉴定特征有：高折射率、强光泽、高双折射率、高密度、高色散和典型的光谱特征等。

人工合成的立方氧化锆(Cubic Zirconia)，简称CZ，是钻石最常见的替代品，或充当天然锆石，故常叫作“CZ钻”或“方晶锆石”，但价格远低于天然锆石，更是大大低于钻石，必须加以鉴别。立方氧化锆的折光率为2.17，色散0.060，内外完美无瑕的，立方氧化锆的硬度高达8.5—9，故在折光率、色散、瑕疵、比重、硬度等方面通常检测鉴别。

天然锆石存在热处理和辐照处理两种优化方式。热处理的目的：一是改变颜色，经热处理可得到无色、蓝色、黄色及橙红色锆石，因这种优化过程未添加任何物质，故在珠宝鉴定上仍将其认定为天然宝石。二是改变类型，加热至1450℃，持续长时间的热处理可引起硅和锆石重结晶，将低型的锆石转向高型的锆石。经这种处理，低、中、高型的锆石都能提高密度(可达4.7g/cm3)，具有较高的折射率和清楚的吸收线，同时还可以提高透明度、明亮度、光泽度，引起的重结晶还可产生纤维状微晶形成猫眼。辐照处理：天然产出的锆石在辐照下也会发生变色，如无色锆石在X射线照射下可变成深红色、褐红色或紫色、橘黄色；蓝色锆石在X射线辐照下可变成褐色—红褐色。但这类辐照改色锆石改色过程均可逆，在极端高温高压下可以恢复原状。

(七)石榴石(矿物名称石榴石)

1.物理、化学、光学性质

化学成分：含铝、镁、铁、锰、钙或铬等的硅酸盐，化学式为$x_3y_2[SiO_4]_3$。

晶系及结晶习性：等轴晶系。常见结晶形态为菱形十二面体，四角三八面体、六八面体及聚形，晶面可见生长纹。

光泽：玻璃光泽至亚金属光泽。

光性特征：均质体，常见有异常消光。

颜色：有红、黄、褐、绿、黑等颜色，其中：镁铝榴石呈红色、紫色、黄红色；铁铝榴石呈褐色、暗红色、紫红色；锰铝榴石呈黄橙色、橙红色；钙铝榴石呈褐黄色、黄色、黄绿色、绿色；钙铁榴石呈黄绿色、翠绿色、黑色；钙铬榴石呈绿色。价格以紫红色石榴石为最高，其次是玫红、酒红，颜色越浅的石榴石价格越高。翠榴石是最稀疏和最有价值的种类。

透明度：透明至微透明。

折射率：镁铝榴石为1.74—1.90；铁铝榴石为1.790(±0.03)；钙铝榴石为1.740(+0.020，−0.010)；锰铝榴石1.810(+0.004，−0.020)；钙铁榴石1.888(+0.007，−0.033)；钙铬榴石1.850(±0.030)。

密度：镁铝榴石为3.78(+0.09，−0.16)g /cm^3；铁铝榴石4.05(+0.25，−

0.12)g/cm^3;钙铝榴石 3.61(+0.12,−0.04)g/cm^3;锰铝榴石 4.15(+0.05,−0.03)g/cm^3;钙铁榴石 3.84(±0.03)g/cm^3;钙铬榴石 3.75(±0.03)g/cm^3。

硬度:7—8。

特殊光学效应:星光效应(稀少)、变色效应、猫眼效应。

2. 产地

石榴石的产地几乎遍及全球,常见的石榴石因化学成分不同而分两个系列、六个主要品种:铝质系列(镁铝榴石、铁铝榴石、锰铝榴石)和钙质系列(钙铬榴石、钙铝榴石、钙铁榴石)。镁铝榴石主要产于挪威、捷克和中国(江苏);镁铁榴石主要产自美国和坦桑尼亚等国;铁铝榴石产于斯里兰卡、巴西、马达加斯加、印度等国;钙铝榴石产于肯尼亚、巴基斯坦、中国;锰铝榴石产于缅甸、斯里兰卡、巴西等国;钙铁榴石产于俄罗斯和意大利、扎伊尔等;钙铬榴石俄罗斯和美国均有发现。最珍贵的石榴石是产自乌拉尔山脉波布洛夫河床金矿的钙铁榴石中的翠榴石,由于拥有诱人的透绿,这种翠榴石被称为“乌拉尔祖母绿”。

3. 简单鉴定方法

不同种的石榴石,颜色不同,折光率、比重和硬度都略有差异,但所有石榴石都是等晶系、单折射宝石,没有二色性和偏光性。

天然石榴石都有一些瑕疵或结晶包裹体,如针状金石,一些气液二相包裹体等,钙铁榴石的绿色变种——翠榴石往往有“马尾状”的纤维包裹体。一般来说,石榴石价格低廉,仿货很少。但由于翠榴石的价值非常昂贵,堪比钻石,极为罕见,于是市场上存在将葡萄石充当翠榴石的情况。翠榴石一般都有丰富的条状、针状包裹体在内,故只要留心包裹体就可以分辨;此外,葡萄石折射率为1.616—1.649(+0.016,−0.031),硬度为6—6.5,密度为2.80g/cm^3—2.95g/cm^3,因而通过折射率、硬度、密度的检测也可知晓。

(八)石英(矿物名称水晶、紫晶、黄晶、烟晶、绿水晶、芙蓉石)[①]

1. 物理、化学、光学性质

化学成分:二氧化硅矿物,化学式为 SiO_2。

晶系及结晶习性:三方晶系,结晶完美的水晶晶体属三方晶系,常呈六棱柱状晶体,柱面横纹发育,柱体为一头尖或两头尖,多条长柱体连结在一块,通称

① 石英有多种类型。当二氧化硅结晶完美时就是水晶;二氧化硅胶化脱水后就是玛瑙;二氧化硅含水的胶体凝固后就成为蛋白石;二氧化硅晶粒小于几微米时,就组成玉髓、燧石、次生石英岩。

晶簇。

光泽:玻璃光泽,断口树脂光泽。

光性特征:非均质体,一轴晶,正光性。

颜色:无色,浅至深的粉色、紫色,浅黄、中至深黄色等。因含各种杂质,颜色各异:水晶,无色透明;紫水晶,紫色透明或半透明,加热可脱色;蔷薇石英,浅玫瑰色,致密半透明;烟水晶,颜色或褐色透明异种,颜色进一步加深就成为墨晶;黄水晶,黄金色或柠檬黄色。

透明度:半透明或透明。

密度:2.66(+0.03,-0.02)g/cm^3。

硬度:7。

折射率:1.544—1.553。

双折射率:0.009。

多色性:二色性,弱。紫晶,浅褐紫/浅紫,红紫/紫,蓝紫/紫等;黄晶,浅黄/黄,黄/橙黄,黄/褐黄;烟晶,浅褐/烟褐,褐/棕。

特殊光学效应:猫眼效应,星光效应。

2. 产地

巴西、乌拉圭、美国、南非、赞比亚、俄罗斯、越南、巴基斯坦等国都盛产水晶,其中巴西水晶最为有名。中国各地常有发现水晶的报道,江苏、海南、四川、云南、广东、广西、贵州、新疆、辽宁、湖北等地较多,其中江苏东海县水晶质量最好。

3. 简单鉴定方法

石英放大检查,有色带,液体及气体两相包裹体,气、液、固三相包裹体,矿物包裹体,针状矿物包裹体,负晶,紫晶中可有"虎纹"状包裹体。

天然水晶虽然较多,但品质好的并不多,因而就有了水晶的优化处理,主要方法①有:

(1)热处理,能使水晶的颜色、透明度、净度等外观特征得到明显的改善,根据我国国家标准,这种经热处理的水晶无须鉴定,被认为是天然的;如黄水晶多半是经过热处理的水晶。

(2)染色处理,是对无色的或颜色不好的水晶进行染色,从而使颜色更美;如近年来钛晶、金色发晶、绿幽灵价格上涨,于是市场上就出现把无色的发晶染成红色、黄色等色彩艳丽的颜色,或将不太艳丽的颜色染成更加鲜艳的颜色;染色

① 肖秀梅:《水晶的收藏与鉴赏》,文化发展出版社2015年版。

发晶颜色一般太过鲜艳，不自然，而且在发晶上的颜色分布呈断续的不连贯的（天然发晶通常颜色是均匀的），在某缺陷处，颜色有明显聚集现象。

（3）拼合处理，因为市场上有人追求水晶在生长过程中产生的一些特殊图案，为迎合市场就出现将上面半边无色透明水晶与下半边带图案的水晶用胶黏合在一起构成完整水晶图案的情况，增加了水晶的立体感和美感；这种拼合属于处理，不属于优化；鉴定方法是用10倍放大镜观察是否有黏合缝，另水晶晶体中的结构在拼合面上会突然中断，有整齐被切的感觉。

（4）镀膜处理，就是在水晶表面用真空镀膜工艺镀上彩色的薄膜。经过这种方式处理的水晶有典型的晕彩效应，在光的照射下异常亮丽，用小刀刻划后会在水晶上留有划伤的痕迹。但也有在水晶内部通过小孔镀膜的，这时只有通过亮丽的彩虹色来判断水晶是否经过镀膜处理。

（5）辐照处理，用于无色水晶变成烟晶，辐照处理是一种处理方法，但没有有效的鉴定方法能够检测出该水晶是否经过辐照处理。

（6）注水处理，因为水胆水晶是水晶中较名贵的，而且只有保持包体水才珍贵，但水胆水晶在加工过程中产生裂纹或因为高温日晒产生裂纹，水胆的水就会慢慢溢出甚至于水干涸而失去水胆水晶的价值。如果裂纹很微细，处理方式是把水晶浸泡在水中，利用毛细作用让水胆充水，或者直接利用注射器等外力方式往水胆中注水，然后把口或裂纹封上。水胆水晶是否天然，需要注意看水胆周围有无注水处理痕迹、有无胶或者蜡质残留。

另外，还须注意天然水晶和再生水晶与工艺水晶的区别：（1）天然水晶是在自然条件下形成的，往往多少存在包裹体。（2）再生水晶是一种单晶体，亦称合成水晶、压电水晶。方法是模仿天然水晶的生长过程，把天然硅矿石和一些化学物质放在高压釜内，经过1—3个月时间（对不同晶体而言）逐渐培养而成，再生水晶在化学成分、分子结构、光学性能、机械、电气性质方面与天然水晶完全相同，而双折射及偏振性等方面，再生水晶比天然水晶更纯净，色泽性更好，但价格比天然水晶低廉。（3）工艺水晶又叫仿水晶，大多是指加铅玻璃或稀土玻璃，无杂质、透明度较好。

三、天然有机宝石

天然有机宝石是指由自然界生物生成，部分或全部由有机物质组成，制作首饰及装饰品的材料，包括珍珠、珊瑚、琥珀、煤玉、象牙、砗磲、玳瑁、动物的化石等。煤玉因质地脆弱且产量有限，不适合制作珠宝；象牙因自1989年起已在全球禁止,玳瑁在中国被列入国家二级重点保护野生动物名录,故两者很少用于首饰制作。养殖珍珠(以下亦称珍珠)虽然有部分人工因素,但养殖过程与天然相似,品质亦与天然珍珠相同,故也归于天然有机宝石一类。珍珠、红珊瑚以及琥珀不仅具有药用价值,而且因为具有美观、稀有的特征,是世界公认的三大有机宝石。

(一)珍珠

1. 基本情况

珍珠是在珍珠贝类和珠母贝类软体动物体内由于内分泌作用而生成的含碳酸钙矿物的珠粒,是由大量微小的文石晶体集合而成的。地质学和考古学的研究证明,在两亿年前地球上就已经有了珍珠。中国是世界上利用珍珠最早的国家之一,早在四千多年前,《尚书・禹贡》中就有河蚌能产珠的记载,《诗经》《山海经》《尔雅》《周易》中也都记载了有关珍珠的内容。自古以来珍珠就深受人们的喜爱。

现在珍珠按照成因分为天然珍珠和人工养殖珍珠两种,天然珍珠主要是指在贝、蚌的体内自然形成的珍珠;人工养殖珍珠是人们根据珍珠贝能分泌珍珠质形成珍珠的生理机能,在珍珠贝的体内中植入细胞小片,经过一定时间养殖培育出来的珍珠。珍珠又分为海水珠、淡水珠;海水珠产于热带或亚热带的浅海水域中,有天然和人工养殖两种;天然海水珠以产于波斯湾地区的巴林岛大溪地黑珍珠、印度、缅甸、菲律宾的南洋珠,夏威夷等地的黑珍珠,委内瑞拉的白色、褐色、棕色、黑色珍珠著名;养殖海水珠产于日本、波利尼西亚、澳大利亚、库克群岛,以及我国广西、广东、福建、海南等地,我国海水珠以合浦珍珠著名。淡水珍珠是指江、河中产出的珍珠,目前全世界95%的淡水珍珠产自中国;由于中国的珍珠养殖技术已非常成熟,珍珠价格也日趋低廉。

2. 物理、化学、光学性质

化学成分:无机成分主要是碳酸钙、碳酸镁占91%以上,其次为氧化硅、磷酸钙、Al_2O_3 及 Fe_2O_3 等,有机成分为碳、氢化合物。

结晶状态:无机成分为文石,斜方晶系;方解石,三方晶系等。有机成分为硬蛋白质,非晶态。核心为微生物或生物碎屑、砂粒、病灶等。

形状:多种多样,有圆形、梨形、蛋形、泪滴形、纽扣形和任意形,其中以圆形为佳。

光泽:具典型的珍珠光泽,光泽柔和且带有虹晕色彩。

光性特征:主要为非均质集合体。

颜色:有白色、粉红色、淡紫色、玫瑰色、黑色、金色甚至青铜色、绿色、蓝色等,以白色为主。

透明度:不透明至半透明。

硬度:2.5—4.5。

密度:天然淡水珍珠的密度一般为 2.66—2.78g/cm^3,因产地不同而有差异。海水珍珠为 2.61—2.85g/m^3。

折射率:1.530—1.686。

双折射率:0.156。

色散:无色散现象。

条痕:白色条痕。

紫外荧光:在短波紫外光下珍珠显白色、淡黄色、淡绿色、蓝色荧光,黑色珍珠发淡红 色荧光;X 射线下有淡黄白色的荧光。

溶解性:遇盐酸起泡。

特殊性质:过热燃烧变褐色,表面摩擦有砂感。

3.品质评价

国际市场上珍珠的质量主要由珍珠的光泽、皮质、形状、珍珠层厚度、大小、颜色、搭配及钻孔等几个因素综合评价。(1)光泽。光泽越强,质量越佳。根据其表面反射光清晰明亮程度,分为极强(A)、强(B)、中(C)、弱(D)。(2)皮质。是指珍珠表层结构致密、细腻、光滑的程度,或者是表面瑕疵的明显程度,分为无瑕、微瑕、小瑕、瑕疵四级;没有瑕疵的珍珠极其稀有,非常昂贵,一般珍珠都带有很小的瑕疵,除了向外突出的瑕点外,瑕疵还可能是裂痕、裂缝、凹状和深色或暗淡的斑点,以及环带等。(3)珠母层厚度。半毫米以上为佳,越厚越好。(4)珍珠形状。这是影响珍珠质量最重要的因素之一,天然珍珠中真正的正圆珠极为罕见因而最为稀有,但水滴形(梨形)、椭圆形、纽扣形等有规则形态的珍珠较容易镶嵌搭配使用,故也有较高的价格。(5)大小。珍珠的重量或大小是影响珍珠质量好坏的重要因素之一,对天然珍珠而言重量或大小可能是最重要的因素;俗语“七珠八宝”,即直径七分(mm)以下的是珍珠,而八分(mm)以上的就是宝贝了;养殖珍珠的大小主要决定于珠贝的种类、植入的珠核大小以及养殖的时间;在质量较好的情况下,直径超过一定的大小其价格会有明显的提高。(6)颜色。以白色稍带玫瑰红色为最佳,以蓝黑色带金属光泽为特佳,但若见到明显的黑色、灰色珍珠,有可能是染色珠。(7)同为天然珠的情况下,海水珠一般品质好于淡水珠,价格较淡水珠更高。珍珠是十分娇贵有机物珠宝,日常佩戴中不宜接触香水、油、盐、酒精、醋、香蕉水等,夏天人体流汗多亦不宜佩戴珍珠项链;不可在太阳下暴晒或烘烤,收藏时不能与樟脑丸一起放置。

4. 简单鉴别方法

天然珍珠与养殖珍珠的区别:天然珍珠的内核往往只是一些砂粒或寄生虫等物,甚至没有核。而养殖珍珠的内核是人工制作的较大的圆珠,故外面的包裹层较薄。表现在体表上,天然珍珠因其生长环境是随机的,核中异物很少滚动,其外形圆度差。养殖珍珠内核滚圆,因此成珠后圆度较好。天然珍珠由于生长时间长,因此成珠后质地细腻,珠层厚实,表皮光滑,很少有"凸泡",且较透明。养殖珍珠则因成珠时间短,因而珠层薄,质地较粗糙,光泽带"蜡状",且表面往往有一些凹凸的"小泡",透明度亦较差。如果是已穿孔的珍珠,用放大镜仔细观察孔内,养殖珍珠能看到珠内有一条褐色界线,这是放入的内核和后来生长出来的珍珠层之间的分界线。

珍珠的优化处理手段有:(1)硝酸银处理,即将珍珠浸入硝酸银溶液中使其颜色变色。(2)漂白,即用低档珍珠漂白,使之光泽颜色更加明亮和均匀。(3)上光,即是用化学上光剂或黄蜡处理,以提高珍珠光泽和除去表面划痕。(4)涂层,即是在珍珠表面粘贴上很薄的涂层,以加深其颜色。但优化处理或这会使珍珠变脆而容易受损,而涂层往往会因局部磨损而露出光秃的补丁。(5)染色,通常是将白色珍珠染成赏心悦目的颜色,如金色、玫瑰色、黑色等鲜艳的颜色,且一串珍珠上往往所有颜色几乎完全相同,就很可能是经染色的。(6)辐照,即使用伽玛射线对珍珠进行辐照而将珠核改变为黑色,目的是让珍珠层颜色更深,这类珍珠往往具有鲜艳的蓝绿灰混合色。

人造珍珠是用玻璃料、硅石粉、氧化铝、树脂等充填剂、聚合催化剂、缩合剂等混合,制成半固体状的成形材料,再通过镀膜、加压、涂料、喷漆等处理而造出的具有天然珍珠般光彩的珍珠。一般通过以下方法可简单鉴别:(1)直观法:天然珍珠有天然纹理,光泽颜色多不统一,形状多为圆形,但圆度不一,一串珍珠项链的珠子大小有差异,且具有自然的五彩珍珠光泽。人造珍珠圆度规则,钻孔处有小块凸片或表面皮脱落现象,颜色统一,呆板单调。(2)手摸、嗅闻法:天然珍珠爽手,有凉感,轻度加热无味,嘴巴对之呼气,珍珠表面呈雾气状。人造珍珠手摸有滑腻感、温热感,轻度加热有异味,将之放近嘴边,呈现水气。(3)弹跳法:将珍珠从60厘米高处掉在玻璃板上反弹,天然珍珠反弹高度为20～25厘米,人造珍珠反弹15厘米以下且连续弹跳比珍珠差。(4)放大观察法:普通放大镜或肉眼仔细近距离观察下,天然珍珠表面有纹理且能见到碳酸钙结晶生长状态,似沙丘被风吹的纹状,人造珍珠则只能看到似鸡壳表面高高低低均匀不平状态。(5)刮层法:天然珍珠用小刀轻刮,会出现细细的珍珠粉,人造珍珠便刮掉一层皮。(6)迎光透视法:真珍珠有一定的透明度,假珍珠没有透明度。

(二)珊瑚

1. 基本情况

珊瑚是珊瑚虫分泌出的具有石灰质、角质或革质的内骨骼或外骨骼。珠宝行业中所称的“珊瑚”就是生长在200米至2000米的大海深处的珊瑚虫分泌出的石灰质骨骼堆积而成。俗话说“千年珊瑚万年红”,珊瑚是珠宝中唯一有生命的千年灵物。但是,只有颜色鲜艳,质地致密而坚硬的珊瑚才是制作珠宝首饰的原材料。据传,早在5000年前河伯因大禹治水有功而向大禹献上各种奇珍异宝,大禹只选了三件,其中一件便是珊瑚。汉朝时王室贵族奢华无比,大兴前庭植玉树之风,竟然以“珊瑚为枝,以碧玉为叶”陈设于正屋前庭。此后珊瑚一直为唐、宋至元、明、清皇亲贵戚、富豪权贵所喜好,故唐代著名诗人韦应物留下了《咏珊瑚》的名句:“绛树无花叶,非石亦非琼。世人何处得,蓬莱石上生。”清朝时珊瑚更是皇家非常重要的象征身份的贵重饰品。

珊瑚还是“佛教七宝”之一,藏传佛教徒视红色珊瑚为佛的化身,故把珊瑚作为敬佛礼佛的吉祥物,多用来做佛珠,或用于装饰佛像。珊瑚在古代还是一种名贵药物,《本草纲目》中记述其有明目、止血、除宿血之功效。

因为珊瑚对保护海洋环境起到重要作用,因而珊瑚是受国际保护的濒危海洋生物,许多国家都已立法禁止采摘珊瑚,优质珊瑚的市场价格现已为黄金的几倍乃至几十倍。珊瑚是我国国家二级重点保护动物,目前我国已有海南省、广西北海市分别制定了有关保护珊瑚资源的法规文件,规定任何人不得在珊瑚资源保护范围内采挖或破坏珊瑚礁、禁止任何单位和个人不经批准收购、加工、运输、销售珊瑚、珊瑚礁及其工艺品等,违反者由渔政管理部门按有关法律法规处理,构成犯罪的,由司法机关追究刑事责任。

珊瑚生长在温度高于20℃的赤道及其附近的热带、亚热带地区。太平洋海区主要是日本的琉球群岛及中国台湾东海岸、南沙群岛和澎湖列岛。目前台湾是当代红珊瑚的重要产地,占世界总量的60%。夏威夷西北部中途岛附近海区是红、粉珊瑚的产地。大西洋海区是世界上红珊瑚的主要产区,其中最佳的红珊瑚要数来自非洲的阿尔及利亚,突尼斯和欧洲的西班牙沿海,而意大利的那不勒斯是红珊瑚最为著名的加工地。

2. 物理、化学、光学性质

化学成分:无机成分为碳酸钙,化学分子式 $CaCO_3$,以微晶方解石集合体形式存在;有机质成分为硬蛋白质。

晶系及结晶状态:三方晶系,具有类似于树干的聚焦结构,形状多呈树枝状。

颜色:分为红珊瑚、白珊瑚(大多用与盆景工艺)、蓝珊瑚(现已基本绝迹)、偶见紫珊瑚和黑珊瑚、金珊瑚。红色是由于珊瑚在生长过程中吸收海水中1%左右的氧化铁而形成的,黑色因含有有机质所致。宝石级珊瑚为红色、粉红色、橙红色。

光泽:蜡状光泽,抛光可达玻璃光泽。

光性特征:集合体。

透明度:不透明至半透明。

颜色:大多是白色或是奶白色、浅粉到深红、橙色、金黄色、黑色。蓝色和紫色少见。

硬度:3—4。

密度:钙质珊瑚大概是 2.6—2.7 g/cm^3,角质珊瑚为 1.35—1.50 g/cm^3。

折射率:质型珊瑚为 1.486—1.65,角质型为 1.56。

多色性:无。

紫外荧光:紫外灯下钙质珊瑚无荧光或是较弱的白色荧光,黑珊瑚无荧光。

解理:无。

断口:钙质珊瑚的断口呈现裂片或是参差状;角质珊瑚断口为贝壳状或是参差状。

溶解性:钙质珊瑚遇酸起泡,角质珊瑚遇酸无泡。

热效应:钙质珊瑚加热后会变黑,角质珊瑚加热后会有蛋白质烧焦味。

放大检查:横切面有同心纹、放射纹,纵切面有平行波状纹。

3. 品质评价

珊瑚以红珊瑚最为珍贵,红珊瑚按颜色不同又分为深红珊瑚、桃红珊瑚、粉红珊瑚、粉白珊瑚、白色珊瑚等五大类,一般以深红为最珍贵。珊瑚又以块度越大越好;大而完整,质地致密坚硬,无瑕疵,最佳; 白斑白心较次;如有虫蛀、虫眼、多孔、多裂纹的瑕疵,最次。

红珊瑚根据产地不同,分阿卡(AKA)、么么(MOMO)、沙丁三类。阿卡主产区日本,少部分台湾;特征是色泽浓艳莹润微透,玉质感强,细腻度佳,呈现玻璃光泽,分正反面,背面多带有白心和虫眼,所以多用于做戒面,磨制成圆珠的极少。阿卡根据红色浓度又大致分为橘红、朱红、正红、深红、黑红(牛血色)5 个色级,越深越贵;另阿卡也有粉色、桃色或是橘粉色的,但少见。么么主产区在台湾,特征是颜色从浅红到红色中间的过渡色系均有,常见白色、浅粉、粉色、橘粉、桃粉、橘红、桃红、朱红、正红,极少能达到阿卡一样红度的朱红、深红;块度大,多带和阿卡珊瑚一样的白心,一般多做雕刻件,或者鼓形珠圆珠等。沙丁主产自欧洲地中海沙丁岛附近海域;特点是颜色类似阿卡,常见橘色、橘红、朱红、正红、深红,但是能达到阿卡珊瑚最深的颜色即牛血色极少;由于色泽红润统一,没有正反面及白心,常制成手链、项链类珠宝首饰。

阿卡和么么、沙丁珊瑚的区别为:三者中阿卡珊瑚价值最高,么么次之,沙丁再次之,单克价格前者是最后者的 10 倍。市场有将么么珊瑚、沙丁珊瑚冒充阿卡珊瑚的情况,故应当根据以上特征加以区分。

珊瑚是十分娇贵有机物珠宝,佩戴中不宜接触香水、油、盐、酒精、醋、香蕉水等,夏天人体流汗多亦不宜佩戴。

4. 简单鉴别方法

(1)染色。染色珊瑚通常是用有机染料将白珊瑚、海竹或是海柳染成红色和其他颜色冒充珊瑚,鉴别特征是染料在裂缝中富集,并且外部色深内部色浅,表里不一,用蘸丙酮的棉花棒擦搽会被染色。另肉眼鉴别时可发现天然红珊瑚都有着平行与珊瑚生长方向的纵纹,且排布较为紧密,红珊瑚的横截面上还有像树的年轮一样的环纹;没有这两种生长纹的便不是红珊瑚。海竹、海柳染色也可见生长纹,但海竹、海柳的纹粗、疏,很容易看见,且无年轮一样的环纹而是放射纹。

(2)仿造。珊瑚仿品常见的有染色的大理岩、红色玻璃、红色塑料、用方解石粉末加染料做的“吉尔森珊瑚”。这些仿品都不具备天然红珊瑚的内部构造,细看纹路就可辨别;染色大理岩颗粒状结构,染料在矿物颗粒里富集,用丙酮擦拭会被染色;红色玻璃型从硬度上来看大于珊瑚,而且与盐酸不起反应;红色塑料的密度小,一般在 1.55 以下,加热有味,与盐酸不起反应,而吉尔森珊瑚的密度是 2.45。另天然珊瑚在相互碰撞时有清脆硬朗的声音,仿造的珊瑚一般不会出现这种声音。

(三)琥珀

1. 基本情况

琥珀是距今 5000 万年前的松柏科植物的树脂滴落并掩埋在地下,在压力和热力的作用下石化形成,故又被称为“树脂化石”或“松脂化石”。在中国古代则被称为"虎魄""兽魄""遗玉"等,传说是"虎死后精魂入土而化",或是"龙血入地而成",或是"虎的目光凝聚而成"。一般根据颜色不同将琥珀种类分为:金珀,金蓝珀,绿茶珀,红茶珀,血珀,翳珀,花珀,棕红珀,蓝珀,绿珀,虫珀,蜜蜡,珀根,缅甸根珀等。而根据透明与否,人们习惯将透明的称为琥珀,不透明的称为蜜蜡。即蜜蜡是琥珀的一个品种。琥珀是深受古今中外人们喜爱的一种珍贵宝石,它晶莹透明,色彩美丽动人,透过灯光一看,仿佛是一颗夜明珠,琥珀受热能发出一种淡淡优雅的芳香,把玩手上,轻若无物,佩在身上,尤其是失眠者佩带,久了自然就有安神镇定、明目健脑的功效。蜜蜡也是佛教七宝之一,被认为最适合用来供佛灵修。

琥珀最著名的产地是波罗的海沿岸国家如波兰、俄罗斯、立陶宛、乌克兰、挪威、丹麦,靠近西西里岛的地中海地区如罗马尼亚、意大利、法国、德国等,拉丁美洲的多米尼加共和国、墨西哥,亚洲的缅甸,等等。我国的辽宁抚顺是著名产区,另河南、广西、贵州、云南等也有产出。

2. 物理、化学、光学性质

化学成分:是碳氢化合物,其中碳 79%,氢 10.5%,氧 10.5%,含有琥珀酸,此外还含少量的硫化氢,含微量元素铝、镁、钙、硅等,化学分子式 $C_{10}H_{16}O$。

形状:多呈不规则的粒状、块状、钟乳状,有时内部包含有植物碎体或昆虫的遗体。

结构状态:非晶质体。

光泽:树脂光泽。

颜色:黄色、蜜黄色、黄棕色、棕色、橙色、浅红棕色、白色、淡绿、蓝色等。

透明度:透明、微透明至不透明。

硬度:2—2.5。

密度:1.08(+0.02,−0.08)g/cm^3,可在饱和的食盐溶液中上浮。

多色性:无。

折射率:1.54(+0.005,−0.001)。

紫外荧光:弱至强,黄绿色至橙黄色、白色、蓝色或蓝色。

解理:无解理。

断口:贝壳状断口。

条痕:白色或淡黄色。

韧性:性极脆。

溶解性:易溶化于有机溶剂,如指甲油、酒精、汽油、煤油等。

3. 品质判别

琥珀品质判别的基本标准是质地坚密、无裂纹和颜色美观，而裂纹较多，质地较松软，颜色暗淡，或颜色与一般石色相仿的琥珀，没有使用价值。最名贵的是虫珀，依昆虫或植物的清晰度、形态和大小而有品质差别，最好的可被列为宝石，金黄色、黄红色的琥珀是上品。

蓝珀是指产地为多米尼加共和国和墨西哥的琥珀，蓝珀的体色为淡黄色，但在紫外线以外的光线下，有呈金色、绿色、蓝绿色、天空蓝、蓝紫等多种颜色，比重为 1.05—1.08，是世界上最轻的宝石，其中多米尼加蓝珀天空蓝及蓝紫是特有颜色，价格昂贵。

4. 简单鉴别方法

多米尼加与墨西哥产蓝珀区别：多米尼加蓝珀属于蓝绿色、天空蓝、蓝紫等，色感较强，较为显眼，墨西哥蓝珀则属于蓝绿色调，蓝中可以看出一些绿意，色感更加内敛低调一些；荧光反应，多米荧光反应偏蓝白。墨西哥的则比较暗。

琥珀与玻璃类、塑料类、树脂类和合成类仿品的真伪检测方法有：

盐水法。在盐的浓度大于 1∶4 时(1 份盐，4 份水)的盐水中真琥珀会慢慢浮起，而假琥珀浮不起来。

声音法。无镶嵌的琥珀链或珠子放在手中轻轻揉动相互撞击会发出柔和略带沉闷的声音，塑料或树脂发生的声音会比较清脆。

香味法。未经精细打磨的琥珀原石，用手揉搓生热后有淡淡特殊的香气，白蜜蜡的香气比其他普通琥珀的香气略重，因此称为“香珀”。一般来说，经过人工精细打磨抛光或者雕刻的琥珀，很难通过手摩擦闻到香气，而其他仿品更无此香味。

眼观法。真琥珀的质地、颜色深浅、透明度、折光率等会随着观察角度和照度的变化而变化。假琥珀或很透明或不透明，颜色发死、发假，假琥珀内部会感觉到是死气沉沉的冷光。

紫外线照射法。将琥珀放到验钞机下，会有荧光，呈淡绿、绿色、蓝色、白色等，而塑料则不会变色。

摩擦带静电法。将琥珀在衣服上摩擦后可以吸引小碎纸屑。

热试验法。将针烧红轻刺琥珀，有淡淡松香味道。电木、塑料则发出辛辣臭味并粘住针头。

但是，随着作伪手段越来越高超，以上方法有时也不能判别出真伪，如果价格不菲，则应当拿到有国家资质的珠宝鉴定机构去测折射率、密度、硬度等。

拓展学习 ▶

1. 了解我国宝石矿藏分布。

2. 了解我国标准法规 GB/T 16552—2003《珠宝玉石名称》的主要内容。

3. 了解“中国淡水珍珠之乡”——浙江诸暨的珍珠养殖、加工、交易情况。

4. 了解国际上著名的有色宝石加工中心的情况。

第四节　天道彰美:玉石鉴赏与收藏

一、珠宝界“玉”的定义

(一)狭义的“玉”

狭义上的“玉”,专指产于新疆境内、昆仑山至阿尔金山一带的以透闪石为主的软玉,称为“和田玉”或“和阗玉”。和田玉的颜色多样,包括白玉、青白玉、青玉、墨玉、碧玉、黄玉等,其中最为著名的是色如羊脂的和田羊脂白玉。和田玉几乎全部由细晶和微隐晶质、隐晶质结构的透闪石组成(优质和田玉透闪石晶体在0.01毫米以下),透闪石一般占96%—99%,其他杂质主要有磁铁矿、磷灰石、黄铁矿、透辉石、镁橄榄石、粗晶状透闪石、白云石、石墨。和田玉具体分布在塔里木板块公格尔中央隆起带、桑株塔格中央隆起带、柳什塔格中央隆起带、阿尔金断隆带,矿床一般位于海拔3300—4600米,分布有“两头一中间”之说,即西头以莎车、叶城为代表,东头以且末、若羌为代表,中间以和田、于田为代表,中间最为有名,成因类型为接触交代型。[①]

1. 西部

从塔什库尔干县大同玉矿经密尔岱到叶城县西河休,矿化带断续出露长约70公里。玉石以青玉、青白玉为主,少量白玉。叶城县西河休,主要以糖青白为主。目前测算该区和田玉资源约为3.5万吨。

2. 中部

中部从皮山县的赛图拉至于田县的叶黑浪沟,和田玉山料矿化带断续出露长约450公里,和田玉山料主要分布在于田县、和田县、皮山县和策勒县。仔料主要分布在洛浦县、和田县的玉龙喀什河及其古老河床阶地上,有羊脂白玉产出;山流水主要分布在玉龙喀什河上游汗也依拉克及木孜塔格冰山以北的河道中或冰积物中。和田地区山料资源量估算约为11.25万吨,玉龙喀什河主要出玉地段籽料可供开采资源量估计还有2万吨,山流水目前暂无估算。

---

① 《和田玉的地质表现及资源概况》,http://www.cnhetianyu.com/ContentPage.aspx?cid=5121。

3. 东部

东部从且末县至若羌县和田玉矿化带断续出露长 220 千米，且末县主要分布在哈达里克河、塔特里克苏、塔什赛音等地；若羌县主要分布于库如克萨依至里山一带；且末县多以青白玉及糖玉为主，若羌县外山以糖包白为代表，里山以黄玉为代表；测算该区资源量约为 5.5 万吨。

在南北朝时期，梁朝散骑侍郎、给事中周兴嗣编纂的《千字文》中有“金生丽水，玉出昆冈”之说。其他中国古籍中亦将和田玉的出产地昆仑山称为“群玉之山”“万山之祖”。新疆—昆仑山一带和田玉已有 8000 余年的开发利用历史，和田玉因质地细腻、坚硬、缜密、滋润，集“仁、义、智、勇、洁”这“五德”之美，因而自殷商时代起至清代，和田玉一直是宫廷权贵用玉主体，历朝历代的王公贵族、达官贵人都以和田玉为尊、为贵、为正宗，和田玉成为中国玉文化的代表性“玉”。

（二）广义的“玉”

1. 广义的“玉”的范围

广义的“和田玉”是指地质学意义的一切以交织状透闪石为主要成分的玉。由于 2003 年 11 月我国实施的《中华人民共和国国家珠宝、玉石鉴定标准》中把透闪石矿物组成的玉石统称“和田玉”，因而“和田玉”不再具备产地的含义，而是既包括中国新疆特产的和田玉，也包括青海等地出产的和田玉，甚至俄罗斯玉、韩国玉也被称为和田玉。只是其中品质最好，价值最高的是中国新疆产的和田玉。

2. 青海玉

青海玉是广义和田玉之一，因产于青海境内而得名，其产地位于格尔木西南的昆仑山脉之中，开采条件好，交通便利。青海玉以山料为主，有少量山流水，无籽料；主要品种有白玉、青白玉、青玉、烟青玉、翠青玉、糖玉等等，常见玉种为：(1)白玉。人称“青海白”，是青海玉中最主要品种，呈灰白、蜡白状，透明度较高，质地细腻，块度大，其中少量玉石达到羊脂白玉要求。但大部分颜色偏暗，透明度过高，凝重浑厚感欠佳，价值低于和田白玉，但仍较为珍贵。(2)青玉。颜色多为深灰绿色或青灰，色调偏暗，质地均匀细腻，多为半透明，透明度高于和田青玉，油性较好，水头较足，块度较大，多被用来制成器皿、摆件及大型玉雕作品，亦是难得珍贵玉种。(3)青白玉。玉石性质特征介于白玉和青玉之间，多为浅灰绿、青灰色，可形象的称为淡青白、鸭蛋青、透青白等，质地细密、色泽清雅，水头足，透明度优于和田青玉。(4)烟青玉。颜色多为紫黑色、灰紫色、烟灰色，其色泽中略带紫色，在和田玉系列中极其少见，为青海玉所独有；其中质地细腻、水头足，有俏色雕刻的玉器为珍品。(5)翠青玉。其玉质特征酷似翡翠，颜色为浅翠绿色，但其绿色形成与碧玉、翡翠都不一样，颜色依附于白玉上，翠色分布有多有少，制成俏色玉器为珍品。

3. 俄罗斯玉

也称俄料，产地主要分布在俄罗斯布里亚特共和国、伊尔库茨克州、克拉斯克雅尔斯克边区、乌拉尔山脉等地。分为山料、山流水料、籽料；与新疆和田玉相比，其矿物成分大致相同、结构相似、成因类型相同；两者不同之处在于：(1)俄料主要以山料为主，缺乏如和田玉籽料、山流水料一般油润的品种。(2)和田玉和贝加尔湖地区软玉主要组成矿物都是透闪石，但新疆和田玉中的透闪石含量约为 99%，俄罗斯贝加尔地区软玉中透闪石含量约为 95%；新疆和田玉中可见榍石，贝加尔湖地区软玉中可见有石英。(3)俄料虽也以纤维交织结构为主，但矿物颗粒比新疆和田玉粗，接近青海玉，因此外观上质地细腻程度不够，油脂光泽不足而略带瓷性特征。(4)俄料的糖玉主要是氧化铁沿构造裂隙浸染形成，与新疆和田玉籽料和山流水料暴露地表受氧化铁浸染形成的特征具有明显差别。(5)由于俄罗斯玉结构较粗，加之多受后期构造运动的影响，因此，俄罗斯玉的韧性较新疆和田玉偏低。正是因以上诸多不同，使得俄罗斯玉的特点是：玉色白而无神，温润不足，油性较差，比和田玉略显干涩，密度不如和田玉细腻，韧性比和田玉逊色许多，比重略低于和田玉，若以硬物轻轻敲击之，声音比和田玉显得沉闷。

4. 韩国玉

也称韩料，主产于朝鲜半岛南部韩国春川市郊区的蛇纹岩中，为山料，无籽料，化学成分与和田玉基本相似，硬度和密度比和田玉稍小，硬度 5.5 度左右，多显青黄色和棕色，其中亦有数量极少的白玉，其白度、油脂度和致密度接近品质上佳的新疆和田玉。但韩国玉的微量成分和矿物的组成结构不同于新疆和田玉，多显青黄色、灰黄色和淡淡的棕色，致密度多小于新疆和田玉，透光结构较大。韩国玉雕件抛高光后呈玻璃光泽，抛柔光呈蜡质光感，油脂光感欠佳。

(三)最广义的“玉”

1. 软玉和硬玉

我国东汉著名经学家、文字学家许慎在其所著《说文解字》中对“玉”字解释为：“玉，石之美者。”据此对“玉”字的定义，凡美石皆可称玉。因而最广义上的玉包括软玉和硬玉。

2. 软玉

软玉是一种交织成毛毡状结构的透闪石或阳起石纤维状微晶集合体。包括我国传统名玉和田玉、岫岩玉、蓝田玉、独山玉(南阳玉)、酒泉玉,以及近几十年开采的青海玉、俄罗斯玉、韩国玉,甚至还包括绿松石、青金石等各种玉石。大多数软玉的颜色有半透明白色、黄色、绿色及黑色等。我国古代大多数玉器均以软玉雕琢而成,新疆和田玉则为软玉中之珍品,和田玉中的羊脂白玉质地细致而颜色洁白,更是软玉中之极品。

3. 硬玉

硬玉即指翡翠,属辉石类,单斜晶系、完全解理。主要组成物为硅酸铝钠,宝石矿中含有超过50%以上的硅酸铝钠才被视为翡翠,出产于高温低压下生成的变质岩层中,较软玉更为罕有。翡翠的颜色一般以白色泛绿种类最为常见,以翠绿色为贵,因而在传入中国后,被冠一种“翡翠鸟”之名, 红为翡,绿为翠(翡为红色羽毛,翠为绿色羽毛)。翡翠的历史没有软玉长,其出产地主要集中于缅甸(目前世界上最大的翡翠出产国),日本、危地马拉、美国、俄罗斯也有少量出产。

二、软玉之王:和田玉

(一)物理、化学、光学性质

和田玉主要是由透闪石或阳起石所组成,属单斜晶系,常见晶形为长柱状、纤维状、叶片状;和田玉是这些纤维状矿物的非均质集合体。

化学成分:是含水的钙镁硅酸盐,化学分子式 $Ca_2(Mg,Fe)_5Si_8O_{22}(OH)_2$。由于各出产地的地质环境不同,和田玉所含杂质的种类、数量及其存在形式有差别,故各地和田玉成分也不同。

光泽:可呈玻璃光泽、油脂光泽或蜡状光泽。

颜色:颜色丰富,有白色、青色、灰色、浅至深绿色、黄色至褐色、墨色等。其颜色主要取决于透闪石的含量以及其中所含的其他矿物元素。

透明度:绝大多数为微透明,极少数为半透明。新疆羊脂白和田玉为半透明或不透明,玉中呈现的是羊脂一样的浑浊物。

解理和断口:无解理,参差状断口。

密度:2.90—3.10g/cm^3(和田玉籽料的密度在2.96—3.17左右,比多数其他玉石都要大),平均为2.95 g/cm^3。

硬度:6.0—6.5。不同产地硬度略有差异,同一产地青玉的硬度大于白玉。

折射率为 1.606—1.632(+0.009,−0.006),点测法:1.60—1.61。

紫外荧光:和田玉在紫外光下为荧光惰性。

粗收光谱:和田玉极少见吸收线,可在 500nm、498nm 和 460nm 有模糊的吸收线或吸收带;在 509nm 有一条吸收线;某些在 689nm 有双吸收线。

放大检查:和田玉的透闪石的结构为纤维交织状、毛毡状结构。

(二)和田玉之色泽

1. 丰富的色泽

俗话说"千种玛瑙万种玉"。如果以《说文解字》解"玉,石之美者"为标准,可称为"玉"之石头十分广泛,颜色亦无所不有。东汉文学家王逸《玉论》中对玉的颜色有详细描述:"赤如鸡冠,黄如蒸栗,白如截脂,黑如纯漆,谓之玉符。而青玉独无说焉。今青白者常有,黑色时有,而黄赤者绝无。"清代玉器鉴赏大家陈性在其著作《玉记》中告诉人们:"玉有九色:元如澄水曰璧,蓝如靛沫曰碧,青如苔藓曰瑋,绿如翠羽曰瓐,黄如蒸栗曰玵,赤如丹砂曰琼,紫如凝血曰璊,黑如墨光曰瑎,白如割肪曰瑳,(玉以雪白为上,白如割肪者,又分九等),赤白斑花曰瑌。"对于和田玉而言,其依色彩一般可分为白、青、黄、墨、褐红等五个色系。

2. 白色和田玉

和田白玉质地细腻,凝聚如脂,脉理缜密,因透闪石含量极高,且杂质较少,细小的颗粒再加上纤细的纤维交织结构,给人均匀、清新、浑厚之感觉,这种玉色不张扬,不艳丽,不耀眼,有一种含蓄的"精光内蕴"的美,不仅至尊至贵,还被视为高尚、纯洁的象征,最符合中国传统文化含蓄内敛的审美观念。和田玉中白色玉又根据白色不同分为:羊脂白、雪花白、梨花白、象牙白、鱼肚白、糙米白、鸡骨白等。其中以细润莹洁的羊脂白最佳,又称羊脂白玉。

3. 青色和田玉

包括青白玉、青玉、碧玉;青白玉、青玉中常呈浅绿白色、淡绿色、灰绿色,碧玉中为绿色至暗绿色,深绿色产出量大,属常见玉料。青白玉是介于白色和淡青色、淡绿色之间和田玉,其块度比较大,产量也比较多。青玉颜色从淡青色到深青色,颜色的种类很多,但淡绿色的、质地细腻的青玉产量是和田玉中最多,其中块度较大、质地细腻、韧性好、油性好,是用来制作薄胎器皿的重要原料。碧玉是和田玉玉中的一个品种,颜色有呈菠菜似的深绿色,也有呈灰绿、深绿、墨绿色,颜色深浅不一,纯正的墨绿色和田玉为极品,有黑点、黑斑等瑕疵的碧玉品质较次,其中质地细腻、少有瑕疵、油脂或蜡状光泽、玉质表面光滑、半透明的为上品。

4. 黄色和田玉

和田黄玉是新疆和田玉的四大主色玉之一,其晶莹剔透、柔和如脂,质地细腻滋润,有米黄色、蜜蜡黄、栗色黄、秋葵黄、葵花黄、鸡蛋黄、半色黄、黄杨黄等,以色黄正而骄,润如脂者稀有罕见,是玉中珍品,又因产量很少,质地可与羊脂玉相媲美,是极好的雕刻玉材,具有很高的收藏价值。而能称为黄玉的必须是里面的肉质也为黄色,即内外色一致,不露白色,否则就是黄皮籽玉。

5. 黑色和田玉

和田玉中的墨玉(也称黑玉)呈灰黑、黑色;黑色有时不均匀地呈浸染状、黑点状、云雾状、纯漆黑等,黑色的程度有强有弱,深浅分布有差别,优质者“黑如纯漆”,因罕见而珍贵。墨玉虽然乍看是漆黑一片,其实真正的颜色是深墨绿色,或者淡绿色到墨绿色深浅不一,属于是青玉和白玉过渡颜色,其墨绿色多为云雾状、条带状等。

6. 褐红及其他色和田玉

和田玉中有因色似红糖而称糖玉,多呈紫红色、褐红色、血红色(罕见)。和田玉糖玉形成于白玉、青白玉、青玉山料的外围附近因外表受到氧化铁污染透闪石而形成红色或褐黄色,含氧化锰可呈紫红色,其他颜色纯正无瑕者也难得而名贵;因受浸染程度不同,糖色的部分厚度可在几毫米到几十厘米不等。糖玉内部主体部分(俗称肉)一般是白玉或青玉,通常大块的和田玉由内到外围的颜色是过渡渐变,逐步加深的,可从浅黄色过渡到外层的褐红色。和田糖玉多以山料为主。

(三)和田玉之等级划分

2013 年 12 月和 2014 年 1 月,中国国家标准管理委员会和全国标准样品技术委员会批准发布了国家标准《和田玉实物标准样品》(GSB 16-3061-2013),该和田玉实物国家标准样品以颜色分类,分为白玉、青白玉、青玉、碧玉、糖玉及墨玉六大类。而关于各类和田玉的等级划分,玉石界长期以来,还形成了一些约定俗成的标准,如关于和田白玉的等级划分就有以下标准:

1. 特级白玉

即颜色为羊脂白柔和均匀,质地致密细腻,油脂光泽或蜡状光泽,滋润光洁,半透明状,成品、工艺品状如凝脂,无绺、裂、杂质及其他缺陷,是和田玉之最上品。

2. 一级白玉

颜色呈洁白色柔和均匀，质地致密细腻，坚韧，滋润光洁，油脂光泽或蜡状光泽，半透明状，成品、工艺品基本上无绺、裂、杂质及其他缺陷者，是和田玉中之上品。

3. 二级白玉

颜色呈白色较柔和均匀，偶见泛灰、泛黄、泛青、泛绿，油脂光泽或蜡状光泽，质地较致密、细腻、滋润，半透明状，偶见细微的绺、裂、杂质及其他缺陷。

4. 三级白玉

颜色白中泛灰、泛黄、泛青、泛绿，蜡状光泽，半透明状，具有石花、绺、裂、杂质等。

(四)和田玉的品质鉴别

1. 山料、山流水料、籽料

和田玉分山料、山流水料、籽料三种。山料又称山玉，是指产于山上的原生矿，如白玉山料、青白玉山料等。山流水料指原生矿石经风化崩落，并由河水搬运至河流中上游的玉石。山流水的特点是距原生矿近，块度较大，其玉料表面棱角稍有磨圆。籽玉又名子儿玉及籽料，指原生矿剥蚀被流水搬运到河流中的玉石，它分布于河床及两侧阶地中，玉石裸露地表或埋于地下。籽料的特点是块度较小，常为卵形，表面光滑；因为经达几千公里的搬运、冲刷及筛选，所以一般籽料质地最好，山流水料次之，山料最次。而即使在籽料中，品质也有优劣之分。

2. 决定和田玉的品质的因素

通常和田玉质地好坏由结构、光泽、透明度、洁净度、裂绺等因素决定：

(1)结构。和田玉中透闪石的结构越紧而密、细而匀，其质地就越细润，油脂感就越好；和田玉中透闪石的结构如为变斑晶结构，其质地上必会出现“石花”“石脑”“水线”等白色的斑点、团块，其质地也必然粗糙，质量会下降或变差。

(2)光泽。和田玉的油脂光泽是指玉石表面的反射光能力，它主要取决于光照射到和田玉后所产生的内散射光。充足的内散射光存在应具备的主要条件有：光线能射入和田玉内部的一定深度；进入和田玉的光线应被充分散射等。要使光线射入一定的深度，就要求和田玉具有一定的透明度，透闪石晶粒有一定的粒度并且紧密镶嵌，尽量减少晶粒间隙，内部结构尽量均匀，内部不存在显微裂隙；要使和田玉的光被充分散射，就要求和田玉透明度较差，组成矿物的透闪石晶粒尽可能小,但数量尽可能多。和田玉的油脂光泽就取决于上述二者相互矛盾条件的满足程度。满足程度越高,油脂光泽越好。所以,优质的和田玉多呈油脂光泽,行内称为"脂份好"。呈现其他光泽者质量次之。

(3)透明度。和田玉应该呈现出似透非透、凝脂般感觉为佳。和田玉的透明度较差时,显得不滋润;透明度较高时,会缺乏优质和田玉的油脂光泽,并因此失去和田玉所特有的凝重感,所以透明度适中是和田玉的最好品质。另质地不同透明度不同,通常色深透明度就差一些,颜色浅透明度就相对高一些。

(4)洁净度。洁净度是指和田玉内部含有瑕疵的多少和阴阳面的情况。和田玉中的瑕疵多为其中包含的杂质矿物所致。主要包括石钉、石花、米星点等。因为和田玉为多晶质集合体,同一块玉石中颗粒的粗细会有所不同,颗粒的大小分布也不均匀,所以造成和田玉质地不均匀,形成瑕疵。这种现象在山料和山流水中表现较为明显,对玉石的价值影响很大;在子玉中则表现不明显。因此在评价和田玉的洁净度时,还应注意质地分布不均匀的特点。

(5)绺裂。由于受地质作用的影响,和田玉中的可见裂纹,也称绺裂。和田玉的绺裂分死绺裂与活绺裂。死绺裂是明显的,有碰头绺、抱洼绺、胎绺和碎绺等。活绺裂是细小的绺裂,有火伤性、指甲纹、细牛毛性、星散状鳞片性等。绺裂对玉石的品质影响很大,应尽量去掉。一般说,死绺好去,活绺难除。

(五)简单鉴定方法

1. 籽料的简单鉴定方法

既然和田玉品质等级一般是籽料最贵,山流水料次之,山料再次之。那么如何辨别是否为籽料呢?现市场上多见以"滚料"冒充仔料,即是把和田玉山料甚至青海玉、俄罗斯玉、岫岩玉的下脚料小块放入滚筒机内滚磨成很像仔料的卵形,然后再染上假皮色冒充和田玉籽料。它们的区别一般体现在以下方面:首先,青海玉、俄罗斯玉的"滚料"特性是色白,但玉质透明感过重,而密度和油质感却均比不上正宗和田仔玉料。不过这需要反复多次比对才能掌握辨别技巧。其次,真正的籽料在河水中经千万年冲刷磨砺,自然受沁,它会在质地软松的地方沁入颜色,在有裂的地方深入肌理,颜色浸入玉内有层次感,皮和肉的光泽质地感觉一致,形成自然的活皮皮色。冒充仔料的假皮色大多是枣红皮,这种皮浮于表面,颜色太鲜艳,无过渡的自然层次感,且干涩,不滋润,俗称死皮,且造假皮的部位都在玉质疏松的地方,用开水一烫就容易掉色变淡。再次,仔料无论多么细腻,其表面会有无数细细密密的小孔,非常像人身皮肤上的汗毛孔。这在十倍放大镜下可以很清楚地看到。而"滚料"上面只有滚磨过的磨痕,即一道道的擦痕,而没有自然状态下的“汗毛孔”。

2. 和田玉与青海玉、俄罗斯玉的辨别

虽然国家检测证书已将和田玉、青海玉、俄罗斯玉统称为“和田玉”，但新疆产和田玉与青海玉、俄罗斯玉在品质、价格方面还是有很大差别。尽管青海玉和俄罗斯玉中的白玉，硬度和白玉一样，成分与和田玉相似，光泽也似蜡状油脂光泽，很容易冒充新疆和田白玉。但前两种玉所含石英质成分偏高，因此与和田玉相比，质粗涩，性粳，脆性高，透明性强；经常日晒雨露，容易起膈、开裂和变色。特别是将新疆和田玉与俄罗斯玉放在一起加以比较，一个糯，一个粳；一个白得滋润，一个则是“死白”。同时敲击时新疆和田玉声音清脆，青海玉和俄罗斯玉则声音较沉闷，因此也可加以分辨。

3. 和田玉作假

目前主要是以乳化玻璃(俗称“烧料”)来充当优质羊脂白玉，导致一些人上当受骗。两者区别在于：乳化玻璃颜色均匀，整体比较纯洁，没有自然变化，放大镜下检查里面可能有料泡(但有的可以通过雕工把料泡做掉)；而和田玉有绵状、萝卜丝状等自然结晶状；用放大镜观察，玻璃的毛孔比和田玉粗得多，断口呈亮碴贝壳状，和田玉则呈暗碴参差状；玻璃的硬度低，容易吃刀，和田玉则硬度高，不吃刀；此外，把玻璃料贴在脸上感觉敏感的部位，其冰凉的程度低于玉。此外，敲击时乳化玻璃声音沉闷，和田玉声音清脆。

三、硬玉之王：翡翠

(一)物理、化学、光学性质

矿物名称：主要为辉石族矿物硬玉、绿辉石和钠铬石等；其次为闪石族矿物和长石族矿物。

化学成分：硬玉 $NaAlSi_2O_6$。二氧化硅占 58.28%，氧化钠占 13.94%，氧化钙占 1.62%，氧化镁占 0.91%，三氧化二铁占 0.64%，此外还含有微量的铬、镍等。

颜色：丰富，有无色、白、灰、粉、淡褐、绿、翠绿、黄绿、紫红等。

透明度：多数不透明，个别半透明或透明。

光泽：玻璃光泽。

光性特征：非均质集合体。

硬度：6.5—7。

密度：3.34(+0.06,−0.09)g/cm³。

折射率：1.667—1.680，点测常为1.654。

放大检查：粒状变晶结构，变斑晶交织结构等，矿物共生物，绺裂，翠性。

(二)翡翠分级国家标准

1.《中华人民共和国国家标准》(GB/T 23885—2009)

由于翡翠种类繁多，等级差价巨大，识别和辨伪的难度也较大，市场价值混乱，很容易产生价格欺诈问题。2009年6月1日中华人民共和国国家质量监督检验检疫总局和中国国家标准化管理委员会共同发布了《中华人民共和国国家标准GB/T 23885—2009》(自2010年3月1日起执行)中有关天然翡翠分级的统一国家标准，对判断天然翡翠商品的价值具有非常积极的作用。

2.翡翠分级国家标准内容

颜色类别有：无色、绿、红—黄、紫、其他。

(1)有色翡翠的分级标准有：色调、彩度、明度、透明度、质地、净度。

色调：根据翡翠(绿色)色调的差异，将其划分为绿、绿(微黄)、绿(微蓝)三个类别。色调类别一次表示为G、yG、bG。

彩度：根据翡翠(绿色)彩度的差异，将其划分为五个级别。彩度级别由高到低依次表示为极浓(Ch1)、浓(Ch2)、较浓(Ch3)、较淡(Ch4)、淡(Ch5)。

明度：根据翡翠(绿色)明度的差异，将其划分为四个级别。明度级别由高到低依次表示为明亮(V1)、较明亮(V2)、较暗(V3)、暗(V4)。

透明度：根据翡翠(绿色)透明度的差异，将其划分为四个级别。透明度级别由高到低依次表示为透明(T1)、亚透明(T2)、半透明(T3)、微透明—不透明(T4)。

质地：根据翡翠(绿色)质地的差异，将其划分为五个级别。质地级别由高到低依次表示为极细(Te1)、细(Te2)、较细(Te3)、较粗(Te4)、粗(Te5)。

净度：据翡翠(绿色)净度的差异，将其划分为五个级别。净度级别由高到低依次表示为极纯净(C1)、纯净(C2)、较纯净(C3)、尚纯净(C4)、不纯净(C5)。

(2)无色翡翠的分级标准有：透明度、质地、净度。

透明度：根据翡翠(无色)透明度的差异，将其划分为五个等级。透明度级别由高到低依次表示为透明(T1)、亚透明(T2)、半透明(T3)、微透明(T4)、不透明(T5)。

质地：根据翡翠(绿色)质地的差异，将其划分为五个级别。质地级别由高到低依次表示为极细(Te1)、细(Te2)、较细(Te3)、较粗(Te4)、粗(Te5)。

净度:据翡翠(绿色)净度的差异,将其划分为五个级别。净度级别由高到低依次表示为极纯净(C1)、纯净(C2)、较纯净(C3)、尚纯净(C4)、不纯净(C5)。

翡翠净度取决于翡翠所含杂质矿物的多少及裂隙的程度。越纯净的翡翠越稀少,净度越高。

3. 翡翠的价值评价因素

应当注意:翡翠的价值通过透明度、质地、颜色、重量、工艺几方面综合评价,需要考虑各种因素的影响。如翡翠饰品的加工工艺,包括原材料运用设计、磨制、抛光工艺等也会影响。

(三)翡翠选择标准

1. 翡翠的“水头”

“水头”,是业内行家们通过长时期的观察翡翠总结出来的一种比拟性的表述,不仅有透明的含义,还有水汪汪一般鲜活的意思。透明度高的称为水头长或水头“足”,反之透明度差的称为水头短,也称为“干”。水头的好坏直接关系到成品的质量,是评价翡翠的重要因素。而翡翠的结构及矿物种类、比例关系等决定水头的长短。根据翡翠的透光程度,可以将翡翠的透明度大致分为透明、较透明、半透明、微透明和不透明五种类型。通常影响透明度的因素是:颗粒的粗细,颗粒之间的边界;颗粒细的翡翠,其透明度越好;颗粒边界越不规则、越不明显,其透明度越高;但即使透明度好的翡翠,若颜色太深也会影响透明度。

2. 翡翠的“种”

翡翠的种也称为“翡翠的种头”,是综合了翡翠内部矿物颗粒大小以及矿物颗粒之间结合的紧密程度的关系,对翡翠品质综合性的概括或划分。按翡翠内部的矿物晶体颗粒的大小来划分,可分为:

(1)玻璃种。顾名思义是像玻璃一样透明,颗粒非常细,只有在显微镜下才能看到它里面结晶呈显微粒状,粒度均匀一致,晶粒肉眼不可见,玉质纯无杂质,质地细腻,无裂绺棉纹,敲击玉体呈金属脆声,玻璃光泽,给人的观感似玻璃。

(2)冰种。冰种的翡翠种仅次于玻璃种,它是指各种颜色翡翠的种水而言,比玻璃种要白一些,结晶呈微细粒状,粒度均匀一致,晶粒肉眼能辨,玉质纯无杂质,质地细润,无裂绺棉纹或稀少,敲击玉体音呈金属脆声,透明,玻璃光泽,给人的观感似冰晶。

(3)油青种。这是翡翠最多的品种,主要以颜色而论,质地的要求不高。颜色主要为带灰色加蓝色,或带有黄色调的绿色,更有浅青深青之分,常见的有油青色、蛋青色、蓝青色等,颜色沉闷不明快,但透明度较好。油青种透明度高,质地细腻,硬玉结晶呈微细柱状、纤维(变晶)集合体,肉眼有的尚能辨认晶体轮廓,敲击玉体音呈金属脆声。

(4) 白底青种。其特征是质地较干,底透白,但一般飘的绿很艳,甚至绿到翠绿或黄扬绿,这种绿色为这一品种的一大亮点。白底青是比较常见的品种。

(5)紫罗兰种。又称为紫翠。"紫罗兰"颜色底色为紫色,其中又分为茄紫、蓝紫、粉紫等,透光性从透明到半透明,紫色深艳、质地细且透明度高的紫翠十分稀有。

(6)芙蓉种。其颜色一般为淡绿色,绿得较纯正并且颜色分布较均匀,因此感到比较清澈,其质地比豆种细,结构会使人感到有颗粒状,但看不到颗粒的界限。一般为半透明,其中分布有不规则较深的绿色时又称花青芙蓉种。

(7)金丝种。金丝种就是颜色的排布呈丝带状分布,并且往往是平行排列,丝状色带的颜色较深,一般呈亚透明到半透明。

(8)豆种。豆种就是可以看到很粗的颗粒,颗粒结构类似豆状,底子很粗,透明度差的品种。市场上这种翡翠最多,价格也不太高。

(9)福禄寿种。福禄寿种属翡翠的一品种,是指一块翡翠上同时有绿、红、紫(或白)三种颜色,它被赋予吉祥如意、代表着福禄寿三喜之意,故称为福禄寿种。这种翡翠透光性也根据石头的差别变化很大,可以是玻璃种、冰种、豆种、糯米种、粉底等。

(10)糯种。糯种仅仅次于冰种,也是翡翠中的上品,质地似糯米一样,透明度不如冰种好。

(11)翡色种。翡翠的颜色中翡是茶红色,也称红玉、黄玉,颜色分为棕红色、橙红色、褐红色;根据颜色的深浅变化,透光性的变化很大,从透明、半透明至不透明;颗粒结构也分大、细、中粒至粗粒。

(12)乾青种。乾青种是颜色为艳绿色但透光性很差的翡翠,其颜色为孔雀绿,往往含有黑色,绿黑相间,色浓但不均匀为粗细不等粒状及纤维结构,粒粒较粗;透光性差,不透明;比重较其他翡翠重,但硬度较低,6 以下;脆性大,折射率比其他翡翠高,为 1.75 左右。由于乾青种太干,无水分,且性质较脆,硬度也较低,做成小的雕件的较多,能做成手镯等大件雕件比较少。

3. 翡翠的"色"

关于翡翠颜色的描述说法不一,如对翡翠绿色的描述就有浓冰绿、阳冰绿、黄杨绿、深绿、阳俏绿、金丝绿、梅化绿、假梅花绿、浓和绿、淡和绿、油青、青灰绿、纲油绿、淡水绿、浓沙绿、水沙绿、沙绿、拉丝绿、瓷绿、石沙绿、粉阳绿、苹果绿等。而一般描述评估翡翠颜色的四字诀是“浓、正、阳、和”。“浓”指翡翠的绿色要浓、绿色要多，因而还要求色正。“正”是指翡翠的翠绿要纯正，不偏蓝、不发黄、少杂色，也就是所谓的不邪。“阳”指绿色要鲜艳，在一般光线条件下呈现艳绿色，不暗、不沉。“和”指一块玉中绿色的分布应均匀，色调和谐而不杂乱。

(四)翡翠的 A、B、C 货

由于优质的翡翠价格昂贵，而可供市场销售的优良天然翡翠资源有限，一些商人为求取得更好的利润，不惜将翡翠进行人工处理，于是市面上便出现了 A 货、B 货、C 货以及 B+C 货的说法。

A 货是指完全未经人工化学处理的天然翡翠。

B 货是指曾以化学方法清除表面的瑕疵、杂质，只保留原有之绿色及白色，然后以环氧树脂胶注入玉石内作为巩固，让整块翡翠看来更通透，颜色更鲜艳的翡翠。由于在化学处理过程中玉石的内部已遭到破坏，结构因而变得松散，故 B 货很容易在表面露出裂纹。

C 货是指经过人工加色的假色玉。其方法是借高温高压将染色剂渗入原来无色的翡翠中，使它的全部或局部染成翠绿色或紫色等，但其色泽会随时间转淡甚至变暗沉。

B+C 货即指在用化学方法除去瑕疵、杂质的处理过程中同时加入染色剂，目的是为了增加纯净度、透明度及使颜色更艳丽。

(五)翡翠真假鉴别常用的方法

1. 质地

天然 A 货翡翠质地透明或半透明，表面油润亮泽，强光下观察，翡翠中有其他矿物颗粒的闪光(即翠性)，并常有团块状白花，称石花。两者均以少为好。A 货翡翠未经过化学处理，质地一般者通常都可见翠性；而 B 货、C 货、B+C 货翡翠则或多或少有人工添加的成分，已破坏天然的“翠性”；玻璃、塑料、瓷料制成的赝品则都没有天然翡翠的“翠性”特征。

2. 硬度

天然翡翠是硬玉，摩氏硬度是 6.5—7 度，用锋利的刀具刻划，不会留有痕迹。

3. 比重

天然A货翡翠结构坚硬紧密,无气泡,密度较大,敲击时声音清脆;B、C货则结构较松或有气泡,密度较小,敲击时声音沙哑不清脆。但有裂痕的A货翡翠敲击时声音也会沙哑不清脆。

4. 色泽

颜色是翡翠品质最重要的指示,它可在估价中占30%—70%的比重。然而翡翠色彩变化万千。有些伪品是用白玉、蛇纹石、韩国玉、葡萄石、云石甚至大理石,经脱色后,灌入高硬塑料浆并做加色处理,或浸入绿色液体制成“加色翡翠”,在强光下观察,可见绿色纹路,杂乱而细小;有的虽不显纹路,但浑浊不清,光泽差,其重量比真品轻。另用查尔斯滤色镜观察,加色翡翠在镜下为紫红色,天然真品颜色不变。也有用有白、绿色的东陵玉、密玉、贵翠、京白玉、澳洲玉等冒充翡翠,但东陵玉、密玉、贵翠、京白玉四者均属于石英,密度、折射率与翡翠不同,且四者颜色均匀,放大检测为等粒变晶结构,可见铬云母、白云母和绿泥石;澳洲玉为玉髓,密度、折射率也与翡翠不同,且颜色均匀,质地细腻,没有“翠性”。

四、最美丽的玉石:欧泊

(一)欧泊概述

欧泊是凝胶状或液体的硅石流入地层裂缝和洞穴中沉积凝固成无定形的非晶体宝玉石矿,其中也包含动植物残留物,例如树木、甲壳和骨头等。在高等级欧泊中的含水率可高达到10%。它的形成过程是,二氧化硅溶液犹如岩浆流入内陆地层的缝隙和空旷地带沉积。澳大利亚出产的欧泊被称为“沉积的宝石”就是因为它主要形成和出产于中生代大自流井盆地中的沉积岩中。沉积作用发生在距地表约40米深处,大约每500万年沉积物会加一厘米的厚度。这个阶段以后的100万—200万年期间随着气候变化沉积物开始慢慢凝固。欧泊是没有黏结在其他沉积物上、又过了相当长的时间才坚硬的部分。硅石凝结过程中,水分逐渐减少,凝胶形成球体状,球状体自然附着小粒的硅石,这些无定型硅粒的尺寸在1500埃到3500埃(1埃等于一亿分之一厘米)。这些球粒虽然很小,但布满了欧泊内部,十分规则地排列着。由于它们是圆的球体,从结构上来说有很小的空隙(好像很多大理石圆球被放置在容器中后出现在它们之间的空隙),这些空隙呈三维排列。为什么古罗马自然科学家普林尼会赞叹:“在一块欧泊石上,你可以看到红宝石的火焰,紫水晶般的色斑,祖母绿般的绿海,五彩缤纷,浑然一体，美不胜收。”正是由于欧泊内部这些紧密的、规则排列的细小硅球间的空隙通过光学衍射作用分解白光而产生的。在古罗马时代，人们认为宝石是带来好运的护身符，而欧泊象征彩虹，带给拥有者美好的未来。希腊人相信欧泊可以给予深谋远虑和预言未来的力量。但欧洲中世纪迷信传和小说描绘让人认为欧泊会带来厄运。而现在欧泊成为“集宝石之美于一身”的世上最美丽、昂贵的宝玉石之一。

不过，欧泊是非常娇贵的宝玉石，极端的气候干旱或气温急速变化，都有可能导致干裂。此外，欧泊应尽量避免曝晒、漂白、化学品和超声波清洗。

(二)物理、化学、光学性质

矿物名称：蛋白石、可有少量石英、黄铁矿等。

化学成分：硅分子和水的混合体，化学分子式为 $SiO_2 \cdot nH_2O$。

光性特征：均质体(非晶质体)。

颜色：可出现各种颜色，白色可称为白蛋白，黑、深灰、蓝、绿、棕色体色可称为黑蛋白，橙、橙红、红色体色可称为火蛋白。

光泽：玻璃至树脂光泽。

透明度：透明、半透明至不透明。

硬度：5—6。

密度：2.15(+0,08，−0,90)g/cm^3。

比重：主要根据含水率不同在1.9—2.3之间。

折射率：1.450(+0.020，−0.080)，火欧泊可低至1.37，通常为1.42—1.43。

解理：无

多色性：无

紫外荧光：黑色或白色体色：无至中等的白到浅蓝色、绿色或黄色，可有磷光；火蛋白：无至中等绿褐色，可有磷光；一般欧泊，无至强，绿或黄绿色，可有磷光。

特殊光学效应：变彩效应，猫眼效应(稀少)。

放大检查：色斑呈不规则片状，边界平坦且较模糊，表面呈丝绢状外观(具平行纹)，可有两相、三相包裹体，气液包裹体，矿物包裹体等。

产地：19世纪末之前，捷克斯洛伐克一直是欧泊的主要产地，但是今天95%的欧泊产在澳大利亚，其中贵黑欧泊产于澳大利亚闪电岭和新南威尔士州西北部；贵白欧泊产于南澳大利亚库伯派迪、安达莫卡。另巴西、埃塞俄比亚、洪都拉斯、印度尼西亚、日本、墨西哥、秘鲁、俄罗斯和美国也有产出。

(三)欧泊的种类

天然欧泊分为两大类:一是普莱修斯欧泊,一是普通欧泊。普莱修斯欧泊就是指稀有、珍贵的天然欧泊,这类欧泊色泽明亮、能呈现出充分的变色效应。而那些色泽暗淡、不能呈现变色效应欧泊就是普通欧泊。欧泊开采中,普通欧泊在世界各地都有发现和少量出产,但即使在著名的矿区开采出来的欧泊95%也都是普通欧泊,通常只有白的、灰的或者黑的一种颜色。

在普莱修斯欧泊中,又分以下几个品种:

1. 黑欧泊

在深色的胚体色调上呈现出明亮色彩的称之为黑欧泊,它并不是指完全是黑色的,只是相比胚体色调较浅的欧泊来说它胚体色调比较深。黑欧泊出产于澳大利亚新南威尔士州,是最著名、最罕见和最昂贵的欧泊品种。

2. 白欧泊

白欧泊的胚体色调比较浅,大多数不能像黑欧泊那样呈现出对比强烈的艳丽色彩,在澳大利亚南澳州出产的白欧泊中有一些色彩十分漂亮,属高品质的白欧泊。

3. 晶质欧泊

晶质欧泊也称水晶欧泊,有深色和浅色的胚体色调,即包括黑欧泊和白欧泊,它的胚体色调透明或半透明,甚至可以透过晶质欧泊看到背后的其他物品。所以人们根据胚体色调的深浅不同又称为“晶质黑欧泊”或“晶质白欧泊”。

4. 火欧泊

无变彩或少变彩的半透明至不透明品种,一般呈橙色、橙红色、红色,其中鲜艳的红色在火欧泊中最昂贵。

5. 砾石欧泊

砾石欧泊是能呈现色彩的欧泊附着在无法分开的铁矿石上,主要出产在澳大利亚昆士兰州。这种欧泊只能与铁矿石连在一起被切割,很薄的彩色欧泊包裹在铁矿石表面,由于深色铁矿石的映衬使欧泊的颜色看起来十分美丽。

(四)品质评价

天然欧泊是整枚直接开采出来,未经过人工处理的纯天然宝石原石。欧泊的价值取决于两个方面的因素:一是决定性因素,即胚体色调、明亮度、图案式样、色彩层厚度、瑕疵状况以及变彩等，这些都在欧泊的价值评定中扮演着重要角色。二是其他非决定性因素，包括切割、打磨、尺寸和形状。

1. 胚体色调

胚体色调是衡量欧泊价值最重要的因素之一。胚体色调是指整枚欧泊的通体色调和颜色，范围是从黑色到乳白色。通常具有黑色或深色胚体色调的欧泊比浅色或乳白的更有价值，砾石欧泊往往也有较深的胚体色调，而白欧泊的胚体色调很浅，价值比较低。晶质欧泊的价值除了以上的分析原则外还要根据它的透明度，有些晶质欧泊由于胚体色调很深也很昂贵，称为“黑水晶欧泊”。

2. 变彩

欧泊的表面色彩随着光线强弱和视觉角度转换产生各种变化，这就是变彩，由于这种变彩就像各种颜色在一起玩捉迷藏的游戏，因而出现了一种专门用来形容欧泊变幻色彩的词组——“变色游戏”。欧泊的“变色游戏”来自于规则排列的硅粒和之间空隙对白光的衍射作用。即欧泊由于本身所含硅球体排列的结构依靠对白光的衍射呈现不同的变彩和明亮，而硅粒的直径决定了欧泊颜色的分布范围，小的硅粒会使欧泊产生蓝紫色，反之会产生珍贵的红色。红色欧泊通常比绿色欧泊更有价值，而绿色又比蓝色更有价值。如果欧泊不能产生变化的表面，色彩只从一个角度呈现出来则价值低廉。

3. 明亮度

明亮度主要是欧泊呈现的颜色之亮度和清晰度。当正面观察欧泊时，色彩的明亮度范围分为鲜艳、明亮、柔弱或暗淡。

4. 图案

有些欧泊的色彩片段呈现奇特的、独一无二的图案，这些色彩图案也能决定欧泊的不同价值。凡有着清晰、美妙图案以及一些象征奇妙物体的图案如绸带、花海，旋转、闪电、火焰等的欧泊，具有很高收藏价值。而诸如苔藓、小草之类不精彩的图案则价值不高。高质量欧泊的色彩和图案应该是连续的并由于角度不同而产生变化的。

5. 色块

色块也是衡量价值时需要考虑和计算的重要因素，它指蛋白石在整枚欧泊中的厚度与欧泊本身的尺寸和形状有关，烁石欧泊就是由于地质形成的原因只包裹很薄的一层蛋白石，因而在衡量价值时就需要考虑和计算的重要因素。

6. 瑕疵

瑕疵包括裂痕、细纹、劣质欧泊线,灰线、气泡、砂眼或其他矿物杂质,或者铁矿石等基岩透过宝石出现在表面等,会让欧泊大大贬值。

(五)简单鉴别方法

经切割打磨后的整枚天然欧泊在市场上价格不菲,于是出现了许多合成欧泊或人工拼合欧泊充斥市场的现象。

1. 合成欧泊

在实验室里制作的和天然欧泊具有同样结构的硅蛋白石被称为合成欧泊。比较知名的合成欧泊是吉尔森欧泊。下面的几点是天然和合成欧泊之间的区别:(1)合成欧泊通常显现异常明亮的色彩,色块常常大于天然欧泊。(2)合成欧泊每种颜色的色块呈现出规则的蛇皮状图案。(3)合成欧泊不能重现天然欧泊复杂的颜色变化,图案过渡很不自然。(4)合成欧泊密度较天然欧泊低。

2. 仿冒的欧泊

是将一种彩色的金属泊放置在比较清晰的硬塑料夹层或环氧树脂内,它是在物理、化学、光学性质上较容易识别的伪劣仿冒品。

3. "得博莱欧泊"和"翠博莱欧泊"

这是特殊的经手工制作过的欧泊,具有一定的迷惑性。"德博莱欧泊"中文意思是指双层欧泊,即它是将很薄的欧泊与黑色的背景衬石(通常用深色普通欧泊或浅色普通欧泊喷黑漆)用黏结剂胶合在一起。"翠博莱欧泊"中文意思是三层一组欧泊,即因为欧泊更薄而在德博莱欧泊表面上再覆盖一层圆弧形透明的石英材料或玻璃,用来放大图案和保护欧泊表面,它通常用来仿冒价格较高的黑欧泊。由于它其实只有一小片真正的欧泊,因而价格应当比原欧泊便宜得多,由于两者是将它们用胶水黏结,可以看见一条很直的接缝线在彩色欧泊和背景衬石之间,翠博莱欧泊中包含的任何圆弧形盖面也很容易识别。如果反复用水浸泡受潮后产生雾状表面现象或变灰,所以德博莱欧泊或翠博莱欧泊应当防止被水渗透。

五、斜长石类玉:南阳玉(独山玉)

(一)斜长石类玉概述

斜长石是一种在地球上很常见且很重要的硅酸盐矿物。斜长石是长石矿物中的一个系列,包括钠长石、奥长石、中长石、拉长石、倍长石和钙长石。最常见的斜长石是奥长石,最少见的是倍长石。斜长石并没有特定的化学成分,而是由钠长石和钙长石按不同比例形成的固溶体系列。斜长石是陶瓷业和玻璃业的主要原材料,色泽美丽、质地优良者可作为玉石材料,如南阳玉。

晶系:晶体属三斜晶系的架状结构硅酸盐矿物,主要呈板状或板条状。

光泽:玻璃光泽。

透明度:半透明或不透明。

颜色:多呈灰白色,有时微带浅棕、浅蓝及浅红色。

硬度:6—6.52。

相对密度 2.61—2.76 g/cm^3。

光性特征:多晶非均质集合体。

折射率:1.560—1.700。

紫外荧光:无至弱,蓝白、褐黄、褐红。

吸收光谱:不特征。

放大检查:粒状结构或鳞片粒状结构等,色杂,可见蓝、蓝绿或紫色等色斑。

(二)南阳玉(独山玉)

南阳玉是中国四大名玉之一。主要产于河南南阳的独山,故又称独山玉。新疆、四川等地也有少量出产。属黝帘石化斜长岩,其中斜长石、黝帘石为主要矿物成分。如果依照软玉的定义它的成分并不属于玉石。但中国传统工艺仍视其为玉雕材料之一。南阳玉开采历史悠久,考古发现,早在5000多年前先民们就已认识和使用了南阳玉。

1. 物理、化学、光学性质

矿物组成:主要由斜长石、黝帘石组成,少量橄榄石、角闪石、黑云母等。

化学成分:属钙铝硅酸盐岩类,SiO_2 含量 45%—52%,富 TiO_2,一般含量>1%。还含有微量的铜、铬、镍、钛、钒、锰等。

光泽:有玻璃光泽至油脂光泽。

颜色:有多种色调,以绿、白、杂色为主,也见有紫、蓝、黄等色。绿色表现为两类:其一为透明度较好者,颜色为暗绿色、蓝绿色、黑绿色,且蓝味较重;其二为不透明者,其绿色多为淡绿色、黄绿色、偏黄味;二者绿色欠正。

透明度:多数不透明,少数微透明、半透明。

硬度:6—6.5。

密度:2.70—3.09g/cm^3,一般为 2.90 g/cm^3。

折射率:1.560—1.700。

紫外荧光:无至弱,蓝白、褐黄、褐红。

吸收光谱:不特征。

放大检查:粒状结构或鳞片粒状结构等,色杂,可见蓝、蓝绿或紫色等色斑。

2. 品质评价

南阳玉以颜色、透明度、质地、块度为依据,在商业上将原料分为特级、一级、二级、三级四个级别。高品质南阳玉要求质地致密、细腻、无裂纹、无白筋及杂质,颜色单一、均匀,以类似翡翠的翠绿为最佳,透明度以半透明和近透明为上品,块度愈大愈好。

特级:颜色为纯绿、翠绿、蓝绿、蓝中透水白、绿白;质地细腻且无白筋、无裂纹、无杂质、无棉柳;块度为20公斤以上。

一级:颜色为白、乳白、绿色、颜色均匀;质地细腻,无裂纹、无杂质,块度为20公斤以上。

二级:颜色为白、绿、带杂色;质地细腻,无裂纹、无杂质,块度为3公斤以上;纯绿、翠绿、蓝绿蓝中透水白,绿白无白筋、无裂纹、无杂质,块度为20公斤以上。

三级:色泽较鲜明,质地致密细腻,稍有杂质和裂纹,块度为1公斤以上。

3. 南阳玉与翡翠的辨别

由于南阳玉质地致密、细腻,颜色多呈纯绿、翠绿、绿白,有时会被人充当翡翠。两者真假鉴别有:(1)密度:南阳玉为2.70—3.09 g/cm^3,相对要比翡翠3.34(+0.06,−0.09)g/cm^3小;(2)结构:在侧光或透射光照明下,南阳玉主要是斜长石类矿物组成,内部颗粒都为等粒大小;翡翠主要是由硬玉矿物组成,表现的是典型的相互交织结构;(3)光泽:南阳玉折射率变化在1.56—1.700范围内,硬度6—6.5;翡翠的折射率相对要高,在1.667—1.680,点测常为1.66,硬度也相对要大,为6.5—7;从表面光泽来看翡翠要比南阳玉显得更明亮一些,为玻璃光泽,南阳玉则为玻璃光泽至油脂光泽;(4)色调:南阳玉是多色玉石,颜色多为条带状,会有肉红色到棕色的色调,绿色色调偏暗;翡翠一般则不会出现肉红色,绿色可以出现翠绿色,比较鲜艳。(5)翠性:南阳玉在反光条件下表面也可以看到一些鳞片状反光,犹如翡翠的"翠性"特征,但显示的"鳞片"反光多为等粒大小,就像一粒粒白糖;翡翠的"翠性"反光则是大小不等的长条柱状;看"翠性"在粗糙的断口面上或为抛光表面上比较容易看见。(6)声音:南阳玉制品敲击声音与翡翠的相比,相对会显得沉闷一些。翡翠敲击声音类似金属声音,并且有回音,比较清脆。

六、蛇纹石质类的主要玉种：岫岩玉、蓝田玉、祁连玉

(一)蛇纹石概述

纹石玉是人类最早认识和利用的玉石品种，在中国距今约7000年的新石器文化遗址中出土了大量的蛇纹石玉器。

化学成分：是层状含水镁硅酸盐矿物，化学分子式为$Mg_6Si_4O_{10}(OH)_8$。其中Mg可被Mn、Al、Ni等置换，有时还可有Cu、Cr的混入。

晶系：属于单斜晶系，呈细粒叶片状或纤维状隐晶质集合体产出。

光泽：玻璃光泽至蜡状光泽。

颜色：变化较大，主要呈淡黄色、黄绿色、绿色、无色等。

透明度：半透明至透明。

折射率：点测法常为1.560—1.570(+0.004，−0.070)。

发光性：一般显惰性。有时在长波紫外线下可显微弱的绿色荧光。

解理和断口：无解理，断口呈平坦状。

硬度：受组成矿物的影响，摩氏硬度变化于2.5—6之间。纯蛇纹石玉的硬度较低，在3—3.5左右，而当其中透闪石等混入物含量增高时，硬度加大。

密度：2.57(+0.23，−0.13)g/cm^3。

放大检查：在放大镜下，可见到黄绿色基底中存在着少量黑色矿物包裹体，灰白色透明的矿物晶体，灰绿色绿泥石鳞片聚集成的丝状、细带状包裹体以及由颜色不均匀引起的白色、褐色条带或团块。

(二)蛇纹石质类的主要玉种

1.岫岩玉

岫岩玉，简称岫玉，产于辽宁省岫岩县而得名，是我国利用较早的玉材，是中国四大传统名玉之一，因其产量大而为现今数量最多的玉材。在新石器时代，岫玉已经被广泛地使用，制成各种各样的制品，典型的就是红山文化里的玉龙。安阳殷墟的妇好墓、西汉时期中山靖王刘胜墓出土的金缕玉衣上面的玉片，都是用岫玉制作的。

矿物名称：主要为蛇纹石。

化学成分：蛇纹石$(Mg,Fe,Ni)_3Si_2O_5(OH)_4$。

光泽：蜡状光泽至玻璃光泽。

颜色：有绿、黄绿、白、紫、青、墨等等。

透明度：不透明、半透明或全透明。

硬度：为2.5—6，大多数性软而硬度较低。

密度：2.57(+0.23，−0.13)g/cm^3。

折射率：1.560—1.570(+0.004，−0.070)。

放大检查：白色絮状物，黑色矿物共生物，叶片状、纤维状交织结构。

2. 蓝田玉

蓝田玉因其产于陕西西安的蓝田县而得名。自古蓝田以产玉著称，唐朝就有“蓝田日暖玉生烟”之诗句，故蓝田玉是中国四大传统名玉之一。早在新石器时代，蓝田玉就被先民们开采利用，春秋及秦汉时蓝田玉雕开始在贵族阶层和上层社会流行，唐朝达到鼎盛。但因其玉质颗粒粗大，质干短水，通常价格低廉。

矿物组成：是一种蛇纹石化大理岩，矿物主要构成有蛇纹石化的大理石，透闪石、橄榄石及绿松石、辉绿石、水镁石等形成的沉积岩。

化学成分：高含量组分是硅、镁和钙的氧化物，低组分含量主要是铁的氧化物、铝的氧化物，次为钾、钠、锰、钛、铬的氧化物，其中叶蛇纹石中铁的含量偏高。

光泽：玻璃光泽、油脂光泽，一般呈蜡状光泽。

颜色：较丰富，主要有白、米黄、黄绿、苹果绿、绿白等色，呈块状、条带状、斑花状，一般作为玉雕原料。

透明度：不透明，微透明至半透明。

硬度：2—6。

密度：约2.7g/cm^3。

3. 祁连玉(酒泉玉)

祁连玉也称为酒泉玉、祁连彩玉，是对祁连山、阿尔金山山脉加里东期基性，超基性岩形成的多种玉石的总称。史料记载，新石器时代，武威娘娘台遗址出土的齐家文化的精美玉璧，即以祁连玉制成，因此自古“祁连美玉甲天下”。传说西周国王姬满应西王母之邀赴瑶池盛会，席间西王母馈赠姬满一只碧光粼粼的酒杯，名日“夜光常满杯”。从此夜光杯名扬千古，唐人王翰诗云“葡萄美酒夜光杯”更让以祁连美玉制作的夜光杯闻名遐迩。祁连玉体量可从几十公斤到几吨甚至达十几吨，其中的碧玉、墨玉雕制品细腻、滋润，光泽度好，有较高的工艺欣赏和经济价值；但多数祁连玉作为观赏石。

化学成分：按矿物成分、颜色变化分，以蛇纹石为主的称蛇纹玉，多呈暗绿、墨绿色，质地细腻，硬度较小；以闪透石、淡斜绿泥石为主组成的为软玉；以钙铝榴石、透辉石、斜长石等为主组成的有密玉、翠玉、白玉等。

光泽:玻璃光泽、油脂光泽,一般呈蜡状光泽。

颜色:呈各种绿色,有浅绿、翠绿、墨绿、白色及过渡色,另有少量黄色、红色玉石。

透明度:半透明。

硬度:4—7 度。

七、其他类玉:绿松石、孔雀石、青金石

(一)绿松石

1. 基本情况

绿松石又称“松石”,因形似松球色近松绿而得名。英文称 Turquoise,意为土耳其石。土耳其并不产绿松石,因古代波斯产的绿松石是经土耳其运进欧洲而得名。中国、埃及、伊朗、美国、俄罗斯、智利、澳大利亚、秘鲁、南非等国家和地区都有丰厚充足的矿藏储量。我国湖北竹山县、郧西县、安徽马鞍山、陕西白河、河南淅川、新疆哈密、青海乌兰等地均有绿松石产出,其中以湖北郧县、竹山为世界著名产地,在国外的著名绿松石产地伊朗,产出最优质的瓷松和铁线松,被称为波斯绿松石。

2. 物理、化学、光学性质

矿物名称:主要为绿松石。

化学成分:是一种含水的铜和铝的磷酸盐矿物集合体,化学分子式为 $CuAl_6(PO_4)_4(OH)_8 \cdot 4H_2O$。

晶系:三斜晶系,隐晶质,少见微小晶体,只在显微镜下才能见到。

光泽:抛光面为油脂玻璃光泽,断口上为油脂暗淡光泽。

颜色:天蓝、深蓝、淡蓝、湖水蓝、蓝绿、苹果绿、黄绿、浅黄、浅灰色。

透明度:不透明。

断口:贝壳状到粒状。

硬度:瓷松硬度 5.5—6、绿松硬度 4.5—5.5、泡(面)松硬度 4.5 以下。

韧性:白垩状者韧性小,易断裂,致密者韧性好。

密度:2.4—2.9 g/cm^3,标准值为 2.76 g/cm^3。

折射率:1.610—1.650,点测常为 1.61。

发光性:在紫外线长照射下有淡黄绿色到蓝色的荧光,短波荧光不明显。X 射线照射下也无明显的发光现象。

溶解性：在盐酸中很慢溶解。

放大检查：常有黑色斑点或黑色线状褐矿、白色斑点、铁线或其他氧化铁包裹物。

3. 简单辨别方法

(1)改质绿松石。通常采用注蜡、注塑等方法改善一些品质较差的天然绿松石的外观、颜色，提高耐久度和使之易打磨抛光而不易破碎，这种做法在珠宝界通常被认可。注蜡可以填补表面的微小气孔，避免在佩戴中绿松石遭受污染，过蜡后绿松石颜色会自然变深，也更具观赏性，色泽纹理更清晰漂亮，这种工艺的绿松石多用于珠宝镶嵌使用。Zachery 处理方法，也称为电化学法、电镀法，是由 Zachery 发明，可以改善绿松石颜色，减少孔隙度同时不加入任何外来物质，处理后的绿松石显示一种“知更鸟蛋”的蓝色调。经该方法处理的绿松石在裂隙附近会出现比较深的蓝色富集现象，先进的检测方法可以发现经 Zachery 处理的绿松石存在钾元素的异常升高现象；由于经这种优化的绿松石时间一长会出现老化现象，所以其价值远不如未改质的原矿绿松石。

(2)人工合成绿松石。主要是吉尔森法，该种合成绿松石采用了制陶瓷的工艺过程，在放大观察时可以看到在较浅的基底上分布的蓝色微小颗粒，有时表面有人工“铁线”，但天然绿松石铁线往往是内凹的，而合成绿松石的铁线一般不会内凹。

(3)仿制绿松石。一种矿物粉末的混合物，经染色后使用塑料和环氧树脂胶结，也可以制造出绿松石的仿制品，经放大观察可以看到制作过程中的加热和加压产生的压裂隙。染色的羟硅硼钙石是一种便宜的绿松石仿制品，简单的鉴别方法是其在查尔斯滤色镜下显粉色。玻璃也可以用来模仿绿松石，但是两者的折射率值明显不同，另玻璃中还可以见到旋涡纹和气泡。

(二)孔雀石

1. 基本情况

孔雀石由于颜色酷似孔雀羽毛上斑点的绿色而获得如此美丽的名字。孔雀石产于铜的硫化物矿床氧化带，常与其他含铜矿物如蓝铜矿、辉铜矿、赤铜矿、自然铜等共生。世界著名的孔雀石产地有赞比亚、澳大利亚、纳米比亚、俄罗斯、扎伊尔、美国等地区，中国主要产于广东阳春、湖北黄石和赣西北。

2. 物理、化学、光学性质

矿物名称：孔雀石。

化学成分:含铜的碳酸盐矿物,化学成分为$Cu_2CO_3(OH)_2$。

晶系:属单斜晶系。晶体形态呈柱状或针状,十分稀少;一般呈隐晶钟乳状、块状、皮壳状、结核状和纤维状集合体;具同心层状、纤维放射状结构。

光泽:常有纹带,土状光泽、蜡状光泽、丝绢光泽或玻璃光泽。

颜色:有绿、孔雀绿、暗绿色等,含杂质时可变成褐色、黑色。

透明度:微透明至不透明。

折射率:1.655—1.909。

硬度:3.5—4。

密度:3.95—4.1g/cm^3。

韧性:性脆。

断口:贝壳状至参差状断口。

溶解性:遇盐酸起反应,并且容易溶解。

放大检查:隐晶质结构。

(三)青金石

1.基本情况

青金石以其鲜艳的蓝色赢得古今中外人们的喜爱,如早在6000年前中亚等地的人们就开始利用青金石,古希腊、古罗马时期佩戴青金石被认为是富有的标志。我国并无青金石矿产,但西汉时期青金石便从西域传来,当时称为“兰赤”“点黛”等,因青金石“色相如天”,又称“帝青色”;又因天为上,因此中国古代通常用青金石作为上天威严崇高的象征。而明清时期尤受重用,如《清会典图考》就有记载:“皇帝朝珠杂饰,唯天坛用青金石,地坛用琥珀,日坛用珊瑚,月坛用绿松石;皇帝朝带,其饰天坛用青金石,地坛用黄玉,日坛用珊瑚,月坛用白玉。”青金石颜色端庄,易于雕刻,是名贵玉料之一,又被用作绘画颜料。青金石属于接触交代的矽卡岩型矿床,产于阿富汗、智利、俄罗斯等国家。

2.物理、化学、光学性质

矿物名称:主要为青金石,含有少量的黄铁矿、方解石。

晶系:等轴晶系,隐晶质集合体。

化学成分:碱性铝硅酸盐矿物,化学式$(Na,Ca)_8(Al,SiO_4)_6(SO_4,CI,S)_2$。

光泽:玻璃光泽、油脂光泽至蜡状光泽。

颜色:独特的蓝色、深蓝、天蓝、淡蓝及浅青色等。另常见铜黄色、白色、墨绿色色斑。

透明度:半透明至不透明。

硬度:5—6。

密度:2.75(+0.25,−0.25)g/cm^3。

折射率:1.502—1.505,含方解石可达1.67。

溶解性:青金石在遇到盐酸时会缓慢释放出硫化氢。

放大检查:可见其粒状结构,并常含有黄铁矿斑点、白色方解石团块。

3.品质评价

根据青金石中所含矿物成分、颜色、质地的差异,青金石分为青金石级、青金级、金克浪级以及催生石级等四种品质等级。(1)青金石级。为最优质的青金石,其中的青金石矿物含量在99%以上,不含黄铁矿,其他杂质矿物很少,质地致密、坚韧、细腻,呈浓艳、纯正、均匀的蓝色。(2)青金级。青金石矿物含量一般在90—95%,无白斑,可含有稀疏的星点状黄铁矿和少量其他杂质矿物,质地较纯净致密、细腻,颜色的浓度、均匀度、纯正度较青金石级差。(3)金克浪级(金格浪级)。青金石矿物的含量明显减少,含有较多而密集的黄铁矿,杂质矿物明显增加,有白斑和白花,颜色的浓度明显降低,呈浅蓝色且分布不均匀。(4)催生石级。属于品质最差的青金石,所含青金石矿物最少,一般不含黄铁矿,而方解石等杂质矿物含量明显增加,蓝色只有星点分布,或呈蓝色与白色混杂的杂斑状。

4.简单辨别方法

优质青金石产量极少,颜色深蓝纯正,无裂纹,质地细腻,无方解石杂质,可做成首饰的青金石级青金石价格较为昂贵,因而出现了各种优化处理、假冒、仿冒的情况:

(1)优化处理。通常是上蜡、染色和黏合处理。黏合的青金石主要是通过粉碎后用塑料黏结而成,用热针探测会出现塑料气味,用放大镜观察可以发现成品中具有明显的碎块状结构;而对于上蜡、染色形成的青金岩,无论是从光华程度还是色泽上其实都很容易辨别,它们往往显得不自然。染的颜色主要在颗粒之间或裂隙处分布,呈小网络状;用棉签蘸丙酮擦拭会掉色。

(2)假冒。容易与青金石混淆的有方钠石、蓝方石、蓝铜矿。辨别的方法主要有透明度、硬度、折射率、密度等。方钠石呈半透明,粗晶质结构,颜色均一,可见初始解理及白色方解石矿物,硬度5.5—6,密度2.25,折射率1.483,滤色镜下呈褐红色。蓝方石橙红色荧光,密度2.44—2.5g/cm3,折光率1.49—1.504。蓝铜矿的颜色和重量与天然青金石非常接近,但蓝铜矿颜色非常均匀没有纹路,硬度只有3.5—4,折光率1.73—1.83,性脆,无大的致密块体。

着色碧玉、着色尖晶石、着色岫玉、料仿青金、染色大理石也可能用于冒充青金石。但它们在物理特征上存在明显差异性,组成及所含的包裹体也明显不同:着色碧玉(又称瑞士青金),用玉髓等假料人工着色而成,硬度为 6.5— 7,折光率 1.54—1.55。着色尖晶石(又称着色青金),用钴盐人工着色而成,粒状结构、光泽较强、颜色均匀,折射率 1.72—1.73,分光镜下可见钴的吸收光谱,在查尔斯滤色镜下呈亮红色。着色岫玉(又称炝色青金),浅蓝色,见不到黄铁矿,油脂光泽强,硬度 2.5—6,折光率 1.56—1.57。染色大理岩,硬度小,小刀容易刻动,呈粒状结构,遇盐酸反应明显。

(3)再造的青金石是将碎成一定粒度的青金石用胶黏结起来,鉴别时可用热针触探会散发出塑料或胶的气味。

(4)人工合成。人工合成青金石其成分与天然青金石极相似。合成青金石完全不透明,天然青金石为微透明,在成品边缘或较薄的地方用聚光手电筒照射能看到透光;合成青金石质地均一,结构细粒,天然青金石会有结构变化或斑纹;合成青金石的黄铁矿是认为加入的,就比天然青金石的分布均匀、有规则,且合成的边缘很平直,天然的边缘则比较圆滑;合成青金石的孔隙很多,入水浸泡 15 分钟后其重量会比之前增加;另外,合成青金石的比重要比天然青金石低一些。

(5)仿青金石是由着色的深蓝色琉璃或玻璃构成的,不含黄铁矿,呈玻璃光泽,贝壳状断口,性脆。

八、石英质类的主要玉种:隐晶质与多晶质石英质玉

(一)石英质玉概述

石英是大陆地壳数量第二多的矿石,仅次于长石,质地坚硬,是花岗岩的主要成分。石英有很多种变体,经过地壳不断运动变化挤压形成少量珍贵的宝石。不同的产地,石英岩质玉石的质地、颜色往往有不同的特点。硬度高、纯色、颗粒细腻的可以作为工艺品雕刻原料。石英质玉一般是由砂岩或其他硅质岩石经过区域变质作用、接触变质作用或气液变质作用重结晶而形成的,一般为块状构造,粒状变晶结构,也含有少量的长石、绢云母、角闪石、辉石等,有各种颜色。

以石英为主的玉石种类繁多,根据结晶程度(或可辨度)分为隐晶质石英质玉石(玉髓、玛瑙)和显晶质石英质玉石(石英岩、木变石等)。石英质玉石的应用历史悠久,早在 50 万年前周口店北京人文化遗址中就发现有用玉髓制作的石器。

(二)石英质玉的常见玉种

1. 隐晶质石英质玉(玛瑙、碧玉、绿玉髓、蓝玉髓等)

矿物名称:玉髓。

化学成分:主要是隐晶质石英矿物集合体 SiO_2,另可有少量云母、绿泥石、黏土矿物、褐铁矿等杂质,即少量的钙、镁、铁、镍等元素存在。

光性特征:隐晶质集合体。

光泽:抛光平面玻璃光泽,断口一般呈油脂光泽。

颜色:纯净时无色,当含不同的杂质元素,如铁、镍等或混入不同的有色矿物时,可呈现不同的颜色。

透明度:微透明至半透明。

密度: 2.60—2.65 g/cm^3。

硬度:6.5—7。

韧性:性脆。

折射率:1.53—1.54,点测 1.53 或 1.54。

特殊光学效应:晕彩效应,猫眼效应。

放大检查:隐晶质结构,玛瑙可有层纹、环带构造。

产状:隐晶质石英质玉的主要品种为玉髓和玛瑙,为二氧化硅胶体溶液沉淀而成。在火山岩的空洞或裂隙中二氧化硅溶液按层或同心圆状依次沉淀而形成玛瑙。由于每一层所含的微量杂质不同,则呈现不同的颜色,使玛瑙有着极多的颜色种类。玉髓主要产于地表的次生氧化带,碧玉产于沉积岩中。隐晶质石英质玉也可以形成砂矿,例如我国著名的南京雨花石。

产地:玛瑙和碧玉的产地很多,巴西的玛瑙产量最高。玉髓的产地较少,有商业意义的绿玉髓产于澳大利亚,我国的台湾则有蓝玉髓产出。

2. 多晶质石英岩玉(东陵石、密玉、京白玉、贵翠等)

矿物名称:以石英为主,可含云母类矿物、赤铁矿、针铁矿等。

化学成分:主要是石英 SiO_2。

光泽:抛光平面玻璃光泽至油脂光泽。

颜色:绿、灰、黄、褐、橙红、白、蓝、紫等色。

透明度:微透明至半透明。

硬度:7。

折射率;1.544—1.553,点测常为 1.54。

密度：2.64—2.71 g/cm^3。

折射率：一般无，含铬云母石英岩者无至弱，灰绿或红。

特殊光学效应：东陵石具砂金效应。

放大检查：粒状结构或鳞片粒状结构等，可与云母、赤铁矿等矿物共生。

拓展学习

1. 了解玛瑙有哪些优良品种。
2. 了解南红玛瑙的历史与文化。
3. 了解绿柱石有哪几种宝石品种。
4. 了解长石有哪几种宝石品种。
5. 了解宝石加工过程和方法。

第五节　识珍辨伪:宝玉石的定名与检测

一、宝玉石的定名规则

为了更好地规范珠宝玉石市场,保障消费者权益,我国国家标准法规 GB/T 16552—2010《珠宝玉石名称》对珠宝玉石名称分为:天然珠宝玉石(天然宝石、天然玉石、天然有机宝石)、人工宝石(合成宝石、人造宝石、拼合宝石、再造宝石)、仿宝玉石等类型,并对如何命名做了严格规定。

(一)天然无机宝石的定名原则

直接使用天然宝石基本名称或其矿物名称,无须加“天然”二字,如“金绿宝石”“红宝石”等。不参与定名因素有:(1)产地不参与定名,如“南非钻石”“斯里兰卡红宝石”。(2)禁止使用由两种或两种以上天然宝石组合名称定名某一种宝石,如“红宝石尖晶石” “变石蓝宝石”,但“变石猫眼”除外。(3)禁止使用含混不清的商业名称,如“蓝晶”“绿宝石”“半宝石”等。

(二)天然有机宝石的定名规则:

(1)直接使用天然有机宝石基本名称,无须加“天然”二字,如无须用“天然珍珠”,但是“天然海水珍珠”“天然淡水珍珠”除外。(2)养殖珍珠可简称为“珍珠”,海水养殖珍珠可简称为“海水珍珠”,淡水养殖珍珠可简称为“淡水珍珠”。(3)不以产地修饰天然有机宝石名称,如“波罗的海琥珀”。

(三)人工宝石与合成宝石的定名规则

由于物以稀为贵,而人工或合成宝石的价值远低于同类的天然宝石,因此在定名时,须在相应宝石材料之前冠以“合成”“人造”等字样,如合成红宝石、祖母绿等以示与天然宝石的区别。

人工宝石的定名规则是:必须在材料名称前加“人造”二字,但“玻璃”“塑料”除外;禁止使用生产、制造商的名称直接定名;禁止使用易混淆或含混不清的名词定名,如“奥地利钻石”等;禁止用生产方法参与定名。

合成宝石的定名规则:必须在对应的天然珠宝玉石基本名称前加“合成”二字;禁止使用生产、制造商的名称直接定名,如“查塔姆”(Chatham)祖母绿,“林德"(Linde)祖母绿等;禁止使用易混淆或含混不清的名词定名,如"鲁宾石""红刚玉""合成品"等。

(四)拼合宝玉石的定名规则

必须在组成材料名称之后加"拼合石"三字或在其前加"拼合"二字,或以顶层材料名称加"拼合石"三字,如"蓝宝石拼合石";由同种材料组成的拼合石,在组成材料名称之后加"拼合石"三字,如"欧泊拼合石"。

(五)再造宝玉石的定名规则

必须在所组成天然珠宝玉石基本名称前加"再造"二字。如"再造琥珀""再造绿松石"。

(六)仿宝玉石的定名规则

(1)应当在所模仿的珠宝玉石名称前加"仿"字,如"仿祖母绿""仿珍珠"等。(2)应尽量确定给出具体珠宝玉石名称,且采用下列表示方式,如"仿水晶(玻璃)"。(3)当确定具体珠宝玉石名称时,应遵循国家标准规定的所有定名规则。(4)"仿宝石"一词不应单独作为珠宝玉石名称。使用"仿某种珠宝玉石"表示珠宝玉石名称时,意味着该珠宝玉石:a.不是所仿的珠宝玉石(如"仿钻石"不是钻石);b.所用的材料有多种可能性(如"仿钻石"可能是玻璃、水晶、合成立方氧化锆等)。

(七)优化处理珠宝玉石的定名规则

在所对应宝玉石名称后加括号注明"处理"二字或注明处理方法,如"蓝宝石(处理)""蓝宝石(扩散)""翡翠(处理)""翡翠(漂白、充填)";也可在所对应珠宝玉石名称前描述具体处理方法,如"扩散蓝宝石""漂白、充填翡翠"。

在珠宝玉石鉴定证书中必须描述具体处理方法。在目前一般鉴定技术条件下,如不能确定是否经处理时,在珠宝玉石名称中可不予表示,但必须加以附注说明且采用下列描述方式,如:"未能确定是否经过×××处理"或"可能经过×××处理",如:"托帕石,备注:未能确定是否经过辐照处理",或"托帕石,备注:可能经过辐照处理"。又如:钻石(处理),附注说明"钻石颜色经人工处理"。

经处理的人工宝石可直接使用人工宝石基本名称定名。

(八)特殊光学效应宝玉石的定名规则

1.猫眼定名规则

可在珠宝玉石基本名称后加"猫眼"二字,如"磷灰石猫眼""玻璃猫眼"等。

只有“金绿宝石猫眼”可直接称为“猫眼”。

2. 星光定名规则

可在珠宝玉石基本名称前加“星光”二字,如“星光红宝石”“星光透辉石”,具星光效应的合成宝石定名方法是,在所对应天然珠宝玉石基本名称前加“合成星光”四字,如“合成星光红宝石”。

3. 变色定名规则

可在珠宝玉石基本名称前加“变色”二字,如“变色石榴石”。具变色效应的合成宝石定名方法,是在所对应天然珠宝玉石基本名称前加“合成变色”四字,如“合成变色蓝宝石”。

二、国外较权威的宝石检测机构

(一)美国宝石学院 GIA

美国宝石学院(Gemological Institute of America)1931 年在洛杉矶成立,是世界上著名的国际钻石珠宝鉴定机构之一。GIA 的经费主要由珠宝商等业界人士捐献,性质是非营利机构,该机构 1953 年提出了著名的钻石 4C 分级系统的概念,并逐渐发展成为人们今天所熟悉的钻石分级系统。GIA 的钻石证书是全球公认最权威客观的鉴定证书。

(二)国际宝石学院 IGI

国际宝石学院(International Gemological Institute)1975 年成立于世界钻石中心比利时安特卫普,是目前世界上最大的独立珠宝首饰鉴定实验室,在全球各大钻石交易消费中心共设有 12 个实验室。IGI 制定了世界上第一张完整全面的钻石切工评级表并成为现代钻石切工体系评定标准的雏形。目前是专门为钻石和高端首饰提供鉴定的全球宝石学机构。IGI 提供的特色定制证书做工精良,提供的信息细致直观,并把钻石腰部的激光刻字拍成照片印在证书上,其他诸如八星八箭、九星一花照片避免了证书罗列数据的枯燥,便于消费者辨认并核对所购买的钻石。

(三)比利时钻石高阶层议会 HRD

钻石高阶层议会(Hoge Raad Voor Diamant)1973 年成立于其总部坐落于世界钻石中心安特卫普,它当时的职责是作为行业机构推广安特卫普的钻石中心地位,鉴定证书服务开始于 1976 年,较 IGI 晚一年。比利时钻石高阶层议会发布三种证书,其中 HRD 钻石证书也包含了完整的钻石品质描述,包括钻石的形状、重量、净度级别、荧光、颜色级别、规格、比率度和抛光级别。故它是国际钻石鉴定三大机构,其鉴定的证书广受国际认可。

(四)瑞士宝石研究实验所 GRS

瑞士宝石研究实验所(Gem Research Swiss lab)是瑞士籍宝石学博士 Dr. A. Peretti 创办的宝石鉴定机构。可独立出具检测报告。主要为世界主要名贵宝石做检测,如红宝石,蓝宝石,祖母绿和金绿猫眼。GRS 在瑞士、斯里兰卡、泰国、中国香港都设有办事处。在彩色宝石领域 GRS 证书具有当仁不让的权威,在亚太地区享有很高的鉴定声誉。

三、我国国家级权威的珠宝玉石检测机构及其鉴定证书

(一)我国国家级权威的珠宝检测机构

主要有:

(1)国家珠宝玉石质量监督检验中心(简称"国检 NGTC"),北京和深圳设有办事处;

(2)中国地质大学珠宝检测中心(GIC),武汉和深圳有检测中心;

(3)中国宝玉石协会珠宝检测中心(GAC),北京和深圳有检测中心;

(4)国家轻工业首饰质量监督检测中心(GJC);

(5)中华全国工商联珠宝业商会珠宝检测研究中心(GTC);

(6)北大宝石鉴定中心;

(7)高德珠宝鉴定中心,北京和深圳设有检测中心。

(二)我国宝玉石鉴定证书

宝玉石鉴定证书是鉴定机构按照委托鉴定人的需求,依据相关标准,对宝玉石、首饰饰品进行鉴定,所出具的书面结论。我国宝玉石鉴定证书记载事项通常应当包括证书标志、编号、校验码、鉴定物照片、鉴定信息、检测依据、检测结论、鉴定机构及人员等。

1. 证书标志

我国国家级权威的珠宝检测机构证书上会出现的标志是:"CMA",这是中国计量认证(China Metrology Accreditation)的英文缩写。它是根据《中华人民共和国计量法》的规定,由省级以上人民政府计量行政部门对检测机构的检测能力及可靠性进行的一种全面的认证及评价。该标志仅指该机构是通过计量认证评审的单位,是任何出具珠宝玉石鉴定证书的单位都必须具备的资质。有

“CMA”标记的检验报告可用于产品质量评价及司法鉴定,具有法律效力。

2. 证书编号及校验码

正式的鉴定结构一般都会在其官方网站上提供有在线检索服务,可以直接核对证书,确定该证书的真实性。证书编号是唯一性编号,以便鉴定证书的查询和检索。校验码是为了查询和检索时使用的识别码。

3. 鉴定物照片

这些信息包括珠宝玉石及首饰饰品的照片、颜色、形状、尺寸(规格)、重量等。确认选购的珠宝玉石及首饰是否和所附证书描述的样品一致,包括:样品的照片、标签上的重量和证书上的重量、饰品的外观与描述是否一一对应。照片是区分不同珠宝玉石的直接证据,鉴定证书照片清晰准确,会大大增加伪造的难度。但是有些情况下,由于珠宝首饰款式雷同,照片特征相似,难以区分。这时精确的重量就是另外一个可以验证的有效数据。除了照片和重量,鉴定证书还会提供一些有特色的外观特点,例如玉器的糖色,手镯的手寸等等。

4. 鉴定信息

鉴定信息包括鉴定结论、总质量、折射率、光性特征、放大检查、贵金属含量、多色性、荧光、备注等。有的鉴定证书鉴定信息较少,只有鉴定结论、总质量、放大检查、备注等,被称为“定名证书”。有的证书上某些栏目(项目)被标准为“＊＊＊”或“—”,表示该栏目(项目)没有检验,或者没有相应信息。显然,鉴定信息越少其鉴定证书的鉴定结论可信度越低。

5. 检测依据

是指鉴定珠宝玉石及首饰时依据的相关国家标准和行业标准。我国现行国家标准具体有:GB/T 16552 珠宝玉石名称;GB/T 16553 珠宝玉石鉴定 ;GB/T 16554 钻石分级; GB/T 18043 贵金属首饰含量的无损检测方法 X 射线荧光光谱法;GB 11887 首饰贵金属纯度的规定及命名方法。

6. 检测结论

镶嵌钻石分级证书检测结论最重要的是钻石的颜色级别和净度级别,有些证书上还有钻石切工比例。贵金属饰品纯度检验证书最重要的是贵金属的种类及其含量。宝玉石鉴定证书检验结论根据国家标准规定,天然珠宝玉石不再标明“天然”二字,如结论为“红宝石”,说明是天然红宝石;而经过人工处理或是人工合成的宝石则必须明示,如“红宝石(处理)”是注明了具体的处理方法,表明这颗红宝石为天然宝石,但为改善其外观经过了某种方法的人工处理;“合成红宝石”则表示非天然产出红宝石，而是纯人工的实验室合成品了。至于“备注”栏一般检测过程中碰到一些相对特殊状态的样品，都会在备注上加以解释注明，例如和田玉的鉴定证书中，一旦涉及表面处理的情况，则会在备注中注明具体的处理方式。

7. 鉴定机构和鉴定人员

包括鉴定机构的名称、公章、地址、电话、网址，鉴定机构的资质信息，鉴定证书的审核人、检验负责人、鉴定日期等。如今各正规宝玉石鉴定机构都开设了网上查询功能。查询时需要输入批量验证码和企业验证码，让消费者可用便捷的方式进行核实，在网上查询了解所购珠宝玉石的相关信息。

四、宝玉石检测鉴定仪器

(一)肉眼检测宝玉石的仪器

肉眼鉴定是根据宝玉石特有颜色、透明度、净度、硬度、密度、色散及特殊光学效应等特性，用以下简单工具进行的鉴定。

1. 聚光手电

用来观察浓色宝石的透明度。聚光手电的电珠应凹于笔头面，不能凸出笔头面，否则不便于观察。

2. 放大镜

是宝玉石放大观察的仪器之一。最常用的是10倍、20倍、30倍等几种。用放大镜可以观察：(1)宝石的表面损伤、划痕、缺陷。(2)琢型质量。(3)抛光质量。(4)宝石内部的缺陷、包裹体。(5)颜色的分布和生长线等。鉴定时，应将宝石置于离10倍放大镜约2.5厘米的强光之下，慢慢调节距离，直到看清楚为止。选择放大镜的质量也很重要，质量差者在放大时将产生图形畸变。

3. 二色镜

有的宝石具有多色性，观察宝石多色性最好的仪器是二色镜。二色镜是一种结构合理、价格便宜、小巧简单的光学仪器。二色镜使用要求必须是有颜色透明的单晶体宝石才能够检测出多色性，玉石不能检测多色性。二色镜主要用于区别红宝石和红色尖晶石、红色紫牙乌，区别蓝色尖晶石和蓝碧玺，区别蓝宝石和蓝色人工合成尖晶石等。用二色镜检测宝石时必须不断转动宝石，直到两个差异最大的颜色出现在窗口上为止。对于宝石的三色性的确定，必须认真地反复检测，从三个不同的方向观测，出现三种颜色才是三色性。检测时注意：眼睛、二色镜和宝石样品,其间距应不超过 2—5 毫米。

4. 折光仪

折光率是透明宝石重要的光学常数,是鉴定宝石品种的主要依据。测折光率的方法主要有两种:一种是直接测量法,用折光仪测量;另一种是相对测量法,用液体浸没法。折光仪是根据光的全反射的原理制造的。常用的折光仪只适用于折光率为 1.36—1.81 范围内的宝石。宝玉石的折光率(N)的计算方法为光在空气中的传播速度(V_1)与在宝石中的传播速度(V_2)之比为一个常数,即 $N=V_1/V_2$。均质体宝石,光在其中传播速度不变,折光率相等,称之为单折光率。非均质体宝石,在折光仪中有两个读数,最大、最小折光率值之间的差值,称之为双折光率。折光仪是宝石学家最常使用的仪器之一,它的体积小,使用方便,既可以测试刻面宝石的折光率,还可以用点测法测出弧面宝石的折光率。

5. 查尔斯滤色镜

滤色镜是利用吸收光的特定波长这一特征而设计的。它由两片仅让深红色和黄绿色光通过的明胶滤色镜组成的宝石鉴定仪器。滤色镜小巧轻便,便于携带,对识别一些染色宝玉石和人造宝玉石特别有效,例如,加色翡翠在查尔斯滤色镜下呈现红色或紫红色。而天然 A 货翡翠在滤色镜下观察不显红色。

(二)专业检测宝玉石的仪器

1. 宝石显微镜

宝石显微镜是宝石放大观察的一种重要的仪器。宝石显微镜的放大倍数可变幅度较大,一般是 10 至 70 倍。它能够检测 10 倍放大镜不能清晰地确认或观测到的宝石外部和内部特征。宝石显微镜可以观察宝石内部的包裹体、解理、双晶纹、生长线、色带;观察宝石的磨工、抛光度和意外损伤;鉴别拼合宝石二层石、三层石。宝石显微镜有两种光源,一般用底灯观察宝石的内部缺陷,如包裹体、裂隙等;用反射灯观察宝石的表面特征,如断口、色带、解理面等。宝石显微镜是精密仪器,要严格按操作规则使用。

2. 热导仪

热导仪是根据钻石具有良好的传热性而设计制作的。绝大多数宝石不具备热导性或热导率极低,所以一般热导仪是为区别钻石与人造仿钻制品而设计的,是鉴别钻石与其他仿钻制品的专用仪器。钻石热导仪由金属针状测头与控制盒组成,当测头尖端触及钻石表面时,温度明显降低,由仪器表头信号灯或鸣叫声显示测定结果。

3. 偏光器

是使平面偏振光垂直相交,光线通不过的原理制造的一种简单的光学仪器。偏振器是由两个震动方向垂直的偏光片、支架和底部照明灯组成。用以检测宝石的光性(是均质体还是非均质体)和多色性。在打开照明灯的偏光器中,转动观察宝石样品的明暗变化情况:(1)如果样品明亮,没有明暗变化,可能是隐晶质或微晶集合体,如玉髓、翡翠等。(2)如果样品全黑,没有明暗变化,将样品变换一个角度继续观察,如果仍然无明暗变化,样品属均质体。属均质体的宝石有等轴晶系和非晶质宝石。(3)如果转动宝石360°时,宝石样品发生四次明暗变化,这表明样品为非均质体。属非均质体的宝石有四方、六方、三方、斜方、单斜、三斜晶系中的宝石。(4)如果样品在正交偏光下转动时,可看到灰暗的蛇纹状、网格状或不规则的现象,则可能是均质体宝石所呈现的异常干涉色,此时应十分注意。利用偏光器,还可以检测宝石的多色性,能够验证宝石的非均质性和均质性。

拓展学习 ▶

1. 世界钻石加工中心在哪些地方?
2. 世界珠宝镶嵌设计中心在哪些地方?
3. 世界有色宝石加工中心在哪些地方?
4. 世界珠宝贸易中心在哪些地方?

第六节　精琢细雕:玉石雕刻及其图案中的传统文化

一、古代玉石加工基本程序

古代玉石加工方式是手工碾玉,碾玉设备主要就是通过水磴,即以足蹬踏板为动力,带动各种“砣”快速旋转,“砣”上需不停地浇水和沙。明代宋应星在《天工开物》中解开了当时制玉的工序:以解玉砂(金刚砂)与水搅拌,用可旋转的轮子带动砣和搅拌好的解玉砂把玉料抛开并慢慢琢磨成器。

故宫博物院有清代唐荣祚所作的《制玉图》,他将全部制玉程序以 12 幅写实图来表示,每图分上下两部分,上部描绘制玉的手法,下部描绘此手法所使用的工具。图下还画着这一程序所用的各种工具,详细描绘出古代制玉的主要步骤。

第一幅图名为《捣沙研浆图》,画的是加工沙子。旧时碾玉所用红沙、黄沙、黑沙都是从天然沙中淘出的,其中黑沙的硬度最高,可以达到 8—9 度。捣沙研浆是把琢磨用的沙加工到要求的粗细程度,然后再将捣制研好的沙放到器皿中沉淀使粗细分层。

第二幅图名为《开玉图》,画的是如何将大的玉石分解。所用工具是弓子或锯,多用竹板弯成弓形,弓弦是用铁丝拧成麻花制成的。开玉的时候要在弦上不停地加解玉沙和水,慢慢地在玉石上磨,一点点将玉石“解开”。

第三幅图名为《扎砣图》,相当于大块玉石解开后的细切,是做手镯、花件、摆件,还是戒面,这时就要切成合适大小的玉料。所谓“砣”指的是轮片,以水磴带动旋转以切磨加工玉料。大的玉石用弓子解开,小的就要用水磴上的“砣”来解。

第四幅图名为《冲砣图》,指的是将玉石粗磨做胚。

第五幅图名为《磨砣图》,是在玉胚的基础上进一步细磨成形。

第六幅图名为《掏膛图》,如鼻烟壶、瓶、碗、笔筒、杯等玉器,都要掏膛儿,即要在玉器上先钻出一个眼,然后用特别的砣一点一点地把内部的玉磨掉。

第七幅图名为《上花图》,这是在磨好的器物上用很细小的砣琢磨出各种花纹图案。图中显示,上花用的砣更小,种类也更多。

第八幅图名为《打钻图》,是为掏膛做准备工作,打钻是用一个管状的磨具在玉器上钻出圆圈状的沟槽,钻到一定深度,把中心的圆柱打掉,即可掏膛儿。图中还有个细节，即在横杆上挂了一个重物，以增加向下的压力，提高工作效率。

第九幅图名为《透花图》，即做透雕、镂空。

第十幅图名为《打眼图》，指在玉器上磨出眼儿。

第十一幅图名为《木砣图》，指抛光，“木砣”一般用葫芦瓢制作。

第十二幅图名为《皮砣图》，这也是抛光的程序，“皮砣”是用牛皮制成。

由这12幅图可以看出，古代人们要制作出一件玉器，须无数次反复切磋琢磨，整个过程十分艰辛。

二、现代玉石加工基本程序

随着机械化时代的到来，古老的水磴和大弓已经进入博物馆。如今电力马达带动“砣”高速的转速 “砣”也演化为由金刚砂制成，硬度大大提高，并且不再需要浇沙，只需不停浇水即可。因此，对玉石的切磨能力大大加强，加工效率也大大提高。如今，整个玉石加工过程一般包括相玉、开料、切割、整形、设计、雕刻、琢磨、抛光、上蜡等程序。

（一）相玉

就是根据观察分析玉料的成色、料质、绺裂、瑕疵等情况，初步确定制作什么，如何制作。

（二）开料

对于较大的玉料，需要经锯割、开料，将玉石材料分割成适当的形态和大小，以便玉石工匠合理利用。

（三）整形

就是将玉料整出需要的外形。如果玉料没有明确的瑕疵、绺裂，一般就不必开料和整形了。

（四）设计

设计是在玉料经切开整形后如果与预先判断不符就需根据情况设计制作成什么玉器，玉器一般分花鸟、人件、器皿、动物、天然瓶五大类。

（五）雕刻

雕刻是按照设计图进行，大体可分为出坯、琢磨、抛光三个阶段，又分浮雕、透雕、镂雕、线雕、阴雕、圆雕等各种技法，这些技能可以单独或同时使用。

（六）琢磨

琢磨是玉石加工重要工序，玉器造型优劣与否的关键往往在于琢磨的质量；

琢磨需要磨料与磨具,玉石的琢磨通常以松散颗粒磨料琢磨和以固着的磨料琢磨。前已述古代工匠用河床中的砂子做磨料,借助于磨盘的旋转及施加于玉料上的压力使磨料对玉石进行琢磨;现代玉石加工则用碳化硅粉、金刚石粉等制成碳化硅磨具或金刚石磨具进行琢磨。

(七)抛光

抛光实际上是一种更精细的研磨作业,需将专用的抛光剂与某些液体如水、缝纫油等以一定比例混合,使之附着在抛光工具上与玉器发生摩擦,使玉件显出亮丽的外表。

(八)上蜡

玉器的上蜡也称过蜡,是使用石蜡在较低的温度下轻煮,取出后趁热用开水轻烫一下并擦拭干净使玉器光泽美观均一,更加体现出美玉的高贵、内蕴。

二、玉石雕刻图案的发展

俗话说"玉不琢不成器"。在中国几千年的玉文化历史中,玉器雕刻图案丰富多彩,成为当时社会、文化、生活的一种反映。远古时期,人们对自然现象认识不足,对众多自然现象产生畏惧继而顶礼膜拜,形成了众多图腾图案以供祭祀祷告;如良渚文化时期的玉琮,中间圆孔而外由威猛的兽面组成四方外形,中间圆孔寓意直通天地神人,四面兽面给人敬畏之感;商周时期玉作为国之重器,饰纹多简朴,线条苍劲有力。到了汉代,人们甚至认为食玉可以成仙,以玉陪葬可以不朽,佩玉可以驱邪等。总之,我国古代各个时期的社会发展不同,受到当时上层皇族贵族阶层审美所影响,玉器表现出来的文化也不尽相同,其雕刻亦有不同风格;由于玉器的用途逐渐从庄重、严肃的礼器变化到世俗化的护身符,从皇家专用御宝发展为寻常百姓的吉祥物,因而玉器用于表现文化的手段一一纹饰图案也随着发生演变,总体表现出"玉必有工,工必有意,意必吉祥"的特征,即更多地表现出满足人们追求、向往美好生活,祈求平安幸福的心理,同时又兼顾、顺应人们赏玩时对艺术表现形式和题材的审美要求。玉石雕琢在历史上最著名的有苏州工、扬州工、上海工、湖州工、徐州工、南阳工等。现代玉雕主要分为南派、北派。南派以扬州、苏州为代表,特点是细腻形象;北派以北京为代表,特点是粗犷、气派。

三、玉雕图案中的文化意韵

(一)佛、道人物

诸佛菩萨:包括释迦牟尼佛、如来佛、观音菩萨等的图案,寓意"有福(佛)相伴""保佑平安"等。

罗汉:罗汉皆是六根清净、烦恼已断、了脱生死、证入涅槃者,因而带有罗汉造型的雕刻,寓意有护身神灵在"驱邪镇恶",保佑"平安吉祥"。

达摩:达摩是大乘佛教中国禅宗的始祖,有关达摩的故事如"一苇渡江""面壁九年""断臂立雪""只履西归"等雕刻题材,寓意宣扬达摩祖师的禅法。

钟馗:钟馗是中国民间传说中能打鬼驱除邪祟的神,因而带有钟馗捉鬼造型的图案,寓意扬善驱邪。

财神:财神是传说中给人带来财运的一位神仙,带有财神造型的图案,寓意招财进宝,财源滚滚。

八仙:八仙是汉族民间传说中的八位道教神仙,即张果老、吕洞宾、韩湘子、何仙姑、李铁拐、钟离、曹国舅、蓝采和,凡有八仙造型以及他们拿的法器葫芦、扇子、鱼鼓、花篮、阴阳板、横笛、荷花、宝剑的图案,有着"张显本领""各显神通"和"寿喜常在"等寓意。

寿星老:也称南极仙翁,带有寿星老的图案,寓意长寿。

(二)传统瑞兽

龙凤:带有龙和凤的图案,寓意"成双成对"" 龙凤呈祥"。

狮子:狮子在中国传统文化中一方面被当作可以驱除邪恶的瑞兽,另一方面被视为百兽之尊,故带有狮子的图案寓意勇敢,两个狮子表示"事事如意",一大一小的狮子表示"太师少师",即位高权重的意思。

麒麟:中国传统祥瑞神兽,带有麒麟的图案,寓意祥瑞,也可寓意才能杰出、德才兼备的人。

貔貅:貔貅是中华民间神话传说中一种凶猛的瑞兽。人们认为貔貅有嘴无肛,能吞万物而不泄,只进不出、神通特异,同时也能赶走邪气、带来好运,故带有貔貅的图案,寓意招财进宝,天赐福禄,也有辟邪的意思。

龟和鹤:带有龟和鹤的图案,寓意"龟鹤同寿""延年益寿",也代表着坚定的意志。如果鹤与松树一起寓意松鹤延年,如果鹤与鹿或者梧桐在一起就表示鹤鹿同春。

(三)吉祥动物

羊:因字谐音,通“祥”,被赋予美好的代言,有羊的图案,寓意“吉祥”“洋洋得意”,三只羊则寓意“三阳开泰”等。

蝉:蝉在我国古代玉雕中最为常见,皆因古人认为蝉性高洁,入土重生,蜕变新生,而这些特性都符合古人追求洁身自好、追求永生的朴素愿望;有关蝉的玉石雕刻,则有寓意生命的轮回再生、代代延续之意,也有“居高声自远”“一鸣惊人”之意。

熊和鹰:因字谐音,带有熊和鹰的图案,寓意“英雄斗志”。

金蟾:也称三足金蟾,神话传说月宫有一只三条腿的蟾蜍,故月宫叫蟾宫,古人又认为金蟾是吉祥之物,可以招财进宝,因而带有蟾的图案,寓意富贵有钱;如果蟾与桂树在一起就表示蟾宫折桂。

獾子:因字谐音,带有獾的图案,寓意欢欢喜喜。

喜鹊:因字谐音,带有喜鹊的图案,寓意喜气。两只喜鹊表示“双喜”,喜鹊和獾子在一起表示“欢天喜地”,喜鹊和莲在一起表示“喜得连科”。

鹿:因字谐音,带有鹿的图案,寓意“福禄常在”,如果鹿与官人在一起表示“加官受禄”。

蝙蝠:因字谐音,带有蝙蝠的图案,寓意“福到”,五只蝙蝠表示“五福临门”,蝙蝠和铜钱在一起寓意“福在眼前”,蝙蝠与日出或者海浪在一起表示“福如东海”。

大象:因字谐音,带有大象的图案,寓意吉祥或喜象;如果大象与瓶在一起表示“太平有象”。

鲤鱼:鲤鱼在民间有“鱼王”“圣子”等美称,带有鲤鱼跳龙门图案寓意“平步青云”“飞黄腾达”“吉庆有余”。

金鱼:因字谐音,带有金鱼的图案,寓意“金玉满堂”。

猴子:因字谐音,带有猴子的图案,寓意升官,如果雕饰的是猴骑在马上表示“马上封侯”,猴子与印在一起表示“封侯挂印”,大猴背小猴表示“代代封侯”。

雄鸡:因字谐音,带有雄鸡的图案,寓意“吉祥如意”,如还带有五只小鸡,表示“五子登科”。

甲壳虫:因字谐音,寓意“富甲一方”。

蜘蛛:蜘蛛的外形很像汉字“喜”,因而是一种预报喜事的动物,蛛网上一只蜘蛛沿着一根蛛丝往下滑表示“喜从天降”,蜘蛛和铜钱寓意“喜在眼前”;又因字谐音,足上带有蜘蛛寓意“知足常乐”。

鹌鹑:因字谐音,带有鹌鹑的图案,寓意“平安如意”,鹌鹑和菊花或者和落叶在一起就表示“安居乐业”。

壁虎:因字谐音,带有壁虎的图案,寓意“必得幸福”。

鼠:带有鼠的图案,寓意顽强的生命力,因为传说中鼠聚财的本领数一数二,所以鼠和钱在一起代表“数钱”。

(四)吉祥植物

梅、兰、竹、菊:是中国人感物喻志的象征,被称为“花中四君子”“四君子”。带有兰花的图案,寓意品性高洁;兰花与桂花在一起表示“兰桂齐芳”,也是子孙优秀的意思。带有梅花的图案,寓意“傲骨长存”;梅花和喜鹊在一起表示“喜上眉梢”;松竹梅在一起寓意“岁寒三友”“患难挚友”;带有竹子的图案,寓意“竹报平安”“节节高升”;带有菊花的图案用来象征恬然自处、傲然不屈的高尚品格。

寿桃:寿桃在汉族神话中可使人延年益寿,因而带有寿桃的图案,寓意长寿祝福。

葫芦:因字谐音,带有葫芦的图案,寓意福禄相伴。

佛手:因字谐音,带有佛手的图案,寓意福寿常在。

百合:因字谐音,带有百合的图案,寓意百年好合。如果百合与藕在一起表示佳偶天成,百年好合。

麦穗:因字谐音,带有麦穗的图案,寓意“岁岁平安”。

莲荷:带有莲荷的图案,寓意“出淤泥而不染”;莲与梅花在一起表示“和和美美”,莲与鲤鱼在一起表示“连年有余”,莲与桂花在一起表示“连生贵子”,一对莲蓬表示“并蒂同心”。

拓展学习

1. 写出十个以上以“玉”组成的成语,并了解其意义。
2. 了解四个以上与“玉”有关的民间传说和故事。
3. 了解三个以上与“玉”有关的地方戏曲。

参考文献

[1] 郭璞注. 山海经[M]. 上海:上海古籍出版社,1989.
[2] 桑行之,等. 论石[M]. 上海:上海科技教育出版社,1993.
[3] 袁奎荣,等. 中国观赏石[M]. 北京:北京工业大学出版社,1994.
[4] 顾鸣塘. 华夏奇石[M]. 上海:上海文化出版社,1995.
[5] 陈东升. 中国奇石盆景根艺花卉大观[M]. 上、下部全二册. 北京:新华出版社,1995.
[6] 王朝闻. 石道因缘[M]. 杭州:浙江人民美术出版社,2000.
[7] 陈东升. 中华奇石鉴赏大观[M]. 济南:齐鲁书社,2000.
[8] 罗钢. 文化研究读本[M]. 北京:中国社会科学出版社,2000.
[9] 刘翔. 石玩艺术[M]. 郑州:河南科学技术出版社,2001.
[10] 俞莹. 观赏石投资与收藏[M]. 上海:汉语大词典出版社,2002.
[11] 林文举. 寿山石印钮薄意[M]. 福州:福建美术出版社,2005.
[12] 孙庆芳. 中国石文化[M]. 北京:时事出版社,2007.
[13] 陈东升. 中华名家藏石大观[M]. 北京:中国民族摄影艺术出版社,2007.
[14] 郭颖. 中国珠宝翡翠收藏鉴赏全集[M]. 长春:吉林出版集团有限责任公司,2007.
[15] 张庆麟. 印石投资收藏手册[M]. 上海:上海科学技术出版社,2008.
[16] 韩天衡,章用秀. 美石印章品鉴与收藏[M]. 福州:海风出版社,2008.
[17] 华义武. 中国玉器收藏鉴赏全集[M]. 长春:吉林出版集团有限责任公司,2008.
[18] 刘道荣. 中国奇石收藏鉴赏全集[M]. 长春:吉林出版集团有限责任公司,2009.
[19] 贾祥云. 中国观赏石文化发展史[M]. 上海:上海科学技术出版社,2010.
[20] 陈东升. 中华古代石谱石文石诗大观[M]. 四卷. 香港:中国文化出版社,2009.

[21] 张林. 珠宝玉石鉴定实训[M]. 武汉:中国地质大学出版社,2009.
[22] 黄作良. 宝石学[M]. 天津:天津大学出版社,2010.
[23] 宋伯胤. 宝石精品收藏鉴赏[M]. 呼和浩特:内蒙古人民出版社,2010.
[24] 贾洪波. 中国古代建筑[M]. 天津:南开大学出版社,2010.
[25] [英]西里尔 · 沃克,戴维 · 沃德. 化石——自然珍藏丛书[M]. 北京:中国友谊出版公司,2010.
[26] (宋)杜绾. 云林石谱[M]. 寇甲,孙林,编. 北京:中华书局,2012.
[27] (清)朱象贤. 印典[M]. 北京:中华书局,2012.
[28] 周佩玲,杨辉. 中华宝玉石文化概论[M]. 武汉:中国地质大学出版社有限公司,2014.
[29] [日]山田英春. 宝石图鉴——石中的秩序与世界[M]. 刘静,译. 北京:人民邮电出版社,2014.
[30] 章人英,夏乃儒. 简明国学常识辞典[M]. 上海:上海世纪出版社股份有限公司,2014.
[31] (明)周应愿. 印说[M]. 朱天曙编校. 北京:北京大学出版社,2014.
[32] 赵超. 中国古代石刻的主要类型及其形成过程[J]. 文物春秋,1989(1).
[33] 傅广生,李咸,李士范. 中华石文化鉴赏史略[J]. 珠宝科技,1993(3).
[34] 宗贤. 中国古代陵墓建筑的文化心理特征[J]. 美术观察,1997(1).
[35] 胡一民,华标. 石不能言最可人——国人爱石、癖石文化心理剖析[J]. 广东园林,1997(3).
[36] 林方直. 苏东坡与曹雪芹的石文化品格[J]. 集宁师专学报,1999(1).
[37] 宋刚. 明清小说中的石文化探源[J]. 铜仁师范高等专科学校学报,2005(3).
[38] 马芳. 从《说文解字》石部字义简论华夏石文化[J]. 新余学院学报,2012(5).
[39] 杨耕. 文化的作用是什么[N]. 光明日报,2015-10-14.
[40] 秦文联. 中华石文化之根——儒,道,佛家谁之深? [N]. 东方石文化,2007(1).
[41] 李红霞. 石何以美[D]. 北京:中国艺术研究院,2006.
[42] 高树标. 石上清风[D]. 杭州:中国美术学院,2009.
[43] 王梅莉. 明清赏石文学及其审美精神研究[D]. 济南:山东师范大学,2011.
[44] 郑莉. 说文解字玉部字所蕴含的玉文化[D]. 绵阳:西南科技大学,2012.
[45] 程承. 宋代赏石审美观及宋画中的赏石入画[D]. 杭州:中国美术学院,2013.